普通高等教育“十一五”国家级规划教材
普通高等教育农业农村部“十三五”规划教材

设施农业装备

第2版

吴海平　主编

中国农业大学出版社
·北京·

内 容 提 要

本书是普通高等教育“十一五”国家级规划教材和普通高等教育农业农村部“十三五”规划教材。本书系统阐述设施农业的建造材料、技术原理、设计方法、装配工艺及应用技术等，重点论述设施结构、环境测控和生产性装备。本书属农业生物与农业工程学科交叉融合的产物，提供大量实用工程设计和建造所需的资料与数据。内容涉及知识面广、系统性强且注重更新，兼顾不同的专业需求，篇幅适中。

本书可作为非工程类设施农业专业本科教材，以及农业工程类及其他涉农相关专业选修课教材，也可供从事设施农业、农业建筑、生物环境工程及其他相关专业的科研、生产、工程技术人员和研究生参考。

图书在版编目（CIP）数据

设施农业装备/吴海平主编．—2 版．—北京：中国农业大学出版社，2020.12
ISBN 978-7-5655-2503-2

Ⅰ.①设…　Ⅱ.①吴…　Ⅲ.①设施农业—高等学校—教材　Ⅳ.①S62

中国版本图书馆 CIP 数据核字（2020）第 273269 号

书　名　设施农业装备　第 2 版
作　者　吴海平　主编

策划编辑　张秀环　　**责任编辑**　张秀环
封面设计　郑　川
出版发行　中国农业大学出版社
社　　址　北京市海淀区圆明园西路 2 号　　**邮政编码**　100193
电　　话　发行部 010-62733489，1190　　读者服务部 010-62732336
　　　　　　编辑部 010-62732617，2618　　出　版　部 010-62733440
网　　址　http://www.caupress.cn　　**E-mail** cbsszs@cau.edu.cn
经　　销　新华书店
印　　刷　北京时代华都印刷有限公司
版　　次　2021 年 10 月第 2 版　　2021 年 10 月第 1 次印刷
规　　格　787×1092　　16 开本　　18.75 印张　　470 千字
定　　价　56.00 元

图书如有质量问题本社发行部负责调换

第2版编审委员会

主　编　吴海平（山西农业大学）

副主编　单慧勇（天津农学院）
　　　　张　静（山西农业大学）

编　者（按姓氏笔画排序）
　　　　王七斤（山西农业大学）
　　　　王德福（河南农业大学）
　　　　申宝营（福建农林大学）
　　　　田永强（中国农业大学）
　　　　李利桥（石河子大学）
　　　　吴海平（山西农业大学）
　　　　张　静（山西农业大学）
　　　　张　毅（山西农业大学）
　　　　张广华（河北农业大学）
　　　　单慧勇（天津农学院）
　　　　岳　湘（沈阳农业大学）
　　　　袁巧霞（华中农业大学）
　　　　魏　珉（山东农业大学）

主　审　王双喜（山西农业大学）

第 1 版编审委员会

主　编　王双喜（山西农业大学）

副主编　王小琼（天津农学院）
金心怡（福建农林大学）
李志伟（山西农业大学）

编　者　（按姓氏笔画排序）
王小琼（天津农学院）
王双喜（山西农业大学）
王德福（东北林业大学）
史庆华（山东农业大学）
白义奎（沈阳农业大学）
李志伟（山西农业大学）
杨振超（西北农林大学）
肖新棉（华中农业大学）
吴海平（山西农业大学）
张　智（西北农林大学）
张　静（山西农业大学）
张广华（河北农业大学）
金心怡（福建农林大学）
高丽红（中国农业大学）
魏　珉（山东农业大学）

主　审　陈端生（中国农业大学）

第2版前言

《设施农业装备》教材自2010年初版以来，已有10年时间，在此期间，国内外设施农业生产有了飞速发展，新成果、新技术和新知识在生产上的应用日益广泛，设施农业已成为保障“菜篮子”产品供应、促进农民增收和繁荣农村经济的有效途径，设施农业装备和机械化生产成为设施农业高质量发展的重要支撑。为适应新形势对农业技术人才专业知识提出的新要求，我们将该专业教材内容进行了必要的补充、更新、修订和完善。

第2版基本保持初版的原有体系与基本内容，在体例结构和文字上做了必要的调整和修改，将近年来在设施农业生产中成熟运用的许多新结构、新技术和新装备融入教材，贯彻了国家颁布的相关最新技术标准。新版更注重了设施农业装备的技术应用、设施农业装备理论与实践的紧密结合、设施农业生物环境的测控与智能化技术、设施种植养殖机械化技术、物联网技术、节水灌溉与水肥一体化技术装备、智慧农业技术等内容的充实和完善。

设施农业装备课程是农学、林学、园艺、动物科学等涉农学科的一门重要的专业课程，也是农业机械、农业建筑环境等农业工程学科的一门选修课程。通过本课程内容的学习，要求学生掌握设施农业装备工程的基本概念、基础理论和专门知识，了解设施结构工程材料、设计与建造，懂得机械设备的基本构造、运行原理与使用，知晓环境检测与调控的要求、原理与装备等，并得到相关操控技能知识的初步培训。

本教材修订原则上仍以初版执笔者各自修订相关章节为主，同时由于工作变动等原因进行了相应的人员调整，参加本次修订的人员包括：山西农业大学吴海平（绪论、第一章），华中农业大学袁巧霞（第二章），河北农业大学张广华（第三章），福建农林大学申宝营（第四章），山西农业大学张静（第五章），沈阳农业大学岳湘（第六章），中国农业大学田永强（第七章），山西农业大学王七斤（第八章），天津农学院单慧勇（第九章），河南农业大学王德福、石河子大学李利桥（第十章），山东农业大学魏珉（第十一章），山西农业大学张毅（第十二章）。

全书由山西农业大学吴海平教授统稿，承蒙山西农业大学王双喜教授审稿。编者们采纳了许多读者和使用单位提出的宝贵意见以及提供的图文资料，使本教材内容更为充实和丰富。本书修订中得到了各参编单位的大力支持与配合，且在编写过程中参考了大量相关书籍、论文和其他资料，在此向这些未能一一列出姓名的国内外多位专家和学者致谢！课题组的研究生董倩楠、张前英、巴利珍在文稿编排上提供了重要帮助，在此一并感谢！特别感谢山西农业大学教务处崔清亮处长和工学院郑德聪院长、张志勇副院长在本书修订过程中给予的大力支持和帮助！最后，谨向其他为本教材提供帮助的单位和个人致以最诚挚的谢意！

我们在编写过程中始终坚持“基础知识”与“内容创新”相结合的原则，力求做到理论联系实际，注重教材的先进性和实用性。但由于编者水平有限，缺点和错误在所难免，恳请读者不吝赐教，以便再版时及时修正。

编　者

2020年9月

第1版前言

“设施农业装备”作为非工程类设施农业专业的一门重要课程，以及农业工程和其他涉农类相关专业选修课，是随着设施农业发展的需要而产生和发展起来的一门学科，属农业生物与工程相交产生的学科，因此在内容与范围上具有涉及广泛、综合性强的特点。

最近10年，我国设施农业学科和教育获得了快速的发展。为了反映近年来该领域的最新进展以及传授该领域教育方面积累的经验，编写该教材已是迫切的需要。2006年《设施农业装备》被教育部审批为普通高等教育“十一五”国家级规划教材后，由山西农业大学、中国农业大学、西北农林科技大学、福建农林大学、天津农学院等高校在该专业领域多年从事教学和科研工作的教师组成的编写组开展和完成了这一工作。

本教材尽力采用科学、系统的内容和体系，反映该课程领域的最新发展水平；力求系统性与新颖性相结合，理论性与实用性相结；对有关概念、原理、方法与技术的阐述力求准确、精炼；注重实施素质教育，培养学生创新能力与实践能力。

本教材在内容的组织上力求总体结构系统化，注重各部分衔接和体例的统一，避免了不必要的重复，内容丰富、翔实、全面、可靠，既充分论述设施栽培装备的内容，也充分顾及设施养殖装备的内容。其结构层次上主要分为四大部分：第一部分为设施农业所涉及的建造材料等方面的基础知识；第二部分为农业生产设施的基本内容，包括简易农业设施，塑料大棚，日光节能温室和连栋温室；第三部分为设施环境检测与调控装备内容；第四部分为设施生物生产装备内容，如工厂化育苗、无土栽培，养殖饲喂、水产养殖等装备。

为适应不同高校各自专业特色、教学计划、教学时数、教学侧重点的不同要求，教材内容较为全面。各校可根据本校的侧重方面，有选择地讲授其中部分内容。

本教材由山西农业大学王双喜教授任主编，天津农学院王小琼教授、福建农林大学金心怡教授和山西农业大学李志伟教授任副主编。本教材参加编写的人员有：山西农业大学王双喜（绪论），沈阳农业大学白义奎（第一章），华中农业大学肖新棉（第二章），河北农业大学张广华（第三章），福建农林大学金心怡（第四章），山西农业大学张静（第五章），山西农业大学吴海平（第六章），中国农业大学高丽红（第七章），西北农林科技大学杨振超、张智（第八章），天津农学院王小琼（第九章），东北林业大学王德福（第十章），山东农业大学魏珉、史庆华（第十一章），山西农业大学李志伟（第十二章）。

全书由山西农业大学王双喜教授统稿。中国农业大学陈端生教授主审，他对本书的编写提出了大量的建设性建议，在此深表谢意！农业部规划设计院周长吉研究员对本教材的编写提出了许多宝贵意见，特此致谢！在编写过程中参考了某些设施农业相关书籍、论文和其他资料，在此一并向这些作者致谢！

本教材是首次编写，限于编者的水平，书中难免有错误和不妥之处，欢迎读者批评指正。

编 者

2009年12月

目 录

绪　论

习近平总书记指出，“农业出路在现代化，农业现代化关键在科技进步。我们必须比以往任何时候都更加重视和依靠农业科技进步，走内涵式发展道路。”数据显示，近年来我国农业科技创新步伐明显加快，成果转化推广不断加强。科技已经成为促进我国农业农村经济增长最重要的驱动力，成为农业现代化的关键支撑。耕地有限，科技无限。在农业生产中，只有激活科技创新这个“第一动力”，补短板，强弱项，才能牢牢地掌控好自己手中的饭碗。近日，农业农村部关于加快推进设施种植机械化发展的意见（农机发〔2020〕3 号）明确提出，到 2025 年，以塑料大棚、日光温室和连栋温室为主的种植设施总面积稳定在 2×10^6 hm^2 以上，设施蔬菜、花卉、果树、中药材的主要品种生产全程机械化技术装备体系和社会化服务体系基本建立，设施种植机械化水平总体达到 50%及以上。这是我国首次对推进设施种植机械化做出的系统部署，是推进农业机械化向全程全面发展的一个重要行动。

习总书记给全国涉农高校的书记校长和专家代表的回信中强调，“中国现代化离不开农业农村现代化，农业农村现代化关键在科技、在人才。”农林高校应不忘初心，牢记使命，以立德树人为根本，以强农兴农为己任，加强农业科技人才队伍建设，培养更多知农爱农新型人才，为推进乡村全面振兴不断作出新的更大的贡献。

数字资源 0-1
农业创新体系

目前设施农业在我国得到飞速发展，设施农业装备更是日新月异，因此，有志事农的大学生只有不断用科技创新知识充实自己，才能适应和胜任时代赋予的光荣使命。

一、设施农业与设施农业装备

设施农业是指运用现代工程技术手段，突破自然环境条件的限制，在创造出的适合于农业生物生长繁衍的环境空间进行的农业生产。设施农业利用人工建造的设施，为种植业或养殖业提供比较适宜的环境条件，以期将农业生物的遗传潜力变为现实的巨大生产力，获得高产、优质的农产品。它是一种集约、高效、可持续发展的现代化生产方式。

设施农业具有受气候影响小、生产季节不受限制、生产效益高以及技术装备化、过程科学化、方式集约化、管理现代化等特点，还具有技术和资金密集的特点，可以大大提高农业资源的利用率、农产品的产量和质量，获得很高的产出率，又能有效地保护农业生态环境。它不仅使栽培作物单位面积产量及畜禽产出量大幅度增长，而且保证了农畜产品，尤其是蔬菜、花卉、瓜果以及肉、蛋、奶的全年均衡供应，是在资源与环境受限条件下发展农业的重要途径。随着科技的不断进步，现代设施设备和信息技术的不断更新，设施农业已成为当今农业生产的典型方式。

设施农业有广义设施农业和狭义设施农业之分，广义设施农业包括设施栽培和设施养殖，狭义设施农业一般指设施栽培，主要为设施园艺。设施农业曾有多种惯称，如可控农业、可控环境农业、工程农业、工厂化农业、装备型农业等。从概念的内涵与特征方面考虑，设施农业的称谓较为确切适宜。在有保护性环境空间内进行生产的农林牧渔业，统称为设施农业；具备农业设施的农业生产，才能构成设施农业。

设施农业按主体的不同可以分为设施栽培（种植）和设施养殖（畜牧业）两种类型。

（1）设施栽培　主要是蔬菜、花卉及果树的设施栽培，其主要设施有各类温室、塑料大棚和人工气候室及与之配套的设备等。

（2）设施养殖　主要是畜禽、水产品及特种动物的设施养殖，其主要设施有各类保温、遮阴棚舍和现代集约化饲养畜禽舍及与之配套的设施设备。

设施农业装备是指在设施农业生产过程中用于生产和生产保障的各种类型的建筑设施、机械、仪器仪表、生产设备和工具等的统称。包括各种不同结构类型的农业生产围护设施、棚室和温室；不同类型通风、遮阳、保温、隔热、加湿等的环境调控设备；温度、光照、湿度、空气和水等环境因子的各种检测和控制装置；植物生产方面的无土栽培设施；动物生产方面的机械化饲喂设备；设施农业生产中用到的各种作业机械设备等。

设施农业装备用于调控、改变和模拟自然环境，为种植业、养殖业以及产品的贮藏保鲜等提供可控和适宜的温度、湿度、光照、水肥、空气成分等环境条件，使农业生产在很大程度上摆脱了对自然环境的依赖。目前它是各国用以提供鲜活农产品的重要技术保障措施。在设施农业生产中，装备是基础，是不可或缺的必备条件，离开装备设施农业无从谈起。

设施农业装备是农业工程学科最具典型性的分支学科领域，是依靠科技进步形成的高新技术产业，是当今世界最具活力的产业之一。设施农业装备的发达程度，也就成为衡量一个国家或地区设施农业现代化水平的重要标志之一。

二、设施农业装备的类型

（一）按建造难易程度与规模分类

设施农业装备模式有：简易覆盖型（主要以地膜覆盖为典型代表）、简易设施型（主要包括中小拱棚）、一般设施型（如塑料大棚、日光温室等）、现代化连栋温室和工厂化农业设施。

数字资源 0-2
设施农业园区

我国以节能日光温室和塑料大棚发展速度最快，分布范围也最广。简易覆盖型、简易设施型和一般设施型农业装备结构简单，技术含量低，装备集成规模较小。现代化连栋温室和工厂化农业装备是设施农业的高级发展阶段，通常是温室结构面积较大，有完善的加热、降温、通风、遮阳、灌溉、中心控制和栽培或养殖等系统。它属于集约化高效型农业，在中国目前规模尚小，但代表设施农业及其装备的发展方向。

（二）按生产产品类型分类

设施农业装备可分为植物栽培设施装备和动物养殖设施装备两大类。

（1）植物栽培设施装备　主要用于栽培蔬菜、花卉、瓜果和食用菌等生物产品。生产设施有各类简易设施、塑料大棚、日光温室、连栋温室等，以及配套的各种不同类型的环境调控设备。从应用于不同栽培方法来看，主要有地面栽培、栽培架和无土栽培等生产装备。中国目前主要采用人工、半机械化和机械化结合的生产方式，发达国家或地区有采用工厂化植物生产等装备先进的生产方式。

(2) 动物养殖设施装备　主要是用于养殖畜、禽、水产和特种动物的设施装备。生产设施有各类养殖温室、遮阴棚舍、现代化饲养畜舍及其相应的生产配套设备等。

(三) 按装备具体功能不同分类

设施农业装备可分为建筑设施、测控装置、环境调控设备、生产设备和机具等。

(1) 建筑设施　如各种不同类型结构的大棚、温室、遮阳棚和防虫网等，其主要特征是建立一个系统的、相对完善的、可抵御自然相应作用的维护结构。其主要作用是形成一个相对独立的、封闭的、有限的、环境参数可调控的生物生产空间。

(2) 测控装置　如各种不同类型的温度、湿度、光照、CO_2气体浓度、土壤水分含量等检测和监测装置等。

(3) 环境调控设备　如各种不同类型的通风设备、加温设备、降温设备、供水或灌溉设备、调光设备、气体成分调节设备等。

(4) 生产设备和机具　如植物栽培生产中各种不同类型的水培系统、雾培系统、基质栽培系统；栽培方法中的土地耕耘机具、播种与栽植机具和植物保护机具等；动物养殖生产中的供水系统、饲料饲喂系统、粪便清理系统等。

三、设施农业装备的作用和意义

(一) 改变传统的农业生产方式，实现了生物产品四季均衡供应

设施农业装备是先进农业科技成果的物化和载体，是农业生产的重要组成部分，它运用现代化的工程技术及工业化生产的设备装备农业，变革了传统的农业生产方式，解决了蔬菜、水果不能常年供应的历史难题。20 世纪 80 年代前期，北方冬季以白菜、萝卜、马铃薯等耐贮蔬菜为主，南方夏季以叶菜为主，蔬菜种类单一。到了 90 年代中后期，设施蔬菜快速发展，目前生产包含食用菌和西甜瓜在内的设施蔬菜 3.4×10^{8} t/a，人均近 243 kg/a。现在四季想吃什么有什么。

(二) 变革传统农业的“时空观”，提高了农业劳动生产率和资源利用率

随着设施农业装备的不断开发和创新，农业生产由“靠天”逐步实现了“可控”，传统农业的“时空观”发生了根本性的改变。设施农业生产产值比传统大田有了大幅度提高。植物生产不但能提早上市和延长供应，而且能提供反季节新鲜果菜。采用现代设施养殖，实现了畜牧饲养、水产养殖的集约化生产，产品的肉料比大幅度提高，养殖时间大幅度缩短，产量大幅度提高。

设施农业可实现非耕地和冬闲地的高效利用。可采用节水灌溉技术，实现节水高产。可利用农业废弃物作为生产用基质，实现生态环境与资源利用的高效益。

(三) 摆脱自然环境束缚，抗灾害能力显著增强，实现了农业生产的工业化

与工业产品生产相仿，设施农业装备为农业生物产品生产创造了一个相对独立的、完善的生产空间和生产系统。这种具有工业化生产特征的装备具有很强的抵御自然灾害的能力。可防风、防寒、防涝，植保方便且易于防病虫害，浇灌方便且易于防旱。即便是无加温设施

的普通日光节能温室，在外界达－10℃的寒冷冬天，也能保证室内作物安全生长。即使室外刮八级大风，也不会影响作物生长。

设施栽培或养殖为高新科技的应用提供了条件。设施农业是将工程技术与生物技术有机结合的现代化产业。如增施CO_2对作物生长增产效果明显，但对大田作物难以实施，而温室或大棚为其应用提供了可能。又如反光膜和遮阳网的应用，使温室增光和降温，确保作物在外界弱光和高温下良好生长。

（四）提高农产品质量和商品率，推进农业产业化

农业生产商品化是现代农业的必然趋势，而要提高农产品的商品率，就必须推进农业的产业化经营，进行一定规模的专业化生产。农业产品的生产、产地加工和保鲜贮运、废弃物的加工利用、种子和饲料的加工等，都是农业产业化的重要组成部分。设施农业装备及其技术在产品的产前、产中、产后起着很重要的、不可替代的生产和保障作用。设施农业对国家经济发展有着十分重要的意义，既涉及每个人生活水平和生活质量，也涉及社会的稳定、经济的繁荣等。

（五）促进农民脱贫致富，实现乡村振兴的重要产业

2018年末设施农业年产值约9.8×10^{12}元，用2.7%的耕地，生产出种植业总产值15.9%的产品，是露地生产的10倍以上。设施农业装备的发展带动了建材、薄膜、钢材、肥料、农药、贮运等产业发展。据估算，每年可带动总产值4.5×10^{11}元以上的产业发展。整个产业可提供就业岗位4×10^{7}个以上。

设施农业产业是高效益产业。乡村要振兴，产业要先行，因此从产业兴旺角度考虑，设施农业成为乡村振兴首选产业，也是生活富裕的重要产业。

四、国内外设施农业装备发展概况

（一）国外的设施农业装备

20世纪中叶以来，世界设施农业发展迅速，美国、荷兰、以色列、日本等一些发达国家开始研究设施农业工厂化，使传统农业逐步摆脱了自然资源的束缚，进一步满足了多元化、多层次消费需求。荷兰是世界著名的设施园艺发达国家，拥有世界上最先进的玻璃温室，在计算机智能化、温室环境调控方面居世界领先地位。以色列的温室设备材料、滴灌技术、种植技术均属世界一流，在设施灌溉技术方面处于世界领先地位。美国的温室多为大型连栋温室，在设施栽培综合环境控制技术方面，美国开发的高压雾化降温、加湿系统及夏季降温用的湿帘降温系统处于世界领先水平。日本是世界上果树设施栽培面积最大的国家，也是世界上最先采用工业成套设备从事水产养殖的国家，几乎所有品种的蔬菜在很大程度上都依赖温室生产，日本的温室配套设施和综合环境调控技术居世界先进水平，所开发的设施栽培计算机控制系统能够全面地对栽培植物的生长环境进行多因素监测与控制，清选、分级、包装等农产品采后加工作业也基本实现了自动化或半自动化。

（二）国内设施农业装备的发展

我国的设施农业装备起步较晚，但发展速度非常快，尤其在温室结构、温室环境监控、水肥调控、无土栽培设施、动物生产机械化饲喂设备等方面取得了很大成就，主要表现在以下几个方面：

(1) 设施装备种类和规模发展迅速。设施农业装备种类近年来除小拱棚、普通大中棚、

单栋加温温室外，各地大量建造了镀锌钢骨架大棚、日光温室、遮阳棚、避雨棚、连栋温室、植物工厂等。设施农业规模由1978年农业设施面积约$5.3\times10^3\ hm^2$，发展到2018年的$3.7\times10^6\ hm^2$，40年增长近700倍。我国成为世界设施农业第一生产大国，在世界上所占比例90%以上，其中温室和大棚占世界的85%以上。

(2) 设施农业对设施装备的需求大。设施农业生物单产平均不足荷兰等发达国家的15%，设施农业集约化经营盈利水平低下，装备和装备集成不足是主要瓶颈之一，体现了设施装备水平与经营效益之间不正常的相关关系，甚至出现负相关。如2017年，农机部门统计的全国设施农业总面积为$2.04\times10^6\ hm^2$，机耕设施面积为$1.50\times10^6\ hm^2$，达74%，机播设施面积为$3.4\times10^5\ hm^2$，达17%，机采运设施面积为$1.8\times10^5\ hm^2$，达9%，机械灌溉施肥设施面积为$1.15\times10^6\ hm^2$，达56%，机械环境控制设施面积为$5.2\times10^5\ hm^2$，达25%。按耕、播、收、灌、环控五环节综合测算，设施农业机械化水平33.12%，比上年提高1.34个百分点。从机械化水平现状与产业需求对比看，装备升级需求很大。

(3) 装备技术进步明显，新趋势影响大。生产作业机具、环境调控设备、水肥一体化设备、植保设备、设施生产配套集成技术等装备技术持续推出并且迅速投入应用。到2016年3月，在设施农业领域的5 060件有效专利中，装备设备类比重上升明显，节能、结构和机械、灌溉、控制四类增速最大。标准体系日益完善，目前已颁布实施的与设施园艺相关的标准221项，内容涉及温室设计建造，蔬菜、花卉、食用菌等栽培技术，温室资材，设施装备，节水灌溉等。其中温室工程相关现行标准47项，包括国家标准8项，农业行业标准29项，机械行业标准9项，物资行业标准1项。信息化数字化、自动化智能化、规模化集约化、绿色化生态化、全程化全面化五个方面的趋势明显，对农业设施装备创新和应用升级的推动日趋扩大。

(4) 设施农业装备行业发展迅速。当前全国拥有技术队伍的设施工程企业556家，拥有生产设备及温室材料的企业471家。现有中国农业机械化协会设施园艺分会、农机工业协会设施园艺装备分会、蔬菜协会机械化分会、设施园艺科技与产业创新联盟等全国性设施农业装备社团和联盟4个，区域性的12个。其中中国农业机械化协会设施园艺分会有会员220家，占年收入2.00×10^7元以上规模企业数量的70%，在团体标准、行业培训、信息交流、创新引导等方面发挥着越来越大的作用。

我国当前设施农业主要有以下问题：

(1) 设施和生产档次不高，机械化水平低。我国设施农业总体装备水平和生产水平不高，设施和生产缺乏相应规范。农业生产装备差，管理效率不高；设施装备简陋，抵御灾害能力差；环境控制能力低，多靠人工感应调控；机械化和自动化水平低，效率低；环境调控欠规范，用药、肥、水等栽培管理欠规范标准，灾害防控欠规范。当前全国设施农业生产机械化率平均仅33%左右，且不同设施、不同环节上极不平衡。连栋温室机械化水平稍高，日光温室和大棚低。耕整地和水肥环节稍高，种和收环节低，环控居中。装备从基础层面升级任务迫切。

(2) 成套装备技术不足，标准化程度低。将温室大棚和生产装备与栽培品种和技术结合考虑并集成的成套装备技术不足，尤其是有良好经济效益的成套装备技术。这一情况在国际竞争平台上体现尤为明显。装备输出中，除东南亚和非洲外，欧美和日韩为空白，俄罗斯、南美、东欧等欧美主要输出区，我国占比很低。虽然从“九五”开始就已经针对多个大的气候区域进行的适宜性温室大棚结构形式的研究开发，但科研成果的总结、推广、应用不足，企业主导下的引进消化吸收成果是产业应用的主流，盲目抄袭照搬的情况很多。已颁布的设施农业装备领域国标和行业标准，涉及温室大棚工程设计、施工、验收，也涉及部分设备，还涉及规范术语，但因重视程度不够和宣传得较少，导致已有标准应用不足。

（3）支撑服务机构不足，装备补贴范围窄、占比低。与传统农机具相比，设施农业装备产品和技术较为新颖，标准缺口大，现有的鉴定服务无法满足产业需要。对设施农业讲究更高的精准性，对水肥等指标的检测、产出品指标检测要求更高，方能服务生产、体现优质。但当前缺乏针对无土栽培的水肥全要素定期检测的机构，导致不少以高投入、高产出为目标的规模化生产企业长期依赖国外检测。

设施装备补贴所占比例不足1%，品类少，《2018—2020年农机购置补贴实施指导意见》中仅列了电动卷帘机、热风炉、热水加温系统、水帘降温设备四类设备，区域局限性明显，适应当前产业发展需要的环境控制、节能高效作业机具、信息化管理系统等已成熟和广泛应用的设备急待纳入。

另外，决策和生产支撑数据化水平低。设施装备存量数据和产能数据统计五花八门，口径不一。如全国设施面积数据，2018年农业农村部为2.04×10^6 hm^2，其他部门为3.70×10^6 hm^2，科研单位和协会为$(4.20\sim4.50)\times10^6$ hm^2，差距极大。生产支撑数据主要是水土、环境、大气等必要参数，以及与生产密切相关的环控指标、植保预警指标、水肥与栽培专家库等。目前参差不齐，及时性和精准性均无法满足高效生产要求。

（4）设施农业大而不强。设施农业产业的规范性差，尚未达到现代化和智能化。生产效率不高，土地产出率低，设施蔬菜约6.83×10^4 kg/hm^2，日光温室蔬菜为1.06×10^5 kg/hm^2。设施蔬菜的劳动生产率低，人均经营仅为667～1 333 m^2/人。设施蔬菜效益为1.5～120元/m^2，波动范围很大。肥、药、水、土地、废弃物等利用不高。

（5）产品品质不理想，生态环境恶化。如着色不好，伤害病斑、衰老产品等外观品质差；养分含量不足导致营养品质不良；农药、硝酸盐等有害物质超标；过量施肥，导致土壤酸化，盐分积累，作物生育障碍越来越严重；连作和施肥不科学，导致土壤营养失衡，缺素生育障碍严重；周年连作生产，病原菌大量积累，新的侵染性病害多发，导致出现畸形果、空洞果、落花等。

第一章

设施农业建筑材料

学习目标

- 熟悉各种建造材料的类别
- 掌握建造材料的基本性能
- 能够根据具体情况选择适宜的建筑材料
- 熟练运用常见材料进行设施建造

设施农业建筑材料是指建造各种农业生产设施、构筑物中使用的各种材料及制品的总称。它是一切设施农业工程的物质基础，具有土木工程的基本属性。根据材料来源，可分为天然材料和人造材料等；根据组成物质的种类及化学成分，可分为无机材料、有机材料和复合材料三大类；根据功能，可分为墙体材料、骨架材料、防水材料和保温材料。

数字资源 1-1
建筑材料概述

第一节 墙体材料

墙体具有双重作用：一是作为围护结构，起支撑作用；二是蓄热保温，既作为蓄热材料蓄存投射在其上的太阳热能，又作为保温材料阻挡流向温室外的热损失。

墙体应满足以下要求：满足建筑结构上强度和耐久性的要求；严密保温，使通过墙体散失的热量降低到最低；取材方便，经济合理。

墙体材料可分为块体材料和胶凝材料。

一、块体材料

块体材料可分为砌块、砖和石材。

(一) 砌块

砌块一般指混凝土空心砌块、加气混凝土砌块及硅酸盐实心砌块。

数字资源 1-2
砌块

砌块按尺寸大小可分为小型、中型和大型 3 种，我国通常把砌块高度为 115～380 mm 的称为小型砌块，高度为 380～980 mm 的称为中型砌块，高度大于 980 mm 的称为大型砌块。目前，在承重墙体材料中使用最为普遍的是混凝土小型空心砌块，它是由普通混凝土或轻集料混凝土制成，主要规格尺寸为 390 mm×190 mm×190 mm，空心率一般为 25%～50%，一般简称为混凝土砌块或砌块。

混凝土空心砌块的强度等级是根据标准试验方法，按毛截面面积计算的极限抗压强度值来划分的。混凝土小型空心砌块有 MU20、MU15、MU10、MU7.5 和 MU5 5 个强度等级。轻集料混凝土小型空心砌块有 MU10、MU7.5 和 MU5 3 个强度等级。非承重砌块的强度等级为 MU3.5。混凝土小型空心砌块的强度等级见表 1-1。

表 1-1　混凝土小型空心砌块的强度等级指标

强度等级	抗压强度/MPa	
	平均值不小于	单块最小值不小于
MU20	20.0	16.0
MU15	15.0	12.0
MU10	10.0	8.0
MU7.5	7.5	6.0
MU5	5.0	4.0
MU3.5	3.5	2.8

（二）砖

目前，在墙体材料中使用最多的是以黏土为原料的烧结普通砖、烧结多孔砖、烧结空心砖、蒸压灰砂砖、蒸压粉煤灰砖。

图 1-1　普通砖

（1）烧结普通砖　即尺寸为 240 mm×115 mm×53 mm 的实心（无孔洞或空洞率小于 15%）烧结砖，如图 1-1 所示。

根据抗压强度可分为 MU30、MU25、MU20、MU15、MU10 5 个强度等级。10 块砖试样的强度应符合表 1-2 的规定。

表 1-2　烧结普通砖的强度　MPa

强度等级	抗压强度平均值 f ≥	抗压强度标准值 f_k ≥
MU30	30.0	22.0
MU25	25.0	18.0
MU20	20.0	14.0
MU15	15.0	10.0
MU10	10.0	6.5

（2）烧结多孔砖和烧结空心砖　烧结多孔砖与烧结空心砖结构如图 1-2、图 1-3 所示。

图 1-2　烧结多孔砖

图 1-3　烧结空心砖

烧结多孔砖的长度、宽度和高度尺寸应符合下列要求：长度为 290 mm、240 mm、190 mm；宽度为 240 mm、190 mm、180 mm、175 mm、140 mm、115 mm；高度为 90 mm。

其孔洞尺寸应符合表 1-3 的规定。

表 1-3　烧结多孔砖孔洞尺寸　mm

圆孔直径	非圆孔内切圆直径	手抓孔
≤22	≤15	(30～40) × (75～85)

烧结多孔砖按抗压强度分为 MU30、MU25、MU20、MU15、MU10 5 个强度等级。

（3）蒸压灰砂砖、蒸压粉煤灰砖　规格尺寸均与烧结普通砖相同。蒸压灰砂砖、蒸压粉煤灰砖有 MU25、MU20、MU15 和 MU10 4 个强度等级。

数字资源 1-3

(三) 石材

石材按其加工后的外形规则程度，可分为料石和毛石。

（1）料石　通过细加工，外表规则，叠砌面凹入深度不应大于 10 mm，截面的宽度、高度不宜小于 200 mm，且不宜小于长度的 1/4 的为细料石；规格尺寸同上，但叠砌面凹入深度不应大于 15 mm 的为半细料石；规格尺寸同上，但叠砌面凹入深度不应大于 20 mm 为粗料石；外形大致方正，一般不加工或仅稍加修整，高度不应小于 200 mm，叠砌面凹入深度不应大于 25 mm为毛料石。

数字资源 1-4
石材

（2）毛石　形状不规则，中部厚度不应小于 200 mm。石材的强度等级，可用边长为 70 mm的立方体试块的抗压强度表示。抗压强度取 3 个试件破坏强度的平均值。试件也可采用表 1-4 所列边长尺寸的立方体，但应对其试验结果乘以相应的换算系数后方可作为石材的强度等级。

表 1-4　石材强度等级的换算系数

立方体边长/mm	200	150	100	70	50
换算系数	1.43	1.28	1.14	1	0.86

二、胶凝材料

在工程建筑中，凡是经过一系列物理、化学作用，能将散粒材料或块状材料黏结成为整体的材料，统称为胶凝材料。胶凝材料根据其化学组成可分为无机胶凝材料和有机胶凝材料两大类。无机胶凝材料按其硬化条件不同，可分为气硬性胶凝材料和水硬性胶凝材料两大类。

常用的胶凝材料主要包括石灰、水泥、砂浆和混凝土。

（一）石灰

石灰是建筑工程中使用较早的胶凝材料之一，属于气硬性胶凝材料，由于其原材料来源广、生产工艺简单、成本低等特点被广泛地应用于建筑工程中。

1. *石灰的生产*

石灰的原材料有石灰石、白云石和石垩等，主要化学成分为碳酸钙。经高温（900～1 100℃）煅烧后，生成以氧化钙为主要成分的块状生石灰：

$$CaCO_3 \rightarrow CaO + CO_2$$

在实际生产过程中，煅烧温度常常控制在1 000～1 100℃。由于原材料中常含有碳酸镁，使得产品中常含有氧化镁。根据氧化镁的含量，生石灰可以分为钙质生石灰（≤5%）和镁质生石灰（>5%）。

块状生石灰根据加工方式不同，可制成工程中常用的生石灰粉、熟石灰粉和石灰膏。

2. *石灰的熟化和硬化*

（1）石灰的熟化（也称为消化） 在生石灰内加入适量的水，可熟化成以氢氧化钙为主要成分的熟石灰（又称为消石灰）：

$$CaO + H_2O \rightarrow Ca(OH)_2 + 64.9 \times 10^3\ J$$

在此过程中会放出大量的热并伴随着体积膨胀（一般体积增大1～2.5倍）。根据加水量和用途不同，石灰的熟化方式有两种：

①石灰膏 向化灰池中的块状生石灰加入过量的水（为其体积的3～4倍），并不停搅拌而生成。石灰水通过筛网流入储灰坑，经沉淀，除去上面的水后，剩余的为石灰膏。

欠火石灰中含有未分解的碳酸钙，会降低石灰的利用率；过火石灰熟化后，会形成放射状裂缝。为了消除过火石灰的危害，常将石灰膏在储灰坑中放置2周以上，这一过程称为“陈伏”。陈伏期间，应在石灰膏的表面留一层水分以防碳化。

②熟石灰粉 在生石灰中加入适量的水（一般为其重量的60%～80%），以能充分熟化而又不过湿成团为宜。熟石灰在使用之前，也应有相应的“陈伏”时间。

（2）石灰的硬化 石灰浆体的硬化过程包括干燥硬化和碳化硬化两个同时进行的过程。

①干燥硬化 由于水分的蒸发，氢氧化钙晶体从饱和溶液中析出，晶体长大、连生和相互交错而产生强度，主要在石灰内部进行。

②碳化硬化 氢氧化钙与空气中的二氧化碳反应生成碳酸钙结晶，并释放出水分：

$$Ca(OH)_2 + CO_2 + nH_2O = CaCO_3 + (n+1)H_2O$$

石灰碳化硬化后，密实度会增大，强度进一步提高，因此，碳化层越厚，石灰强度越高。

3. 石灰的质量要求、特性与应用

(1) 石灰的质量要求

①建筑生石灰　各类型生石灰中的不同等级产品应满足表 1-5 的要求。

表 1-5　建筑生石灰技术要求（JC/T 479—2013）

项　目	钙质生石灰			镁质生石灰	
	CL 90-Q	CL 85-Q	CL 75-Q	ML 85-Q	ML 80-Q
（CaO+MgO）含量/%	≥90	≥85	≥75	≥85	≥80
MgO 含量/%	≤5	≤5	≤5	>5	>5
CO_2 含量/%	≤4	≤7	≤12	≤7	≤7
SO_3 含量/%	≤2	≤2	≤2	≤2	≤2
产浆量/（L/kg）	≥2.6	≥2.6	≥2.6	—	—

②建筑生石灰粉　建筑生石灰粉是由块状生石灰磨细而成，按氧化镁含量多少可分为钙质生石灰粉和镁质生石灰粉两类。各类型生石灰粉中的不同等级产品应满足表 1-6 的要求。

表 1-6　建筑生石灰粉技术要求（JC/T 479—2013）

项　目		钙质生石灰粉			镁质生石灰粉	
		CL 90-QP	CL 85-QP	CL 75-QP	ML 85-QP	ML 80-QP
（CaO+MgO）含量/%		≥90	≥85	≥75	≥85	≥80
MgO 含量/%		≤5	≤5	≤5	>5	>5
CO_2 含量/%		≤4	≤7	≤12	≤7	≤7
SO_3 含量/%		≤2	≤2	≤2	≤2	≤2
细度	0.2 mm 筛余量/%	≤2	≤2	≤2	≤2	≤7
	90 μm 筛余量/%	≤7	≤7	≤7	≤7	≤2

③建筑消石灰　根据《建筑消石灰》（JC/T 481—2013）标准规定，按扣除游离水和结合水后（CaO+MgO）的百分含量分为钙质消石灰和镁质消石灰，各类型消石灰的不同等级应满足表 1-7 的要求。

表 1-7　建筑消石灰技术要求（JC/T 481—2013）

项　目		钙质消石灰			镁质消石灰	
		HCL 90	HCL 85	HCL 75	HML 85	HML 80
（CaO+MgO）含量/%		≥90	≥85	≥75	≥85	≥80
MgO 含量/%		≤5	≤5	≤5	>5	>5
SO_3 含量/%		≤2	≤2	≤2	≤2	≤2
游离水/%		≤2	≤2	≤2	≤2	≤2
细度	0.2 mm 筛余量/%	≤2	≤2	≤2	≤2	≤2
	90 μm 筛余量/%	≤7	≤7	≤7	≤7	≤7

（2）石灰的特性

①可塑性好　因为当生石灰熟化成石灰浆时，能形成极细颗粒（直径约为 1 μm）呈胶体分散状态的氢氧化钙，表面吸附着一层厚厚的水膜，所以可塑性良好。

②凝结硬化慢、强度低　由于空气中二氧化碳含量低，碳化缓慢而且仅限于表层，致密的碳化层既不利于二氧化碳渗入，也不利于内部水分的蒸发。因此，石灰的凝结硬化缓慢，硬化后强度低。

③耐水性差　石灰硬化缓慢、强度低。在潮湿环境条件下，未干燥硬化的石灰，由于水分无法蒸发而终止硬化。未碳化的氢氧化钙溶于水，使其强度降低甚至溃散。

④硬化时体积收缩大　石灰浆体在硬化过程中，游离水的大量蒸发，引起硬化石灰毛细管收缩，导致体积显著收缩，使硬化石灰体表面出现大量的无规则裂纹。

（3）石灰的应用

石灰在建筑工程中应用范围很广，主要用途如下：

①石灰乳和砂浆　用石灰膏或消石灰粉可配制石灰砂浆或水泥石灰混合砂浆，用于砌筑或抹灰工程，消石灰粉或石灰膏掺水可进行粉刷。

②石灰稳定土　将消石灰粉或生石灰粉掺入各种粉碎或原来松散的土中，经拌合、压实及养护后得到的混合料，称为石灰稳定土。它包括石灰土、石灰稳定沙砾土、石灰碎石土等。石灰稳定土具有一定的强度和耐水性，广泛用作建筑物基础、地面垫层及道路路面基层。

③硅酸盐制品　以石灰（消石灰粉或生石灰粉）与硅质材料（砂、粉煤灰、火山灰、矿渣等）为主要原料，经过配料、拌合、成型和养护后可制得砖、砌块等各种制品。因内部的胶凝物质主要是水化硅酸钙，所以称为硅酸盐制品，常用的有灰砂砖、粉煤灰砖等。

数字资源 1-5
石灰

（二）水泥

水泥是粉末状固体，它与水混合经过一系列的理化反应，由可塑性浆体变成坚硬的石状体，并能将砂、石等散粒材料黏结成为一个整体。水泥是广泛应用于建筑、水利等工程中最主要的建筑材料之一，主要用于配制混凝土和砂浆，水泥属于水硬性胶凝材料，它不仅能在空气中凝结硬化，而且能更好地在水中凝结硬化并保持强度增长。

水泥根据其水硬性成分不同可分为硅酸盐水泥、铝酸盐水泥和硫铝酸盐水泥等系列。常用的是硅酸盐水泥。硅酸盐水泥系列按其用途不同可分为通用水泥、专用水泥和特性水泥 3 种。通用水泥包括硅酸盐水泥、普通硅酸盐水泥、矿渣硅酸盐水泥、火山灰质硅酸盐水泥、粉煤灰硅酸盐水泥和复合硅酸盐水泥 6 种。

数字资源 1-6
水泥

1. 硅酸盐水泥的生产和矿物组成

（1）硅酸盐水泥的生产　硅酸盐水泥的主要原材料包括石灰质原材料和黏土质原材料两种。石灰质原材料采用石灰石、白垩和石灰质凝灰岩，它主要提供 CaO。黏土质原材料有黏土和黄土等，主要提供 SiO_2、Al_2O_3 和少量的 Fe_2O_3，有时还需要加入少量的铁矿石以弥补 Fe_2O_3 的不足。为了改善煅烧条件，常常加入少量的矿化剂和晶种等。

硅酸盐水泥的生产步骤是：先将几种原材料按一定比例混合磨细制成生料；然后将生料入窑进行高温（温度为 1 450℃）煅烧得熟料；在熟料中加入适量石膏（和混合材料）混合磨细即得到硅酸盐水泥，此过程简称为“两磨一烧”。在煅烧过程中，原材料分解为 CaO 与

SiO_2、Al_2O_3、Fe_2O_3。在高温下，它们相互化合，生成了新的化合物，称为水泥熟料矿物。

（2）水泥熟料的矿物组成　硅酸盐水泥熟料的主要矿物组成成分、简式和含量范围如表 1-8、表 1-9 所示。通用硅酸盐水泥的组分应符合表 1-8 的要求。通用硅酸盐水泥化学指标应符合表 1-9 的要求。

表 1-8　硅酸盐水泥组分技术要求（GB 175—2007）　　%

品种	代号	组分（质量分数）				
		熟料＋石膏	粒化高炉矿渣	火山灰质混合材料	粉煤灰	石灰石
硅酸盐水泥	P·Ⅰ	100	—	—	—	—
	P·Ⅱ	≥95	≤5	—	—	—
		≥95	—	—	—	≤5
普通硅酸盐水泥	P·O	≥80 且＜95		＞5 且≤20[a]		—
矿渣硅酸盐水泥	P·S·A	≥50 且＜80	＞20 且≤50[b]	—	—	—
	P·S·B	≥30 且＜50	＞50 且≤70[b]	—	—	—
火山灰质硅酸盐水泥	P·P	≥60 且＜80	—	＞20 且≤40[c]	—	—
粉煤灰硅酸盐水泥	P·F	≥60 且＜80	—	—	＞20 且≤40[d]	—
复合硅酸盐水泥	P·C	≥50 且＜80		＞20 且≤50[e]		

注：a. 本组分材料为符合本标准的活性混合材料，其中允许用不超过水泥质量 8%且符合本标准的非活性混合材料或不超过水泥质量 5%且符合本标准的窑灰代替。

b. 本组分材料为符合 GB/T 203 或 GB/T 18046 的活性混合材料，其中允许用不超过水泥质量 8%且符合本标准的活性混合材料或非活性混合材料或窑灰中的任一种材料代替。

c. 本组分材料为符合 GB/T 2847 的活性混合材料。

d. 本组分材料为符合 GB/T 1596 的活性混合材料。

e. 本组分材料为由两种（含）以上符合本标准的活性混合材料或/和非活性混合材料组成，其中允许用不超过水泥质量 8%且符合本标准的窑灰代替。掺矿渣时混合材料掺量不得与矿渣硅酸盐水泥重复。

表 1-9　硅酸盐水泥化学指标技术要求（GB 175—2007）　　%

品种	代号	不溶物*	烧失量*	三氧化硫*	氧化镁*	氯离子*
硅酸盐水泥	P·Ⅰ	≤0.75	≤3.0			
	P·Ⅱ	≤1.50	≤3.5	≤3.5	≤5.0[a]	
普通硅酸盐水泥	P·O	—	≤5.0			
矿渣硅酸盐水泥	P·S·A	—	—	≤4.0	≤6.0[b]	≤6.0[c]
	P·S·B	—	—		—	
火山灰质硅酸盐水泥	P·P	—	—	≤3.5	≤6.0[b]	
煤粉灰硅酸盐水泥	P·F	—	—			
复合硅酸盐水泥	P·C	—	—			

注：*. 质量分数。

a. 如果水泥压蒸试验合格，则水泥中氧化镁的含量（质量分数）允许放宽至 6.0%。

b. 如果水泥中氧化镁的含量（质量分数）大于 6.0%时，需进行水泥压蒸安定性试验并合格。

c. 当有更低要求时，该指标由买卖双方确定。

2. 硅酸盐水泥的水化与凝结硬化

(1) 硅酸盐水泥的水化 水泥熟料矿物与水反应称为硅酸盐水泥的水化。在硅酸盐水泥的水化过程中，铝酸三钙立即发生水化反应，而后是硅酸三钙和铁铝酸四钙水化，硅酸二钙水化最慢，生成了水化产物，并放出热量。水泥熟料单矿物水化反应式如下：

$$\underset{\text{硅酸三钙}}{2(3CaO \cdot SiO_2)} + 6H_2O = \underset{\text{水化硅酸钙}}{3CaO \cdot 2SiO_2 \cdot 3H_2O} + \underset{\text{氢氧化钙}}{3Ca(OH)_2}$$

$$\underset{\text{硅酸二钙}}{2(2CaO \cdot SiO_2)} + 4H_2O = 3CaO \cdot 2SiO_2 \cdot 3H_2O + Ca(OH)_2$$

$$\underset{\text{铝酸三钙}}{3CaO \cdot Al_2O_3} + 6H_2O = \underset{\text{水化铝酸三钙}}{3CaO \cdot Al_2O_3 \cdot 6H_2O}$$

$$\underset{\text{铁铝酸四钙}}{4CaO \cdot Al_2O_3 \cdot Fe_2O_3} + 7H_2O = 3CaO \cdot Al_2O_3 \cdot 6H_2O + \underset{\text{水化铁酸钙}}{CaO \cdot Fe_2O_3 \cdot H_2O}$$

水泥熟料矿物中，硅酸三钙和硅酸二钙水化产物为水化硅酸钙和氢氧化钙。铝酸三钙和铁铝酸四钙水化后生成水化铝酸三钙和水化铁酸钙。

硅酸盐水泥熟料四种主要矿物的水化特性各不相同，主要表现在对水泥强度、凝结硬化速度和水化热的影响上，各主要矿物成分的水化特性如表1-10所示。

表1-10 各熟料矿物成分的水化特性

项 目	名 称			
	硅酸三钙	硅酸二钙	铝酸三钙	铁铝酸四钙
凝结硬化速度	快	慢	最快	快
28 d 水化热	多	少	最多	中
强度	早期强度高	早期低、后期高	低	低

由于水泥熟料的水化特性不同，因此，在实际生产中，可以调整水泥中各矿物成分的含量，以生产出不同性质的水泥，达到满足不同环境条件下、不同结构类型混凝土的要求。由上述可以看出，硅酸盐水泥水化的主要产物有水化硅酸钙和水化铁酸钙凝胶体、氢氧化钙、水化铝酸钙和水化硫铝酸钙晶体。在完全水化的水泥石中，水化硅酸钙（C-S-H）凝胶约占70%，氢氧化钙晶体约占20%，高硫型水化硫铝酸钙和低硫型水化硫铝酸钙约占7%。

(2) 硅酸盐水泥的凝结硬化 水泥加水拌合后，最初形成的是可塑性浆体，之后水泥浆体逐渐变稠失去可塑性，称为水泥的凝结。随后水泥浆体开始产生强度并逐渐提高，最后变成一个坚硬的石状体（水泥石），这一过程称为水泥的硬化。

水泥的水化与凝结硬化是从水泥颗粒表面开始进行的，然后逐渐深入到水泥的内核。无论时间持续多久，多数水泥颗粒内核不可能完全水化。因此，硬化的水泥石中是由水化产物（凝胶体和晶体）、未水化的水泥颗粒内核、水（自由水和吸附水）和孔隙（毛细孔和凝胶孔）组成的一种非均质体。

3. 影响水泥凝结硬化的因素

影响水泥凝结硬化的因素，除了本身的矿物成分以外，还有细度、石膏掺量、养护时间（龄期）、温度和湿度等因素。

在适当的温度、湿度条件下，保证水泥石强度不断增长的措施，称为养护。在实际工程中，应加强养护，以保证水泥石强度正常发展。

4. 硅酸盐水泥的技术性质与应用

根据国家标准《通用硅酸盐水泥》（GB 175—2007）规定，硅酸盐水泥的技术性质包括细度、凝结时间、体积安定性和强度等。

（1）细度　水泥颗粒的粗细对水泥性质有较大影响，水泥颗粒粒径一般为 0.007～0.2 mm。水泥颗粒越细，比表面积越大，水化反应速度越快，水泥石的早后期强度均高。水泥颗粒过粗，不利于水泥活性的发挥。一般认为水泥颗粒在 0.04 mm 以下时的活性较高，而在 0.1 mm 以上时的活性很小。

硅酸盐水泥和普通硅酸盐水泥的细度以比表面积表示，其比表面积须大于3 000 cm^2/g（或 300 m^2/kg）；矿渣硅酸盐水泥、火山灰质硅酸盐水泥、粉煤灰硅酸盐水泥和复合硅酸盐水泥的细度以筛余表示，其 80 μm 方孔筛筛余不大于 10％或 45 μm 孔筛筛余不大于 30％。

（2）标准稠度需水量　水泥净浆的标准稠度是指在实验过程中，试锥下沉深度为（28±2）mm 时的净浆，在拌制此种净浆时所需拌合水量称为水泥的标准稠度需水量。硅酸盐水泥的标准稠度需水量一般为 24％～30％。

（3）凝结时间　水泥的凝结时间分为初凝时间和终凝时间。初凝时间是指从水泥加水拌合起到水泥标准稠度净浆开始失去可塑性所需时间。终凝时间是指从水泥加水拌合起到水泥标准稠度净浆完全失去可塑性并开始产生强度所需时间。

《通用硅酸盐水泥》（GB 175—2007）规定，硅酸盐水泥初凝时间不得早于 45 min，终凝时间不得迟于 6.5 h。普通硅酸盐水泥、矿渣硅酸盐水泥、火山灰质硅酸盐水泥、粉煤灰硅酸盐水泥和复合硅酸盐水泥初凝时间不得早于 45 min，终凝时间不得迟于 10 h。凡是初凝时间不符合标准的被视为废品，而终凝时间不符合标准的被视为不合格品。

影响水泥凝结硬化的因素较多，如水泥熟料矿物中铝酸三钙含量较高、石膏掺量不足、水泥颗粒过细、水灰比小和环境温度较高等均会使水泥的凝结硬化加快。在实际工程中，可掺入不同品种的外加剂来调整水泥的凝结时间。

（4）体积安定性　体积安定性是指水泥凝结硬化过程中，水泥石体积变化的均匀性。如水泥硬化中，发生不均匀的体积变化，称为体积安定性不良。

引起水泥体积安定性不良的原因是由于水泥熟料中存在过多的游离氧化钙和游离氧化镁或者由于水泥熟料中石膏掺量过多。国家标准规定，硅酸盐水泥熟料中氧化镁含量不得超过 5.0％，硅酸盐水泥中三氧化硫含量不得超过 3.5％，以保证水泥的体积安定性，规定水泥体积安定性必须合格，安定性不良的水泥被视为废品，不能用在工程中。

（5）强度和强度等级　强度是指材料在外力作用下抵抗破坏的能力。它是水泥的主要技术指标之一，一般以 28 d 的抗压强度来表征硅酸盐水泥的强度等级，如表 1-11 所示。

表 1-11 硅酸盐水泥各龄期的强度要求（GB 175—2007） MPa

品 种	强度等级	抗压强度		抗折强度	
		3 d	28 d	3 d	28 d
硅酸盐水泥	42.5	≥17.0	≥42.5	≥3.5	≥6.5
	42.5R	≥22.0		≥4.0	
	52.5	≥23.0	≥52.5	≥4.0	≥7.0
	52.5R	≥27.0		≥5.0	
	62.5	≥28.0	≥62.5	≥5.0	≥8.0
	62.5R	≥32.0		≥5.5	
普通硅酸盐水泥	42.5	≥17.0	≥42.5	≥3.5	≥6.5
	42.5R	≥22.0		≥4.0	
	52.5	≥23.0	≥52.5	≥4.0	≥7.0
	52.5R	≥27.0		≥5.0	
矿渣硅酸盐水泥	32.5	≥10.0	≥32.5	≥2.5	≥5.5
	32.5R	≥15.0		≥3.5	
粉煤灰硅酸盐水泥	42.5	≥15.0	≥42.5	≥3.5	≥6.5
火山灰质硅酸盐水泥	42.5R	≥19.0		≥4.0	
复合硅酸盐水泥	52.5	≥21.0	≥52.5	≥4.0	≥7.0
	52.5R	≥23.0		≥4.5	

按 GB/T 17671 进行试验。火山灰质硅酸盐水泥、粉煤灰硅酸盐水泥、复合硅酸盐水泥和掺火山灰质混合材料的普通硅酸盐水泥在进行胶砂强度检验时，其用水量按 0.50 水灰比和胶砂流动度不小于 180 mm 来确定。当流动度小于 180 mm 时，应以 0.01 的整倍数递增的方法将水灰比调整至胶砂流动度不小于 180 mm。胶砂流动度试验按 GB/T 2419 进行，其中胶砂制备按 GB/T 17671 规定进行。

（6）密度和堆积密度 硅酸盐水泥的密度为 3.0～3.15 g/cm^3，一般采用 3.1 g/cm^3。堆积密度与其堆积紧密程度有关，可在 1 000～1 600 kg/m^3 范围内取值。

（三）砂浆

砂浆是由一定比例的砂子和胶结材料（水泥、石灰膏、黏土等）加水和成，也叫灰浆。砂浆在建筑工程中用量非常大，用途十分广泛。砂浆按其所用胶凝材料主要可分为水泥砂浆、石灰砂浆和混合砂浆等，混合砂浆又分为水泥石灰砂浆、水泥黏土砂浆和水泥粉煤灰砂浆等。根据不同用途，砂浆可分为砌筑砂浆、抹面砂浆、装饰砂浆及特种砂浆（如防水、耐酸、绝热、吸声及小石子砂浆）等。石灰砂浆和混合砂浆不适用于地下或水下结构的砌体。

数字资源 1-7 砂浆

建筑工程中常用的是砌筑砂浆。凡是用来砌筑砖、石砌体和各种混凝土砌块以及混凝土构件接缝等的砂浆称之为砌筑砂浆。它的主要作用是胶结散状的块体材料，把上层块体材料所承受的荷载均匀地传递到下层块体材料。同时，它又填充块体材料之间的缝隙、增加密实性和强度，提高建筑物的保温、隔音、防潮性能，阻止空气穿透和水分渗透。

砂浆的组成材料与混凝土的情况基本相同，差别仅限于不含有粗骨料。砂浆又被称为细骨料混凝土。主要由无机胶凝材料、细骨料和水等材料按适当比例配制而成。因此，有关混凝土的和易性、强度和耐久性等的基本性质和规律，原则上也适用于砂浆。但砂浆为薄层铺筑，且多用来砌筑多孔吸水的砖、多孔混凝土及岩石材料，这些施工工艺和工作条件的差异，对砂浆又提出了与混凝土不尽相同的技术要求。所以，合理选择使用砂浆，对保证工程质量、降低工程造价具有重要意义。

1. 砂浆的组成材料

(1) 无机胶凝材料

①水泥 常用的普通水泥、矿渣水泥、火山灰水泥、粉煤灰水泥和无熟料水泥等通用水泥都可用来配制砂浆。对于一些有特殊要求的工程，如修补裂缝等应采用膨胀水泥，装饰砂浆还可能会用到白色水泥或彩色水泥。砂浆用水泥的强度等级常选择为 32.5～42.5 MPa，配制水泥砂浆时，水泥的等级不大于 32.5 MPa，配制石灰砂浆时，水泥的等级不大于 42.5 MPa,一般来说，水泥等级为砂浆等级的 4～5 倍比较适宜。在满足砂浆强度的条件下尽可能采用低强度水泥，但严禁使用废品水泥。

②掺和料 由于砌砖体砂浆标号较低，一般为 M5、M7.5、M10 和 M15，而水泥标号较高，因此，为了使砂浆使用方便，常在砂浆中掺入石灰、黏土膏、粉煤灰等掺和料来改善砂浆的和易性，并能简化工序，减少环境污染，还可降低成本、节约水泥，提高经济效益。

(2) 细骨料 砂子是砂浆中的骨料，要求坚固耐久、级配良好，细度模数为 2.3～3.0 (细度模数是表征天然砂粒径的粗细程度及类别的指标)。对于毛石砌体所用的砂子，一般选择为 5 mm；对于砖砌体使用中砂为宜，粒径不得大于 2.5 mm；对于光滑的抹面及勾缝砂浆应采用细砂。毛石砌体常用小石子砂浆，其所用砂子是在普通砂中掺 20%～30%粒径为 5～10 mm 或10～20 mm的小石子。

为了保证砂浆的质量，尤其在配制高标号砂浆时，应当选用洁净的砂子，且不应含有粒径大于 4.75 mm 的颗粒。配置水泥砂浆和水泥混合砂浆时，用天然砂的含泥量应小于 5.0%，泥块含量应小于 2.0%。

2. 砂浆的技术性能

(1) 新拌砂浆的和易性 砂浆的和易性 (砂浆的工作性) 是指新拌砂浆易于各工序施工操作 (搅拌、运输、浇注、捣实等) 并能获得质量均匀、成型密实的性能。

和易性好的砂浆容易在粗糙的砖石底面上铺设成均匀平整的薄层，能够和底面很好地紧密黏结，灰缝填筑饱满密实，所得砌体的强度、密实度、耐久性和整体性连接均好，不仅在运输和施工过程中不易产生分层、析水现象，方便施工操作，提高劳动生产效率，而且又能保证工程质量。新拌合的砂浆和易性包括流动性和保水性两个方面。

①流动性 砂浆的流动性也称稠度。砂浆的流动性大小用“沉入度”表示。通常用砂浆稠度测定仪来测定。一般的测定方法是先将拌合好的砂浆均匀地装入标准圆锥桶，装满后刮平表面，置于稠度测定仪下，使滑杆下的锥体尖端恰好与砂浆表面接触，然后突然放松滑杆，使锥体自由下沉，然后测定锥体自砂浆表面下沉在砂浆内的深度 (mm)，即为沉入度，如图 1-4 所示。

适宜的流动性一般情况下可参考表 1-12。

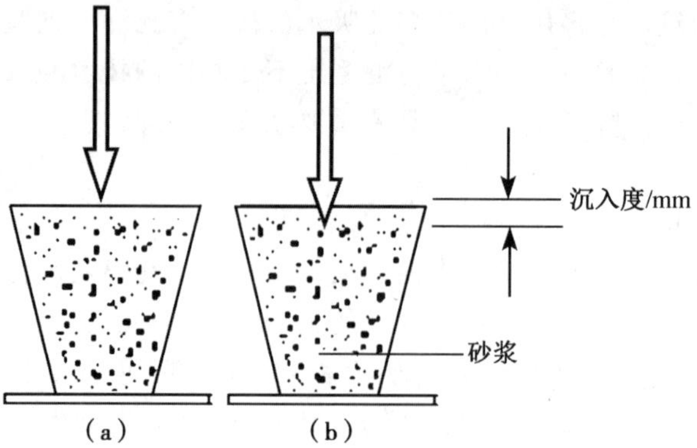

图 1-4 砂浆流动性测定示意图

(a) 沉入前 (b) 沉入后

表 1-12 砌筑砂浆的流动性（沉入度） mm

砌筑砂浆			抹面砂浆		
砌体种类	干燥气候或多孔砌体	寒冷气候或密实砌体	抹灰工程	机械施工	手工操作
砖砌体	80～100	60～80	准备层	80～90	110～120
普通毛石砌体	60～70	40～50	底层	70～80	70～80
振捣毛石砌体	20～30	10～20	面层	70～80	90～100
炉渣混凝土砌块	70～90	50～70	石膏浆面层	—	90～120

②保水性 砂浆的保水性是指砂浆能够保存水分的能力。砂浆的保水性可根据泌水率的大小或用分层度来评定。泌水率是指砂浆中泌出的水分占拌合水的百分率。分层度是指砂浆拌合物中的骨料因自重下沉，水分相对产生离析而上升，造成上下稠度的差别，这种差别称为分层度。

影响砂浆保水性的因素主要与骨料的粒径和细颗粒的量有关。若用的砂颗粒较粗，则吸附水的能力较小，易于下沉而引起水上浮，分层度将会增大。若砂及用水量过多，胶凝材料和掺合料不足，材料的总表面积小，吸附水的能力较小，水分易与胶凝材料分离，砂浆的保水性差，分层度必然增大。

砂浆中掺入适量加气剂或增塑材料能改善砂浆的保水性和流动性。但为了改善砂浆的保水性，掺合料用量过多，也会降低砂浆的强度。因此，在满足流动性和保水性的前提下，可减少掺合料的用量。

(2) 硬化砂浆的技术指标 砂浆硬化以后应具有足够的抗压强度、黏结强度、耐久性和工程所要求的其他技术指标。

工程中常以砂浆的抗压强度作为砂浆的主要技术指标。

①强度与等级 砂浆的强度主要是指抗压极限强度。常采用边长为70.7 mm×70.7 mm×70.7 mm立方体试件，在标准条件［温度（20±3)℃、水泥混合砂浆相对湿度为60%～80%的不通风条件下；纯水泥砂浆和微沫砂浆相对湿度在90%以上］下养护28 d后测定其抗压强度，以28 d的抗压强度（MPa）划分为M5、M7.5、M10、M15、M20、M25、M30 7个等级，工程中常用的等级为M5、M7.5、M10、M15、M20，对特别重要的砌体或耐久

性要求较高的工程，采用 M20 以上的砂浆。

②影响砂浆强度的因素　砂浆的强度随水泥强度等级的增加和养护温度的提高而增大。因此，应保证水泥的强度质量和养护的条件。搅拌时间的长短和使用期限会直接影响砂浆的强度。砂浆应采用砂浆搅拌机拌合，有效拌合时间不得少于 1.5 min。掺微沫剂的砂浆，机拌时间还应适当延长，搅拌时间不得少于 4 min，但最多不超过 6 min，这样可以保证砂浆质量。砂浆随拌随用，应在 4 h 内使用完毕。试验表明，用 M5 的过夜砂浆制成试件经过28 d 标准养护，强度只达到 60％（3.0 MPa）；而其他规格的过夜砂浆强度也明显出现大幅下降。

由于影响其强度的因素较多，很难用公式准确地计算出砂浆的抗压强度。在实际工程中，多根据具体的组成材料，采用试配的方法经过试验来确定其抗压强度。对普通水泥配制的砂浆，其抗压强度有式（1-1)、式（1-2）两种计算公式。

用于不吸水底面砌筑密实石材的砂浆：

$$f_{m,o}=A f_{ce}(C/W-B) \tag{1-1}$$

式中：$f_{m,o}$—砂浆 28 d 抗压强度（试件用有底试模成型），MPa；

f_{ce}—水泥 28 d 抗压强度，MPa；

C/W—灰水比；

A、B—经验系数，$A=0.29$，$B=0.40$。

用于吸水底面砌筑普通黏土砖及其他多孔材料的砂浆：

$$f_{m,o,w}=\frac{A f_{ce} Q_c}{1\,000}+B \tag{1-2}$$

式中：$f_{m,o,w}$—砂浆 28 d 抗压强度（试件用无底试模成型），MPa；

Q_c—1 m^3砂浆中水泥的用量，kg；

A、B—经验系数，$A=3.03$，$B=-15.09$。

3. 砂浆的配合比设计

根据工程类别及砌体部位的设计要求，砂浆要满足施工所需要的稠度和强度等级，必须进行配合比设计，计算出每立方米砂浆中的水泥、石灰膏、砂及掺合料的用量及其配合的比例。应按下列步骤进行。

（1）混合砂浆配合比计算

①确定砂浆试配强度　可由式（1-3）计算：

$$f_{m,o(sp)}=k f_2 \tag{1-3}$$

式中：$f_{m,o(sp)}$—砂浆的试配强度，MPa，应精确至 0.1 MPa；

k—系数，按表 1-13 取值；

f_2—砂浆强度等级值，MPa，应精确至 0.1 MPa。

砂浆强度标准差 σ 的确定应符合如下规定：

在有统计资料时，砂浆强度标准差应通过相关计算后得出；在无统计资料情况下，可按表 1-13 取值。

表 1-13 砂浆各等级强度标准差 σ 及系数 k

施工水平	强度标准差 σ/MPa							k
	M5.0	M7.5	M10.0	M15.0	M20.0	M25.0	M30.0	
优良	1.00	1.50	2.00	3.00	4.00	5.00	6.00	1.15
一般	1.25	1.88	2.50	3.75	5.00	6.25	7.50	1.20
较差	1.50	2.25	3.00	4.50	6.00	7.50	9.00	1.20

②计算水泥用量　砂浆中的水泥用量根据式（1-4）计算：

$$Q_c = \frac{1\,000(f_{m,o(sp)} - B)}{A \cdot f_{ce}} \tag{1-4}$$

③确定掺合料用量　砂浆中的掺合料用量按式（1-5）计算：

$$Q_d = Q_a - Q_c \tag{1-5}$$

式中：Q_d—1 m^3 砂浆的掺合料用量，kg；

Q_a—1 m^3 砂浆中胶凝材料总量，kg，一般为 300～350 kg；

Q_c—1 m^3 砂浆的水泥用量，kg。

为保证砂浆的流动性，所用膏状混合材料的稠度以（120±5）mm 为标准，当石灰膏较稠时，可按表 1-14 的换算系数进行调整。

表 1-14 石灰膏不同稠度的换算系数

石灰膏稠度/mm	120	110	100	90	80	70	60	50	40	30
换算系数	1.00	0.99	0.97	0.95	0.93	0.92	0.91	0.88	0.87	0.86

④确定砂用量和水用量　砂浆中的砂用量取干燥状态（含水率<0.5%）砂的堆积密度值（kg/m^3）。1 m^3 砂浆中的砂用量等于砂的堆积密度值与含水率的乘积加上砂的堆积密度值。1 m^3 砂浆中的水用量，可选用 240～310 kg。

（2）水泥砂浆配合比的选用　水泥砂浆材料用量可按表 1-15 选用。

表 1-15 1 m^3 水泥砂浆材料用量

强度等级	水泥用量/kg	砂子用量/kg	水用量/kg
M5～M7.5	200～260	砂的堆积密度值	270～330
M10～M15	260～330		
M20	340～400		
M25	360～410		
M30	430～480		

（3）配合比的试配、调整与确定　砂浆经计算或选取初步配合比后，应采用实际工程使用的材料进行试拌，测定拌合物的稠度和分层度，和易性不满足要求时，应进行调整，将其确定为试配时砂浆的基准配合比。试配时至少应采用 3 个不同的配合比，其中一个为基准配合比，其他配合比的水泥用量应按基准配合比分别增加或减少 10%。在保证稠度和分层度

合格的条件下，可将水用量或掺合料用量做相应调整。

对以上 3 个配合比，按《建筑砂浆基本性能试验方法》的规定拌合制作成型试件，测定砂浆强度，并选定符合试配强度要求的且水泥用量低的配合比作为砂浆配合比。

(四) 混凝土

由胶凝材料将粗、细骨料胶结而成的人造石材称为混凝土。在建筑工程中应用最为广泛的是以水泥为胶凝材料，以砂、石为骨料，加水拌制的混凝土，称为水泥混凝土，以下简称混凝土。

数字资源 1-8
混凝土

1. 混凝土的分类

混凝土品种繁多，分类方法也各不相同，通常按表观密度（指粉状或粒状材料在堆积状态下单位体积的质量）的大小进行分类。

（1）重混凝土　表观密度大于 2 600 kg/m^3，是用特别密实和特别重的特殊骨料配制而成。

（2）普通混凝土　表观密度为 1 950～2 600 kg/m^3，2 400 kg/m^3左右的最为常用，用天然的砂、石作骨料配制而成。

（3）轻混凝土　表观密度小于 1 950 kg/m^3，多用于有保温绝热要求的部位，强度等级高的轻骨料混凝土也可用于承重结构。

混凝土按用途、性能和施工方法不同可分为：结构混凝土、装饰混凝土、水工混凝土、道路混凝土、防水混凝土、高强混凝土、预拌混凝土（商品混凝土）、泵送混凝土、喷射混凝土、碾压混凝土、灌浆混凝土等。

混凝土还可按其抗压强度（f_{cu}）分为低强混凝土（$f_{cu}<30$ MPa）、中强混凝土（f_{cu}为 30～55 MPa）、高强混凝土（$f_{cu}\geqslant 60$ MPa）、超高强混凝土（$f_{cu}\geqslant 100$ MPa）。

2. 混凝土的特点

混凝土除原材料来源广泛，符合就地取材和经济等原则外，还有以下几个方面的优点：①强度和耐久性较高，维修费用低；②调整其配合成分，可满足不同要求；③混凝土拌合物具有可塑性；④混凝土与钢筋具有良好的黏结力和相近的热膨胀系数，两者结合可制成钢筋混凝土构件和结构，钢筋抗拉强度的优势可弥补混凝土脆性弱点，混凝土碱性可保护钢筋不生锈。

混凝土的主要缺点：①抗拉强度低；②受拉时变形能力小，易开裂；③自重大等。

3. 工程对混凝土的基本要求

建筑工程中使用的混凝土，一般必须满足以下四点基本要求：①混凝土拌合物应具有与施工条件相适应的施工和易性；②混凝土在规定龄期达到设计要求的强度；③硬化后的混凝土具有与工程环境条件相适应的耐久性；④经济合理，在保证质量前提下，节约造价。

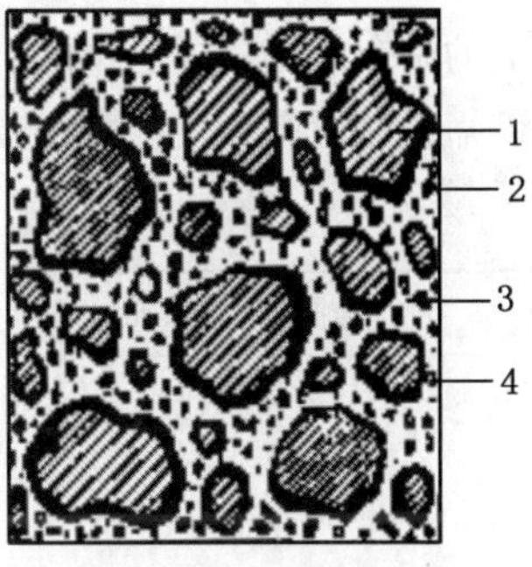

图 1-5　混凝土结构

1. 石子　2. 砂子　3. 水泥浆　4. 气孔

4. 普通混凝土的组成材料

普通混凝土是以水泥为胶凝材料，以砂、石为骨料加水拌合，经浇筑成型、凝结硬化形成的人造石材，其结构如图 1-5 所示。其中水泥和水构成水泥浆，包裹在骨料表面并填充砂的空隙形成砂浆，砂浆包裹石子颗粒并填充石子的空隙形成混凝土。在混凝土硬化前，水泥浆赋予拌合物一定和易性，起润滑作用，使拌合物便于浇筑施工。水泥浆硬化后，则将骨料胶结成一个坚实的整体。

(1) 水泥 主要用于配制混凝土和砂浆。水泥与水混合，由可塑性浆体变成坚硬的石状体，能将散粒材料胶结成为一个整体。

(2) 细骨料 混凝土细骨料指粒径在 0.15～4.75 mm 的岩石颗粒，又称为砂。配制混凝土对砂的质量要求主要包括：颗粒级配与粗细程度、含泥量与泥块含量、有害杂质含量及物理力学性质等。

①颗粒级配与粗细程度 砂的颗粒级配，指不同粒径砂粒的搭配情况。当砂中含有较多的粗粒径砂，并以适当的中粒径砂及少量细粒径砂填充其空隙，则可使砂子的空隙率及表面积均较小，即构成良好的级配，达到节约水泥和提高强度的目的。

从图 1-6 可以看出：如果是同样粗细的砂，空隙最大，如图 1-6 (a) 所示；两种粒径的砂搭配起来，空隙就减小了，如图 1-6 (b) 所示；多种粒径的砂搭配，空隙就更小了，如图 1-6 (c) 所示。由此可见，要想减小沙粒间的空隙，就必须有大小不同的颗粒搭配。

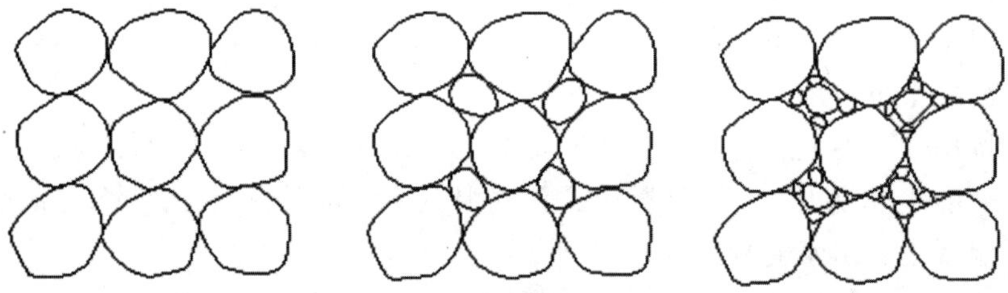

(a)　　(b)　　(c)

图 1-6 骨料颗粒级配

(a) 同种粒径砂 (b) 两种粒径砂 (c) 多种粒径砂

砂子的粗细程度，是指不同粒径的砂粒混合在一起后的平均粗细程度，通常有粗砂、中砂与细砂之分，以中砂为宜。

砂的颗粒级配和粗细程度，常用筛分法进行测定。用级配区表示砂的颗粒级配，用细度模数表示砂的粗细。筛分法是用一套孔径（净尺寸）为 4.75 mm、2.36 mm、1.18 mm、0.60 mm、0.30 mm 及 0.15 mm 的标准筛，将 500 g 的干砂试样由粗到细依次过筛，然后称得余留在各个筛上的砂的质量，并计算出各筛上的分计筛余百分率 a_1、a_2、a_3、a_4、a_5 和 a_6（各筛上的筛余量占砂样总量的百分率）及累计筛余百分率 A_1、A_2、A_3、A_4、A_5 和 A_6（各个筛和比该筛粗的所有分计筛余百分率相加）。累计筛余百分率与分计筛余百分率的关系见表 1-16。

表 1-16 累计筛余百分率与分计筛余百分率的关系

筛孔尺寸/mm	分计筛余百分率/%	累计筛余百分率/%
4.75	a_1	$A_1=a_1$
2.36	a_2	$A_2=a_1+a_2$
1.18	a_3	$A_3=a_1+a_2+a_3$
0.60	a_4	$A_4=a_1+a_2+a_3+a_4$
0.30	a_5	$A_5=a_1+a_2+a_3+a_4+a_5$
0.15	a_6	$A_6=a_1+a_2+a_3+a_4+a_5+a_6$

细度模数 μ_f 用式（1-6）计算：

$$\mu_f=\frac{(A_2+A_3+A_4+A_5+A_6)-5A_1}{100-A_1} \tag{1-6}$$

μ_f 越大，表示砂越粗。μ_f 为 3.1～3.7 的是粗砂；μ_f 为 2.3～3.0 的是中砂；μ_f 为 1.6～2.2 的是细砂。

②物理性质　砂的表观密度、堆积密度、空隙应符合以下规定：表观密度 $\rho>2\ 500\ kg/m^3$；松散堆积密度 $\rho'_0>1\ 350\ kg/m^3$；空隙率 $P'<47\%$。

（3）粗骨料　普通混凝土常用的粗骨料有卵石和碎石。由自然分化、水流搬运和分选、堆积形成的粒径大于 4.75 mm 的岩石颗粒，称为卵石。碎石则是由天然岩石或卵石经机械破碎和筛分制成的、粒径大于 4.75 mm 的岩石颗粒。按技术要求混凝土粗骨料分为Ⅰ类、Ⅱ类和Ⅲ类。Ⅰ类宜用于强度等级大于 C60 的混凝土；Ⅱ类宜用于强度等级为 C30～C60 及有抗冻、抗渗或其他要求的混凝土；Ⅲ类宜用于强度等级小于 C30 的混凝土。质量的具体要求见国家标准《建设用卵石、碎石》(GB/T 14685—2011)。

①物理特性　表观密度、堆积密度、空隙率规定应符合 GB/T 14685—2011。

②强度　用压碎指标表示粗骨料的强度，是将一定质量气干状态下 9.5～19.0 mm 的石子装入一定规格的圆筒内，在压力机上施加荷载到 200 kN 并稳荷 5 s，卸荷后称取试样质量 m_o，用孔径为 2.36 mm 的筛筛除被压碎的细粒，称取试样的筛余量 m_i。

$$\delta_a=\frac{m_o-m_i}{m_o}\times100\% \tag{1-7}$$

式中：δ_a—压碎指标，%；

m_o—试样的质量，g；

m_i—压碎试验后筛余的试样质量，g。

压碎指标应符合表 1-17 的规定。

表 1-17　压碎指标　　%

项　目	指　标		
	Ⅰ类	Ⅱ类	Ⅲ类
碎石压碎指标，<	10	20	30
卵石压碎指标，<	12	16	16

（4）混凝土拌合及养护用水　混凝土拌合及养护用水按水源可分为饮用水、地表水、地下水、海水及适当处理后的工业废水，凡可饮用的水均可用于拌制和养护混凝土。

5. 混凝土的配合比设计

混凝土配合比指混凝土中各组成材料数量之间的比例关系，通常有以下两种表示方法：一种方法是以每立方米混凝土中各材料用量表示，如水泥 370 kg，水 210 kg，砂 670 kg，石子 1 150 kg；另一种方法是以各材料之间的质量比表示（以水泥质量为 1），将上例换算成质量比为：水泥：砂：石子：水＝1：1.8：3.1：0.55。

（1）混凝土配合比设计的主要参数　混凝土配合比设计是根据混凝土性能要求，确定水泥、粗细骨料和水这 4 种基本组成材料之间的 3 个比例关系。水与水泥之间的比例关系，常用水灰比表示；砂与石子之间的比例关系，常用砂率（砂子用量占砂石总用量的百分率）表示；水泥浆与骨料之间的比例关系，常用 1 m^3 混凝土的用水量表示。在配合比设计中，只要正确地确定这 3 个参数，就能设计出经济、合理的混凝土配合比。

①水灰比 水灰比直接影响混凝土强度及耐久性。水灰比较小时，混凝土强度、密实性及耐久性较高，但耗用水泥较多，混凝土发热量也较大；水灰比较大时，混凝土强度较低，耐久性变差；水灰比过大时，混凝土拌合物的黏聚性及保水性难以得到满足，会影响混凝土质量，并给施工造成困难。

满足强度要求的水灰比，可由对工程原材料进行试验所建立的混凝土强度与水灰比关系曲线求得。也可参照经验公式初步确定，然后再进行试验校核。当混凝土强度等级小于 C60 时，根据水泥抗压强度的实测值 f_{ce}、骨料种类及所要求的混凝土配制强度 $f_{cu,0}$，可按式 (1-8) 计算要求的水灰比：

$$\frac{W}{C}=\frac{\alpha_a \cdot f_{ce}}{f_{cu,0}+\alpha_a \cdot \alpha_b \cdot f_{ce}} \tag{1-8}$$

式中：W/C —水灰比；

α_a、α_b—回归系数；

f_{ce}—水泥抗压强度，MPa；

$f_{cu,0}$—混凝土配制强度，MPa。

为了保证混凝土具有足够的耐久性，水灰比值不得超过施工规范所规定的最大允许值，钢筋混凝土及预应力混凝土结构的混凝土最大水灰比见表 1-18。满足耐久性要求的水灰比，应通过混凝土抗渗性、抗冻性等试验确定。

以上根据强度和耐久性要求所求得的两个水灰比中，应选取其中较小者，以便能同时满足强度和耐久性的要求。

表 1-18 混凝土最大水灰比和最小水泥用量

环境条件类别	最大水灰比	最小水泥用量/kg		
		素混凝土	钢筋混凝土	预应力混凝土
一	0.65	200	220	280
二	0.60	230	260	300
三	0.55	270	300	340
四	0.45	300	360	380

注：1. 素混凝土的最大水灰比可按表中所列数值增大 0.05；

2. 结构类型为薄壁或薄腹构件时，最大水灰比宜适当减小；

3. 处于三、四类环境条件又受冻严重或受冲刷严重的结构，最大水灰比应按照《水工建筑物抗冰冻设计规范》的规定执行；

4. 承受水力梯度较大的结构，最大水灰比宜适当减小。

②单位用水量 可根据原材料情况、实际经验资料得出单位用水量经验值。当缺乏资料时，可根据混凝土坍落度要求，参照表 1-19 初步估计单位用水量，再按此单位用水量试拌混凝土，测定其坍落度。若不符合要求，应保持水灰比不变的情况下调整水泥浆数量，不应单纯加大用水量来调整混凝土拌合物的流动性，否则会降低混凝土的强度和耐久性。

表 1-19 干硬性和塑性混凝土的单位用水量 kg/m³

拌合物稠度		卵石最大粒径/mm					碎石最大粒径/mm				
项目	指标	10	20	31.5	40	80	16	20	31.5	40	80
维勃稠度/s	15～20	175	160		145		180	170		155	
	10～15	80	165		150		185	175		160	
	5～10	185	170		155		190	180		165	
坍落度/mm	10～30	190	170	160	150	135	200	185	175	165	150
	30～50	200	180	170	160	140	210	195	185	175	155
	50～70	210	190	180	170	150	220	205	195	185	160
	70～90	215	195	185	175	155	230	215	205	195	175

注：维勃稠度是指按标准方法成型的截头圆锥形混凝土拌合物，经震动至摊平状态的时间（s），测定混凝土拌合物黏稠程度的指标。

1. 本表用水量系用中砂时的平均取值，采用细砂时，每立方米混凝土用水量可增加 5～10 kg，采用粗砂则可减少5～10 kg；
2. 掺用各种外加剂或掺合料时，用水量应相应调整；
3. 水灰比＜0.4 或＞0.8 的混凝土以及采用特殊成型工艺的混凝土用水量应通过试验确定；
4. 本表适用于骨料为干燥状态，当以饱和面干状态为基准时，用水量需减小 10～20 kg/m³。

③砂率　是指混凝土中砂的质量占砂、石总质量的百分率。合理的砂率值应根据拌合物的坍落度、黏聚性和保水性等特征来确定。在保证拌合物不离析，又能很好地浇灌、捣实的条件下，应尽量选用较小的砂率，这样可节约水泥。

由于影响合理砂率的因素很多，目前尚不能用计算方法准确求得其值。对于混凝土用量比较大的工程应通过试验找到合理砂率，其方法是：预先参照经验图表估计几个砂率，拌制几组混凝土，进行和易性对比试验，从中选出合理砂率。混凝土数量比较小或无使用经验可按骨料的品种、规格及混凝土的水灰比值参照表 1-20 选用合理的数值。此表适用于 10 mm≤坍落度≤60 mm 的混凝土。

表 1-20 混凝土的砂率 %

水灰比（W/C）	卵石最大粒径/mm					碎石最大粒径/mm				
	10	20	40	80	150	16	20	40	80	150
0.40	26～32	25～31	24～30	24	20	30～35	29～34	27～32	28	24
0.50	30～35	29～34	28～33	25	22	33～38	32～37	30～35	29	26
0.60	33～38	32～37	31～36	27	24	36～41	35～40	33～38	31	28
0.70	36～41	35～40	34～39	29	26	39～44	38～43	36～41	33	30

注：1. 本表数值系中砂的选用砂率，对细砂或粗砂，可相应地减少或增加砂率；
2. 只用一个单粒级细粗骨料配制混凝土时，砂率应适当增大；
3. 对薄壁构件砂率取偏大值；
4. 本表中的砂率系指砂与骨料总量的质量比。

（2）普通混凝土配合比设计的方法与步骤

①初步计算配合比

A. 确定水灰比 W/C　根据强度及耐久性要求，参考式（1-8）及表 1-18 确定。

B. 估计单位用水量 m_{wo}　根据拌合物坍落度的要求，参考表 1-19 确定。

C. 估计含砂率 β_s 参照表 1-20 进行估算。

D. 计算水泥用量 m_{co} 用初步确定的水灰比及单位用水量，按式（1-9）计算：

$$m_{co}=\frac{m_{wo}}{W/C} \tag{1-9}$$

混凝土水泥用量应不少于施工规范要求的最小水泥用量（表 1-18），如果计算的水泥用量小于规定的最小水泥用量，则取规定的最小水泥用量。

E. 计算粗骨料用量 m_{go} 及细骨料用量 m_{so} 根据上述各参数，按体积法或重量法计算。

所谓体积法是假定 1 m^3 新浇筑的混凝土内各项材料的绝对体积和所含空气的体积之和为 1 m^3。则将上述初步估算出的 m_{wo}、m_{co} 及 β_s 等值代入式（1-10）即可求得 1 m^3 混凝土中各项材料用量。

$$\begin{cases}\dfrac{m_{co}}{\rho_c}+\dfrac{m_{go}}{\rho_g}+\dfrac{m_{so}}{\rho_s}+\dfrac{m_{wo}}{\rho_w}+0.01\alpha=1\\[2ex]\beta_s=\dfrac{m_{so}}{m_{so}+m_{go}}\times100\%\end{cases} \tag{1-10}$$

式中：ρ_c—水泥密度，kg/m^3，可取 2 900～3 100 kg/m^3；

ρ_g—粗骨料的表观密度，kg/m^3；

ρ_s—细骨料的表观密度，kg/m^3；

ρ_w—水的密度，kg/m^3，可取 1 000 kg/m^3；

α—混凝土的含气量百分数，在不使用引气型外加剂时，α 可取为 1。

所谓重量法是在原材料质量比较稳定，新拌混凝土的表观密度接近一个固定值时，就可假定一个新浇筑好的混凝土单位体积的质量，按式（1-11）计算粗、细骨料的用量。

$$\begin{cases}m_{co}+m_{go}+m_{so}+m_{wo}=m_{cp}\\[1ex]\beta_s=\dfrac{m_{so}}{m_{so}+m_{go}}\times100\%\end{cases} \tag{1-11}$$

式中：m_{co}—1 m^3 混凝土的水泥用量，kg；

m_{go}—1 m^3 混凝土的粗骨料用量，kg；

m_{so}—1 m^3 混凝土的细骨料用量，kg；

m_{wo}—1 m^3 混凝土的用水量，kg；

β_s—砂率，%；

m_{cp}—1 m^3 混凝土拌合物的假定重量，kg；其值可取 2 350～2 450 kg。

②配合比的试配、调整与确定

A. 试拌调整得出供检验强度用的基准配合比。

混凝土试拌合调整的方法：按初步配合比称取拌制 0.015～0.025 m^3 混凝土所需的各项材料，按试验规程拌制混凝土，测定其坍落度，观察黏聚性及保水性。若坍落度不符合要求，或黏聚性和保水性不好时，则保持水灰比不变，调整砂率或用水量，再进行拌合试验，直至符合要求。所得配合比即为供检验强度用的基准配合比。

每次调整均应试拌，直到新拌混凝土的性能符合要求为止。调整好的混凝土，测定其拌合物表观密度 $\rho_{c,t}$。根据该拌合物中水泥实际用量 m'_c、水实际用量 m'_w、粗骨料实际用量

m'_{g}、细骨料实际用量m'_{s}及实测的表观密度$\rho_{c,t}$，按式（1-12）计算该混凝土的基准配合比（供检验强度用的水泥用量 m_{c}、用水量 m_{w}、粗骨料用量 m_{g}、细骨料用量 m_{s}）：

$$\begin{cases} m_{c}=\dfrac{\rho_{c,t}}{m'_{c}+m'_{w}+m'_{g}+m'_{s}}\times m'_{c} \\ m_{w}=\dfrac{\rho_{c,t}}{m'_{c}+m'_{w}+m'_{g}+m'_{s}}\times m'_{w} \\ m_{g}=\dfrac{\rho_{c,t}}{m'_{c}+m'_{w}+m'_{g}+m'_{s}}\times m'_{g} \\ m_{s}=\dfrac{\rho_{c,t}}{m'_{c}+m'_{w}+m'_{g}+m'_{s}}\times m'_{s} \end{cases} \tag{1-12}$$

B. 检验强度及耐久性等，确定混凝土配合比。

混凝土基准配合比的水灰比值不一定恰当，结果的强度和耐久性不一定符合要求。所以，必须进行强度和耐久性试验。一般采用 3 个不同的配合比，其中一个为基准配合比，另外两个配合比的水灰比，应较基准配合比分别增加及减少 0.05，但用水量应该与基准配合比相同，砂率值可增加或减少 1%。

配合比的调整与确定是根据试验得出的混凝土强度与灰水比（C/W）的关系，用作图法或计算法求出与混凝土配制强度（$f_{cu,0}$）相对应的灰水比，并按下列原则确定 1 m^3混凝土的材料用量：用水量（m_{w}）应在基准配合比的用水量的基础上，根据制作强度试件时测得的坍落度或维勃稠度进行调整确定；水泥用量（m_{c}）应以用水量乘以选定出来的灰水比计算确定；粗、细骨料用量（m_{g}和 m_{s}）应在基准配合比中的粗、细骨料用量的基础上，按选定的水灰比做适当调整后确定。

混凝土配合比经过试配、调整和确定后，还需根据实测的混凝土表观密度（$\rho_{c,t}$）做必要的校正。其步骤是：

首先根据以上确定的各材料用量，按式（1-13）计算混凝土的表观密度计算值 $\rho_{c,c}$：

$$\rho_{c,c}=m_{c}+m_{w}+m_{g}+m_{s} \tag{1-13}$$

然后按式（1-14）计算混凝土配合比校正系数 δ：

$$\delta=\frac{\rho_{c,t}}{\rho_{c,c}} \tag{1-14}$$

当 $\rho_{c,t}$与 $\rho_{c,c}$之差的绝对值不超过计算值的 2%时，混凝土的配合比不需校正，调整确定的配合比，即为确定的设计配合比。当二者之差超过 2%时，应将配合比中每项材料用量均乘以校正系数 δ，重新获得确定的设计配合比。

对于大型混凝土工程，常对混凝土配合比进行系统试验确定配合比。即在确定初步水灰比时，就同时选取 3～5 个值，对每一水灰比，又选取 3～5 种砂率及 3～5 种单位用水量，组成多种配合比，平行进行试验并相互校核。通过试验，绘制水灰比与单位用水量、合理砂率、强度、抗渗等级、抗冻等级等的关系曲线，并综合这些关系曲线最终确定配合比。

③施工配料单的计算　试验室确定的配合比是在室内标准条件下通过试验获得的。施工过程中，应根据条件变化将试验室确定的配合比进行换算和调整，得出施工配料单（也称施

工配合比）供施工应用。

如实测工地的砂、石子的含水率（或表面含水率）分别为 W_s 及 W_g，则混凝土施工配料的各项材料用量（配料单）应为：

$$\begin{cases} m'_c = m_c \\ m'_s = m_s(1+W_s) \\ m'_g = m_g(1+W_g) \\ m'_w = m_w - m_s W_s - m_g W_g \end{cases} \tag{1-15}$$

第二节 骨架材料

骨架材料主要有金属、竹木、钢筋混凝土等，建筑钢材和木材是常用的骨架材料。

一、建筑钢材

建筑钢材是指建筑工程中所用的各种钢材，包括结构用型钢、钢板和钢管，以及钢筋混凝土用钢筋和钢丝。

设施农业建筑一般为轻型钢结构，所用钢材主要有普通碳素结构钢和低合金高强度结构钢。而且，多采用断面为矩形或圆形的钢管，轻型 H 形钢，C 形、“几”字形冷弯薄壁型钢，采用高强螺栓、普通螺栓及自攻螺钉等连接件和覆盖材料的金属安装辅材等，装配组装起来形成装配式钢结构体系。

（一）建筑钢材的力学性能和工艺性能

数字资源 1-9

建筑钢材

钢材在建筑结构中主要是承受拉力、压力、弯曲、冲击等外力作用。施工中还经常对钢材进行冷弯和焊接等。因此，钢材的力学性能和工艺性能既是设计和施工人员选用钢材的主要依据，也是生产钢材、控制材质的重要参数。

1. 力学性能

在建筑结构中，建筑钢材常受到静荷载和动荷载的作用。

拉伸作用是建筑钢材主要受力形式，所以，抗拉性能是表示钢材性质的指标之一，也是选用钢材最重要的依据。

钢材受拉时，在产生应力（单位面积上的力）的同时，相应地产生应变（单位长度的伸长）。图 1-7（a）是建筑工程中常用的低碳钢受拉时的应力-应变曲线，通过对低碳钢的拉伸试验，材料受拉直至破坏，经历了以下 4 个阶段：

（1）弹性阶段　在 OA 范围内，试件的应力和应变成正比关系。此阶段产生的变形是弹性变形。弹性阶段的最高点（A 点）所对应的应力（σ_p）称为弹性极限。弹性极限（σ_p）与相对应的应变（ε_p）之比，称为弹性模量（$E=\sigma_p/\varepsilon_p$）。对于同一种钢材，E 为一常数。

（2）屈服阶段　在 AB 范围内，钢材试件 σ 与 ε 不再成正比关系，钢材在静荷载作用下发生了弹性变形和塑性变形。当应力达到 B 上点时，即使应力不再增加，塑性变形仍明显增长，钢材出现了“屈服”现象。图 1-7（a）中 B 下点对应的应力值 σ_s 被规定为屈服点（或称屈服强度）。设计时一般以 σ_s 作为强度取值的依据。

对于不出现屈服现象的硬钢，如高碳钢、预应力钢丝等，通常以产生残余应变为 0.2% 的应力值作为屈服点（$\sigma_{0.2}$），或称条件屈服点，见图 1-7（b）。

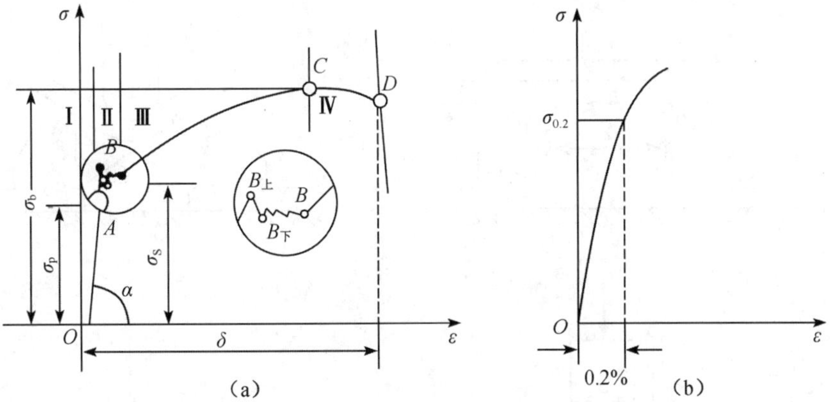

图 1-7　拉伸时 σ-ε 曲线

（a）低碳钢　（b）高碳钢

（3）强化阶段　在 BC 阶段，钢材又恢复了抵抗变形的能力，故称强化阶段。其中 C 点对应的应力值 σ_b 称为抗拉强度或强度极限。抗拉强度是钢材抗断裂破坏能力的指标，可以根据屈强比（σ_s/σ_b）来评价。通常情况下，屈强比为 0.60～0.75 比较合适。

（4）颈缩阶段　过 C 点后，钢材抵抗变形的能力明显降低，并在受拉试件的某处迅速发生较大的塑性变形，出现“颈缩”现象，直至断裂。此时，可计算出钢材的伸长率。伸长率是钢材拉断后，试件标距长度的伸长量 ΔL（试件拉断后标距间的长度 L_1 与原标距长 L_0 的差）与原标距长 L_0 的比值，即

$$\delta=\frac{\Delta L}{L_0}=\frac{L_1-L_0}{L_0}\times 100\% \qquad (1\text{-}16)$$

伸长率的大小受试件标距长短的影响，因此，国家标准规定：标准拉伸试验的标距长度为 $L_0=10d_0$ 或 $5d_0$（d_0 是试件直径）。其伸长率相应被称为 δ_{10} 或 δ_5，对于同一种钢材 $\delta_5>\delta_{10}$。

2. 工艺性能

（1）可焊性　焊接是采用加热或加热且加压的方法使两个分离的金属件联结在一起的方法。钢材含碳大于 0.3% 后，可焊性变差；杂质及其他元素增加，可焊性降低，特别是硫（S）能使焊缝硬脆。

（2）冷弯性能　冷弯性能是指钢材在常温下承受静力弯曲时所容许的变形能力。冷钢材含碳、磷较高或曾经过不正常冷热处理，则其冷弯性能往往不合格。

钢材在弯曲过程中，受弯部位产生局部不均匀塑性变形，这种变形在一定程度上比伸长率更能反映钢的内部组织状态、内应力及杂质等缺陷。因此，也可以用冷弯的方法来检验钢的焊接质量。

冷弯试验的装置及弯曲程度的 3 种类型如图 1-8 所示。其弯心直径为 d，弯曲角度 α 分别为：60°如图 1-8（b）所示、90°如图 1-8（c）所示、180°如图 1-8（d）所示。

冷弯性能合格是指钢材试件在受到规定的弯曲角度和弯心直径条件下，弯曲试件的外拱面不发生裂缝、断裂或起层等现象。

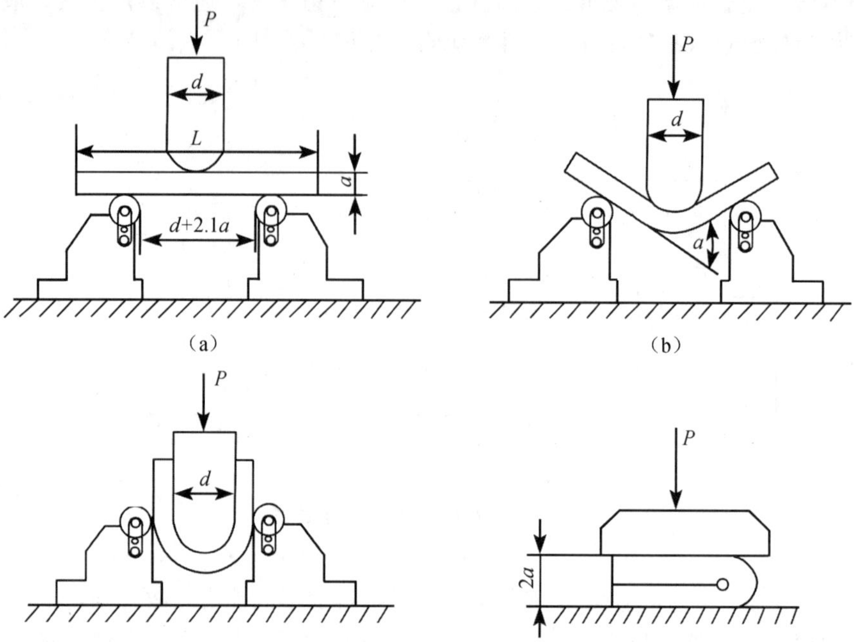

图 1-8 钢材冷弯示意图

(二) 建筑钢材的选用

建筑钢材分为钢结构用钢材和钢筋混凝土结构用钢筋。

1. 钢结构用钢材

钢结构是用各种型钢、钢板、钢管等，经焊接、铆接或螺栓连接而成的工程结构。其结构的特点：①构件尺寸大，形状复杂，不可能对其进行整体热处理，钢材必须在供货状态下直接工作。②构件在制作过程中，常需经冷弯、焊接等，要求钢材可焊性好，冷加工时效敏感性小。③结构暴露于自然环境，尤其是温室结构多处于潮湿、腐蚀或高温条件下工作，要求钢材具有在所处环境下的可靠性及耐久性。

建筑及温室钢结构钢材的选用，主要选用普通碳素结构钢 Q235-A、Q235-B 及低合金高强度结构钢 Q345-A、Q345-B 等，有特殊要求时（如动荷载、严寒地区工程）应选用专门用途钢材。温室结构中采用的钢材主要为 Q235 沸腾钢。

2. 钢筋混凝土结构用钢筋

钢筋混凝土结构用钢筋主要有：热轧钢筋、冷轧带肋钢筋、冷拉热轧钢筋等。在温室主体骨架结构及普通混凝土结构中，通常采用热轧钢筋。

二、木材

木材作为建筑和装饰材料具有一系列的优点：比强度大，具有轻质高强的特点；弹性韧性好，能承受冲击和振动作用；导热慢，具有较好的隔热、保温性能；在适当的保养条件下，有较好的耐久性；纹理美观、色调温和、风格典雅，极富装饰性；易于加工，可制成各种形状的产品；绝缘性好、无毒性；木材的弹性、绝热性和暖色调的结合，给人以温暖和亲切感。

木材的主要缺点是：构造不均匀，呈各向异性；湿胀干缩大，处理不当易翘曲和开裂；天然缺陷较多，降低了材质和利用率；耐火性差，易着火燃烧；使用不当易腐朽、虫蛀。

数字资源 1-10
木材

（一）普通性质

1. 化学性质

木材的化学组成有纤维素、木质素和半纤维素，这些是构成细胞壁的主要成分。此外还有脂肪、树脂、蛋白质、挥发性油以及无机化合物等。

2. 物理性质

（1）含水率与吸湿性　木材所含水的质量占干燥木材质量的百分率，称为木材含水率。木材内部所含的水分，可以分为以下 3 种：①自由水是指存在于细胞腔中和细胞间隙之中的水，自由水影响木材的表观密度、保存性、抗腐蚀性和燃烧性。②吸附水是指被吸附在细胞壁内细纤维间的水，直接影响到木材的强度和体积的胀缩。③化合水是指木材化学成分中的结合水，对木材的性能无大的影响。

当木材中的吸附水达到饱和，而尚无自由水时的含水率称为纤维饱和点。纤维饱和点是木材物理、力学性能发生变化的转折点。

干燥的木材能从周围的空气中吸收水分，潮湿的木材能向周围释放水分，直到木材的含水率与周围空气的相对湿度达到平衡为止。此时木材的含水率称为平衡含水率。平衡含水率随周围环境的温度和相对湿度而改变，如图 1-9 所示。

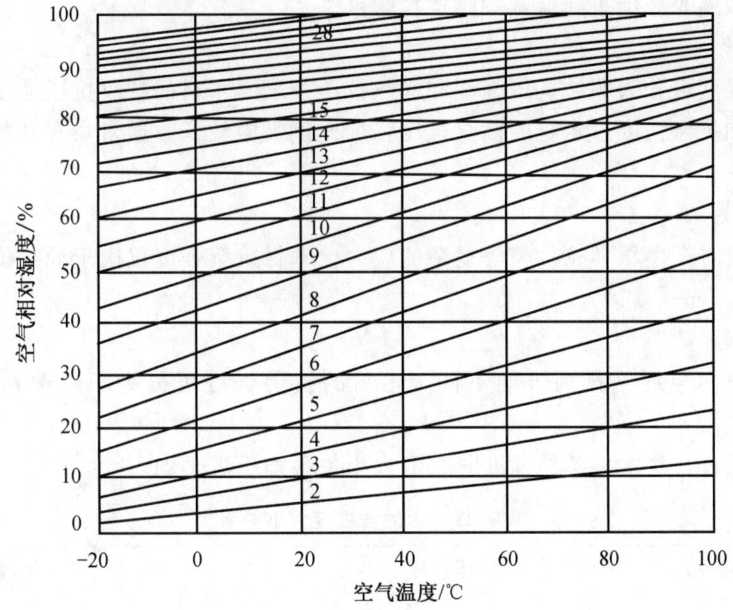

图 1-9　木材的平衡含水率

（2）湿胀与干缩　木材具有显著的湿胀干缩特征。当吸附水增加，细胞壁纤维间距离增大，细胞壁厚度增加，则体积膨胀，尺寸增加。当吸附水被蒸发，细胞壁厚度减小，则体积收缩，尺寸减小。如木材干燥时，弦向收缩为 6%～12%，径向收缩为3%～6%，顺纤维纵向仅为0.1%～0.35%。弦向最大，主要是受髓线所影响，因为髓线由联结很弱的薄壁细胞所组成，其次是边材的含水量高于心材的含水量，故弦向较容易产生翘曲变形。如图1-10所示。

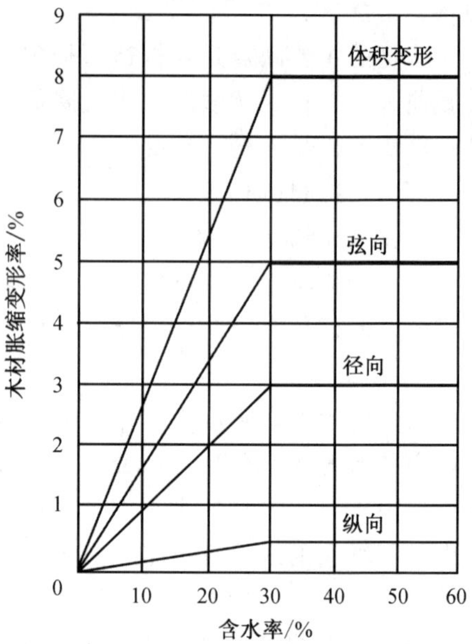

图1-10　含水量对松木胀缩变形的影响

(二) 力学性质

木材在力学性质上具有明显的各向异性特点。木材的强度与外力性质，以及受力方向与纤维排列的方向有关。木材所受的外力主要有拉力、压力、弯曲和剪切力。当受力方向与纤维方向一致时，为顺纹受力。当受力方向垂直于纤维方向时，为横纹受力。

1. 抗拉强度

木材的抗拉强度可分为顺纹和横纹两种。顺纹抗拉强度是木材所有强度中最大的。顺纹抗拉强度为顺纹抗压强度的2～3倍。因为木材纤维之间横向联结薄弱，横纹抗拉强度则很小，为顺纹抗拉强度的2.5%～10%。

木材在实际使用中，很少用作受拉构件。因为构件受力时两端点只能通过横纹受压或顺纹受剪的方式传递拉力，而横纹受压和顺纹受剪的强度均较低。此外，木材的疵病和缺陷如木节、斜纹和裂缝等会严重降低其顺纹抗拉强度。

2. 抗压强度

木材抗压强度可分为顺纹抗压强度和横纹抗压强度。木材的顺纹抗压强度较高，仅次于顺纹抗拉强度和抗弯强度。木材的横纹抗压强度比例极限较低，通常只有其顺纹抗压强度的10%～20%。

3. 抗弯强度

木材受弯曲时产生压、拉、剪等复杂的应力。木材抗弯强度仅次于顺纹抗拉强度，为顺纹抗压强度的1.5～2.0倍。

4. 抗剪强度

由于受力方向与纤维排列方向不同，木材的抗剪强度可分为顺纹剪切、横纹剪切和切断。

为了便于比较，将木材各种强度间数值大小关系列于表1-21中。

表1-21　木材各强度大小关系

抗拉强度		抗压强度		抗弯强度	抗剪强度	
顺纹	横纹	顺纹	横纹		顺纹	横纹切断
2～3	1/20～1/3	1	1/10～1/3	1/3～3/2	1/7～1/3	1/2～1

注：以顺纹抗压为1。

第三节　防水材料

防水是设施农业建筑工程中的一个重要组成部分，是保证建筑物和构筑物不受水侵蚀、内部空间不受危害的特殊工程和专门措施。

一、防水材料的概念

防水材料是指应用于建筑物和构筑物中起防潮、防漏作用，保护建筑物和构筑物及其构件不受水侵蚀破坏的一类建筑材料。

防潮作用是指防止地下水或地基中的盐分等腐蚀物质渗透到建筑构件的内部；防漏作用是指防止雨水、雪水从屋顶、墙面或混凝土构件的接缝之间渗漏到建筑构件内部，或蓄水结构内的水向外渗漏，达到建筑物、构筑物内外相互止水的目的。

数字资源 1-11
防水材料

二、防水材料的共性要求

建筑防水材料的共性要求：①具有良好的耐候性，对光、热、臭氧等应具有一定的承受能力；②具有抗水渗透和耐酸碱性能；③对外界温度和外力具有一定的适应性，即材料的拉伸强度要高，断裂伸长率要大，能承受温差变化以及各种外力与基层伸缩、开裂所引起的变形；④整体性好，既能保持自身的黏结性，又能与基层牢固黏结，同时在外力作用下，有较高的剥离强度，形成稳定的不透水整体。

三、防水材料的分类

防水材料从性能上一般可分为柔性防水材料和刚性防水材料两大类。柔性防水材料主要有防水卷材、防水涂料等，刚性防水材料主要有防水砂浆、防水混凝土等。依据建筑防水材料的外观形态，一般可将建筑防水材料分为防水卷材、防水涂料、防水密封材料、刚性防水及堵漏材料四大系列。这四大类材料又根据其组成不同可划分为上百个品种，其分类情况参见表 1-22。

表 1-22　建筑防水材料的分类

<table>
<tr><td rowspan="6">防水卷材</td><td rowspan="2">沥青类防水卷材</td><td rowspan="6">防水
密封材料</td><td rowspan="3">非定型密封材料</td></tr>
<tr></tr>
<tr><td rowspan="2">聚合物改性沥青防水卷材</td></tr>
<tr><td rowspan="3">定型密封材料</td></tr>
<tr><td rowspan="2">合成高分子防水卷材</td></tr>
<tr></tr>
<tr><td rowspan="5">防水涂料</td><td>沥青类防水涂料</td><td rowspan="5">刚性防水
及
堵漏材料</td><td>防水混凝土</td></tr>
<tr><td>聚合物改性沥青防水涂料</td><td>防水砂浆</td></tr>
<tr><td>合成高分子防水涂料</td><td>外加剂（防水剂、减水剂、膨胀剂）</td></tr>
<tr><td>水泥基防水涂料</td><td>堵漏止水材料</td></tr>
<tr><td>聚合物水泥基防水涂料</td><td>瓦材</td></tr>
</table>

工程中用量较多的为沥青类防水材料，同时在向高聚物改性沥青、橡胶、合成高分子防

水材料方向发展。本节主要介绍石油沥青及沥青混合料。

四、沥青基防水卷材

凡用厚纸或玻璃布、石棉布、棉麻织品等胎料浸渍石油沥青（或煤焦油沥青）制成的卷状材料，称为浸渍卷材（有胎的）。将石棉、橡胶粉等掺入沥青材料中，经碾压制成的卷状材料称为辊压卷材（无胎的）。这两种卷材通称为沥青防水卷材，是目前建筑工程中最常用的柔性防水材料。

（1）油纸及油毡　油纸是用低软化点热熔沥青浸渍原纸而制成的防水卷材，在油纸两面再涂盖高软化点沥青，撒上隔离材料则称为油毡。所用隔离材料为粉状（滑石粉）时，称粉毡；为片状（云母等）时，称片毡。

石油沥青纸胎油毡的质量要求应符合 GB/T 326—2007 规定，其物理性能见表 1-23。

表 1-23　石油沥青油毡的物理性能

指标名称		标号与等级		
		Ⅰ型	Ⅱ型	Ⅲ型
卷重/（kg/卷）		≥17.5	≥22.5	≥28.5
单位面积浸涂材料总量/（g/m^2）		≥600	≥750	≥1 000
不透水性	压力/MPa	≥0.02	≥0.02	≥0.10
	保持时间/min	≥20	≥30	≥30
吸水率/%		≤3.0	≤2.0	≤1.0
耐热度		(85±2)℃，2 h 覆盖层应无滑动、流淌和集中性气泡		
拉力（纵向）/（N/50 mm）		≥240	≥270	≥340
柔度		(18±2)℃绕 ϕ 20 mm 圆棒或弯板无裂纹		

注：每卷油毡的总面积为（20±0.3）m^2。

（2）新型有胎油毡　新型有胎油毡是以玻璃纤维布、石棉布、麻布等为胎基，用沥青浸渍涂盖而成的防水卷材。与纸胎油毡相比，其抗拉强度、耐腐蚀性、耐久性都有较大提高。

（3）沥青再生胶油毡　沥青再生胶油毡是用再生橡胶、10 号石油沥青和碳酸钙经混炼、压延而成的无胎防水卷材。它价格低廉，具有较好的弹性、抗蚀性、不透水性和低温柔韧性，并有较高的抗拉强度。

第四节　保温绝热材料

数字资源 1-12
保温绝热材料

建筑结构中起保温绝热作用的材料，称为保温绝热材料。国际上常划分为：按照使用温度分为耐火绝热材料、保温材料、保冷材料；按材质分为无机材料（不易腐烂、不燃烧、成本高、有些还具有抗高温的能力）、有机材料（吸湿性大、易受潮易腐烂、高温下易分解变质或燃烧、成本低）和金属夹层材料；按材料形状及结构分为微孔状保温绝热材料、气泡状保温绝热材料、纤维状保温绝热材料和夹层状或蜂窝状保温绝热材料等。我国划分为硬质与软质两大类。

一、热的传递方式

根据传热机理的不同，热的传递方式分为 3 种基本形式。

(1) 热传导　它是由温度不同的质点（分子、原子、自由电子）在热运动中引起的热能传递过程。

(2) 热对流　在流体中，由于温度不同的各部分流体之间发生相对运动，相互掺和而传递热能。

(3) 热辐射　它是以电磁波来传递热能。与热传导和热对流有本质的区别。热辐射的传热特征是发射体的热能变为电磁波辐射能，被辐射体又将所接受的辐射能转换成热能。

二、绝热材料的基本要求及影响因素

1. 绝热材料的基本要求

(1) 导热能力低　材料的导热性用导热系数（λ）表示。导热系数越小，其保温性能越好。金属导热系数 λ 值最大，非金属 λ 次之，液体 λ 最小。常见材料的导热系数见表 1-24。

(2) 表观密度小　保温绝热材料的表观密度在 500～1 000 kg/m^2。

(3) 具有一定强度　一般要求强度>0.4 MPa。

表 1-24　材料的导热系数与比热

材料名称	导热系数/［W/(m·K)］	比热/［kJ/(kg·K)］
水（4℃）	0.58	4.91
密闭空气	0.023	1.00
冰	2.33	
钢、铁	58.15	0.48
混凝土	1.28～1.51	0.84
砖	0.70～0.88	0.80～0.89
木材	0.17～0.41	2.51

2. 影响绝热性能的主要因素

(1) 材料的分子结构　材料的分子结构不同，其导热性能有很大的差别。结晶构造的 λ 最大；微晶体构造的 λ 次之；玻璃体构造的 λ 最小。

(2) 表观密度与孔隙特征　由于材料中固体物质导热能力比空气大得多，所以，表观密度越小，λ 越小。即 λ 随孔隙率增加而减小。孔隙率相同条件下，孔隙尺寸越大，λ 越大。

(3) 温度与湿度　材料吸湿受潮后 λ 增大，在多孔材料中最为明显。这是因为水的导热能力［λ=0.58 W/(m·K)］比孔隙内空气的导热能力［λ=0.025 W/(m·K)］大得多（20 倍左右）。如果孔隙中的水结成了冰［λ=2.33 W/(m·K)］，λ 更大。

(4) 热流方向　对于各项异性材料，诸如木材、玻璃纤维等，当热流平行于纤维延伸方向时，热流受到阻力较小，导热系数较大。而热流垂直于纤维延伸方向时，热流受到阻力较大，导热系数较小。

以上各因素中，以表观密度和湿度对材料的导热系数影响最大。因此，在测定材料的导热系数时，必须同时测定材料的表观密度。而对于湿度，多数绝热材料可取空气相对湿度为80%～85%时材料的平衡湿度作为参考状态，应尽可能在这种条件下测定材料的导热系数。

三、绝热材料的类别

（一）有机绝热材料

1. 树脂类制品

常用的树脂有聚苯乙烯、聚氯乙烯、聚氨酯和脲胺等。

数字资源 1-13
有机绝热材料

2. 木材类制品

木材类制品常用栓皮栎、黄菠萝的树皮，经切碎脱脂热压而成软木板；用木材下脚料刨成木丝加黏结剂（植物胶、水泥、菱苦土等）冷压制成木丝板；用木材废料经破碎、浸泡、研磨成木浆，再加热制成纤维板；用劣等马牛毛加植物纤维和糨糊制成毛毡；用木锯末拌入消石灰的松散颗粒，直接铺成或填充于楼板、屋面的夹层。

（二）无机绝热材料

1. 纤维类制品

数字资源 1-14
无机绝热材料

主要有天然石棉短纤维、石棉粉及用碳酸镁（或硅藻土）胶结而成的石棉纸、毡、板等制品；用高炉矿渣，经喷吹或离心制成的矿渣棉和多种玻璃棉制品；玄武岩经熔化、喷吹而成的火山岩棉；用沥青或酚醛树脂胶结而成的矿渣棉制品；沥青或水玻璃胶结而成的各种岩棉制品；长度<150 mm的玻璃短棉和直径为1～3 μm的超细棉制品。

2. 多孔气泡类制品

主要有用水泥、水和松香泡沫剂或用粉煤灰、石灰、石膏和泡沫剂，经搅拌、成型、养护而成的泡沫混凝土；碎玻璃掺发泡剂，经熔化和膨胀而成的泡沫玻璃；以硅藻土和石灰为主要原料，加石棉、水玻璃，经成型、蒸压、烘干而成的微孔硅酸钙；用硅质材料或粉煤灰或磨细砂加石灰，掺入发气剂（铝粉），经蒸压或蒸养而成的加气混凝土等制品。

3. 蜂窝及松散颗粒类制品

蜂窝及松散颗粒类制品有天然蛭石经煅烧、膨胀而成的多孔状膨胀蛭石粒料，可直接摊铺于楼板、墙壁、屋面的夹层中；用天然玻璃质火山喷出岩，经煅烧、膨胀而制得的蜂窝泡沫状膨胀珍珠岩，可以直接用于夹层中；用水玻璃、水泥、磷酸盐或沥青胶结而成的各种制品；用水玻璃或水泥作胶结剂，现浇或预制成各种保温绝热制品。

四、常用保温绝热材料

（一）膨胀珍珠岩保温隔热板

该保温隔热板是以膨胀珍珠岩为主要原料，配入一定的石膏、水泥等黏结剂，加水混合搅拌、压制、成型，经养护、脱膜而制成。最高使用温度800℃，为高效能保温、保冷填充材料。其规格尺寸及性能指标见表1-25。

（二）水玻璃珍珠岩隔热板

该隔热板是以水玻璃为黏结剂，膨胀珍珠岩为骨料，按一定比例配合，经拌合、压制、

表 1-25　膨胀珍珠岩保温隔热板的性能指标

项　目	规格尺寸/mm	性能指标
导热系数/[W/(m·K)]	400×200×(40～60) 500×250×(40～60) 600×300×(40～60)	≤0.12
密度/(kg/m^3)		≤450
抗压强度/MPa		≥0.98
抗折强度/MPa		>0.68
软化系数/%		>0.50(浸水 24 h)
耐火极限/h		1.00(板厚 40 mm)

成型、烘干而制成。产品规格有 500 mm×250 mm×60 mm、500 mm×250 mm×80 mm、500 mm×250 mm×100 mm 三种，其主要物理性能见表 1-26。

表 1-26　水玻璃珍珠岩隔热板物理性能

性能指标	数值
密度/(kg/m^3)	<220
抗压强度/MPa	0.40
使用温度/℃	0～650
吸水率/%	130～180(吸水 24 h)
吸湿率/%	22(相对湿度 90%，24 h)
软化系数/%	0.60

(三) 玻璃棉隔热板

玻璃棉隔热板是将熔融的玻璃液，用火焰、热气流或快速旋转的离心器，制成细纤维，再以酚醛树脂为胶黏剂，经拌匀黏合、加压、烘干而制成。产品规格及主要物理性能见表1-27。

表 1-27　玻璃棉隔热板产品规格及物理性能

项　目	产品规格/mm	性能指标
密度/(kg/m^3)	(900～1 000)×(605～900)×15	40～60
渣球含量/%	(900～1 000)×(605～900)×20	<2
使用温度/℃	(900～1 000)×(605～900)×40	0～300
黏结剂含量/%	(900～1 000)×(605～900)×50	6～8

(四) 硬质泡沫塑料隔热板

硬质泡沫塑料隔热板是由多元醇化合物聚醚树脂，或聚氨酯和多异氰酸酯加入助剂，经聚合发泡而制成的有机合成材料。以聚氨甲酸酯为主料制成的硬质泡沫塑料隔热板性能指标见表 1-28。

(五) 硅酸铝纤维复合保温材料

硅酸铝纤维复合保温材料是根据保温体的不同，选用不同厚度的硅酸铝纤维毡作内保温层，岩棉作外保温层，制成的复合毡或复合套管。

表 1-28　硬质泡沫塑料隔热板的性能

项　目	指　标
密度/（kg/m^3）	＜60
使用温度/℃	－60～120
耐火性能	可燃
耐腐蚀性能	良好
导热系数/［W/（m·K）］	温度［（278±5）K］＜0.025

复习思考题

1. 建造材料的分类有哪些？
2. 简述建筑钢材的加工与工艺性能。
3. 常见设施农业结构用钢材的分类有哪些？
4. 简述不同砌块的尺寸特点及其强度等级。
5. 试述木材的力学性质。
6. 简述硅酸盐水泥的矿物组成。
7. 混凝土分为哪几类？各有哪些特性？
8. 简述普通混凝土的组成材料。
9. 简述混凝土的配合比设计。
10. 简述建筑防水材料的共性要求。
11. 简述防水材料的分类。
12. 常用保温材料有哪几种？各有什么特点？
13. 简述水泥砂浆的配合比设计。

参考文献

［1］宓永宁，娄宗科．土木工程材料．北京：中国农业大学出版社，2003.

［2］湖南大学，天津大学，同济大学，等．土木工程材料．北京：中国建筑工业出版社，2002.

［3］陈青云．农业设施设计基础．北京：中国农业出版社，2007.

［4］施楚贤．砌体结构．北京：中国建筑工业出版社，2003.

［5］中国建筑东北设计研究院有限公司．砌体结构设计规范：GB 50003—2011. 北京：中国建筑工业出版社，2012.

［6］中国建筑科学研究院．普通混凝土配合比设计规程：JGJ 55—2011. 北京：中国建筑工业出版社，2011.

［7］中国建筑科学研究院．普通混凝土拌合物性能试验方法标准：GB/T 50080—2016. 北京：中国建筑工业出版社，2017.

［8］中国建筑科学研究院有限公司．混凝土物理力学性能试验方法标准：GB/T 50081—2019. 北京：中国建筑工业出版社，2019.

第二章

设施农业覆盖材料

学习目标

- 了解设施农业覆盖材料的发展历史
- 熟悉各种覆盖材料的类别及基本性能要求
- 掌握玻璃、塑料薄膜和塑料板材的性质和使用性能
- 能够根据农业设施的具体情况选择适宜的覆盖材料

农业设施覆盖材料的功能是将植物、动物与外界环境隔离，使其处于一个相对封闭的更适于生长的可控环境条件之中。相对于动物生产，植物生产对覆盖材料除了具有保温隔热、力学性能、使用寿命等要求外，还具有透光性能、防雾滴性能等方面要求。通过覆盖材料，植物生长的室内环境与外界环境之间进行光、温、水、气、肥的传输与交换，得到最适宜的生长环境。因此，覆盖材料作为农业设施不可或缺的重要组成部分，其质量及其性能直接影响着温室等农业建筑的使用性能和作物的生长环境特性。覆盖材料的种类较多，但就其主要功能而言，主要有透光覆盖材料、保温覆盖材料和遮防覆盖材料。

数字资源 2-1
覆盖材料

第一节　覆盖材料的发展与功能要求

一、覆盖材料的发展

设施农业生产具有悠久的历史。史载，公元 206—211 年，“冬种瓜于骊山（今陕西临潼境内）谷中温处，瓜实成”，这是世界上最原始的设施栽培，其时所用的覆盖材料基本上是非透光材料。公元 1127—1279 年的南宋时期采用纸作覆盖透光材料，而古代罗马人则利用云母片或半透明的滑石板作为栽培设施透光覆盖材料。大约在 14 世纪 80 年代，人们将玻璃充当覆盖材料用于玻璃房，开始了透明覆盖材料的新纪元，但直到 18 世纪初才建成具有玻

璃屋顶的温室。19世纪末，平板玻璃问世并广泛应用于温室，大大改善了温室的光照条件。20世纪30年代英国化学家福西特（Faucett）和吉布森（Gibson）发明了聚乙烯（PE）薄膜，此后，各国又相继成功研制出聚氯乙烯（PVC）和乙烯-醋酸乙烯（EVA）薄膜，并广泛应用于温室、大小拱棚的覆盖。20世纪50年代，聚碳酸酯（PC）板材开始作为覆盖材料被应用，这种板材抗冲击力强，可有效防止冰雹等外力冲击，但由于价格昂贵，限制了其大面积推广。

我国在20世纪30～50年代，以玻璃为透明覆盖材料的阳畦、温室有了较大的发展，但由于易破损，对骨架要求严格，建造和维修难度大、费用高，不利于推广普及。1957年从日本引进了农用塑料薄膜，并用于塑料拱棚内进行水稻育秧。60年代初至70年代中期，PVC薄膜大面积应用于大、中、小棚栽培，促进了我国设施园艺的发展。70年代末至80年代初，地膜、无纺布、遮阳网等覆盖材料相继被引入我国，使设施园艺由增温保温型发展到遮阳降温型，无纺布也作为棚室内保温覆盖材料应用于生产。1988年以来，针对普通PVC和PE薄膜的缺点，研发出了防老化膜、双防膜（防雾滴防老化膜）和EVA多功能复合膜，进一步推动了设施农业的发展。

目前，透光覆盖材料的发展方向，不管是塑料薄膜，还是阳光板、玻璃，都是向着光环境调节和温环境调节的方向发展。光环境调节材料主要包括转光材料和光变色材料，通过这些材料的透光特性来改变室内光照、光质条件，促进作物的生长发育。温变色材料则利用某些特殊的水溶性高分子化合物加温时变白浊、降温时变清澈的特性，将这些化合物添加到覆盖材料中，覆盖材料则可根据室外光照及温度状况，自动调节进入室内的能量，改善室内高、低温状况。随着科学技术的快速发展，温室覆盖材料的种类与日俱增，功能也日趋完善，光敏薄膜、病虫害忌避膜、自然降解膜等多项新的科技产品相继面世并投入实际生产中，有效推动了我国设施农业产业的进一步发展。

二、设施农业生产对覆盖材料的要求

不同作物生长对光温条件有不同的要求，其对覆盖材料的要求也有所不同，但总体要求是性能优良、轻便耐用以及价格合理。在其质量性能上的具体要求包括透光性能、机械性能、保温性能、耐久性能、防雾滴性能等多个方面。

（一）透光性能

覆盖材料的透光性能直接影响到植物光合产物的生成和温室效应。园艺设施通常要求其透光覆盖材料对波长在0.35～3.00 μm的太阳辐射具有高透光性，对0.35 μm以下波长的紫外线具有高吸收性或高阻隔性，对3.00 μm以上波长的远红外线具有强阻隔性。0.4～0.7 μm是植物光合作用有效辐射（PAR）光谱能量区，此区段光谱被植物叶绿素和类胡萝卜素强烈吸收进行光合作用，是植物生长和形态形成的必需光谱。0.315～0.38 μm波长的近紫外线参与某些植物花青素和维生素C、维生素D的合成，并有抑制植物徒长等形态形成的作用，但0.345 μm以下波长的近紫外线可促进灰霉病分生孢子的形成，0.37 μm以下波长的近紫外线可诱发菌核病的发生，且紫外线对任何有机材料都有分解和破坏作用，促进覆盖材料的老化，降低其使用寿命。综合考虑，在透光覆盖材料中应添加特定的紫外线阻隔剂、吸收剂或转化剂，将0.35 μm以下波长的紫外线阻隔掉，既可满足植物正常的生长要求，又可延缓有机覆盖材料的老化过程。波长大于0.76 μm的红外线主要用于维持植物的体温，同时对植物的伸长有一定的作用（0.72～3.00 μm）。但红外辐射透过率低的覆盖材料可以阻隔室内地面向外界的热辐射，有利于增强温室效应，保持室内的热量和温度。因此，在透光覆盖材料中应添加适当的红外线阻隔剂，降低 3.00 μm 以上波段的透光率。

通过透光覆盖材料的光线由直射光和散射光组成。在温室内，直射光可以辐射到植物上层枝叶的表面，而散射光可以给下层植物枝叶提供能量。透光覆盖材料应能够同时透过直射光和散射光，但是由于覆盖材料自身的物理特性，它会改变两者之间的比例，通常透过的总光量中，散射成分会增加，直射成分会减少。

（二）机械性能

覆盖材料的机械性能包括材料的抗拉强度、断裂伸长率、弹性模量、抗弯曲强度、抗冲击强度、抗撕裂强度等，这些性能将影响温室安装施工的难易程度和使用过程中承受外力的能力。抗拉强度表明材料在拉伸应力作用下的抵抗能力；断裂伸长率是指材料在拉伸断裂时的最大伸长率，主要反映材料的脆性；弹性模量则反映材料的刚性，对于薄膜，在厚度相同的情况下，弹性模量的大小直接影响薄膜的挺括与柔软性，薄膜的断裂伸长率大、弹性模量小，则薄膜刚性差，薄膜柔软，在温室上的安装定位有一定难度；抗撕裂强度主要指薄膜在出现缺口的情况下，材料抵抗拉伸撕裂的能力。

温室类型、材料类型以及在温室上的安装固定方式不同，需要考虑的温室覆盖材料的机械性能侧重点就不同。塑料薄膜安装在温室骨架上时一般都需要预拉伸，随着外界温度的变化，薄膜可能膨胀松弛，也可能被骨架固定张紧，这都可能引起薄膜撕裂。因此，塑料薄膜覆盖材料应保证一定的抗撕裂强度和抗拉（伸长率）强度。玻璃的抗压强度极好，但抗冲击强度低，易碎。玻璃四边通过铝合金型材等的支承而安装固定在温室结构上，只承受由结构支承或变形而可能产生的弯曲作用，基本不承受拉力。因此，对玻璃覆盖可能更需要考虑它的抗弯曲性能和抗冰雹冲击性能。而硬质塑料板材不仅具有很好的抗冲击性能，抗弯曲强度亦高，可以在任何结构的温室中（如平屋面和拱形屋面）应用。对不同的硬质塑料板主要比较抗冲击和抗弯曲能力。

（三）保温性能

覆盖材料的保温性能对温室内热量和温度的保持、降低温室运行能耗具有重要意义。温室在夜间使用时，室内热量通过覆盖材料（围护结构）以传导、对流、辐射的方式迅速向外界散失。由于覆盖材料厚度较薄，其传导热阻较小，而对流换热由室外风速和室内空气流动所左右，因此其保温性能就取决于材料的辐射性能。材料对长波辐射的透过率越低，说明材料的保温性能越好。普通 PE 薄膜的长波辐射透过率达 80%，保温性差，塑料薄膜中 PVC 保温性能最好，PE 最差，EVA 介于两者之间。中空 PC 板由于空气层的存在，热阻较大，具有良好的保温性能。玻璃基本上不透过长波辐射，保温性能较好，如果采用双层中空玻璃，则保温效果更好。

（四）耐久性能

覆盖材料的耐久性能直接关系到温室的建设和运行成本，是温室设计中应重点考虑的问题。覆盖材料的耐久性能包括 3 个方面的含义：①材料达到强度极限而被破坏，即材料在风、雪、温度等各种荷载作用下其承载能力达到或超过其极限强度或变形允许值；②材料透光率衰减到不能满足作物生长需要，虽然机械强度没有被破坏，但其透光总量无法满足室内作物生长的要求；③材料的环境适应能力，即其机械性能在高温、低温以及强紫外线条件下不能满足要求。从覆盖材料本身上看，其耐久性能主要包括抗老化与抗化学侵蚀性等。覆盖材料长期直接暴露于自然条件下，受到光、热、氧、水等许多因素的影响引起老化，其各种性能逐渐退化，如外观上发黏、变硬、变脆等，比重、熔点、耐寒性和耐热性等理化特征发生变化，抗拉强度、伸长率以及弹性等减小或丧失，最终使材料失去使用功能。

玻璃是一种化学性质非常稳定的材料，其老化、化学侵蚀等作用极不明显，耐久性能强。塑料等高分子材料在光氧化作用下会引起内部分子链结构、颜色、透明度、机械强度等随时间变化而老化，因此，塑料材料的耐久性能较差，普通塑料薄膜作为温室覆盖材料时只能使用一季，在选用时需要引起重视。塑料材料尤其对太阳紫外线敏感，一般以抗光老化性能代替塑料温室覆盖材料的耐久性能。目前，农业发达国家大多采用长寿膜进行温室生产，将抗紫外线剂、抗氧化剂单独或混合后加入母料树脂中，也可在材料表面进行复合，吸收紫外线，抑制聚合物的光氧降解，以延长塑料覆盖材料的使用寿命。由于表面复合的抗紫外线剂能将投射到材料表面的紫外线立即吸收，使大部分紫外线不能到达材料内层，而母料中混入的抗紫外线剂只能在材料中逐渐衰减紫外线，因此表面复合的长寿膜耐久性更好。除此以外，在生产塑料薄膜、塑料板材等覆盖材料时还会添加光稳定剂、热稳定剂、抗氧化剂等助剂，提高覆盖材料的耐老化性能（或耐候性能）。

（五）防雾滴性能

温室覆盖材料的防雾滴性能是指材料表面上的凝结水滴铺展成水膜状的能力。温室室内是一种高湿环境，当覆盖材料表面温度低于水蒸气露点温度时，空气中的水蒸气达到饱和后就会在其内表面冷凝，析出小水滴，如果覆盖材料为疏水性材料，则会使材料表面雾化。雾滴的存在一方面由于水滴的散射和折射使得覆盖材料透光率下降（可降低5%～10%），降低作物的光合作用效率，如果一侧温度过低还会发生结霜现象，影响室内的增温；另一方面雾滴和露滴容易使作物的茎叶濡湿，诱导病害的发生和蔓延。

玻璃属于高能表面，洁净的玻璃表面本身就具有防雾滴性。塑料等高分子材料则属于低能表面，其表面张力低于水的表面张力，水雾凝结在这类材料表面后将形成小水滴并积聚成大水滴滴落。为了克服这一缺点，在生产塑料薄膜和塑料板材时需要添加防雾滴剂，防雾滴剂分子的亲水基则自动排列在靠近空气的一侧，而疏水基则朝内，使得薄膜表面容易被润湿，形成极薄的亲水性的膜。在亲水性薄膜表面，水膜均匀分散而不会形成水滴，阻止了雾气的形成。而且水膜会按照棚膜的斜度流动，避免了水滴的形成与落下。

从设施园艺生产的角度看，要求防雾滴功能持续时间长，且防雾与防滴同步。目前我国农膜的防雾滴功能较差，防雾滴的持效期短，一般不足4个月，最好的也不过6～8个月，并且往往防滴不防雾。而发达国家的塑料薄膜，防雾滴持效期一般可达1～3年，长者可达5年及以上，基本上与防老化寿命同步。

（六）热稳定性

覆盖材料的热稳定性是指塑料材料在温度变化情况下其尺寸的变化大小，一般可以用材料的热膨胀系数来表示。材料的热稳定性直接影响其在温室上安装固定的方式方法，热稳定性差的材料还可能在使用过程中引起材料和温室结构的破坏。

以上仅列举了覆盖材料的6个主要性能，此外根据不同生产的不同要求，覆盖材料还有变光性、防尘性等其他的性能，例如PVC因其具有静电性，表面易吸附灰尘，使透光率下降；对塑料板材还要求表面耐磨和阻燃等特性。

设施覆盖材料种类繁多，其性能差异也较大，因此不同的农业生产设施应根据设施的功能、用途以及植物生长发育的要求综合进行选择。

第二节　透光覆盖材料及其应用

透光覆盖材料主要有三大类：第一类是玻璃，其历史最早，至今仍在生产中大量使用；第二类是柔性卷材，主要是指各种塑料薄膜；第三类是硬质板材，如 PC 板、玻璃纤维增强聚酯（PES）板等。不同覆盖材料的透光率及保温性能相差较大，寿命也不相同，其中每一类根据其厚度、化学成分及加工工艺的不同又有许多不同的品种。

一、玻璃覆盖材料

数字资源 2-2
玻璃

玻璃是一种在熔融时形成连续网络结构，冷却过程中黏度逐渐增大并硬化而不结晶的硅酸盐类非金属材料，呈透明状，主要成分是二氧化硅。在大多数气候寒冷的国家，玻璃仍然是常用的覆盖材料，例如在荷兰，玻璃温室的应用非常广泛。

（一）玻璃的种类和特点

玻璃按化学组成不同，可分为钠玻璃、钾玻璃、铝镁玻璃、铅玻璃、硼硅玻璃和石英玻璃等。其中钠玻璃的力学性质、光学性质和化学稳定性均较差，多用于制造普通平板玻璃；钾玻璃坚硬而有光泽，其他性质也较钠玻璃好；铝镁玻璃的软化点低，析晶倾向弱，力学性质、光学性质和化学稳定性都有提高；铅玻璃光泽透明，质软易加工，对光的折射和反射性能强，化学稳定性高；硼硅玻璃具有较好的光泽和透明度，较强的力学性能、耐热性能、绝缘性能和化学稳定性能；石英玻璃具有优良的力学性质、热性质、光学性能和化学稳定性，并能透过紫外线。

玻璃按加工方法分为普通平板玻璃、浮法玻璃、钢化玻璃、夹层玻璃和中空玻璃。

1. 平板玻璃

平板玻璃又称白片玻璃或净片玻璃，是世界各国温室中最常用的玻璃。平板玻璃在 330～380 nm 的紫外区域透过率达 80%～90%，基本不透过低于 310 nm 的紫外线；在可见光波段，玻璃的透过率高达 90%，在低于 4 000 nm 的近红外区域，玻璃的透过率仍在 80% 以上；在高于 4 000 nm 的红外线区域，基本上不透过。

2. 浮法玻璃

浮法玻璃由于具有表面平滑、光学畸变小、产量高、质量好、规模大、板宽板厚可调范围较大等优点（普通平板玻璃的外观质量较差），在温室建造上得到了广泛应用。由于成形、退火和切裁都是水平的，便于采用机械化、自动化生产，因而，采用浮法工艺可以生产出大板宽和多种厚度的平板玻璃。有关浮法玻璃的技术要求，我国 GB 11614—2009 中有具体的规定，温室用浮法玻璃为建筑级。

3. 钢化玻璃

钢化玻璃又称强化玻璃，是将玻璃加热到近软化点温度（600～650℃）时，以迅速冷却或用化学方法强化处理所得的玻璃加工制品，它的强度是经过良好退火处理玻璃的 3～10 倍，抗冲击性能也大大提高。钢化玻璃破碎时出现网状裂纹，或产生呈圆角状的细小碎粒，不会伤人，故又称安全玻璃。钢化玻璃的耐热冲击性能很好，最大的安全工作温度为287.78℃，并能承受204.44℃的温差，适合于连栋温室，但易老化。

4. 夹层玻璃

夹层玻璃是两片或多片玻璃之间夹有透明有机胶合层，经加热、加压、黏合而构成的复合玻璃制品。它具有较高的强度，受到破坏时产生辐射状或同心圆形裂纹，碎片不易脱落，且不会影响透明度和产生折光现象。夹层玻璃可用普通平板玻璃、磨光玻璃、浮法玻璃、钢化玻璃作原片，夹层材料常用的是聚乙烯醇缩丁醛（PVB）、聚氨酯（PU）、PES、丙烯酸酯类聚合物、聚醋酸乙烯酯（PVAc）及其共聚物或橡胶改性酚醛等。

5. 中空玻璃

中空玻璃是由两层或两层以上平板玻璃构成，四周用高强度、高气密性复合黏合剂将玻璃与铝合金框、橡皮条或玻璃条黏结、密封而成。两层中间充入干燥空气或惰性气体，以获得优良的绝热性能。制造中空玻璃的原片除普通玻璃片外，还可以用钢化、压花、夹丝、吸热和热反射等玻璃，来相应地提高强度、装饰性、保温性、绝热性等功能。采用中空玻璃，其抗风压强度比传统单片玻璃提高15倍，传热系数比单层平板玻璃降低近一半，具有较好的保温性能和承载能力。但中空玻璃重量大、造价高，一般应用于一些空间较小的单屋面温室或单栋温室，生产性温室中基本不采用。

（二）玻璃覆盖材料的主要性能特点

1. 透光性能优异

在波长为330～4 000 nm的波段范围内，洁净玻璃透光率可达到90%，其入射光基本以直射光为主，散射光所占比例不足10%。玻璃透光率在入射角45°以内几乎没有多大变化，入射角>45°后，透光率明显下降，超过60°后，透光率急剧下降，在温室设计中，温室屋面的倾斜角度应尽量使太阳光线的入射角保持在45°以内，最大不得超过60°。

2. 保温性能良好

玻璃几乎不透过4 000 nm以上的长波辐射，避免了因室内各表面发射长波辐射造成室内向室外热量的散失，保温效果好。如果是采用热吸收玻璃，其在红外线波段的透光率比普通玻璃还要低约10%，在1 000 nm附近波长的透光率仅50%，其保温性能更强，这是塑料覆盖材料难以获得的性能。

3. 耐久性能佳

由于紫外线透过率低，玻璃的耐老化性能好，且透光率随时间的变化衰减极慢，透光保持率高，只要不出现破碎，其高透光性能与强度使用寿命可达到同步，一般使用寿命在25年以上。

4. 热稳定性和防雾滴性强

热胀冷缩系数低，结构系数可靠；玻璃表面的亲水性好，防雾滴能力强。

5. 抗冲击性能差，自重大，成本高

普通玻璃的抗冲击性能差，易碎，不宜用于在冰雹多发地和人员流动密集的商业性温室上。玻璃比重大（2 500 kg/m^3），对骨架承重要求严格，且受加工尺寸和承载能力的限制，玻璃镶嵌材料的用量较多，建造和维修难度大，费用相对较高。

二、柔性塑料覆盖材料

农用塑料覆盖材料由于具有质地轻、用途广泛、价格较低、性能优良、使用和运输方便等优点，并能使农作物显著改善生长发育条件，提高产量、改善品质，因此在国内外发展迅速。目前，用于制造温室覆盖材料的树脂原料达 10 余种，且因其所用助剂种类、数量、质量、厚薄、均匀程度及其制造方法等不同，塑料覆盖材料的透光率、抗老化等性能有很大差别。而在设施农业生产中，塑料覆盖材料可作为棚室内外覆盖材料，也可作为地膜覆盖材料，覆盖方式和用途不同，对其特征特性的要求也不同。

（一）棚室塑料覆盖材料

棚室覆盖塑料薄膜按其母料进行分类，可分为 PVC、PE 和 EVA 多功能复合膜三大类；按其使用功能，可分为普通的单一材料薄膜和各种增强型功能性薄膜。

数字资源 2-3
塑料覆盖材料

1. 普通 PVC 和 PE 塑料薄膜

（1）普通 PVC 薄膜　PVC 薄膜是以聚氯乙烯树脂为原料，加入增塑剂、稳定剂、着色剂、填充剂等各种助剂，按一定比例配制而生产出的薄膜。配制料经高温塑炼，然后再用压延机压延成膜，或用吹塑机吹塑成膜。PVC 薄膜无色透明，一般厚度为 0.09～0.13 mm。

PVC 薄膜的优点：机械强度高。其强度在几种单一材料塑料薄膜中最大，拉伸强度最高可达 27.5 MPa，直角撕裂强度为 810～877 N/cm，抗冲击强度为 14.5 N/cm；保温性较好，抗老化能力强。在低于 0.3 μm 紫外线区，PVC 薄膜透过率为 20%，在可见光区域，PVC 薄膜透过率为 86%～88%，明显高于 PE 薄膜，而在中远红外区域（热辐射部分）PVC 薄膜的透过率远低于 PE 薄膜，这表明 PVC 薄膜对光合有效辐射的透过率高，增温性、保温性强；耐酸、耐碱、耐盐，喷上农药化肥也不易引起变质。

PVC 薄膜的缺点：透光率衰减快。PVC 薄膜虽然本身抗老化能力强，但由于表面增塑剂的析出，PVC 薄膜易吸灰尘，导致透光性大幅度下降；透气、透湿率低，排除有毒气体的能力差。如果薄膜质量不好混入磷苯二甲酸二异丁酯等原料，温室在高温条件下，会产生有毒气体，使作物中毒。同时温室内还会造成高温高湿的环境，作物病害比较严重；PVC 薄膜密度较大（1.40 g/cm^3），单位重量的薄膜覆盖面积小，使得覆盖成本较高。相同面积的温室，采用 PVC 薄膜的覆盖成本比 PE 薄膜约增加 50%；PVC 薄膜的伸长率较低，为 250%～290%。

由于 PVC 薄膜显露的缺点日益严重，国内外在其基础上增加了 PE 薄膜和醋酸乙烯薄膜（EVA）的开发应用，同时，对 PVC 薄膜进行改性，加工过程经过防尘和防雾滴处理，经处理的 PVC 薄膜使用寿命可达 2～3 年，其透光性能优于 PE 薄膜和 EVA 薄膜。

（2）普通 PE 薄膜　PE 薄膜是以低密度聚乙烯（LDPE）树脂或线型低密度聚乙烯（LLDPE）树脂为原料，采用吹塑法吹制而成。PE 薄膜是在气候适中的国家常见的温室覆盖材料。PE 薄膜多呈乳白色半透明，厚 0.1～0.2 mm，幅面较宽，最宽可达 17 m，如图 2-1 所示。

图 2-1　普通 PE 薄膜

普通 PE 薄膜的优点：质地柔软，气温影响不明显，天冷不发硬；耐酸、耐碱、耐盐；

不易产生有毒气体，对作物安全；不易粘灰尘，透光性好；密度小（0.92 g/cm³），覆盖面积可比 PVC 大 50%，因此覆盖成本低。

普通 PE 薄膜的缺点：对红外线透过率很高（80%以上），保温性能较差，在晴朗无风的早春夜间，由于长波辐射，温室内可能出现“逆温”现象，使作物遭受冻害；对紫外线的透过率高，其中 0.32 μm 以下波长紫外线的透过率远高于 PVC，容易引起聚合物的光氧化而加速薄膜的老化，影响其使用寿命；强度较差，回弹性不好，易撕裂，抗拉伸强度低于 18 MPa，约为 PVC 薄膜的 65%。

2. 功能性 PVC 和 PE 薄膜

（1）PVC 长寿无滴膜　在聚氯乙烯树脂中添加一定比例的增塑剂、受阻胺光稳定剂或紫外线吸收剂等防老化助剂和聚多元醇酯类或胺类等复合型防雾滴助剂压延而成。防雾滴剂能增加薄膜的临界湿润能力，使薄膜表面发生水分凝结时形成一层均匀的水膜，水膜顺倾斜膜面流入土中，可使透光率大幅度提高，并减少因水滴落到植株上引起的病害发生。由于 PVC 系极性分子，防雾滴剂亦具有极性分子，分子间形成弱的结合键使薄膜中的防雾滴剂不易迁移至表面乃至脱落，防雾滴持续期长。同时由于在成膜过程中加入大量的增塑剂，可使防雾滴剂分散均匀。所以 PVC 长寿无滴膜流滴的均匀性好且持久，防雾滴持续期可为 4～6个月，其有效使用期由普通 PVC 的 6 个月提高 8～10 个月。

（2）PVC 长寿无滴防尘膜　在 PVC 长寿无滴膜的基础上，增加一道表面涂敷防尘工艺，通过在薄膜外表面涂敷有机涂料阻止增塑剂、防雾滴剂向外表面析出，使薄膜表面的静电性减弱，起到防尘和提高透光率的作用，延长了薄膜的防雾滴持续期。如果在表面敷料中加入抗氧化剂，还可进一步提高薄膜的防老化性能。

（3）PE 长寿无滴膜　在 PE 树脂中按一定比例添加防老化和防雾滴助剂，也可以延长使用寿命，并因薄膜具有流滴性而提高透光率。但 PE 是非极性分子，结晶度高，排异性强，与防雾滴助剂相容性差，防雾滴助剂向表面迁移速度快，防雾滴持续期短。该薄膜的厚度 0.12 mm，防雾滴持续期 2～4 个月，使用寿命为 12～18 个月，透光率较普通 PE 膜提高 10%～20%。

（4）PE 多功能复合膜　采用三层共挤设备将具有不同功能的助剂（防老化剂、防雾滴剂、保温剂）分层加入制备而成。通常情况下，将防老化剂置于棚膜外表面层使其具有防老化性能，延长薄膜寿命；防雾滴剂置于内表面层使其具有流滴性，提高薄膜的透光率；保温剂置于中层，减少棚室内辐射热损失，提高其保温性能。添加的保温剂是折光系数与 PE 相近的无机填料，具有阻隔红外线的能力。这种薄膜厚度为 0.08～0.12 mm，使用年限在 1～1.5 年及以上，夜间保温性能优于 PE 膜，接近于 PVC 膜，防雾滴持续期 3～4 个月。该膜覆盖的棚室内散射光比例占棚室内总光量的 50%，棚室内光照均匀，减轻了骨架材料的遮阴影响。此外，该膜中还添加了特定的紫外线阻隔剂，可以抑制灰霉病、菌核病的发生和蔓延。

（5）薄型多功能 PE 膜　以 PE 树脂为基础母料，加入光氧化和热氧化稳定剂提高薄膜的耐老化性能，加入红外线阻隔剂提高薄膜的保温性，加入紫外线阻隔剂以抑制病害发生和蔓延。这种膜的厚度仅 0.05 mm，透光率为 82%～85%，低于普通的 PE 薄膜透光率，但棚室内散射光比例高达 54%，比普通 PE 膜高出 10%，棚室内作物上、下层受光较均匀，有利于提高整株作物的光合效率，促进生长和产量的形成。其机械性能和耐老化性能也明显优于普通 PE 薄膜。

3.EVA 多功能薄膜

EVA 是乙烯和乙酸乙烯的共聚物。由于醋酸根的存在，EVA 树脂具有许多独特的性能，其红外线阻隔率约为 50%，可见光和红外线的透过率以及保温性介于 PVC 和 PE 之间；其伸长率高，其他机械性能也介于 PVC 和 PE 之间；因其呈弱极性，与防雾滴剂和保温剂的相容性好，防雾滴持效期长；EVA 树脂的耐寒性、耐冲击性、耐应力开裂性等也比 PE 树脂有所改善。EVA 具有较强的容纳防雾滴剂的能力，在 EVA 熔体中防雾滴剂、消雾剂和无机保温剂等分散性能较好，其相比 PE 和 PVC 具有更好的综合性能。

EVA 薄膜的优点：保温性能很好，能阻隔 7～13 μm 的红外线；柔韧性好，改善薄膜手感和韧性，低温下不发脆；透明性好，降低了薄膜雾度，提高透光率，促进光合作用，使作物提前成熟上市；流滴性好，能延长流滴期，不伤叶，提高透光性。

4. 三层共挤 PE/EVA/EVA 复合功能膜

复合功能膜类似于 PE 多功能复合膜，通过配方设计，将有效助剂置于最为关键有效的层次中，外表层为抗紫外线助剂，中间层采用保温性好的助剂，内层则为表面活性剂，通过配方优化获得综合性能优异的复合功能膜。三层共挤 PE/EVA/EVA 复合功能膜更由于各种功能助剂的合理配制及 EVA 树脂的合理搭配，不仅降低了成本，而且最大限度地发挥了外层 PE 树脂的耐候性和内层 EVA 树脂的保温和防滴性。

5. 调光薄膜

（1）转光膜　转光膜是在各种功能性 PE 或 PVC 薄膜中添加转光剂而制成的薄膜。根据在转光过程中吸收与发射光子的能量大小，可将转光膜分为两大类：一类是将太阳光中的紫外光、绿光转换成红橙光和（或）蓝光；另一类是将太阳光中的红外光转换为可见光。其中以紫外光转红橙光、紫外光转蓝紫光或黄绿光转红橙光为主。转光膜的主要功能作用：农用转光膜能将太阳光谱中对植株光合作用无效的 0.29～0.35 μm 紫黄光、0.51～0.58 μm 黄绿光转换为对植株光合作用有效的 0.4～0.48 μm 蓝紫光和 0.6～0.68 μm 红橙光，转光效率为 3%～20%，蓝紫光和红橙光均可相对增加 5%～15%，因此在低温、弱光及阴雨天气下，转光膜均能提高植株光能利用率；由于转光膜在转光过程中发生斯托克斯位移，在高能光激发以及低能光发射的能量转换过程中将相应的能量差以热量的形式释放，因此有利于提高园艺设施内的气温和地温。目前，我国研发的转光膜存在制造成本高、转光寿命短、吸收光谱和发射光谱的范围窄、大多以单一转光为主等缺点。

（2）有色膜　太阳光线中对光合作用起主导作用的是波长为 0.4～0.7 μm 的可见光，称为光合有效辐射（PAR），其中以 0.4～0.51 μm 的蓝紫光和 0.61～0.72 μm 的红橙光对光合作用的影响最大，绿光最小。加入不同颜料制成的有色薄膜，对可见光的不同波长产生吸收作用，使投射光质发生变化，达到增产改质的效果。例如，蓝色薄膜可提高香菜维生素 C 的含量，对防止水稻育秧时的烂秧效果明显。紫色薄膜对韭菜、茴香、芹菜、莴苣、菠菜和茄子的生长起促进作用等。但是，有色膜只有当透入的光量接近或大于作物光饱和点时，改变光质的作用才能发挥。因此，在光照充足的地区或光照较强的季节，可使用有色膜来调节室内光质。有色光的分光透过率与其本身的色调有关，红色膜在蓝绿光区透过率低，在红光区透过率较高；而青色膜则在黄红光区透过率较低，在蓝、紫、绿光区透过率较高。

(二) 地膜覆盖材料

地膜覆盖栽培技术是1978年由日本引进的，该技术不仅能提高地温、保水、保土、保肥，而且还有灭草、防病虫、防旱抗涝、抑盐保苗、改善近地面光热条件、促进作物根系生长、增强根系的吸收能力、增加叶面积指数、促进作物的光合作用，从而增加产量，提高品质，使作物的适宜种植区向高纬度、高海拔扩展并提高复种指数等作用。中国目前已是地膜覆盖面积最大的国家，地膜品种比较齐全，不仅有普通地膜、有色地膜，还有功能性地膜和降解地膜。

根据中国的国情，农业上对地膜质量规格有以下基本要求：强度高，纵横向拉力均衡，使用寿命长，便于“一膜多用”和回收加工利用，防止田园残留；在保证强度的条件下实行薄型化，以降低成本，节省能源；厚度均匀，无断头、破口，无明显折叠或扭曲。

目前我国普遍使用的是以PE为生产原料的农用地膜，1992年颁布了《聚乙烯吹塑农用地面覆盖薄膜》(GB 13735—1992)，2017年10月进行了修订，GB 13735—2017新标准按照保护环境、节约资源的要求，对地膜的适用范围、分类、产品等级、厚度和偏差、拉伸性能、耐候性能等多项指标进行了修订，主要表现为“三提高一标示”，即提高了地膜厚度、力学性能、耐候性能和在产品合格证明显位置标示“使用后请回收利用，减少环境污染”字样。新标规定，地膜厚度不得小于0.010 mm，偏差不得高出0.003 mm、低出0.002 mm。

农用地膜主要包括：普通无色透明膜、有色膜、除草膜、耐老化膜、渗水膜（包括小孔膜和微孔膜)、可降解膜（包括常规可降解膜和液态地膜）等。

1. 普通无色透明膜

这种地膜透光性好，覆盖后一般可使5 cm深表土层温度提高3～6℃，不仅适用于我国北方低温寒冷地区，也适用于我国南方早春作物栽培，其主要类型特点见表2-1。

表2-1 普通无色透明膜类型与特点

名称	简称	材料	适用作物	特点
高压低密度聚乙烯(LDPE)地膜	高压膜	LDPE树脂	蔬菜、瓜类、棉花及其他多种作物	透光性好，地温高，容易与土壤黏着，拉伸强度较均匀，较耐老化，可以用一个生产季以上，甚至一膜多茬应用
低压高密度聚乙烯(HDPE)地膜	高密度膜	HDPE树脂	蔬菜、棉花、瓜类、甜菜，也适用于经济价值较低的作物，如玉米、小麦、甘薯	强度高，光滑，但柔软性差，不易黏着土壤，故不适于沙土地覆盖，其增温保水效果与LDPE基本相同，但透明性及耐候性稍差
线型低密度聚乙烯(LLDPE)地膜	线型膜	LLDPE树脂	蔬菜、棉花等作物	除了具有LDPE的特性外，机械性能良好，拉伸强度比LDPE提高50%～75%，伸长率提高50%以上，耐冲击强度、穿刺强度、撕裂强度均较高。其耐候性、透明性均好，易粘连

2. 有色膜

在PE树脂中加入有色物质，可以制得具有不同颜色的地膜，如黑色地膜、绿色地膜、银灰色地膜、黑白双面复合地膜、银黑两面地膜和配色地膜等，由于它们有不同的光学特性，对太阳辐射光谱的透射、反射和吸收性能不同，因而对杂草、病虫害、地温变化、近地面光照进而对作物生长有不同的影响。

（1）黑色地膜　黑色地膜是在 LDPE 中加入一定比例的炭黑生产而成，厚度一般为 0.01～0.03 mm，拉力好，表面光滑，能够充分除去土地中的杂草，该薄膜采用 100%全新料生产而成，环保、保温、除虫。黑色除草地膜的优势是保肥、保水能力好，地下 5 cm 含水量比透明膜高 4%～10%。黑色地膜的透光率仅 10%，由于能阻隔阳光，使膜下杂草难以进行光合作用，能有效抑制杂草生长。黑色地膜在阳光照射下，虽本身增温快，但其热量向下传递速度慢而抑制土壤增温，一般仅使土壤上层温度提高 2.0℃左右，对番茄、四季豆、豇豆、晚熟西瓜等根系要求低土温的作物，覆盖黑膜后的产量都比覆盖透明膜的高。宜在草害重、对增温效应要求不高的地区和季节作地面覆盖或软化栽培用，还可用于特殊栽培，如生产韭黄、蒜黄等。

（2）绿色地膜　这种地膜厚度为 0.015～0.02 mm，可降低光合有效辐射的透过率，尤其是光合作用吸收高峰橙红色光的透过率低，对膜下的杂草有抑制和灭杀的作用。绿色地膜对土壤的增温效果比透明地膜增温效果弱，但优于黑色地膜，有利于茄子、甜椒等作物地上部分生长。由于绿色染料较昂贵，且会加速地膜老化，所以一般仅限于在蔬菜、草莓、瓜类等经济价值较高的作物上应用。

（3）银灰色地膜　又称防蚜地膜。这种地膜具有反射紫外线的功能，能驱避蚜虫、黄条跳甲、象甲和黄守瓜等害虫，防止病毒病的发生与蔓延。银灰色地膜还具有抑制杂草生长、保持土壤湿度等作用。用以覆盖栽培黄瓜、番茄、西瓜、甜椒、芹菜、结球莴苣、菠菜、烟草均可获得良好效果。为了节省成本，在透明或黑色地膜栽培部位，纵向均匀地印刷 6～8 条宽 2 cm 的银灰色条带，同样具有避蚜、防病毒病的作用。这种地膜厚度一般为 0.015～0.02 mm，适用于春季或夏、秋季节防病抗热栽培。

（4）黑白双面复合地膜　是两层复合地膜，一面为乳白色，另一面为黑色。黑色面朝下覆盖有减光、保水、防杂草的作用；白色面朝上能增强反射光，提高作物基部光照度，并能有效降低地温，防热效果好。该膜厚度为 0.025～0.400 mm，主要适用于夏、秋季节蔬菜、瓜类的抗热栽培。

（5）银黑两面地膜　也称为反射膜，PE 材质，一面为银色，另一面为黑色。该膜生产时采用了多层共挤技术，保证了膜的银色面和黑色面的性能稳定，属适度控温的功能性地膜。使用时，银面朝上，黑面朝下，不仅可以反射可见光，而且能反射红外线和紫外线，降温、保墒功能更强，还有很强的驱避蚜虫、预防病毒功能，对花青素和维生素的合成也有一定的促进作用。厚度为 0.03～0.05 mm，适用于夏、秋季节地面覆盖栽培。

（6）配色地膜　这种膜是根据蔬菜作物根系的趋温性研制而成的特殊地膜。通常是黑白双色，栽培行为白色膜带，行间为黑色膜带。白色膜带部位增温效果好，在作物生育前期可促其早发快长，黑色膜带增温效果较差，但因离作物根际较远，基本不影响蔬菜早熟，并具有除草功能。进入高温季节，可使行间地温降低，诱导根系向行间生长，能防止作物早衰。

3. 除草膜

除草膜即在地膜的一面融入不同品种、数量的除草剂，经挤出吹塑制成。除草膜覆盖后，其中的除草剂会迁移析出并溶于地膜内表面的水珠之中，含药的水珠增大后会落入土壤中杀死杂草。除草地膜可以降低除草的投入，同时因地膜保护，杀草效果好，药效持续期长。但因不同药剂适用于不同的杂草，所以使用除草地膜时要注意各种除草地膜的适用范围，否则除草不成反而造成作物药害。

4. 耐老化膜

耐老化膜在PE树脂中加入适量的耐老化助剂后挤出吹塑而成。该膜强度高，使用寿命较普通地膜长45 d以上。厚度为0.015 mm，适用于"一膜多用"的栽培方式，且便于旧地膜的回收加工利用，不致使残膜留在土壤中，但该膜价格稍高。

5. 渗水膜

这种地膜上开有大量小孔或微孔。在夜间，这些小孔或微孔被地膜下表面的凝结水封闭，阻止了土壤与大气的气、热交换，仍具保温性能；在白天，由于太阳辐射膜内增温，膜表凝结的水蒸发，微孔打开，土壤与大气间进行气、热交换，避免了由于覆盖地膜而使根际二氧化碳淤积，抑制根呼吸，影响产量。这种地膜增温、保湿性能不及普通地膜，适用于温暖湿润地区。

6. 生物降解膜

生物降解地膜是指一类在自然条件下可通过微生物直接分解的高分子材料地膜。细菌、真菌和放线菌等微生物侵蚀塑料薄膜后，由于细胞的增长使聚合物组分水解、电离或质子化，发生机械破坏，分裂成低聚物碎片。真菌或细菌分泌的酶使水溶性聚合物分解或氧化降解成水溶性碎片，生成新的小分子化合物，直至最终分解成CO_2和H_2O。生物降解地膜的降解过程就是材料被真菌、霉菌和细菌等作用消化吸收的过程。一般认为生物降解并非单一机理，是复杂的生物物理、生物化学作用，同时伴有其他物理化学作用，如水解、氧化等，这些作用相互促进，具有协同效应。

生物降解地膜有多种分类方式，按其降解的控制类型可分为光降解型、生物降解型和光生可控双降解型。光降解型是在生产地膜的原料PE树脂中添加光敏剂，使地膜在自然光照下降解崩溃，其不足之处是埋在土壤中的部分因得不到阳光照射，很难碎裂粉化。生物降解型是在原料PE树脂中添加某些特定的有机物，如淀粉、纤维素、甲壳素或乳酸酯等，通过土壤微生物的作用，使地膜彻底分解。这种地膜耐水性差、强度低。光生可控双降解型是在生产地膜的时候，同时加入光敏剂和高分子有机物，这种地膜可在覆盖后经一定时期，即可在自然条件影响下崩解粉碎，被微生物吸收利用。按照降解机理和破坏形式，生物降解地膜可分为完全生物降解地膜和添加型可生物降解地膜2种类型。完全生物降解地膜是由能被微生物完全分解的物质组成的塑料薄膜，该物质主要来源于淀粉、纤维素、壳聚糖及其他多糖类天然材料，其降解的最终产物为CO_2和H_2O，可完全被自然界消纳，也不会对环境产生污染。添加型可生物降解地膜是在不具有生物降解特性的通用塑料基础上，添加具有生物降解特性的天然或合成聚合物或生物降解促进剂、加工助剂等，经混合制成。按其主要成分的来源，生物降解地膜可分为天然高分子型、微生物合成型和化学合成型。天然高分子型是将来源于自然界广泛存在的动物、植物以及微生物中的大分子有机物质（如纤维素和淀粉）进行改性而成。微生物合成型是利用微生物合成具有生物降解性微生物PES和微生物多糖等高分子材料。化学合成型生物降解地膜需在其分子结构中人工引入能被微生物分解的化学结构，比微生物合成具有更大的灵活性。

生物降解地膜按成型工艺，可分为塑料复合地膜、纸地膜、非织造布地膜和液态地膜。塑料复合地膜是按传统的塑料薄膜成型工艺，以可降解原料、树脂为主要成分，以增塑剂、填充剂、润滑剂、着色剂等添加剂为辅助成分，于受热后在一定条件下塑制成一定形状，并经冷却定型、修整而成的材料。纸地膜就是在植物纸浆中添加增强剂、透明剂等助剂，采用常规造纸工艺制出原纸，再对其进行后处理，使纸张具备地膜所要求的机械强度和保温、保墒等功能。非织造布是随机或定向排列的纤维通过抱合、黏合或摩擦或者这些方法的组合而相互结合制成的纤网、片状物或絮垫。而液态地膜有别于其他工艺，作为一种乳状悬浮液，液态地膜经喷洒后在土壤表层形成一层胶状薄膜，起到地膜的作用，使土壤颗粒黏结起来。生物质基液态地膜以淀粉、纤维素等为主体原料，其原料价格低、来源广、自身易降解，其除了具备塑料地膜保温、保墒功效外，还具有固沙、增肥等功能，发展前景很好。

数字资源 2-4
地膜覆盖材料

三、硬质塑料覆盖材料

硬质塑料覆盖材料是指厚度在 0.2 mm 以上的硬质塑料板材。采用这类覆盖材料，可以改善温室的受力状况，提高温室的安全度，尤其在雨雪很多或常有冰雹危害的地区，可以避免软质塑料薄膜覆盖的温室承受过大的雨雪荷载而造成坍塌的危险。温室中常用的硬质塑料覆盖材料有：玻璃纤维增强塑料板材包括聚酯树脂板（FRP 板）、玻璃纤维增强聚丙烯树脂板（FRA 板）、丙烯树脂板（MMA 板）和 PC 板。FRP、FRA 和 MMA 板又称玻璃钢，PC 板又称为“阳光板”。由于 FRP、FRA 和 MMA 板这类玻璃钢类材料抗冲击能力差，目前在温室建造中已很少采用，本节主要介绍 PC 板。

PC 是目前塑料应用中最先进的聚合物之一。它是一种无定型、无毒无臭、透明无色或微黄色热塑性工程塑料，具有均衡的机械性能及电性能，尤其是抗冲击韧性为一般热塑性塑料之冠。蠕变性小，尺寸稳定；具有良好的耐热性和耐低温性，可在－60～120℃下长期使用，热变形温度大于 310℃；无明显熔点，在 220～230℃呈熔融状态；由于分子链刚性大，树脂熔体黏度大；吸水率小，收缩率小，尺寸精度高，尺寸稳定性好，透气性小；属自熄性材料；对光稳定，但不耐紫外光，耐候性好；耐油、耐酸、不耐强碱、氧化性酸及胺、酮类，溶于氯化烃类和芳香族溶剂，长期在水中易引起水解和开裂；缺点是抗疲劳强度差，容易产生应力开裂，抗溶剂性差，耐磨性欠佳。

PC 板以 PC 为主要原料，采用改进的共挤成型技术制造而成，具有 PC 的各种特点和优点，透光率高，使用寿命长达 10 年。PC 板有平板、浪板、多层中空板和彩色中空板四种类型。平板由于承载能力和固定方面的问题，在温室上使用较少；浪板（波纹形板）厚度与平板基本相同，但加工成波浪形后，其承载能力显著提高，覆盖的温室内光照比较均匀，平均透光率略有提高；双层或三层 PC 中空板如图 2-2 所示，厚度 3～16 mm，具有优良的保温效果，其传热系数可降低为 1.6～2.2 W/（m^2 · ℃），比玻璃温室节能 30%～60%。彩色中空 PC 板可以满足温室降低光照和提高温室保温性能的要求，可以打破以传统的玻璃或塑料薄

图 2-2　中空结构 PC 板

膜等透明覆盖材料形成的温室单一的色彩格调，给温室生产场区增加更多的层次和外观色彩。与玻璃温室相比，PC板温室具有质量轻、骨架材料用量少、造价低、结构件遮光率小、使用寿命长、生产效益好的优点，其环境调控能力基本达到玻璃温室的同等水平。但由于其价格较为昂贵，主要被一些高档花卉温室或展览温室采用。

中空PC板透光率略低，其透明板材的透光率一般均低于80%，彩色板更低，而且由于中空内部容易凝结水蒸气，在南方潮湿地区表面或中空内容易滋长青苔，在北方干燥地区容易积灰，进而降低了其透光性能，此外，由于是有机材料，其耐老化性能也无法与无机材料的玻璃相媲美，所以，其大面积推广应用和替代玻璃受到很大限制。

数字资源 2-5
PC板

第三节　半透光和不透光覆盖材料

设施园艺中常用的半透光覆盖材料包括遮阳网、防虫网等；不透光覆盖材料包括草苫、蒲席、保温被等。

一、半透光覆盖材料

（一）遮阳网

遮阳是温室调节温度和光照的常用手段。遮阳网是以PE、聚丙烯和聚酰胺等为原料，加入抗老化剂和各种色料，熔化后拉丝编织而成的一种强度高、质量轻、耐老化、柔软便于铺卷的网状材料，如图2-3所示。根据添加材料的不同，遮阳网有黑色、银灰色、白色、浅绿色、蓝色、黄色、黑色与银灰色相间等。

图2-3　遮阳网

1. 遮阳网的种类

温室遮阳网按其遮阳方式可分为室内遮阳和室外遮阳。

室外遮阳是指遮阳网覆盖在棚膜之上，其遮阳材料功能单一，主要目的是阻挡大部分阳光进入室内，除要求具有一定的遮阳率外，还要求具有足够的强度以抵抗室外风雪荷载。室外遮阳网的颜色多为黑色，但也会根据使用要求不同选择其他颜色，在编织结构相同时以黑色网遮阳率最高、绿色网次之，银灰色网最小。同种颜色遮阳网，其遮阳率由材料的编织疏密决定，20%～80%不等。

室内遮阳是指遮阳网安装在温室内棚膜之下，对其材料没有抗风要求，但一般要求将白天遮阳与夜间保温相结合，使其具有夏季遮阳降温和冬季保温双重功能。室内遮阳网如果采用与室外相同的黑色遮阳网，虽然能起到降低室内光照强度的作用，但进入室内的太阳辐射被遮阳网吸收后转化为热能而集聚在室内，使室内温度进一步升高，增加了降温负荷。近年来室内遮阳多采用具有反光特性的缀铝箔遮阳网，既可降低室内光照强度，又有助于降温。

2. 遮阳网的功能

遮阳网具有遮光、降温、保温、防风防暴雨、保持土壤良好团粒结构、优化作物生长环境的作用。其主要功能有：①削弱光强，改变光质。不同作物最适宜的光照强度也不一样，覆盖遮阳网可降低温室内光照强度。②具有降温效果。遮阳覆盖显著地降低了根际附近的温度，主要是地表及其上、下 20～30 cm 的地温和气温，在满足作物生长光照要求条件下，遮阳网反射的太阳辐射越多，降温效果也越好。③具有保温节能效果。保温节能是室内遮阳网要求且具有的功能，夜间温室内部不断以辐射的方式向外散热，室内安装遮阳网后，当红外辐射射向遮阳网时，一部分透过遮阳网散失到室外，一部分被反射回室内，还有一部分则被遮阳网吸收，提高了遮阳网自身的温度，这部分能量又有一部分传到室内，使室内温度提高。④具有湿度调节和防雾滴性能。部分遮阳网采用纱线编织，利用纱线吸水能力，可起到湿度调节作用和防雾滴作用。

（二）防虫网

为了降低温室内病虫害的发生与传播，通常在温室的开口处安装防虫网。防虫网是采用添加防老化、抗紫外线等化学助剂的 PE 为主要原料，经拉丝制造而成的网状织物，如图 2-4 所示。防虫网具有耐拉强度大，优良的抗紫外线、抗热、耐水、耐腐蚀、耐老化、无毒、无味等特点。防虫网有三类，第一类是银灰色防虫网或铝箔条防虫网，其避蚜效果好；第二类是白色防虫网，其透光率较银灰色网好，使用较普遍；第三类是黑色防虫网，其遮阳效果好。

图 2-4　防虫网

二、不透光覆盖材料

不透光覆盖材料多为保温材料，其作用是减少温室内热量散失，达到保温的目的。

（一）传统的覆盖材料

传统的外覆盖保温材料有草帘、蒲席等。草帘是用稻草编织而成的，蒲席是用蒲草及芦苇各半编织而成的，其导热系数很小，可使夜间温室热消耗减少 60%，保温效果好，取材方便。但草帘和蒲席的编织比较费工，耐用性较差，一般只能使用 3 年左右。遇到雨雪吸水后重量增大，每日的卷放费时费力。另外，草帘对塑料薄膜的损伤较大。

（二）保温被

保温被通常为多层复合构造，主要包括保温主芯材、防水层、面层等，其中主芯材多为保温性良好的纤维或多孔性蓬松材料，如图 2-5 所示。保温被具有重量轻、保温效果好、防水、阻隔红外线辐射、使用年限长等优点，非常适于电动操作，能显著提高劳动效率。

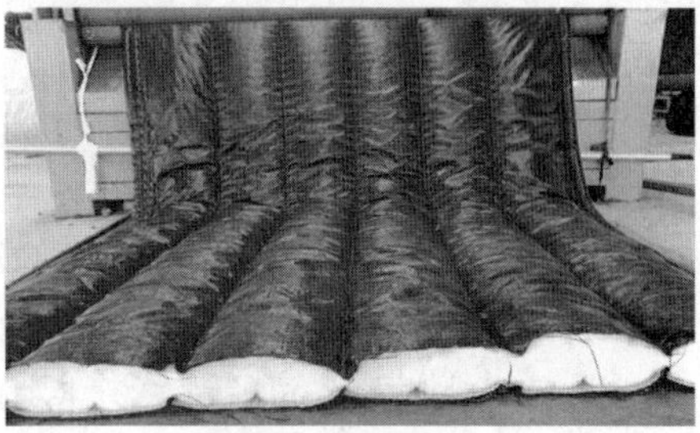

图 2-5　保温被

1. 保温被主芯材

目前，市场上销售的保温被，其主芯材主要有无纺布、再生纤维针刺毡、PE 微孔泡沫塑料、橡塑保温材料、聚乙烯发泡棉（EPE 珍珠棉）、喷胶棉（太空棉）或无胶棉等。

（1）无纺布　用作保温被芯材或面层的无纺布是使用各种纤维材料采用针刺工艺制作的

针刺毡，这类材料在日光温室保温被中采用较多。

（2）再生纤维针刺毡　采用回收的废旧棉、毛、人造纤维制品或工业下脚料、纺织企业的布头和纱线头加工而成，有利于环保，节省资源，保温性良好，成本也很低廉，因此，在保温被中应用最多。

（3）PE微孔泡沫塑料　以PE树脂为主体，加化学发泡剂、交联剂和其他助剂制成。其化学性能稳定，不易受腐蚀，密度小；闭孔的PE泡沫塑料吸水性小，具有良好的自防水性能；导热系数小，具有良好的保温性。

（4）橡塑保温材料　采用丁腈橡胶（NBR）与PVC为主体，经复杂工艺发泡而成。橡塑保温材料为黑色海绵状，密度较小（40～60 kg/m^3）；导热系数小，具有良好的保温绝热性能；水汽不易透过，吸水率低；柔软性强，卷放容易；防火阻燃性好，耐候性强，耐酸抗碱，有防止霉菌生长的特性，但其价格相对较高。

（5）EPE珍珠棉　由低密度聚乙烯酯经物理发泡产生无数的独立气泡构成。其化学性能稳定，密度小（约30 kg/m^3），吸水性小，导热系数一般为0.04～0.095 W/（m·K），具有良好的保温性与自防水性能。

（6）喷胶棉（太空棉）或无胶棉喷胶棉　由天然棉纤维、人造纤维或合成纤维经拉松、梳理、喷胶、烘焙、固化而成。其具有多孔性、高压缩回弹性和高蓬松性，质轻、保温性良好，适于用作保温芯材。

2. 保温被面层材料

数字资源2-6
半透光和不透光覆盖材料

作为保温被的面层材料，需具有较高抗拉强度、一定的隔气和防水性能，以及良好的耐久性。无纺布的抗拉强度和耐久性较好，可用作保温被的面层材料。各种材料的牛津布、编织帘材料、PE薄膜以及淋膜面层等，也被用作保温被面层材料。牛津布多用涤纶丝编织，具有较高抗拉强度与耐久性。编织帘材料一般为通过抗老化处理的聚乙烯（HDPE）、聚丙烯（PP）等各种塑料，经热熔挤出、拉伸成扁丝，再经织造、编制而成。牛津布与编织帘均有一定透气性与透水性，因此，为了使面层具有隔气、防水作用，需采用涂覆或粘接等工艺，形成隔气、防水层。

复习思考题

1. 设施农业生产对覆盖材料有哪些要求？
2. 透光覆盖材料有哪几类？各类透光材料的透光特性如何？
3. 覆盖材料发展经历了哪几个阶段？简述各阶段材料的优缺点。
4. 简述常用棚室覆盖塑料薄膜按其母料进行划分的种类和特点。
5. 简述地膜的作用、种类及其特点。
6. 玻璃作为覆盖材料有什么显著的特点？
7. 简述聚碳酸酯树脂（PC）板的性能和特点。
8. 简述保温和遮防材料的类型和作用。

参考文献

[1] 曹涤环．防虫网的合理选用与覆盖．新农村，2016 (4)：22.

[2] 陈青云．农业设施设计基础．北京：中国农业出版社，2007.

[3] 郭永焕，李艳，赵红星，等．我国设施园艺覆盖材料的应用及展望．农业科技通讯，2014 (11)：16-19.

[4] 寇尔丰，邓沛生，宋世威，等．转光膜在设施园艺生产中应用的研究进展．北方园艺，2018 (1)：155-159.

[5] 李宝东．地膜的多样化及其选择方法．吉林农业，2016 (14)：123-124.

[6] 马承伟，王平智，赵淑梅，等．日光温室保温被材料及保温性能评价．农业工程技术，2018 (11)：12-16.

[7] 汪波，刘建，李波，等．遮阳网在设施大棚中的应用研究进展．上海蔬菜，2015 (3)：81-82.

[8] 王双喜．设施农业装备．北京：中国农业大学出版社，2010.

[9] 余旺，王朝云，易永健，等．国内生物降解地膜研究进展．塑料科技，http://kns.cnki.net/kcms/detail/21.1145.TQ.20190805.1425.012.html.

[10] 张福墁．设施园艺学．北京：中国农业大学出版社，2001.

[11] 张会平，谢东，李发勇，等．生物降解地膜及其应用研究进展．甘蔗糖业，2018 (3)：60-64.

[12] 张瑛，李顺伟．不同农用塑料薄膜的性能特点与选择使用．硅谷，2014，145 (1)：119-120.

[13] 周长吉．现代温室工程．北京：化学工业出版社，2003.

[14] 周新群，周长吉．温室透光覆盖材料技术标准研究．农业工程技术：温室园艺，2006 (6)：14-17.

第三章

简易农业设施

学习目标

- 熟悉简易农业设施的分类与特性
- 掌握简易农业设施的基本结构和功能
- 能够根据农业生产的具体情况选择适宜的简易设施
- 熟练运用所学知识进行简易设施设计与建造

简易农业设施又称为轻型农业设施，它主要包括地面简易覆盖和近地面覆盖两类。多为较原始的设施类型，因具有取材容易，覆盖简单，价格低廉，经济效益较为显著等特点，目前在许多地方仍在应用。

第一节　风障畦

在栽培畦北侧设置防风屏障物的畦为风障畦，它由篱笆、披风和土背 3 部分组成。根据风障的高度又将其分为大风障畦和小风障畦。

一、大风障畦

大风障畦有完全风障和简易风障两种。

完全风障是由篱笆、披风和土背 3 部分组成，篱笆高度 1.5～2.5 m，主要用竹竿、高粱秆、芦苇或玉米秸等夹制而成；披风高度 1.5 m 左右，主要用稻草、塑料薄膜围于篱笆的中下部，起加强防风保温作用，也可增加一层反光膜增加南侧光照；土背用土培制而成，固定篱笆和披风，一般高出地面 20～30 cm，厚 20～30 cm；建好的风障与南侧地面保持 70°～75°为好。在设置多排风障时，风障南北间距 5～7 m，作 4～5 个栽培畦，如图 3-1 所示。简易风障只设置一排篱笆，高度 1.5～2.0 m，密度较稀，前后可以透视。大风障畦一般冬季防风范围在 10～15 m。

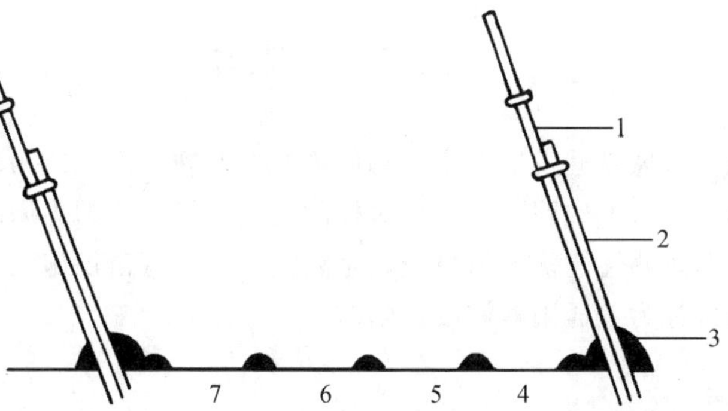

图 3-1　大风障畦

1. 篱笆　2. 披风　3. 土背　4. 并一畦　5. 并二畦　6. 并三畦　7. 并四畦

二、小风障畦

小风障畦结构简单，在畦北侧设置高 1 m 左右的风障，同样与南侧地面保持 75°左右。主要用谷草、玉米秸、小芦苇等材料建造。在设置多排风障时，风障南北间距 1.5～3.0 m，作 1～2 个栽培畦，如图 3-2 所示。其防风效果在 1 m 左右。

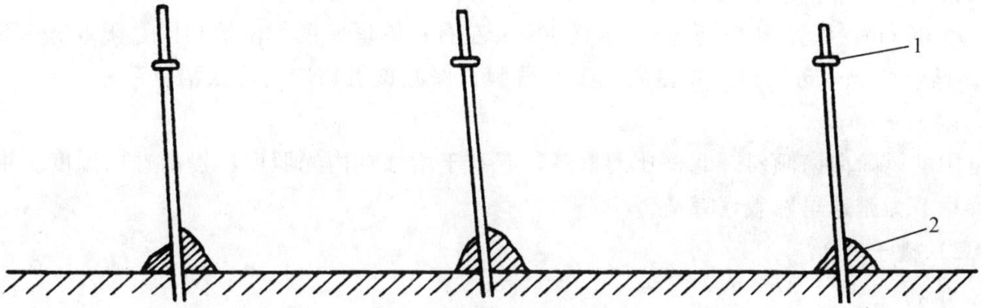

图 3-2　小风障畦

1. 横腰　2. 土背

三、性能及应用

风障是依靠其挡风作用来减弱风速，使风障前气流稳定，充分利用太阳热能，提高气温和地温，降低蒸发量和相对湿度，形成适宜的小气候条件。据测定，华北地区冬春季风障前的风速，比没有风障降低 50%～65%，气温提高 2～5℃，地表温度可提高 8～14℃，蒸发量减少 4%～6%。在风障前面畦内覆盖地膜、麦糠、稻壳、棉籽壳、草席等，可有效地提高地温。风障畦多用在我国北方晴天多及风多的地区，风障前土壤解冻比露地约提早20 d，畦温比露地高 6℃左右，主要用于露地蔬菜提前栽培。如越冬作物提早返青，春播蔬菜提前播种，提早果菜类蔬菜定植期，以提前上市。大风障畦用于耐寒蔬菜越冬如菠菜、韭菜、小葱、青蒜苗或早春提早播种水萝卜、油菜等绿叶蔬菜。小风障配合小拱棚早春提早定植西瓜、西葫芦、黄瓜；也可提早点播早熟地芸豆等。风障在现代设施生产中也可以配合东西向塑料大棚使用，降低早春大风季节大棚内倒春寒发生的概率。

第二节　阳畦

阳畦又称冷床，由风障畦发展而来，将风障畦的畦埂增高，成为畦框，在畦框上覆盖塑料薄膜，并在薄膜上加盖不透明覆盖物，这样的简易保护设施即为阳畦。它是利用太阳光能来保持畦温，其保温防寒性能优于风障畦，是园艺生产上育苗设施之一，还可用于栽培各种蔬菜。按阳畦的结构分为普通阳畦和改良阳畦。

一、普通阳畦

普通阳畦又分为抢阳畦、槽子畦。

(一) 抢阳畦

1. 结构

如图 3-3（a）所示抢阳畦由风障、畦框、透明覆盖和保温覆盖物 4 部分构成。风障向南倾斜，与南侧地面呈 70°～80°夹角，风障的篱笆高 1.8～2.0 m。用料是竹竿、高粱秸、玉米秸等，披风高 1.5～1.7 m，用料是稻草、谷草、旧草苫和旧塑料薄膜等。畦框用土做成，北框比南框高而薄，上下呈楔形。北框高 40～45 cm，底宽 25～30 cm，顶宽 15～20 cm；南框高 20～30 cm，底宽 30～35 cm，顶宽 30 cm 左右；侧框厚度与南框相同。阳畦宽 1.5 m 左右，长 10～15 m，透明覆盖物主要用塑料薄膜；保温覆盖物用蒲席或稻草苫。

2. 特点

抢阳畦风障向南倾斜，北框比南框高，有利于增强畦内光照度，提高畦内温度。主要用于冬春季节为露地早熟栽培育苗。

(二) 槽子畦

1. 结构

如图 3-3（b）所示，其结构与抢阳畦基本相同。只是它的南框较高，基本与北框相平，四框做成后近似槽形，故名槽子畦。槽子畦对光能利用率较低，主要是没有坡度，槽子畦南墙较高，南部空间较大，可栽植植株较高的蔬菜或进行假植贮藏。槽子畦的风障直立，便于卷放草苫；北框高 40～60 cm，厚 30～35 cm，南框高 40～55 cm，厚 30～33 cm；透明覆盖物是塑料薄膜，保温覆盖物同抢阳畦。

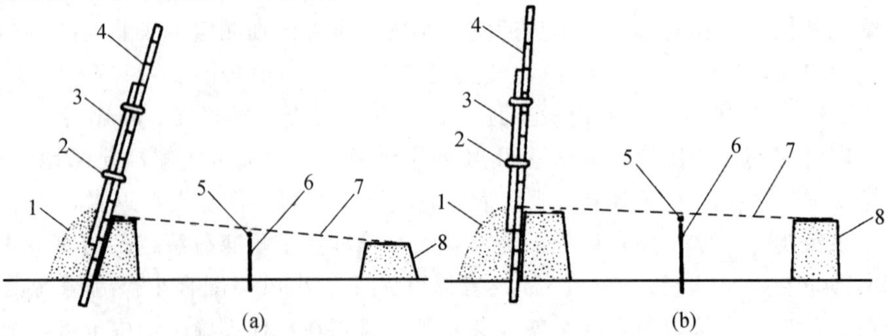

图 3-3　普通阳畦横断面

(a) 抢阳畦　(b) 槽子畦

1. 土背　2. 横腰　3. 披风　4. 篱笆　5. 拉丝　6. 支柱　7. 薄膜　8. 畦框

2. 特点

畦框增高加厚，而且南北畦框高低一致，主要用于栽培蔬菜及分苗苗床。

二、改良阳畦

(一) 结构

改良阳畦由土墙（后墙、山墙）、棚架（柱、檩、柁）、透明覆盖和保温覆盖等部分构成。改良阳畦的规格和形式有多种，以下介绍两种主要类型。

1. 竹木结构

如图 3-4（a）所示，其后墙和山墙均为泥垛墙，后墙高 1.0～1.5 m，底厚 0.6～0.8 m，上顶厚 0.4～0.5 m，山墙厚度与后墙相同，高度与拱架外形相符；拱杆用竹片或竹竿，拱杆间距 0.6～0.8 m，棚内最高 1.4～1.6 m，南北跨度 3～4 m，棚内根据拱杆强度，南北设置1～2排支柱，东西立柱间距 2～3 m，立柱上设置拉杆，将拱杆绑在拉杆上。

2. 钢竹混合结构

如图 3-4（b）所示，其墙体与竹木结构的相同，拱架不同于竹木结构，区别是拱杆每间隔 3 m 设一个三角钢筋拱架为加强梁，在加强梁上，东西纵向用 8 号铅丝拉 4～5 道拉丝，将竹拱杆固定在拉丝上，棚内不设立柱。

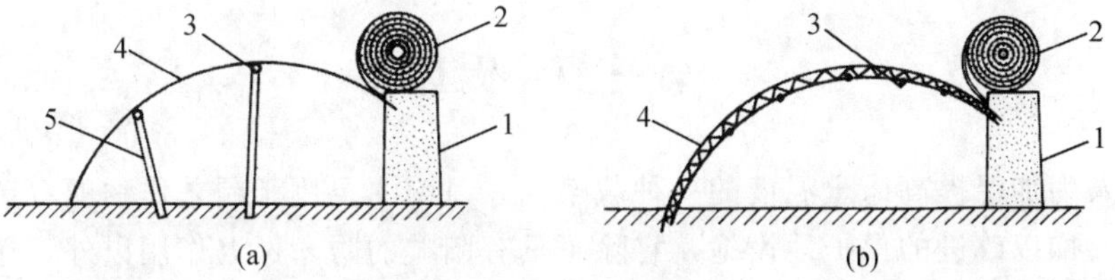

图 3-4　改良阳畦横断面

（a）竹木结构　（b）钢竹混合结构

1. 后墙　2. 保温被　3. 拉杆（丝）　4. 拱杆（钢筋拱梁）　5. 立柱

(二) 特点

棚体小，投资少，容易建造。不仅可以育苗，还可以进行多种蔬菜早春早熟栽培和秋延后栽培。冬季可以栽培耐寒绿叶蔬菜。

三、建造阳畦的场地

建造阳畦场地的总原则是选择地势较高、背风向阳、距栽培田较近、有充足水源的地块。

在阳畦数量少时，可以建在温室前面，这样既可利用温室防风，也便于与温室配合使用。在庭院建造阳畦可利用正房南窗外的空地。但是在阳畦面积大、数量多时，必须做好田间规划。通常的做法是：阳畦群自北向南成行排列，前排的阳畦与后排的阳畦间隔 4～5 m，确保后排阳畦充足的光照，风障占地约宽 1 m，阳畦占地约 2 m。阳畦群的四周要夹好围障，围障内有腰障，阳畦的方位以东西延长为好。

四、性能及应用

阳畦除具有风障效应外，由于增加了土框和覆盖物，白天可以大量吸收太阳光热，夜间可以减少热辐射，提高保温性能，由于热源来自阳光，因而阳畦内温度受季节、天气的影响大。华北地区冬季阳畦内旬平均温度只有8～12℃，并可出现－8～－4℃的低温，而春季气温回升时晴天可比露地高10～20℃，达到30～40℃，保持畦内较高的畦温和土温。天气晴、阴、雨、雪会直接影响畦内温度的高低。据测定华北地区3月晴天阳畦内温度比阴天高6～8℃；遇到连阴天，畦内得不到热量的补充，畦温更低；阳畦内昼夜温、湿差较大，白天由于太阳辐射，使畦内温度迅速升高，夜间不断从畦内放出长波辐射，从而迅速降温，一般畦内昼夜温差可达10～20℃；随着温度变化，畦内湿度的变化也较大，一般白天最低空气相对湿度为30%～40%，而夜间为80%～100%，最大相对湿度差异可达40%～60%。阳畦的结构不同、畦框的厚度与覆盖物的种类对其性能都有很大的影响。此外，在同一阳畦内不同的部位由于接受阳光热量的不同，致使局部存在着很大的温差，一般北框和中部的温度较高，南框和西部的温度较低。

普通阳畦除主要用于蔬菜、花卉等作物育苗，还可用于蔬菜春提前、秋延后栽培及假植栽培。在华北及山东省、河南省、江苏省等一些较温暖的地区还可用于耐寒叶菜，如芹菜、韭菜等的越冬栽培。

改良阳畦比普通阳畦的性能优越，用途广、效益高，主要用于耐寒蔬菜（如葱蒜类、甘蓝类、芹菜、油菜、小萝卜等）的越冬栽培，还可用于秋延后、春提早栽培喜温果菜，也可用于蔬菜、花卉、部分果树的育苗。华北地区（南部）可栽培草莓。

第三节 温床

温床是人为加温提高床土温度的一种栽培床，目前主要用于园艺作物的育苗。温床是在阳畦的基础上加以改进的保护地设施，它除了具有阳畦的防寒保温作用以外，还可以通过酿热加温及电热线加温等来提高地温，以补充日光增温的不足，因此是一种简单实用的园艺作物育苗设施。根据温床的加温方式分为酿热温床、热水温床、电热温床等。

一、酿热温床

（一）结构与填料

酿热温床可以建在阳畦、塑料大棚和日光温室内。根据床框在地平面上的位置可分为：地下式温床（南框全部在地表以下）、地上式温床（南框全部在地表以上）和半地下式温床（南框内酿热物和床土部分在地表以下，其余部分在地表以上）。目前用得最多的是半地下式土框温床，如图3-5所示，这种温床兼顾了通风和保温两个方面。温床建造场地要求背风向阳、地面平坦、排水良好。温床的大小和深度要根据其用途而定，一般床长10～15 m、宽1.5～2.0 m，下部填料，坑南部深50～55 cm，北部深30～33 cm，中部深25～28 cm，整个床底呈鱼脊形。

酿热物在播种前8～10 d填充。装料前在床底铺4～5 cm的干燥碎秸秆，上部覆盖薄膜作隔热保温层；而后将马粪与浸好水的秸秆（在手中一握能挤出水）、树叶等混合均匀后填入。马粪与秸秆、树叶的比例是1∶3。酿热物分2次填充，每填一层酿热物泼浇一遍人粪稀，以调解碳氮比，有利于发热。酿热物填充后发热前保持疏松状态，白天盖严薄膜，晚上盖蒲席，酿热物升温到50℃左右时，揭开膜将酿热物踩实耥平，上盖2 cm厚的细土；最后填入配好的营养土12 cm左右，将床土踩实耥平，准备播种。花卉扦插或播种用的，可铺

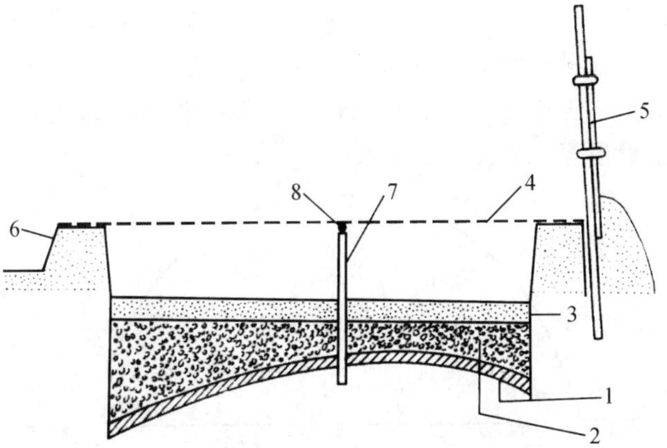

图 3-5　半地下式酿热温床横断面

1. 隔热保温层　2. 酿热物　3. 营养土　4. 透明覆盖　5. 风障　6. 床框　7. 支柱　8. 拉线

10～15 cm厚培养土、河砂、蛭石、珍珠岩等。

由于不同物质的碳氮比（C/N）、含水量及通气性不同，可将酿热物分为高热酿热物（如新鲜马粪、新鲜厩肥、各种饼肥等）和低热酿热物（如牛粪、猪粪、稻草、麦秸、枯草及有机垃圾等）两类。在我国北方地区早春培育喜温蔬菜幼苗时，由于气温低，宜采用高热酿热物作酿热材料。对于低热酿热物，一般不宜单独使用，应根据情况与高热酿热物混用。

（二）特点及性能

酿热温床易建造，成本低。在寒冷地区或寒冷季节能保持较高的床土温度，使种子顺利出土和生长。尤其适宜在无条件建造电热温床的地区使用。酿热温床的性能在不同季节、不同天气情况下，以及昼夜间的温度变化基本与阳畦相同，不同之处在于增加了酿热物对温床温度所产生的影响。因为南框温度最低，酿热物填充得最厚，北框次之，中部最薄，这在一定程度消除了阳畦不同部位的温度差异。酿热物的床温除与内外温差、酿热物的温度及厚度有关外，还与床土的厚度和导热性有关，床土越厚，传递热量越小，床温也越低。床土的导热性与土壤质地和含水量有关，在一般情况下砂土导热系数比黏土大，潮湿土比干土大。

另外，酿热温床的床温不好控制，容易出现温度上升慢（酿热物过实，透气不足，水分过多等）或温度上升快，但保持时间短（酿热物过于疏松），所以要不断总结经验，按要求做好各个环节的工作。主要是控制酿热物的C/N、含水量和填充紧实度。

（三）酿热温床的应用

主要用在早春果菜类蔬菜育苗，也可用做花卉扦插或播种，秋播草花或盆花的越冬。也可在日光温室冬季生产中提高地温、适量补充 CO_2。

二、热水温床

（一）结构与建造

在日光温室或改良阳畦中选择光照好的位置，选挖床基，宽 1.5 m，长度依据育苗数量而定，一般 5～7 m，床基深 30 cm。床底整平铺 10 cm 厚的干麦糠或麦秸，踏实后上盖一层塑料薄膜作隔热层。膜上铺 3～5 cm 厚的细土整平，在苗床两端按 10～15 cm 间距插木橛，露出 5 cm 高。从苗床一角开始，把塑料软管伸出床外 60 cm 固定在第一根木橛上，将塑料软管在床面上布好，塑料软管末端也要长出床外 60 cm（塑料软管内径 0.5～1.0 cm，外壁厚 0.2 cm 左右）。布好塑料软管要进行灌水试验，要求软管无破裂、不漏水，灌进的水要能从另一端流出，证明塑料管通畅。然后在软管上铺营养土，厚度 12 cm 左右。苗床周边床框或培制矮埂以及保温覆盖等，如图 3-6 所示。

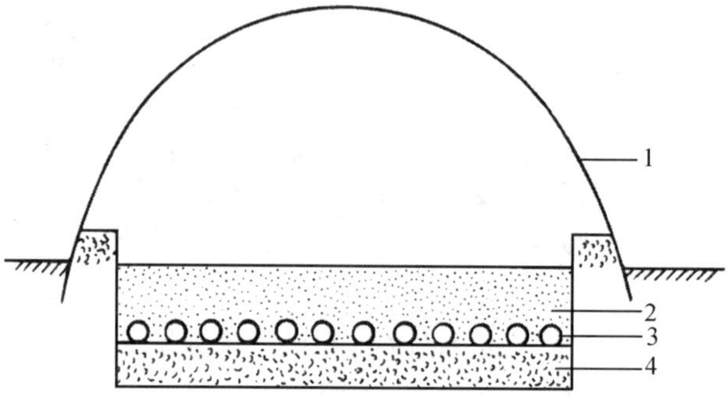

图 3-6 热水温床横断面

1. 拱架 2. 营养土 3. 通水管 4. 保温层

（二）床温调控

播种时选择晴天上午，用热水浇透营养土，待床温稳定到 30℃左右时播种。当床温低于要求时，从软管进水口加热水增温，使软管内的冷水从出水口排入水桶内，再加热反复使用，由此维持适宜的床温。最好将软管的两端与热水循环装置连接起来，床温低于要求时，打开炉子风门，使热水在软管中循环，保持苗床适宜温度。

（三）特点

热水温床建造简单，不需要特殊设备，较酿热温床容易控制床土温度，适宜冬春低温季节进行小面积播种育苗及分苗移植。在育苗床育苗时，也可在育苗底部增加热水管道进行加热。

三、电热温床

（一）结构与建造

电热温床是在阳畦、小拱棚以及大棚和温室中小拱棚内的栽培床上，作成育苗用的平畦，然后在育苗床内铺设电加温线而成的。电热温床如图 3-7 所示，一般床宽 1.3～1.5 m，长度依需要而定，床底深 15～20 cm。电热线铺设时，先在床底下设隔热层，其上铺电热线，电热线上下为护线层，其上铺营养土或放置育苗营养钵。隔热层厚度 8～10 cm，用料有麦糠、干锯末、麦秸等导热性差的物质，为防湿提高隔热效果，在隔热物上盖一层塑料薄膜。在隔热层上撒一些砂子或床土，经踏实平整后，再铺电热线。铺线前准备长 20～25 cm 的小木棍，按设计的线距，把小木棍插到苗床两头，地上露出 6～7 cm，然后从温床的一边开始，来回往返把线挂在小木棍上，线要拉紧、平直，布线的行数最好为偶数，以便电热线的引线两头留在苗床的同一端，作为接头接上电源和控温仪。最后在电热线上面铺上床土，床土厚 5～15 cm，撒播育苗时床土厚 5 cm，分苗床培育成苗时床土厚 10 cm 左右，栽培时床土厚10～15 cm。

单位面积苗床或栽培床上所铺设电热线的功率称为功率密度。功率密度应根据作物对温度的要求所设定的地温和应用季节的基础地温以及设施的保温能力而决定。一般冬季育苗，

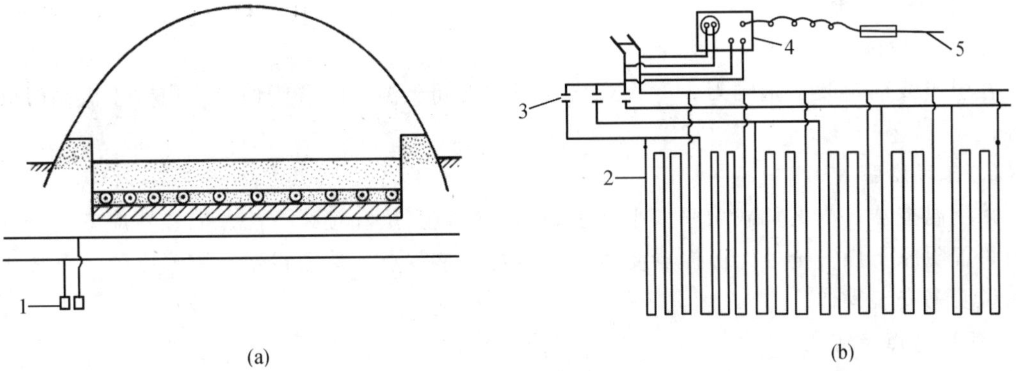

图 3-7　电热温床

(a) 温床上的拱棚　(b) 电热线的铺设与连接

1. 刀闸　2. 电热线　3. 交流接触器　4. 自动控温仪　5. 温度探头

阳畦中功率密度为 100～130 W/m²，日光温室内为 100～120 W/m²，大中棚内与阳畦基本相同；早春育苗，阳畦中为 90～100 W/m²，日光温室中为 70～80 W/m²。配备自动控温仪时，功率密度应选得高些。

总功率是指育苗床或栽培床需要电热加温的总功率。总功率 P（W）可以用功率密度 ρ（W/m²）与苗床或栽培床总面积 S（m²）的积来确定，即：

$$P=\rho\times S \tag{3-1}$$

电热线条数 N（根）可根据总功率和每根电热线额定功率 P_e（W/根）来计算确定，即：

$$N=P/P_e \tag{3-2}$$

由于电热线不能剪断，因此计算出来的电热线条数必须取整数。

布线的稀密，要根据选定功率密度而定。功率密度大、线间距小；功率密度小，线间距大。线间距一般中间稍稀，两边稍密，以使温度均匀。一般布线间距 6～10 cm。铺电热线要将全线埋入土中，布线后接通电源，经检查无误后填充营养土。为保护电热线，便于用后起线，在电热线上覆盖 3～4 cm 厚的细砂或细炉灰作为护线层。

(二) 注意事项

(1) 使用电加温线时，绝不能剪短或截断使用，也严禁成圈状在空气中通电使用。

(2) 铺线时加温线发热段不能交叠、打结，以免接触处绝缘层过热熔化，只允许在引出线上打结固定。

(3) 在单相电路中使用电加温线时，只能并联，不能串联使用，且总功率不应超过 2 000 W，使用 10 A 以上的电度表，在三相电路中使用时应采用 Y 形接法，使每根电加温线两端电压为 220 V，禁止用三角形接法。

(4) 从土中取出电加温线时禁止硬拉硬拔或用锄铲横向挖掘，以免损伤绝缘层，要擦干净保存于阴凉干燥处，防虫、鼠咬破绝缘层。

(5) 旧加温线使用前应做绝缘检查，方法是将线浸入水中，引出线端接兆欧姆表，表的另一端插入水中，摇动兆欧姆表，绝缘电阻应大于 1 MΩ。

（三）温度控制

1. 人工控温

在引出线前端装一把闸刀，专人观察管理，夜间土温低时合闸通电，白天土温高时断电保温。

2. 自动控温

采用温控器。根据负载功率大小，正确选择连接方法和接线方法、温控器应安装于配电箱内，置阴凉干燥安全处。温控器使用前应核对调整零点，然后设定所需温度值，要按生产厂家说明书安装操作。

（四）特点及应用

电热温床主要用于冬春园艺作物育苗，以果菜类蔬菜育苗应用较多。床温在25～30℃范围内可以根据幼苗生长要求随时调整，不受天气变化的影响，使育苗时间大大缩短。如阳畦培育甜椒苗需80～100 d，用电热温床培育同样大小的秧苗，只需60～65 d；阳畦育黄瓜苗需50～60 d，在电热温床上仅需40 d左右。不仅育苗时间缩短，而且成苗率也显著提高。近年来，也有少量用于塑料大棚黄瓜、番茄的早熟生产。

第四节　地膜覆盖

地膜覆盖是塑料薄膜地面覆盖的简称。地膜覆盖是一项适合我国国情，适应性广，应用量大，促进覆盖作物早熟、高产、高效的农业新技术。它是用很薄的塑料薄膜紧贴或靠近地面进行覆盖的一种栽培方式，具有提高地温或抑制地温升高、保墒，保持土壤结构疏松，降低土壤相对湿度，防治杂草和病虫，提高肥效等多种功能。是现代农业生产中既简单又有效的增产措施之一。地膜的种类很多，应用最广的为聚乙烯地膜。

一、地膜的基本覆盖技术与保存

采用塑料地膜覆盖栽培作物对相应的田间管理有相应要求，只有将两者配合好才可收到增产的效果。地膜覆盖栽培也可以说是一种“护根栽培”，对不同的作物，相配合的田间管理作业也不同，为了有效地发挥这项技术的作用，必须因地制宜地做好以下工作。

（一）整地

在充分施用有机肥的前提下，提早并连续进行翻耕、灌溉、耙地、起垄和镇压工作，有条件的地区最好进行秋季深耕。

（二）起垄

垄要高，一般作为“圆头形”，也就是垄的中央略高，两边呈缓慢坡状而忌呈直角，如此，铺盖薄膜容易绷紧，薄膜与地表接触紧密。

（三）盖膜

一般先铺膜后播种，最好在无风晴天作业。要求拉紧薄膜、铺平，紧贴畦面，在两侧用土压紧，垄沟作业处不必铺覆。膜面上适当间隔处压些小土块，防止被风掀起，破坏薄膜。

（四）地膜可通过收藏进行重复使用

通常的收藏方法有以下几种：一是干袋存法，即把地膜洗净叠好，装入塑料袋，扎紧袋口，放在湿润、阴凉的地方，不要接近热源，防止阳光照射变质。二是草芯卷藏法，把洗净晒干的薄膜卷成筒状，中间加稻草作芯，以便通风透气。卷膜时最好加点儿滑石粉避免粘连，然后将卷好的薄膜放在仓柜等处，注意防高温、高湿和鼠害。三是水存法，洗净地膜，卷成捆或叠整齐，放入缸、池内，在地膜上压上重物，倒入清水淹浸地膜，然后加盖遮阳物。四是土存法，将地膜洗净，叠好或卷成捆，用塑料袋包装好，挖一个 80 cm 深的土坑，把地膜放入，上面覆盖 30 cm 厚土。五是窖存法，将洗净的地膜，随即带水滴叠好，装入塑料袋中，用细绳扎紧袋口，放入地窖。

二、地膜的覆盖形式

（一）平畦覆盖

如图 3-8 所示，畦宽同普通露地生产用畦相同，一般为 1.0～1.6 m，多为单畦覆盖，也可以联畦覆盖。将地膜直接覆盖在栽培畦的表面，除在保护地内进行短期临时覆盖外，无论露地或保护地内均要把地膜张紧，周边用土压牢，以提高覆膜效果。

图 3-8　平畦地膜覆盖

1. 畦埂　2. 地膜　3. 蔬菜幼苗

这种覆盖方式操作简便，易盖易揭，尤其是对播种床覆盖，地膜可多次运用，具有良好的保湿效果，土壤增温效果低于高畦，但作为长期覆盖的膜面易被泥土污染。临时性覆盖主要在冬春低温季节进行，用于各种蔬菜育苗时，覆盖播种后的床面，保湿增温，促进种子尽快出土，避免种子"戴帽"出土。也可在早春覆盖越冬蔬菜，达到早萌动生长、早上市的目的。如覆盖越冬菠菜、小葱、韭菜等。长期覆盖主要用于露地草莓、秋播大蒜、秋植洋葱等。

（二）高垄、高畦覆盖

如图 3-9 所示，施肥耕地耙碎整平后作成高垄，宽 40～50 cm，高 10～15 cm，垄面覆盖地膜。在冬春低温季节采用高畦，为避免定植水太大降低地温，可在作高畦前于高畦中央位置开沟浇水，水渗后培制高畦，畦宽 60～70 cm，高 10～15 cm，高畦间距一般为 40～70 cm。畦面上覆盖地膜，周边用土压牢。

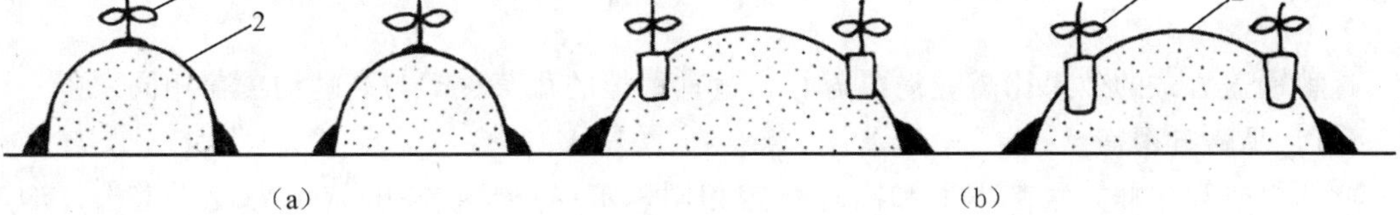

图 3-9　高垄、高畦地膜覆盖

(a) 高垄覆盖　(b) 高畦覆盖

1. 幼苗　2. 地膜

这种覆盖方式畦面呈弧形，地膜紧贴地面，具有良好的保墒增温作用，尤其土壤增温比平畦覆盖高1～2℃，并且膜下高温具有杀死嫩草芽，抑制杂草生长的作用。

高垄覆盖早春定植茄子、辣椒和黄瓜等，也可种植马铃薯，点播地芸豆、架芸豆和架豇豆等。冬季日光温室用高畦覆盖种植草莓，早春日光温室和塑料薄膜棚内用高畦覆盖定植茄子、辣椒、番茄和黄瓜等；露地早春用高畦覆盖定植甘蓝、莴笋、黄瓜等。

（三）高畦沟覆盖

如图3-10所示，在高畦上开两条沟，宽15 cm左右，深15 cm左右，拍实沟壁，在沟内按计划株距定植秧苗，苗高可斜栽，而后畦面覆盖地膜，四周用土压牢。缓苗后膜内温度高时，可在膜上用点燃的烟头烫圆孔通风，晚霜过后开孔放苗，并逐渐培土防植株倒状。

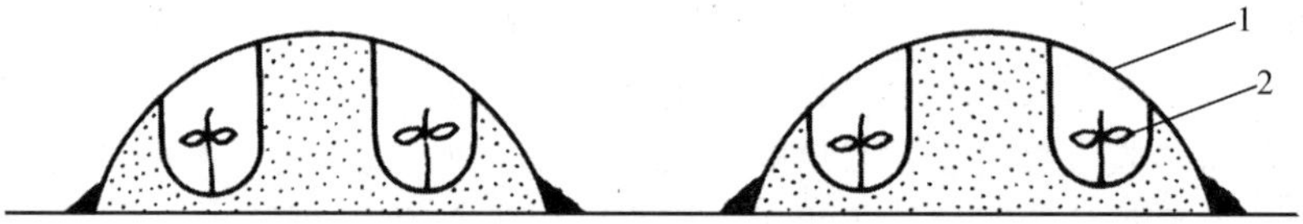

图3-10 高畦沟覆盖

1. 地膜 2. 幼苗

这种覆盖方式具有地膜覆盖与小拱棚的双重效应，不仅地温高，还可抵御晚霜及风害，比一般高畦覆盖早定植5～10 d，使采收始期提前1周左右，前期产量增高。除适用于甘蓝、花椰菜、番茄、甜椒、茄子等栽苗蔬菜外，也适宜点播豆类蔬菜。

（四）沟畦覆盖

沟畦覆盖又叫改良式高畦地膜覆盖，俗称天膜。如图3-11所示，在施足底肥，耕地耙碎整平后，作宽45～60 cm，深15～20 cm的沟畦，沟畦间距根据栽植蔬菜种类掌握在40～60 cm。在沟畦内定植2～3行，高秧或搭架的蔬菜定植2行。沟畦较窄时可直接覆盖地膜，沟畦较宽时也可用竹竿插拱架后覆盖地膜，但要在膜上用压杆或压膜绳将膜固定，避免膜被风吹坏。当幼苗长至将接触地膜时，把地膜割成“十”字孔，将苗引出，使沟上地膜落到沟内地面上，故将此种覆盖方式称作“先盖天，后盖地”。

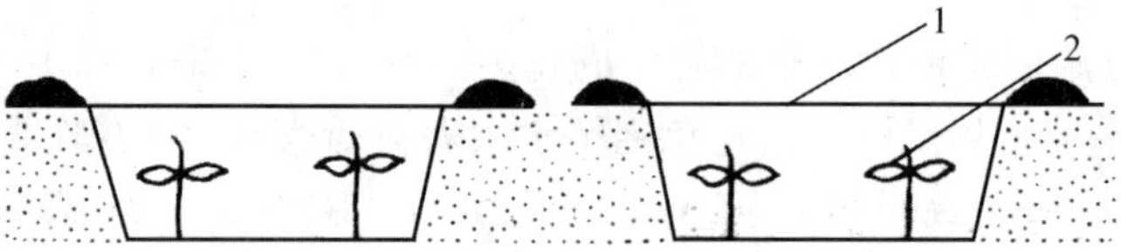

图3-11 沟畦覆盖

1. 地膜 2. 幼苗

这种覆盖方式的效果比高畦沟覆盖好，适宜种植的蔬菜种类与高畦沟覆盖相同。

（五）马鞍畦覆盖

此畦规格和作畦方法基本上和高畦覆盖相同，不同点是在高畦背中央设一道沟，沟宽25 cm左右，深10～12 cm，供冬季浇水追肥之用，如图3-12所示。

这种覆盖方式的特点是在膜下沟内浇水，能够减少水分向外蒸发，起到减少浇水次数和数量的作用。所以在日光温室冬季栽培黄瓜、西葫芦、厚皮甜瓜、番茄等多采用马鞍畦覆盖，尽量减少浇水，提高地温，降低室内空气湿度，减轻病害。

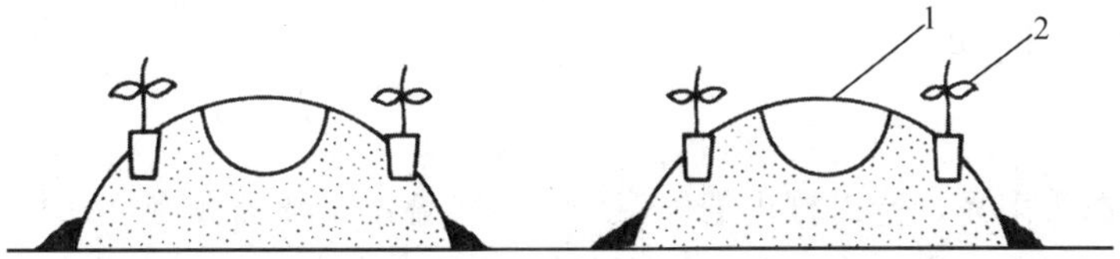

图 3-12 马鞍畦覆盖

1. 地膜 2. 幼苗

三、地膜覆盖的技术要求

地膜覆盖的整地、施肥、作畦、盖地膜要连续作业，不失时机，以保持土壤水分，提高地温。在整地时，要深翻细耙，打碎坷垃，保证盖膜质量。畦面要平整细碎，以便使地膜能紧贴畦面，不漏风，四周压土充分而牢固。灌水沟不可过窄，以利灌水。作畦时要施足有机肥和化肥，增施磷、钾肥，以防因氮肥过量而造成作物徒长。同时，后期要适当追肥，以防后期作物缺肥早衰。

由于地膜覆盖后，土壤水分上移，理化性状与裸地有较大区别，在肥水管理上也要特别留意，在设施栽培条件下，通常推广膜下滴灌供水供肥。在膜下滴灌或微喷灌的条件下，畦面可稍宽、稍高；若采用沟灌，则灌水沟要稍宽。地膜覆盖虽然比露地减少灌水大约 1/3，但每次灌水量要充足，不宜小水勤浇。生产上采取何种地膜覆盖方式，应根据作物种类、栽培时期及栽培方式的不同而定。

第五节 小拱棚

塑料薄膜小拱棚是各地普遍应用的简易保护地设施，主要用于早春早熟栽培。在现代蔬菜育苗中主要作为辅助设施应用于塑料大棚、日光温室、连栋温室等设施内，当出现恶劣天气，设施内温度条件偏低时，小拱棚可以增强设施的保温性，有效地提高棚内温度，满足蔬菜种苗生长需要，同时减少能耗成本。

一、小拱棚结构

图 3-13 塑料薄膜小拱棚

小拱棚的跨度一般为 1.5～3.0 m，高 1.0 m左右，单棚面积 15～45 m^2。如图 3-13 所示，它的结构简单、体形较小、负载轻、取材方便，一般多用轻型材料建成，如细竹竿、毛竹片、荆条、直径 6～8 mm 的钢筋等能弯成弓形的材料做骨架。拱杆主要用竹片或细竹竿，拱杆间距与棚宽度和应用场所有关。利用小拱棚在其他保护设施中进行多层覆盖时，2 m左右设一道拱杆，宽度与畦宽相符；在露地单独应用，拱杆间距应小一些，并根据需要设拉杆，使其牢固，避免风害。

二、小拱棚的性能

(一) 温度

小拱棚的热源为阳光，所以棚内的气温随外界气温的变化而改变，并受薄膜特性、拱棚类型以及是否有外覆盖的影响。由于小拱棚的空间小，缓冲力弱，在没有外覆盖的条件下，温度变化较大。晴天时增温效果显著，阴雨雪天增温效果差。据测定，华北地区4月晴天时棚内最高温度可达40℃及以上，最低温度为9℃，温差超过30℃；阴天最高温度仅有15℃，最低8.5℃，温差只有6.5℃。单层覆盖条件下，小拱棚的增温能力一般只有3～6℃，晴天最大增温能力可达15～20℃。在阴天、傍晚或夜间没有阳光照射时，棚内最低温度仅比露地高1～3℃，遇寒潮极易发生霜冻。冬春用于生产的小拱棚必须加盖保温被防寒，加盖保温被的小拱棚，温度可提高2℃以上，比露地高4～8℃。

(二) 湿度

小拱棚覆盖薄膜后，因土壤蒸发、植株蒸腾造成棚内高湿，一般棚内空气相对湿度可达70%～100%，白天进行通风时相对湿度可保持在40%～60%，比露地高20%左右。棚内相对湿度的变化与棚内温度有关，当棚温升高时，相对湿度降低；棚温降低时，则相对湿度增高；白天湿度低，夜间湿度高；晴天低，阴天高。

(三) 光照

小拱棚的光照情况与薄膜的种类、新旧、水滴的有无、污染情况以及棚形结构等有较大的关系，并且不同部位的光量分布也不同，小拱棚南、北的透光率差为7%左右。

三、小拱棚的应用

小拱棚主要用于春季叶菜、果菜和越冬蔬菜，如越冬菠菜、韭菜、甘蓝、芹菜等早熟栽培，一般比露地栽培提早上市15～20 d；小拱棚还可用于秋季延迟生产和早春育苗，花卉的春季早熟栽培，早春园艺作物的育苗和秋季蔬菜、花卉的延后栽培。小拱棚内可与电热线配合使用进行冬季局部加温。

第六节　遮阳棚及其他简易保护设施

我国长江以南大面积推广遮阳网栽培，解决夏季炎热、高温、多雨影响叶菜类生长和果菜类秋季育苗等问题。据有关部门统计，到20世纪末，遮阳网和防虫网面积已近8×10^4 hm^2，不仅南方广泛应用，北方近年来使用面积也不断增加。

一、塑料遮阳网

塑料遮阳网又称遮阴网、凉爽纱或寒冷纱，是一种轻量化、高强度、耐老化、柔软、便于铺卷的网状新型农用塑料覆盖材料，可以通过控制网眼大小和疏密程度，使其具有不同的遮光、通风性能。利用它覆盖作物还具有一定防暑降温、防台风暴雨、防旱保墒和忌避病虫等功能，用来替代芦帘、秸秆等传统覆盖材料进行夏秋高温季节蔬菜的栽培或育苗，已成为我国南方地区克服蔬菜夏秋淡季的一种简易实用、低成本、高效益的蔬菜覆盖新技术。它使我国的蔬菜设施栽培从冬季拓展到夏季，成为我国热带、亚热带地区设施栽培的特色。

遮阳网覆盖与传统芦苇帘遮阳栽培相比，具有轻便、管理操作省工、省力的特点；而芦苇帘等传统的遮阳覆盖物比较笨重，不易贮运和铺卷，虽一次性投资低，但使用寿命短，折旧成本高；遮阳网一年内可重复使用4～6次，可连续使用3～5年，虽一次性投资较高，但年折旧成本反而低于芦苇帘，一般仅为芦苇帘的50%～70%。现已成为南方地区晴热型夏季条件下进行优质高效叶菜栽培的主要方式。

在晚秋、早春寒流侵袭时，也可将不用的遮阳网替代稻草，覆盖在作物上防冻防寒，减轻霜冻危害。

(一) 遮阳网的覆盖方式

1. 浮面覆盖

浮面覆盖又叫飘浮覆盖、浮动覆盖、直接覆盖等。如图3-14所示，它利用遮阳网直接覆盖在露地或保护地中播种或移栽的作物植株上或畦面上，四周用土块把网固定好，防风吹翻。

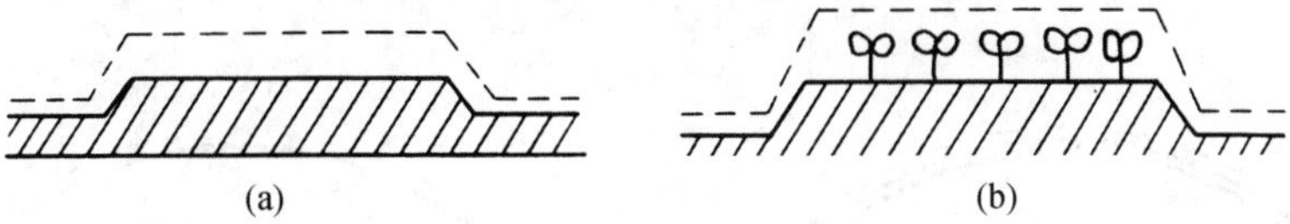

图 3-14 浮面覆盖示意图

(a) 播种后至出苗前 (b) 定植后至成活前

2. 矮平棚或小拱棚覆盖

如图3-15所示，于覆盖地块的四角埋设竹竿或木杆，高1～2 m，用铁丝连接相邻和对角的两杆，拉紧后覆盖遮阳网，东西两边一直覆盖到田埂上，成为矮平棚。小拱棚覆盖可用竹片、细竹竿等插成小拱棚架，覆盖遮阳网即成。一般小拱棚畦面宽1.3 m，棚高60 cm。

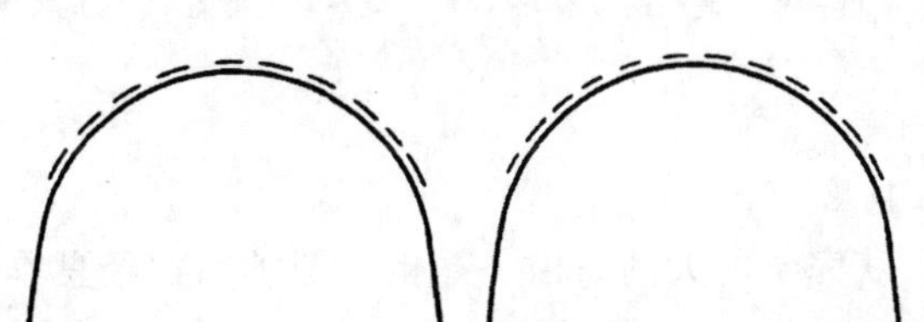

图 3-15 矮平棚、小拱棚覆盖示意图

(a) 矮平棚 (b) 小拱棚

3. 大棚、日光温室覆盖

塑料大棚的骨架通常使用镀锌钢管，顶上只保留天幕薄膜，围裙幕全部拆除，在天幕上再盖遮阳网，也称一网一膜法覆盖。实际上就是防雨棚上覆盖一张遮阳网，因大棚跨度较大，在覆盖前应先将 1.6 m 宽的遮阳网拼接好后再进行覆盖。具体覆盖方式如图 3-16、图 3-17 所示。

(a)　　(b)

图 3-16　日光温室覆盖示意图

（a）覆盖外观　（b）遮阳效果

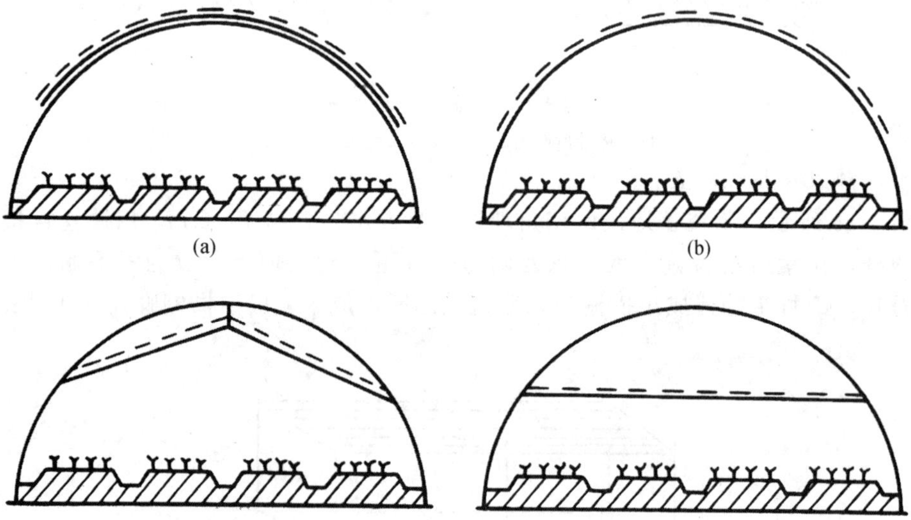

(a)　　(b)

(c)　　(d)

图 3-17　遮阳网的覆盖方式

（a）一网一膜外覆盖　（b）单层遮阳网覆盖　（c）二重幕架上覆盖　（d）大棚内利用腰杆平棚覆盖

（二）遮阳网的应用

1. 春夏菜延后覆盖栽培

通常 6～7 月份将收获完毕的大棚甜椒、辣椒、茄子等，经夏季遮阳网覆盖降温后，可防止早衰，延长到 8～9 月份供应。

2. 夏季覆盖育苗

遮阳网是最常用的夏季覆盖育苗设施。南方的秋冬季蔬菜，如甘蓝、芹菜、大白菜、莴苣等都在夏季高湿期育苗，为减轻高温、暴雨危害，用遮阳网遮阳育苗，可以培育优质苗，保证秋冬菜的稳产、高产。

3. 伏菜覆盖栽培

南方人喜食的小白菜、菜心等，露地栽培易遭高温暴雨袭击而发生烂菜死苗现象，生产很不稳定，采用遮阳网覆盖技术，极大地缓解了夏季小白菜等的供应问题。

(1) 浮面覆盖　高温季节在小白菜、菜心等播种、镇压、浇水后，进行浮面覆盖，3～4 d齐苗后揭网，再盖另一块刚播种的菜地。此法比传统露地小白菜省工、省力、省水，不怕苗期遇暴雨死苗。

(2) 矮平棚或小拱棚覆盖　出苗后在畦上搭建简易的平棚或小拱棚，遮阳网盖在棚顶，根据天气阴晴凉热进行揭盖，防止高温、高湿、弱光引起徒长。

(3) 大棚、日光温室覆盖　大棚遮阳网、防雨棚下种夏季叶菜，操作管理比矮平棚方便。利用大棚遮阳网、防雨棚覆盖，不仅可种夏季小白菜，还可种伏芫荽、伏芹菜、伏莴苣、伏萝卜、豆瓣菜等；伏黄瓜、伏番茄等也可在遮阳网下进行栽培，大大丰富了夏季蔬菜供应的种类。

4. 秋菜覆盖保苗

秋播蔬菜甘蓝类、白菜类、根菜类、芹菜、菠菜和秋番茄、秋黄瓜、秋菜豆等在早秋播种和定植时，恰逢高温季节，播后不易出苗，定植后易死苗。如果对直播的前述作物及蒜苗、萝卜、胡萝卜等播后进行浮面覆盖，可提前播种，也易齐苗、早出苗，提高出苗率；而早秋定植的早甘蓝、花椰菜、莴苣、芹菜等，定植后成活前进行浮面覆盖或矮平棚覆盖，可显著提高成苗率，促进生长，增加产量。此外，遮阳网还可用来延长辣椒杂交制种期；夏季种食用菌如草菇、平菇等。

在使用遮阳网覆盖时应注意对蔬菜品质的影响。据高丽红等的研究：在夏季小白菜的整个生长期内盖网，虽可提高小白菜外观品质，但其内在品质如维生素 C、蛋白质含量下降，硝酸盐积累增多。采收前 5 d 揭网处理可使其内在品质达到或超过露地栽培水平。另外，据凌丽娟等的研究：在晴热型夏季，遮阳网的各种覆盖方式均有明显增产效果；但在多阴雨的冷夏型夏季，仅以遮光率为 42%～45% 的灰遮阳网在大棚覆盖方式下有一定的增产效果。所以要因夏季气候型的不同而正确选用网型和灵活掌握揭盖管理技术，才能获得最佳效益。

二、无纺布覆盖

无纺布在设施园艺上的应用主要有以下几方面：

(一) 浮面覆盖栽培

如图 3-18 所示，用 15～20 g/m^2 的薄型无纺布直接覆盖播种畦面或栽培畦上，也可覆盖于小拱棚上，以防止不利气候环境的影响，促进种子或秧苗的发芽与生长，可以达到增温、防霜冻、促进蔬菜早熟、增产的作用。

(二) 用作棚室内的保温幕帘

可以提高棚室内的温度，节省加热能源。由于无纺布透气性好，不会因多重覆盖增加空气湿度。

(三) 夏季防雨栽培

根据作物需要遮阳的要求，选择相应密度的无纺布，可以起到防暴雨、遮阳降温、防虫防鸟的作用。

三、防虫网

具有耐拉强度大、优良的抗紫外线、抗热、耐水、耐腐蚀、耐老化、无毒、无味等特

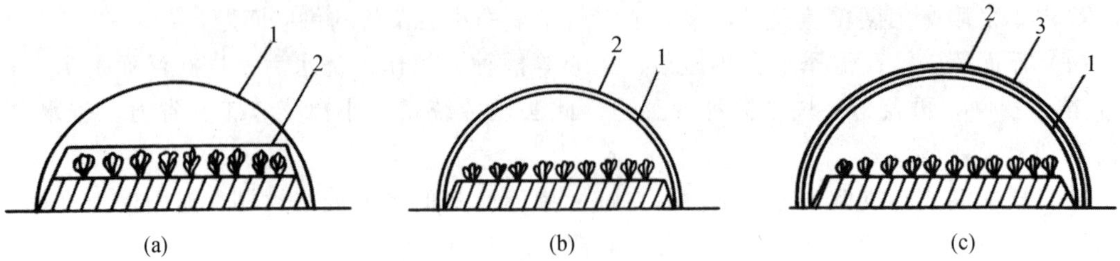

图 3-18 无纺布覆盖示意图

(a) 直接覆盖 (b) 小拱棚无纺布覆盖 (c) 小拱棚无纺布外覆盖

1. 小拱棚 2. 无纺布 3. 保温被

点。由于防虫网覆盖能简易、有效地防止害虫对夏季栽培作物的危害，所以在南方地区作为无（少）农药蔬菜栽培的有效措施而得到推广。

(一) 主要覆盖方式

(1) 大棚覆盖 是最普遍的覆盖方式，由数幅网缝合覆盖在单栋或连栋大棚上，形成全封闭式覆盖。

(2) 立柱式隔离网状覆盖 用高约 2 m 的水泥柱（葡萄架用）或钢管，做成隔离网室，在其内种植小白菜等叶菜，面积在 500～1 000 m^2 范围内。农民称在帐子里种菜，夏天既舒适又安全。

(二) 覆盖性能

(1) 防虫入侵 依害虫虫体大小，选择适宜的网目，一般蚜虫体长 2.3～2.6 mm，体宽 1.1～1.5 mm，小菜蛾体长 6～7 mm，展翅 12～15 mm，20～24 目即可阻隔其成虫进入网内，实现无农药栽培。

(2) 防地面冲刷 防暴雨、冰雹冲刷土面，以免造成死苗。

(3) 防晒降温 顶部结合用黑色遮阳网，有遮阳降温效果。

(4) 抗热防病 结合防雨棚、遮阳网进行夏、秋蔬菜的抗高温育苗。

(5) 防冻植保 可周年利用，冬季可做防冻材料直接覆盖或做大棚和小棚覆盖栽培，春季和秋季覆盖也可种植多种蔬菜，实行简易有效的无（少）农药栽培。

(三) 注意事项

(1) 覆盖前土壤翻耕、晒垡、消毒，杀死土传病虫，切断传播途径。

(2) 施足基肥，夏季生育期较短的作物一般不再追肥，但宜喷水降温。

(3) 选用适宜网目，注意空间高度，结合遮阳网覆盖，防止网内土温、气温高于网外而造成死苗。

第七节 简易养殖设施

设施养殖业与设施种植业都是当代设施农业的重要组成部分，其共同特点是利用一定的设施、设备和综合性工程技术手段，创造一个可控制的、优于自然条件的环境，使动植物在最适宜的环境（如温度、湿度、光照、空气成分、营养等）条件下生长、发育、成熟、繁育，以突破地域和自然环境条件的束缚，实现最少资源投入，达到产量最大化、品质最优化和生产的连续稳定化。20 世纪 90 年代中期以来，中国温室工程技术发展迅速，并逐步走向成熟，其大量新材料、新工艺、新技术的综合应用启示并带动了动物养殖设施的革新，出现了一批轻型、快速装配式的动物饲养建筑设施。

数字资源 3-1
简易养殖设施

一、简易养鸡设施

简易鸡舍主要类型按照鸡舍与外界的关系，主要分为开放式和有窗式两种形式。

(一) 开放式鸡舍

开放式鸡舍有全开放式和半开放式两种形式。它以自然采光、自然通风为主，节省运行能耗。鸡舍比较简易，土建施工量、耗材量较小，土建造价较低。所需管理水平不高，管理费用低。适用于夏季温度高、湿度大，冬季不太冷的我国南方地区，或作为其他地区季节性肉鸡饲养的简易鸡舍。适宜使用的地区冬季最冷月平均温度在 6℃以上，夏季最热月平均温度为 28℃左右。

1. 全开放式鸡舍

其两侧面下部侧墙为 500～600 mm 高度矮墙，其上至屋面板全部敞开，洞口采用钢丝网或尼龙塑料网等围栅围护（有的可再加双覆膜塑料纺织布或其他材质制成的卷帘），用以遮风、挡雨、保温和换气通风。

2. 半开放式鸡舍

其两侧墙局部敞开，可以下半部设墙，上半部敞开，也可以间隔地上、下敞开；有的向阳面侧墙敞开面积大，背阴面敞开面积小，一般敞开部分也都设有围栅和卷帘，如图 3-19 所示。

图 3-19　半开放式塑料大棚简易鸡舍

(二) 有窗式鸡舍

有窗式鸡舍是在侧墙上设置有可以开闭的窗扇，屋面可设置天窗，仍以自然采光和自然通风为主。采用合理的开窗数量、大小与布置方式，可以取得较理想的采光、通风效果。利用窗体的启闭机构，既可调节风量，开启通风换气，防止舍内温度过高，又可以关闭保温、防雨雪、抗风袭。有窗式比开放式鸡舍较容易进行舍内环境的控制。其比开放式鸡舍土建造价高，但管理难度差距不大。适用于冬季最冷月平均温度 0℃左右，夏季最热月平均温度 26～29℃的我国黄河以南，淮南长江流域的中部地区。

二、简易养猪设施

(一) 开敞式猪舍

开敞式猪舍三面有墙，南面无墙而完全敞开，或只有支柱和房顶，四面无墙，用运动场的围墙或围栏隔离猪群。这种猪舍的优点是猪舍内能获得充足的阳光和新鲜的空气，同时，猪能自由地到运动场活动，有益于猪的健康。但舍内昼夜温差较大，无法进行人工环境调控，保温防寒性能差，适用范围较窄。

（二）半开敞式猪舍

半开敞式猪舍上有屋顶，东、西、北三面为满墙，南面为半截墙，高100～120 cm；或东西山墙为满墙，南北两侧为半墙，设运动场或不设运动场。

（三）塑料大棚猪舍

我国东北和内蒙古等地，近年来在原有的半开敞式猪舍和简单棚舍上加盖农用塑料薄膜棚，形成防风保温层，如图3-20所示，在外界气温为－24℃时，棚内温度能达到10℃，即使夜间棚内气温也不低于0℃，可达到有窗式猪舍的饲养效果。缺点是棚舍内湿度过高。

图3-20　塑料大棚猪舍

三、简易养羊设施

（一）封闭式羊舍

多见于北方寒冷地区，屋顶为双坡式，跨度大，保温性能好。羊舍宽10 m，长度视养羊数量、羊场地形而定。舍内布置以双列式居多，又分为对头式和对尾式，走道分别位于中间或两侧（靠窗），地面有一定的坡度，便于清除粪便。在羊舍的一端还应建值班室和饲料间。封闭式羊舍的主体骨架为轻钢结构，屋顶覆盖材料为彩钢夹芯板，舍内环境很容易控制，为一些大型羊场所采用。

（二）半开放式羊舍

适合于较温暖地区，与封闭式羊舍相似，只是一侧墙（多为南墙）为矮墙或栅栏，如图3-21所示，上部敞开。气候潮湿地区应建栅板式羊床。

图3-21　半开放式简易羊舍

1. 开放-半开放单坡式羊舍

适合于南方炎热地区，由开放舍和半开放舍呈拐角连接而成，羊可在两舍间自由活动。舍内应建栅板式羊床。

2. 棚舍结合式羊舍

在天气较冷的地区建羊舍时，可视具体情况在半开放式羊舍外搭建塑料棚，气候温暖时羊舍可以起到防止日光暴晒和雨淋的作用，冬春较冷时则可以加盖农用塑料薄膜，达到封闭式羊舍作用，如图3-22所示。

图3-22　棚舍结合式羊舍

3. 吊楼式羊舍

适于南方炎热、潮湿地区，为双坡式屋顶，栅板式羊床离地面高2～2.5 m。夏秋季节炎热、潮湿，羊住楼上；冬春冷季，羊住楼下防寒，楼上可贮存干草。

复习思考题

1. 风障畦的类型及应用有哪些？
2. 阳畦的类型及应用有哪些？选择建造阳畦的场地应注意什么？
3. 改良阳畦的特点有哪些？
4. 温床的类型有哪些？
5. 酿热温床、电热温床的特点有哪些？建造电热温床应注意哪些事项？
6. 地膜覆盖的技术要求及形式有哪些？不同的地膜覆盖形式各有何特点？
7. 小拱棚的结构、性能及应用有哪些？
8. 遮阳网的主要覆盖方式及应用有哪些？
9. 无纺布的应用有哪些？应用防虫网的注意事项有哪些？
10. 简易鸡舍、猪舍、羊舍特点有哪些？

参考文献

[1] 王双喜．设施农业工程技术概论．北京：中国农业科学技术出版社，2002.
[2] 王双喜．设施农业技术．北京：中国社会科学出版社，2005.
[3] 张福墁．设施园艺学．北京：中国农业大学出版社，2001.
[4] 张真和．我国棚室覆盖材料的应用与发展．长江蔬菜，1997 (7)：1-3.
[5] 王耀林，张志斌，葛红．设施园艺工程技术．郑州：河南科技出版社，2000.
[6] 陈青云．农业设施设计基础．北京：中国农业出版社，2007.
[7] 邹志荣．现代园艺设施．北京：中央广播电视大学出版社，2002.
[8] 师惠芬，张志勇．现代化蔬菜温室．上海：上海科学技术出版社，1986.
[9] 冯广和，齐飞．设施农业技术．北京：气象出版社，1997.
[10] 陈健，刘九庆．温室环境工程技术．哈尔滨：东北林业大学出版社，2002.
[11] 尚书旗，董佑福，史岩．设施栽培工程技术．北京：中国农业出版社，1999.

第四章

塑料棚

学习目标

- 理解塑料棚的生产原理、基本功能以及适用场合
- 掌握塑料棚的结构类型与功能
- 能够根据农业生产的具体情况选择适宜的塑料棚形式
- 熟练进行塑料棚的规划、设计、建造安装和使用维护

第一节　塑料拱棚概述

数字资源 4-1
塑料拱棚

塑料拱棚既具有结构简单、建造和拆装方便、一次性投资较少等优点，又具有现代温室的棚体空间较大、作业方便、坚固耐用等特点，因此性价比较高，在生产上得到越来越普遍的应用。塑料拱棚不仅应用于蔬菜、花卉、果树、茶叶、食用菌等作物的种植业中，也广泛应用于禽畜、特种水产品的养殖业中。

一、塑料拱棚类型

（一）按骨架材料分类

塑料拱棚按其骨架材料可分为竹木结构拱棚和钢架结构拱棚，其中钢架结构拱棚又分为钢筋结构拱棚、钢管结构拱棚、钢筋-钢管结构拱棚、镀锌钢管装配式拱棚等。

1. *竹木结构拱棚*

竹木结构拱棚由立柱、拱杆、拉杆和压杆等大棚骨架及塑料薄膜、草帘等覆盖材料构成。这种塑料拱棚的特点是可就地取材，造价低，因此主要分布于小城镇及农村，广泛应用于小规模蔬菜、食用菌等种植。但缺点是棚内柱子多，遮光率高，作业不方便，且竹木易发霉腐朽，抗风雪承载性能差，使用寿命较短。

2. 钢筋焊接桁架结构拱棚

钢筋结构塑料拱棚的拱架是用钢筋、钢管等焊接而成的平面桁架式结构。这种结构拱棚，骨架坚固，无中柱或柱很少，棚内空间大，透光性好，使用空间较大，作业方便，但耗钢量较大（约达 7.5 kg/m^3），焊点较多，每隔 1～2 年就应涂一遍防锈漆防止骨架锈蚀。

3. 钢筋混凝土结构拱棚

克服了钢筋焊接桁架结构的防腐能力差，跨度不大于 12 m，结构为半圆拱形，不需专门的基础，与地面交界处可视为铰接。构件工厂生产，长细比大不利于运输和安装（易扭曲或断裂）限制了产品的供应范围和使用安全度，截面大，遮光严重，将逐步被淘汰。

4. 热镀锌钢管装配式拱棚

热镀锌钢管装配式塑料拱棚于 1982 年由中国农业工程研究设计院设计定型，为国家定型产品，具有规格统一、安装简便易行、固膜方便等优点，是世界上应用最为广泛的一种塑料拱棚形式。

热镀锌钢管装配式塑料拱棚骨架由拱杆、纵向拉杆、端头立柱等构成。钢材大多为薄壁钢管，各钢管之间采用专用卡具连接而形成骨架整体，所有钢管件和卡具均采用热浸镀锌处理，镀层均匀，牢固防锈，钢管使用寿命可达 15 年及以上，抗风雪能力较强，骨架采用工厂化生产，已形成标准、规范的 20 多种系列产品，方便运输和就地拼装，拱棚骨架的耗钢量在 3.75～4.5 kg/m^2。

（二）按棚顶形状分类

常见的塑料拱棚棚顶形状有拱形和三角形两种。

1. 拱形塑料拱棚

（1）单栋拱形塑料拱棚　我国竹材丰富，竹材易弯曲成型，因此，传统的单栋大棚绝大多数为竹材拱形。其可就地取材，建造容易，拆装方便，成本较低，收益较快，且不受地块大小限制。随着我国钢材普及和生态保护，目前单栋拱形塑料拱棚骨架逐渐被钢架所取代。目前有竹木、钢架等形式单栋拱形塑料拱棚。

（2）连栋拱形塑料拱棚　我国连栋大棚的棚顶多为拱形，其连接容易，建造材料要求较低，具有较强的抗风性能和承载能力，骨架材料以镀锌钢管居多。

2. 三角形屋脊塑料拱棚

三角形屋脊塑料拱棚多见于日本，且大多为连栋大棚。屋脊形塑料拱棚坚实牢固，建造方便省材，屋顶滑雪和流水便利，斜面平直，天窗关闭严密，通风良好。但抗风和承载能力不如拱形塑料拱棚。

（三）按结构外形分类

依据塑料拱棚结构外形是否有侧墙，可将塑料拱棚分为落地式（图 4-1）和侧墙式（图 4-2）两种。

1. 落地式塑料拱棚

落地式塑料拱棚结构上没有明显的侧墙，采用单一的圆拱结构。落地式塑料拱棚结构简单，建造成本低，易于安装和建设。不适宜于建设大跨度的尺寸，棚内两侧边空间小，不利于操作。此种结构的拱棚多用于中小型塑料拱棚。

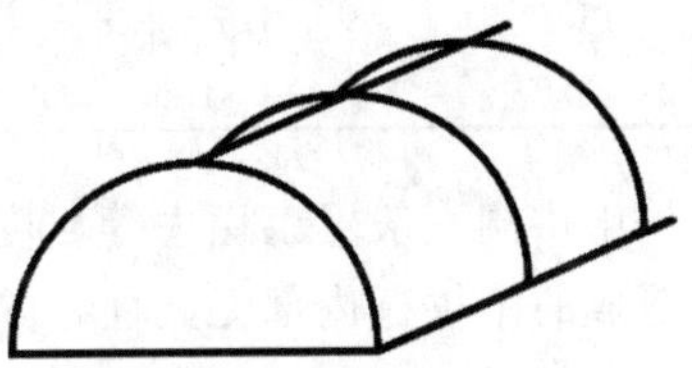

图 4-1　落地式塑料拱棚结构示意图

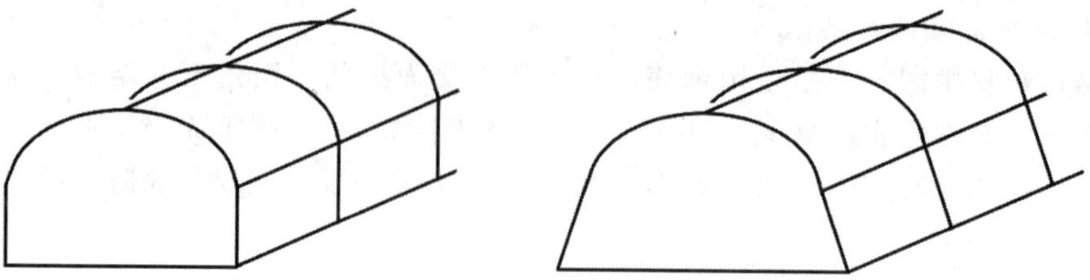

图 4-2 侧墙式塑料拱棚结构示意图

(a) 直立侧墙式塑料拱棚 (b) 斜立侧墙式塑料拱棚

2. 侧墙式

(1) 直立侧墙式 侧墙直立的塑料拱棚称为直立侧墙式塑料拱棚。直立侧墙塑料拱棚因其侧墙直立，侧墙受到的风荷载较大，侧墙立柱应设专门的基础进行固定。此种形式的塑料拱棚内部空间大，配件标准化程度高。

(2) 斜立侧墙式 侧墙倾斜的塑料拱棚称为斜立侧墙式塑料拱棚。侧墙受到的风荷载小，可将其侧墙立柱骨架直接插入土壤，用专用螺栓锚与地面固定，而无须专门的基础。此种形式的塑料拱棚内部空间大，建造简单。

(四) 按外形尺寸分类

生产上应用的塑料拱棚依据外形尺寸可分为塑料大棚、塑料中棚和塑料小棚。

1. 塑料大棚

塑料大棚一般脊高 2.5～3.5 m，宽大于 6 m，具有结构简单、建造和拆装方便、一次性投资少等优点。其与中、小棚相比，又具有坚固耐用、作业方便、保温性能好、便于环境调控等优点。

2. 塑料中棚

塑料中棚高 1.8 m 左右，宽 2～6 m。中拱棚是介于大棚和小棚之间的一种拱棚设施，其空间小于塑料大棚，但比塑料小棚大，人可在棚内直立操作。塑料中棚常为拱形结构，按材料的不同分为竹片结构、钢架结构、竹片与钢架混合结构，近年也出现了镀锌钢管装配式中棚。塑料中棚结构尺寸见表 4-1。

表 4-1 塑料中棚的结构尺寸

m

棚宽	棚脊高	肩高	长 度
6.0	2.0～2.3	1.1～1.5	根据地形和需求，一般在 10 m 以上
4.5	1.7～1.8	1.0	
3.0	1.5	0.8	

中拱棚一般可以用中等粗度的竹竿或竹片为拱架，中间设 1～3 排的立柱。钢筋焊接式所造成的中拱棚内部无立柱，除覆盖薄膜，有的膜上盖草帘保温或在北边搭防风障，提高防寒保温效果。

此外，塑料拱棚主要结构类型还有水泥预制结构、竹木水泥柱混合结构、复合材料结构、钢筋焊接式无立柱结构等。

塑料拱棚的类型需根据使用季节、作物种类、投资管理、气象条件等因素进行选择。

二、塑料拱棚的性能与应用

塑料拱棚具有透光、保温、保湿、减少水分蒸发的特点，因此，在我国北方地区，塑料拱棚主要起到春提前、秋延后的保温栽培作用，一般春季可提前 30～35 d，秋季能延后 20～25 d。但塑料拱棚的保温性能不及温室，在我国北方地区一般不能用做越冬栽培。在我国南方地区，塑料拱棚除了冬、春季节用于蔬菜、花卉的保温和越冬栽培外，还可通过更换遮阳网，用于夏秋季节的遮阳降温和防雨、防风、防雹等的设施栽培。

第二节　塑料大棚的建造规划与设计

一、选址与布局

1. 场地选择

塑料大棚的建造场地在选择时注意考虑以下因素：

(1) 地势　宜选择地形开阔、平坦无遮阳，且地面坡度<10°，坡度为北高南低的矩形地块，以保证采光和通风条件良好。

(2) 局部气象条件　调查当地的主风向以及风向、风速的季节变化。对于有强风或河谷、山川等造成的风道地带，棚址宜尽量避开风口，或在主要风向有天然屏障，或建造挡风设施，以防止大风侵袭；同时又要注意避免因场地附近的障碍物遮挡而影响塑料大棚的采光与通风。

(3) 土壤条件　对于以土壤作种植床的大棚，要求其土壤质地、结构和深度方面符合栽培要求；用于无土栽培的塑料大棚则可不考虑土壤条件。

(4) 水源　选择靠近水源、水源丰富、水质好、pH 中性或微酸性的地方，同时要求地下水位低，排水良好。

(5) 外围设施条件　棚址应选择交通便利、用电便利、方便管理，有机肥供应近便的地方。

(6) 环境保护　空气、水源、土壤遭到污染将严重影响农产品卫生质量，因此应避开水源、空气和烟尘的污染地带。

(7) 地质勘探　要求大棚地基的承载力为 50 kg/m^2，以避免地基沉降、滑坡和地质塌陷等情况的发生。可在场地的某一点挖出 2 倍基础宽度的地基样本，分析地基土壤构成、下沉情况及其承载力等。

2. 塑料大棚平面布局原则

大棚平面布局主要考虑以下因素：

(1) 采光　采光是大棚建设的基本要求。保证良好的采光主要是考虑大棚外部的遮挡条件和大棚间的相对位置。一般情况下，大棚间距应保证冬至的太阳光能够照射到相邻大棚外围 1 m 以上，以保证前后相邻大棚内的光照充足。

(2) 通风　大棚通风口周围 3～5 m 范围内应没有影响风速变化的遮挡物或建筑物，使大棚主要通风方向尽量与夏季主导风向相一致。但要考虑大棚的抗风能力，当大棚走向与主风向平行时，抗风能力较强。

(3) 大棚方位 大棚方位应根据当地的纬度来确定。一般来说，塑料大棚方位为南北走向时，光照分布是上午东部受光好，下午西部受光好，但日平均受光量基本相同，室内光照较均匀，棚内各点温差较小，被较多地应用；塑料大棚方位为东西走向时，棚内总的进光量多，但由于太阳入射角的原因，室内会形成弱光带，应视作物对光照的敏感度等慎重采用。此外，为了更多地利用清晨与黄昏的光照，大棚可略南偏东或南偏西5°左右，具体偏向应根据该地区清晨或黄昏的光照状况及作物要求而定。

(4) 大棚间距 大棚间距以每栋不互相遮光和不影响通风为原则。对南北走向的大棚，其间距为檐高0.8～1.5倍，纬度越高倍数越大；对于东西走向的大棚，其间距为檐高的3倍以上。在风大的地方，为避免道路变为风口，大棚之间要错开排列。一般棚区应取长方地形，东西为长向；棚区内还应考虑布设干道，以利于运输；棚区内每栋棚成南北向平行排列，或以干道对称平行排列；棚端间距3～3.5 m。

二、塑料大棚的构造与主要结构参数

1. 拱形塑料大棚构造

拱形塑料大棚的构造与各部位名称如图4-3所示。拱形塑料大棚主要由拱杆、纵横向拉杆、立柱等主要骨架部件以及卡槽、卡簧等专用连接卡具构成。

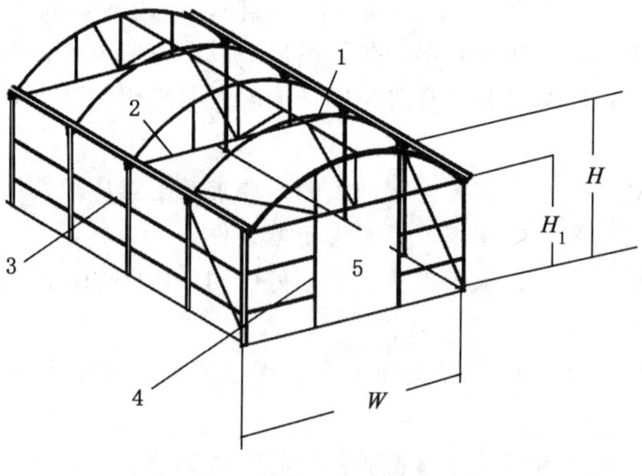

图4-3 拱形塑料大棚骨架示意图

1. 拱杆 2. 腹杆 3. 纵向拉杆 4. 立柱 5. 门

H. 脊高 H_1. 侧高 *W*. 宽度

(1) 拱架与拱杆 一座大棚由若干个拱架组成，拱架是整个大棚骨架的主体。拱杆是构成拱架的基本零件，两拱杆互相对接构成“拱”，形成所设计的棚型。

(2) 纵向拉杆 纵向拉杆通过专用卡具将各个拱架连接起来，形成网状结构。纵向拉杆的数量多少，影响大棚整体刚性的好坏。规格型号产品不同，纵向拉杆数量也有所不同，一般为3～5根。

(3) 立柱 立柱用于支撑拱架，一般位于大棚的两侧面和端面，构成大棚侧墙和端墙的主体结构。通常用横向拉杆将各立柱连接起来，形成网状结构，以增强刚性。

(4) 门 门一般设在大棚两端，有对开式和推拉式两种。

(5) 连接卡具 为了使塑料薄膜牢固地覆盖在骨架上，GP系列产品均采用燕尾形金属卡槽和蛇形卡簧进行固膜。为了使塑料膜固定牢靠，不容易被风吹开，以及利于排水等要求，在膜上、两拱杆中间位置要用专用压膜线压紧，压膜线两端固于地锚上。

2. 屋脊形塑料大棚构造

屋脊形塑料大棚构造与各部位名称如图 4-4 所示。

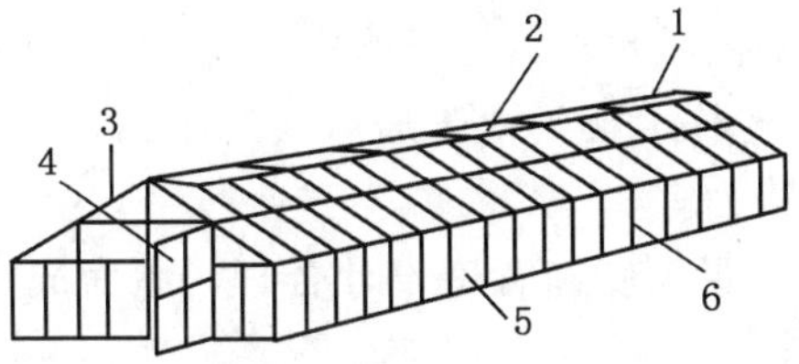

图 4-4　屋脊形大棚示意图

1. 屋脊　2. 天窗　3. 屋面　4. 门　5. 侧窗　6. 立柱

(1) 屋面梁　屋面梁是屋脊形大棚骨架的重要组成部分，其与立柱一起，组成了大棚主要承力系统。

(2) 门窗　大棚内的温湿度调节主要靠换气窗进行。其可分为天窗、侧窗、地窗 3 种。通气时，先开天窗，需要时再开侧窗与地窗，高温、高湿时门窗要一齐打开。

天窗开在顶部屋面，有利于热空气外流。天窗面积越大，通风越好，但天窗面积大了增加成本，且对保温和防风害不利。南方地区夏季温度偏高，天窗面积应稍大，天窗面积至少占屋面面积的 10%。

侧窗设置在侧墙处，可以加强棚内气流强度，与天窗构成“下进上排”的气流流动。侧窗面积一般占侧墙面积的 1/2 以上。侧窗开在侧墙的最下部即成为地窗，常在气候炎热的南方塑料大棚中采用。

大棚门除了是人和产品出入的通道之外，也起通风换气作用。门小保温性好，但换气和出入不便。一般门的面积应占大棚一端面面积的 25%左右，通常门宽 1.5 m，门高 1.8 m。

3. 大棚主要结构参数

(1) 大棚长度　大棚长度是大棚两端面中心线之间沿大棚轴线的距离。大棚长度太短，土地利用率低，大棚造价高，但也不能太长，过长将产生以下问题：①造成通风困难；②大棚强度和稳定性下降，风雪天易受破坏；③灌水系统毛管长度过长，影响灌水的均匀性；④产品采收或管理时，跑空的距离增加。因此，一般大棚长度以 50～60 m 为宜。

(2) 大棚高度　大棚高度包括脊高和檐高两种。脊高即指棚高，指大棚的最高点（脊部）到地面的垂直高度。一般来说，棚高越高，高温期换气效果越好，但加温能耗较大，费用增多，而且大棚安装、维修难度增大，因此，棚高在能够符合作物生长要求条件下以低为宜，一般棚高在 2.5～3.5 m。

檐高也称肩高，其决定于栽培作物、耕作方法、地理条件、开窗换气及人工作业等因素。如果栽培茄子、花卉等矮杆作物为主，不需太高；但要栽培黄瓜、番茄、果树等高杆作物时，就必须较高；多风地区宜低不宜高，以减少风压；降雨多的地区宜高些，以利于更多采光；寒冷区宜低些，以利于保温；温热区宜选较高值，以利于通风换气。一般塑料大棚檐高宜在 1.0～1.5 m。

（3）大棚跨度　大棚跨度也就是大棚宽度，指大棚两侧墙中心线之间和大棚轴线呈垂直的距离。大棚跨度常用的规格尺寸有 6.0 m、6.4 m、7.0 m、8.0 m、9.0 m、10.0 m、12.0 m。大棚宽度与长度成一定比例，比值在 0.1～0.4 范围。宽长比越大，强度越差，反之强度越好。

大棚跨度太大将产生以下问题：通风困难；拱杆负载过大，抗风能力下降；扣棚困难，薄膜不易绷紧，经常颤动，易被风吹破。对于单栋大棚，因通风换气和采光条件好，宽度可以大些，常为 6～8 m；对于连栋大棚，由于通风换气不如单栋大棚，宽度宜小些，以 3～6 m为佳，且连栋数以 3～5 跨为宜。

（4）坡度角　拱形大棚只要高度和宽度设计合理，屋面成自然拱形，对坡度角无严格要求。

（5）棚间距　棚间距指大棚相邻两支柱中心线之间和大棚轴线呈平行的距离。棚间距一般为 1.0～4.0 m。

（6）拱间距　拱间距指塑料大棚相邻两拱架中心线之间和大棚轴线呈平行的距离。拱间距一般为 0.5～1.0 m。

三、塑料大棚结构设计

（一）塑料大棚结构形式选择

大棚结构形式有单栋式和连栋式、竹木结构和钢架结构、拱形和屋脊形等，应通过比较分析，确定适当的大棚结构形式。

1. 选择原则

（1）结构形式与当地气候条件的适应性　最大限度地适应当地气候条件，以达到受力合理、用料经济的目的。如南方地区与北方地区、多风地区与多雪地区的大棚结构形式都应有所区别。

（2）结构形式与栽培环境要求的适应性　温暖地区的大棚结构形式应便于通风，如采用卷帘式侧窗等；寒冷地区的大棚则要求密闭性要好。

（3）结构形式与投资规模的适应性　单栋大棚适用于品种较多、管理分散、规划较小的场合；连栋大棚适用于品种较单一、管理集中、规划较大的场合。

2. 大棚结构形式特点及其应用

（1）以降温为主的大棚结构　南方地区夏季气温高，应重点考虑降温，因此，棚高宜大于 3.5 m，在条件允许的情况下可配置遮阳网、卷膜开窗、湿帘降温等通风降温系统，以利于排出湿热空气。

（2）以防风暴为主的大棚结构　在沿海或多风地区，尽量选用抗风力强的大棚结构，如拱形屋面，而尽量避免采用抗风力弱的结构。

（3）以保温抗风雪为主的大棚结构　北方地区的大棚，保温是重点，抗雪是要求，宜选用拱形屋面形式。此外，可采用内外套棚的双层结构形式，覆盖材料可选择保温性良好的塑料薄膜。为便于积雪滑落，拱形大棚的屋脊宜采取尖顶形。

3. 从建造经济性选择大棚结构形式

（1）投资小、运行费用低的大棚　在北方，塑料大棚建设费用较低、运行经济，缺点是土地利用率低、冬季与夏季不宜生产、使用寿命短、操作有一定的限制等；在南方，拱形塑料大棚是一种经济的结构形式，在冬季覆盖塑料薄膜保温，夏季变成具有一定防雨能力的遮阳棚，缺点是环境控制能力差，维护较烦琐，需要的劳动力也较多。

(2) 投资较大、运行费用较低的大棚　这种形式在建设期投资充足的情况下被广泛采用，例如，北方采用双层覆盖、双层充气等新型塑料大棚，南方采用双层内外遮阳网幕，可最大限度地减少运行过程中的资源消耗及管理成本。

(二) 拱形大棚载荷计算

大棚使用年限一般为 10 年，在进行大棚结构设计时，应充分考虑其安全性和耐久性。因此，须计算大棚载荷。大棚载荷大小取决于大棚结构形式及外部环境条件。大棚载荷可分为两类：大棚本身的质量，称为“恒载”；随季节变化的雪载和风载，称为“活载”。

1. 恒载

(1) 大棚骨架结构载荷　该载荷为在屋面投影面积内垂直向下的力。骨架结构载荷可通过对已知骨架结构和材料进行准确的力学分析与计算获得。通常根据单位面积耗钢量进行估算。钢架式塑料大棚的单位面积耗钢量一般为 7～10 kg/m^2。

(2) 墙体载荷　该载荷为墙体所在平面的垂直向下力，主要指墙体结构质量所产生的重力。

(3) 屋面载荷　该载荷为屋面覆盖系统在屋面投影面积内所产生的垂直向下力。主要是屋面覆盖材料的质量，如 0.2 mm 聚乙烯膜的密度为 0.2 kg/m^2，通过覆盖面积计算而得。

此外，在骨架上时间超过 90 d 的任何载荷（如吊篮、栽培架、无土栽培设施等）都应计入恒载。

2. 活载

(1) 雪载　雪载可参考“全国基本雪压分布图”，结合项目地点气象、地形分析和全国基本雪压分布图中的等雪压线，按插值法进行确定。

(2) 风载　风载指作用在大棚表面上计算用的风压，其作用方向垂直于作用表面。风载可参考“全国基本风压分布图”。沿海地区建造大棚时需要重点对风载进行校核计算。

不同风力的载荷见表 4-2。

表 4-2　不同风力级别对应的风速、风压与风载荷参考值

风力级别/级	风速/（m/s）	风压/（kN/m^2）	风荷载/（kN/m^2）
8	17.2～20.7	0.185～0.268	0.017～0.172
9	20.8～24.4	0.270～0.372	0.024～0.238
10	24.5～28.4	0.375～0.504	0.032～0.323
11	28.5～32.6	0.508～0.664	0.038～0.384

(三) 装配式塑料大棚结构

我国装配式塑料大棚骨架材料以热浸镀锌钢管为主，也有部分采用钢塑复合材料。1984 年钢管塑料大棚在全国推广，国家发布了标准 GB 4176—1984《农用塑料棚装配式钢管骨架》(该标准目前变更为农业行业标准，编号 NY/T 7—1984)，对装配式钢管塑料大棚的产品型号编制方法和规格进行了规定。

1. GP 系列塑料大棚编号

根据标准 NY/T 7—1984 中的规定，管棚的命名方式如下：

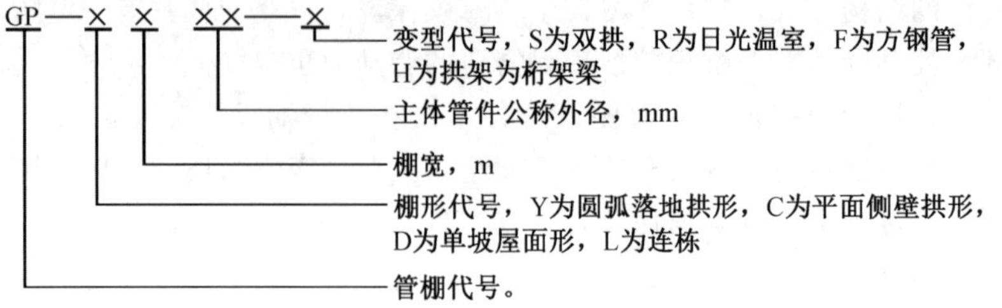

2. 主要产品及规格

GP系列以直径22 mm、25 mm及32 mm钢管为主体管件，已形成多种规格的系列产品，参见表4-3。

表4-3　GP系列部分塑料大棚规格

型号	结构尺寸/m					结　构
	长度	跨度	高度	肩高	拱距	
GP-C2.525	10	2.5	2.0	1.0	0.66	
GP-C425	20	4.0	2.1	1.2	0.65	
GP-C525	32.5	5.0	2.1	1.0	0.65	
GP-C625	30	6	2.5	1.2	0.65	单拱，3道纵梁，2道纵卡槽
GP-C7.525	44.4	7.5	2.6	1.0	0.60	
GP-C825	42	8.0	3.0	1.0	0.50	单拱，5道纵梁，2道纵卡槽
GP-C832	42	8.0	3.0	1.2	0.80	单拱，5道纵梁，2道纵卡槽
GP-C1025	51	10.0	3.0	0.7	0.50	
GP-C1025S	66	10.0	3.0	1.2	1.0	双拱，上圆下方，7道纵梁
GP-C10H	66	10.0	3.0	1.2	1.0	上弦6分管，下弦4分管，腹杆ϕ8圆钢，7道纵梁
GP-C1225S	55	12.0	3.0	1.0	1.0	双拱，上圆下方，7道纵梁，1排中间立柱
GP-C12H	50	12.0	3.0	1.2	1.0	上弦6分管，下弦4分管，腹杆ϕ8圆钢，7道纵梁
GP-D425	36	4.0	2.3	0.8	0.65	
GP-D525	36	5.0	2.3	0.8	0.65	
GP-D625	50	6.0	2.3	0.8	0.65	

注：引自《温室工程设计手册》，周长吉主编。

四、塑料大棚通风

大棚通风有两种方式：一是自然通风，通过开启顶窗、侧窗而产生的通风效果；二是机械通风，通过通风机械产生通风效果。单栋塑料大棚的面积和空间较小，通风量不大，常采用自然通风方式；连栋塑料大棚的面积和空间较大，靠自然通风较为困难，一般需要采取机械通风。通风原理及其装备参阅连栋温室相关内容。

第三节　金属装配式塑料大棚的安装

金属装配式塑料大棚是工厂化生产的工业产品，成套供应给用户，由用户自行安装使用。因此，了解其结构与性能，并重视安装技术及其环节，方可达到安装性能符合要求，连接可靠，外形美观，延长寿命，提高经济效益的目的。

一、安装前准备

安装一栋大棚，以 6～8 人为宜，如果是建棚群，也只要以这些人为骨干，增加辅助劳力即可。技术骨干要熟悉大棚的结构和构件的作用、安装方法等。正式安装前，应全面检查零部件是否齐全，有无在运输中造成损伤，并指定专人保管，以免丢失。

安装前还应准备好以下工具：卷尺、钢锯、螺丝刀、钳子、铁或木榔头以及安装棚顶登高所需要的“人”字梯或高凳、木板等。还要准备好安装压膜线的小木桩、钢丝等。

二、大棚构件的连接方式

一栋塑料大棚的骨架是由各种构件组成的。当大棚构件运到场地后，安装工作主要是进行构件的连接。各构件间的连接可分为钢管与钢管、钢管与卡槽、卡槽与卡槽等的连接方式。

三、安装顺序与方法

(一) 整地开沟

基础是大棚上部荷载传向地基的承重结构，是建造塑料大棚的关键。基础设计是否合理将直接影响到大棚结构的安全和使用性能。

采用木工水平尺与四角打桩牵线方法，在选好的场址上平整地面，画线开沟。整地时沿大棚长度方向取水平或略有一定的坡度。为保证端线与侧线垂直，可用简单的“勾三股四弦五”原理进行检验，即沿端线量出 3 m，沿侧线量出 4 m，检验两点之间斜线长度是否为 5 m，否则端线与侧线之间不垂直。画好线后，开两边侧沟，侧沟深度为 150～200 mm。沟底应夯实，沟底平面应与地面平行，沟侧面应调垂直，然后在沟底和外侧铺垫砖头，以防止拱杆向下和向外移动。垫砖后仍要保持平直，要特别注意两侧沟深一致。

大棚基础的构筑方法：首先按各型号尺寸挖好侧沟，再用 ϕ6 mm 的圆钢或铅丝与各拱杆系牢，使一侧的拱杆纵向定位，连成整体；为提高镀锌钢管的防锈能力，宜将拱杆埋入地下的部分涂上沥青；然后在拱杆根部浇灌混凝土，待干后填土夯实。

(二) 安装棚端

1. 棚端安装要求

棚端是整栋大棚的基准，一定要达到以下要求：

(1) 尺寸应准确　选择两根完全对称的拱杆装棚端，装好后应符合该型号大棚的棚端高、宽规定的尺寸。

(2) 平面应平整　立柱按规定位置打入地下，使每一根都处在同一平面内。两边对称位置的立柱高度一定要一致，以保证棚端外形标准、平整。

(3) 棚端与地面应垂直　要求打入地下的每根立柱都要垂直。

2. 棚端安装步骤与方法

(1) 安装棚端拱杆　由 3 个人进行，两人各持一根拱杆置于地平面，另一人在中间装拱杆接头。将拱杆插入接头后，两根拱杆组成的拱架经目测应在同一平面。然后，3 人同时抬起拱架，将拱架两端置于基础上。

(2) 安装立柱 拱杆两侧由两人扶正，从中间开始向两侧依次装立柱，按尺寸在中间立柱上套入上、下门座，用圆卡箍连接立柱与拱杆，拧紧螺钉。为防止拱杆弹力使圆卡箍脱开立柱，可将立柱上端扳成喇叭口形，以防滑脱。

(3) 安装卡槽 由下向上依次安装卡槽。凡与拱杆、立柱接头处都要用端部有孔的卡槽；卡槽可以锯断使用，以适应各处的长短，两段卡槽相接处用卡槽接片。卡槽固定器可以从端部套入，也可以从卡槽中间任何部位套入，使卡槽与钢管构成“十”字连接。销夹楔入后应将一尾略扳弯，以防松脱。

(4) 安装门横担 门横担可以在装棚端时装，也可先装门后装横担。上、下门横担与门的上、下处有 10 mm 重叠，覆膜后能保证密封保温良好。

(5) 埋牢基础 整个棚端装好后，将基础埋牢，如一时不便埋牢，可用其他支撑物固定，最后与侧沟一起埋牢。

(三) 安装棚体

棚体由中间拱杆和纵向拉杆组成。按顺序立起中间拱杆，用纵向拉杆将其连接起来，构成笼形总体。棚体安装总的要求是保持每个拱架与棚端平行，高低一致。安装棚体时要注意以下几点：

(1) 安排好纵向拉杆，使长短错开，不允许纵向拉杆的接头位于同一拱间内，或在同一拱间内仅允许有两个接头，但应与无接头的纵向拉杆间隔开。

(2) 纵向拉杆的两端与棚端连接处应扩成喇叭口状，以防脱开。

(3) 为保证纵向拉杆的直线性，安装前应在两棚端间按该型规定的定位尺寸为基准。如果只装了一个棚端，或有风影响牵线，可以按尺寸在各拱杆上画线作为基准。

(4) 各拱之间的距离应按各型标准控制一致。这不仅是要保证外形美观，也是保证棚体强度、刚度所必需的。为此，应按各型的尺寸自制若干等长的木尺，安装时各边同时控制，紧固连接件。

(5) 纵向拉杆应同时从一头向另一头安装，如条件不允许，也应两侧各取一条同时安装；下方的基础也应同时安装，因为只有这样才能准确控制棚体的相关尺寸。每装一拱都应向前一拱瞄准，不要走形，否则调整困难。

(四) 安装固膜卡槽

卡槽是固定薄膜用的，安装前要按照选用的薄膜幅宽与安装方法来决定卡槽的位置。如果薄膜是焊接或黏合成整张使用，卡槽就可完全按规定尺寸位置安装；为凑对薄膜幅宽，卡槽也可不按规定的尺寸位置，原则上应使薄膜安装后均匀一致。棚端上方要装一道卡槽，由一侧向另一侧安装，安装前先将卡槽沿拱杆的圆弧压弯，如遇圆弧较小处可用木榔头轻轻敲击，不可急压成弯。

(五) 安装大门

大棚门可以后装也可先装。装好门框，将立柱上的下门座固紧，放入门框，套入上门座，调整位置后紧固上门座。装好后，门框应平整、对称，门转动灵活，拴上门后无晃动。

(六) 安装薄膜

塑料薄膜的作用是保温、防风、防雨雪，因此要求密封、绷紧。安装薄膜有两种方法：一种是将棚体部分按总体尺寸黏合成一整张安装；另一种是按幅宽算好距离安装卡槽，在两卡槽间安装一幅薄膜，两幅薄膜在卡槽处相接。通风处棚体薄膜的宽度每边应多出 0.2～0.4 m，以便装卷膜机。

安装薄膜时应注意以下几点：

(1) 绷紧薄膜时，要注意各个方向都要拉紧，放入卡槽内用弹簧压紧时注意让薄膜适当松一些，否则弹簧容易戳破薄膜。

(2) 为使新膜经久耐用，可在装膜时在弹簧卡与薄膜间垫一层旧膜或防潮纸，以减少弹簧与新膜间的摩擦，防止膜被卡坏，同时被太阳晒得灼热的弹簧不会直接烫伤新膜，减少老化。

(3) 卡入弹簧时，应将弹簧从卡槽的一端开始一节节地左右扭动卡入，不要使弹簧与卡槽口部摩擦造成薄膜破损。

棚体薄膜与棚端薄膜在棚端拱杆正上方的卡槽内重叠。弹簧在使用中不应重叠，可按需要剪断使用，剪断处应用钳子圈圆，以免挂破薄膜。

(七) 安装压膜线

专用压膜线呈扁平状，分 A、B 型两种，一般地区选用 A 型，大风地区应选用 B 型，以增大拉力。专用压膜线具有不导热、不易伤膜的优点。另外，也可用 8 号铅丝作压膜线。

压膜线是与卡槽配合压紧薄膜的，在每两拱杆中间与拱杆平行拉一道压膜线，两侧端紧固于地下，其不但能压紧薄膜，还能增强整体棚的稳定性。一般在距棚两侧约 0.3 m 处沿棚轴向各固定一条 8 号镀锌铁丝，用木桩或在地下埋重物拉住，压膜线的两端扎紧在铁丝上。

第四节　金属装配式塑料大棚的使用与维护

金属装配式塑料大棚是一种较先进的栽培设施，但在使用中处于日晒、雨淋、风刮、受潮等恶劣环境下，为了延长使用年限和取得好的经济效益，应按要求正确使用和维护，并与栽培管理紧密结合。

一、做好日常维护

(一) 基础维护

大棚在使用中要注意基础的变化情况。大棚安装完，经过第一场雨后，应再次培土夯实；经过大风后应仔细观察基础有无变化，并根据实际风力大小与基础变化情况判断其抗风能力，必要时加固基础。

(二) 管架维护

金属装配式塑料大棚骨架的零部件全部经过热镀锌防锈处理，抗腐蚀性强。但在使用过程中，应经常观察骨架抗蚀变化。如发现棚架零件表面泛出白点属正常情况，不必除去；如表面出现锈蚀，应及时修复，小件可换下来重新镀锌，大件可除去锈斑后涂以防锈漆保护，如情况严重时应修复；各种专用卡具如有损坏、丢失，应及时购买更换。遇有风雪天气，应对大棚进行全面检查，紧固各连接件。

(三) 棚膜维护

大棚在使用中，如果薄膜松弛，在风力的作用下会上下拍打，易造成薄膜破损，因此如发现薄膜松弛，应及时拉紧压膜线，特别注意将棚端接头处的薄膜卡紧；在长期使用中薄膜破裂也是难免的，但应注意及时修补。修补的方法可以用焊接修补，也可以用专用塑料胶贴补，还可以在一定范围再覆盖一层新膜。

（四）棚膜清洗

长期使用的大棚，薄膜会沾上灰尘，其透光率将大大降低。因此，应根据大棚污染情况，定期对大棚薄膜进行清洗，以保证棚内应有的光照。特别是越冬和早春低温的塑料大棚，此项工作尤为重要。清洗棚膜的时间应在晴天中午和下午气温较高的时段进行。清洗大棚薄膜时，可用自制的长柄软毛刷，用软管将有压力的清水喷到棚顶，分段清洗，也可用三角梯子或搭脚手架进行。

二、抗灾防护措施

在利用塑料大棚进行生产的过程中，遇到各种灾害性天气是不可避免的。因此，要认识各种灾害性天气的特点，因地制宜地采取有效防护措施，树立预防为主、积极抗灾的思想，是生产管理不可缺少的。

（一）风灾

GP系列大棚一般设计的抗风能力是8～9级，在此范围内的防风措施主要是绷紧棚膜，四周薄膜埋入土内。特别要注意的是：各部位的薄膜都不应有破裂，即使是很小的小孔也应消除，否则将被大风撕裂导致大的裂口。一旦大风进入棚内，大棚有被全部拔起的可能。因此，所有的压膜线都要压紧，必要时适当增加压膜线。当预报的风力大于棚的设计抗风能力时，应及时设置防风屏障；也可将棚的四角及中部，用绳索拴住，固定于地下；当棚内无作物或价值不大时，可揭去薄膜，减小风载保护棚架。

（二）雨灾

暴雨能在短时间内倾注大量雨水，对单栋棚，应在得到预报后，迅速检查棚顶和各处薄膜，使其绷紧并拉紧压膜线，保证雨水顺利下滑，避免发生棚顶“兜水”现象。如出现“兜水”，最好及时修理或把膜重新安装好，如一时不便修理，可用平滑的物件从里面托起排水，切不可从棚内用竹竿顶膜，以免将薄膜捅破。对于棚群来说，地面排水十分重要。因此，下暴雨时应有值班人员来回巡视，疏通水道，防止形成积水而冲坏基础。

（三）雪灾

大雪覆盖使棚架承受很大的压力，如遇有风，棚顶积雪更为危险。当棚内温度在5℃以上时，雪会自动滑落，棚顶不易积雪。如果连续十几小时以上的大雪，虽然棚顶不积雪，也会因棚底处积雪逐渐升高而造成棚的塌陷。因此，在大雪天时应有值班人员来回巡视，适时组织人员刮下棚体积雪，不断清除棚底积雪。如果棚体上积雪较厚时，要注意从两侧同时清除雪载，避免造成受载不平衡导致棚体压塌；对于南方地区的雨夹雪，由于密度较大，下滑能力差，破坏力较大，更应注意清除。

（四）雹灾

大的冰雹能打穿薄膜击毁作物，对塑料大棚生产极为不利。在一般情况下，塑料大棚是无力进行防范的。如果预报确切，冰雹不很大时，事先可在棚顶覆盖草苫、麻袋等物，以减少损失。

（五）冻害

深秋时经常会突降霜冻，初春气温回升后又往往有突然的寒流侵袭。因此，要特别注意预报，及时加强棚内的保温。根据各地的情况及所种的作物，必要时可装双层薄膜保温；也可加保温幕、加小拱棚、用无纺布直接覆盖在作物上等方法保温，还可用应急加温设备临时加温。

在实际生产中，往往所遇到的不是单一的灾情，因此应有综合防灾抗灾的准备，平时注意日常维护，一旦遇到灾情立即组织防御，灾情严重时要采取果断抢救措施。

三、大棚拆迁

钢管装配式大棚的一大优点就是可以拆卸后重新安装。由于安装一次后，所有的卡具都有一定变形，不是十分必要尽量避免重复拆装。当土壤发生连作病虫害，或设施栽培区重新规划，或其他需要不得不迁棚时，可在适当季节进行。

（一）拆棚

迁棚的第一步是拆棚，切不可轻视。往往由于重视不够使零件损坏、丢失，使重新安装工作无法进行。①拆棚人员应是会安装的人员，拆棚顺序按安装的相反顺序进行；②正确使用工具，一件件地逐步拆卸，切不可随意拆卸，以免造成零件不应有的损坏；③拆卸下来的零件要分类放好、点数，并检验修复。

（二）修复、配齐零件

迁棚的第二步是修复、配齐零件。修复零件的工作要认真进行，否则会影响安装使用寿命。对于损坏严重、不能修复的零件，要补充配齐新件。棚的再安装应与装新棚一样，按要求组织进行。

第五节　其他类型塑料大棚简介

在设施农业中，除金属型材料塑料大棚之外，还有竹木结构塑料大棚、钢筋结构塑料大棚、钢竹混合结构塑料大棚、平顶遮阳棚、新型结构塑料拱棚等类型，现简单介绍如下。

一、竹木结构塑料大棚

竹木结构塑料大棚以毛竹为骨架材料，将毛竹经特殊的蒸煮烘烤、脱水、防腐、防蛀等一系列工艺精制处理后，使之坚韧度等性能达到与钢质相当的程度。竹木结构塑料大棚分为悬梁吊柱式和江南型竹木拱棚两种。

（一）悬梁吊柱式竹木拱棚

悬梁吊柱式竹木拱棚，如图 4-5 所示，一般宽 8～12 m，高 2.2～2.6 m，长 40～60 m，面积 333～667 m^2。悬梁吊柱式竹木拱棚由立柱、拱杆、拉杆、吊柱、棚膜、压膜线、地锚等构成。

（二）江南型竹木拱棚

江南型竹木拱棚结构简单，建造方便，江南一带盛产竹子，可以就地取材建造。一般宽 4～5 m，高 1.8～2.0 m，长 30～50 m，棚内一般不设立柱，棚架由拱杆、拉杆等组成。

二、钢筋结构塑料大棚

钢筋结构塑料大棚的拱体为桁架式，上弦用 ϕ16 mm 钢筋或公称外径为 26.9 mm 的钢

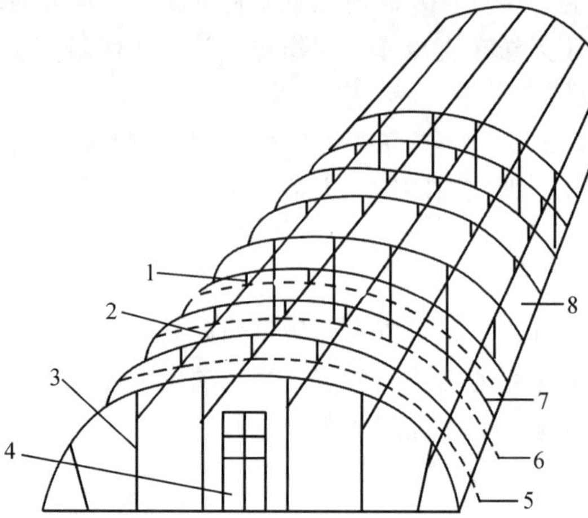

图 4-5 悬梁吊柱式竹木拱棚

1. 吊柱 2. 拉杆 3. 柱 4. 门 5. 地锚 6. 压膜线 7. 拱杆 8. 棚膜

管，下弦用 ϕ12 mm 钢筋，纵拉杆用 ϕ9～12 mm 钢筋。纵向各拱架间用拉杆或斜交式拉杆连接固定形成整体。拱架上覆盖薄膜，拉紧后用压膜线或 8 号铅丝压膜，两端固定在地锚上。钢筋结构塑料大棚有平面拱架和三角形拱架两种结构形式，常采用平面拱架形式，如图 4-6 所示，这种大棚通常跨度 8～12 m，棚高 2.6～3.0 m，长 30～60 m，拱间距 1～1.2 m，面积约 667 m^2。

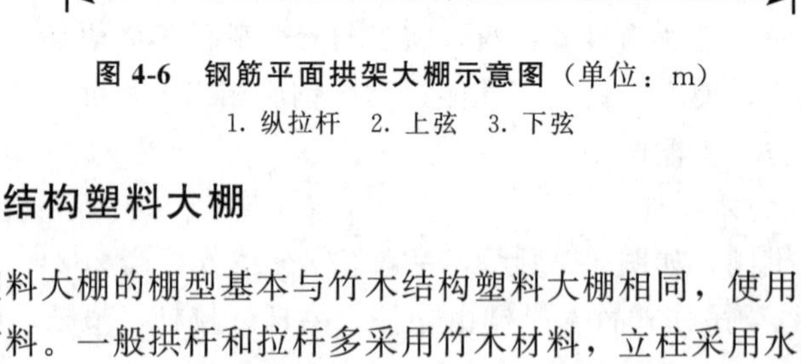

图 4-6 钢筋平面拱架大棚示意图（单位：m）

1. 纵拉杆 2. 上弦 3. 下弦

三、钢竹混合结构塑料大棚

钢竹混合结构塑料大棚的棚型基本与竹木结构塑料大棚相同，使用的材料除竹木外还有钢材、水泥构件等材料。一般拱杆和拉杆多采用竹木材料，立柱采用水泥构件；也有的用钢材做主架、竹木材料做副架。混合结构塑料大棚与竹木结构塑料大棚相比更坚固，抗风雪能力更强。

钢竹混合结构大棚以毛竹为主，钢材为辅。其建造特点是将毛竹经特殊的蒸煮烘烤、脱水、防腐、防蛀等一系列工艺精制处理后，使之坚韧度等性能达到与钢质相当的程度，作为大棚框架主体架构材料。对大棚内部的接合点、弯曲处则采用全钢片和钢钉连接铆合，由此将钢材的牢固、坚韧与竹质的柔韧、价廉等优点互补结合。

钢竹混合结构大棚是每隔 3 m 左右设一平面桁架式钢筋拱架，用钢筋或钢管作为纵向拉杆，每隔约 2 m 一道，将拱架连接在一起。在纵向拉杆上每隔 1.0～1.2 m 焊一短的立柱，在短立柱顶上架设竹拱杆，与钢拱架相间排列。其他构件如压膜线、压杆及门窗等均与竹木或钢筋结构大棚相同。

这种大棚用钢量少，棚内无柱，既可降低建造成本，又可改善作业条件，避免支柱的遮光，且承重力强、牢固、使用寿命长（8～10 年）、成本较低，是一种较为实用的结构。

四、平顶遮阳棚

平顶遮阳棚是遮阳栽培的专用设施，其使用方便，效益显著，一次性投资低于塑料大棚。在我国夏秋时期较长、强光、高温的南方地区（包括长江中下游和华南地区），是应用较多、较理想的遮阳栽培专用设施。

平顶遮阳棚由悬索式骨架和遮阳网拉幕系统构成。根据当地的气候情况和所栽培作物对光照的要求，选择适当规格、遮阳率合适的遮阳网；手动拉幕或电动拉幕系统，以快捷、方便地闭合或开启遮阳网。

（一）遮阳棚结构

平顶遮阳棚的结构比较简单，由基柱、立柱、钢索构成框架，由遮阳网、托膜线、压膜线和拉幕系统组成，如图 4-7 所示。

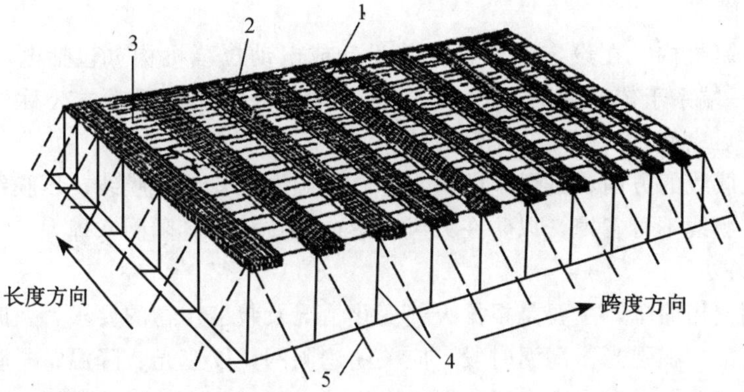

图 4-7　平顶遮阳棚

1. 遮阳网　2. 压膜线　3. 托膜线　4. 立柱　5. 钢索

（1）基柱　用于支撑棚架重量。基柱深 300～600 mm（据地下水位、冻土层等因素确定），用 ϕ54 mm×3.5 mm 镀锌钢管外面浇注 200 mm×200 mm 混凝土，上端露出长100 mm 的钢管，其端部打孔，用于与立柱连接时紧固螺钉。

（2）立柱　立柱为遮阳棚的支柱，采用 ϕ60 mm×3 mm 的热镀锌钢管，一端打孔，用于与基柱的连接。

（3）钢索　用于固定和调直立柱，保持立柱垂直于地面。用 ϕ3～5 mm 的热镀锌钢绞线。

（4）遮阳网　用于遮阳，控制光照度。根据当地的光照条件和种植作物的要求，选用适宜遮光率的遮阳网。

（5）托膜线与压膜线　用于固定遮阳网。选用 14 号或 15 号不锈钢丝或 PE 塑料线作为托膜线和压膜线。

（6）拉幕系统　用于遮阳网的开闭。根据使用要求，选用专用的手动拉幕系统或电动拉幕系统。

（二）遮阳棚的主要参数

遮阳棚的最小单元尺寸常见为：长×宽＝7 m×6 m，一般以4个最小单元连成一体，长×宽＝28 m×24 m，中间设有立柱。也可以更大范围连片，其遮阳效果更佳。高度为2～4 m，视栽培对象确定。托膜线间距一般为0.5～0.6 m，压膜线间距为1～1.2 m。

（三）安装顺序和方法

（1）画线确定立柱的位置。注意使棚的四角成直角（各角的两边线垂直），各立柱位置尺寸要准确。

（2）在确定的立柱位置上挖坑、埋柱基，然后套上立柱，并用螺钉拧紧。立柱首先从四角开始逐步安装，每根立柱都应与地面垂直且高度一致，并使相对应的每排立柱在同一垂直平面内。为此，可采用牵线和使用经纬仪，必须确保立柱的安装质量。

（3）在纵横各排立柱顶端安装钢索，并用紧线器拉紧钢索，使各排钢索张紧度保持一致。

（4）沿着遮阳棚长度方向，按设定的间距牵拉托膜线，并用紧线器拉紧。

（5）顺着托膜线方向铺设遮阳网，将其一端系牢于钢索上，另一端与公称外径为21.3 mm的钢管固定。

（6）安装拉幕机构。在设定的位置安装手动或电动拉幕机构（包括电动机、导向滑轮等）。拉幕线的一端系于传动轴上，另一端穿过滑轮系于遮阳网活动端公称外径为21.3 mm的钢管上。装好后应使遮阳网闭合拉动灵活。

（7）沿着托膜线的方向，按设定的间距，在遮阳网上安装压膜线。压膜线的两端固定于钢索上。注意压膜线不可省掉，以防在大风时形成的负压把遮阳网吹掉。

（四）使用方法

平顶遮阳棚使用简单，主要是根据天气变化情况及栽培作物的要求，及时关闭或开启遮阳网。一般情况下，在强光、高温时段，应关闭遮阳网，以遮光、降温；早晚或阴天时，光照不足，应开启遮阳网，以保证光照；遇有大风、暴雨时，应关闭遮阳网，以防雨防风；在早春和晚秋时，晚上可以关闭遮阳网，以保暖和防霜冻。

在日常使用中，应经常观察遮阳棚有无变化，如柱基塌陷、立柱歪斜等，要及时扶正，填土夯实；各种拉线松动，要及时系牢、拉紧；遮阳网破损，要及时修补或更换。

五、大跨度非对称塑料拱棚

（一）大跨度大棚结构

该类大棚跨度20 m，脊高6 m，长度60～100 m，棚面设计依据温室采光原理，分为南北不对称两个棚面，南部12 m，北部8 m，依据保温需求可设置双层骨架覆盖，显著提升大棚的采光和保温能力。具体结构如图4-8所示。

（二）性能特点

（1）空间大、土地利用效率高　与普通的节能日光温室相比，该大棚没有后墙结构；与普通拱棚相比，该类型大棚跨度大，棚与棚之间空地减少，土地利用率显著提高，该棚体土

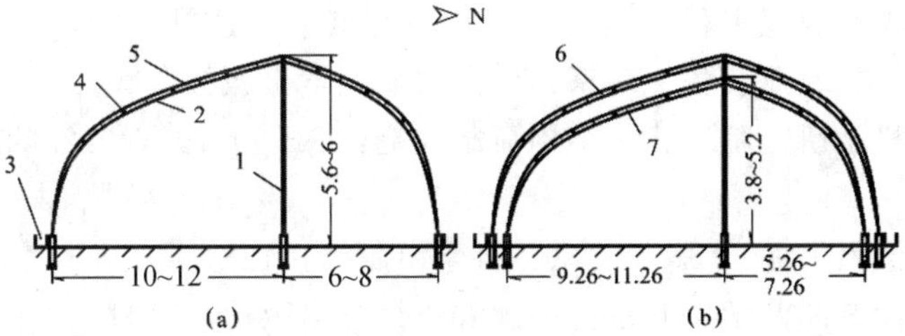

图 4-8　大跨度非对称塑料拱棚示意图（单位：m）（武莹，2019）

（a）单层　（b）双层

1. 立柱　2. 下弦　3. 集水槽　4. 拉杆　5. 上弦　6. 外框架　7. 内框架

地利用率可达 83%。

（2）性价比高　温室大棚的性价比是指其保温性能与其单位面积的建造成本的比例。目前，日光温室 1 m^2 建造成本为 300 元，该类型温室可以在我国北方大部分地区深冬季节进行喜温类蔬菜生产，是目前北方地区冬季蔬菜生产的主要设施类型，相对于室外一般可提高温度 25℃，性价比为 0.08；大跨度非对称双拱双膜大棚 1 m^2 建造价为 200 元，相对于室外可提高温度 15℃，性价比为 0.075，晴天夜间平均气温比室外气温高 11.09～15.32℃；阴天比室外气温高 8.46～11.74℃。

（3）使用地域范围扩大　在日光温室的建造中，往往由于缺乏黏土无法筑墙，仅能利用砖墙，致使温室建造成本大幅度提高或是温室保温性能降低。大跨度非对称双拱双膜大棚，棚体结构没有大量的墙体工程，可建造地域环境扩展，可以在没有黏土的砂土、砂石地建造。

（4）适宜于机械化作业，降低劳动强度　由于该棚体结构与跨度加大，可以利用小型农机具在大棚内运行耕作，可使用大型喷雾器等机具。

（5）适宜于多种栽培生产　与普通大棚相比，由于该大棚空间增大，不仅适宜于蔬菜生产，也适宜于果树栽培。

复习思考题

1. 简述塑料棚的分类、性能与应用。
2. 塑料大棚的建造场地在选择时应考虑哪些因素？
3. 简述大棚平面布局应考虑的因素。
4. 拱形塑料大棚的主要构成有哪些部分？
5. 简述塑料大棚结构形式的选择原则。
6. 简述塑料大棚的主要结构参数。
7. 大棚的载荷可划分为哪两类？为什么？
8. 简述钢管装配式塑料大棚的安装顺序与方法。

参考文献

[1] 周长吉．温室工程设计手册．北京：中国农业出版社，2007.

［2］周长吉．现代温室工程．2版．北京：化学工业出版社，2010.

［3］王双喜．设施农业装备．北京：中国农业大学出版社，2010.

［4］中国建筑科学研究院．建筑结构荷载规范：GB 50009—2012. 北京：中国建筑工业出版社，2012.

［5］赵鸿钧．塑料大棚．2版．北京：科学出版社，1984.

［6］张福墁．设施园艺学．北京：中国农业大学出版社，2001.

［7］陈青云，李成华，陈贵林，等．农业设施学．北京：中国农业大学出版社，2001.

［8］王耀林，张志斌，葛红．设施园艺工程技术．郑州：河南科学技术出版社，2000.

［9］［美］J.J. 哈南，Q.D. 霍利，K.L. 戈德斯贝里．温室管理．郑光华，江亦行，田惠兰，等译．北京：科学出版社，1984.

［10］中华人民共和国农业部．设施园艺工程术语：GB/T 23393—2009. 北京：中国标准出版社，2009.

［11］中华人民共和国农牧渔业部．农用塑料棚装配式钢管骨架：NY/T 7—1984. 北京：中国标准出版社，1984.

［12］武莹．新型大跨度非对称塑料大棚温光环境性能评价研究．杨凌：西北农林科技大学，2019.

第五章

日光温室

学习目标

- 理解日光温室的概念及其性能和特点
- 掌握日光温室的结构类型、建造技术及保温技术
- 能够运用日光温室的知识指导生产
- 熟练运用所学知识进行日光温室结构设计
- 了解现代化新型温室的结构及特点

以日光为主要能量来源，由保温或保温蓄热墙体、保温后屋面和采光前屋面构成的可充分利用太阳能，夜间用保温材料对采光屋面外覆盖保温的单屋面温室统称为日光温室。它是20世纪80年代在中国北方地区迅速发展起来的一种作物栽培设施，围护结构具有保温和蓄热的双重功能，适合于冬季寒冷、光照充足地区反季节种植蔬菜、花卉和瓜果，在我国北纬34°～43°地区广泛进行果菜类的不加温栽培生产，取得了良好的经济效益和社会效益，是我国的主要农业设施类型。

日光温室具有的特点：在普通温室基础上改进高跨比，采用合理的采光角度，有效提高了透光性能，从而保证温室内得到充足的太阳辐射，保证日光温室内各处温度均衡；在保证采光性能优良的前提下，通过合理的温室结构及加强内外保温覆盖，减少热量损失，提高保温效能。在冬春季不加温或仅在下雪等恶劣气候下短时加温，就可正常生产；由于日光温室温光效能好，便于使用先进的综合栽培技术，可创造适合蔬菜生长发育的最佳环境，具有较强的抗逆能力，病害少，植株生长健壮，能提早成熟，采收期长，能有效提高前期产量及总产量，收益较普通温室提高65%～80%。

数字资源 5-1
日光温室

第一节　日光温室的基本结构及设计

一、日光温室建筑结构及参数确定

（一）日光温室结构及几何尺寸

日光温室的基本结构由后墙、山墙、前屋面（采光面）、后屋面（后坡）、屋脊、缓冲间（辅助间，耳房）等部分组成，如图 5-1（a）所示。后墙主要作用是承重、蓄热、保温。山墙的作用是保温、蓄热，位于温室东西两侧，南端最低，北端较高，最高点位于北半部，与屋脊等高。前屋面的作用是采光、升温、散热，主要由拱架、塑料薄膜、压膜线和外保温覆盖物组成。后屋面由骨架、保温层和保护层三部分组成，主要作用是保温蓄热、抬高屋脊、白天放置草苫等。缓冲间设置在温室一侧山墙外，面积为10～20 m^2，起到缓冲室内外温度、储存农资具及住宿的作用。一般为砖木结构或砖混结构。

主体建造几何尺寸如图 5-1（b）所示，温室脊高 H 一般为 2.8～3.5 m；后墙高度H_2一般取 1.8～2.3 m，也有矮后墙温室的后墙高度在 1 m 以下，但其后走道操作空间太小，使用者越来越少；走道宽度P_1一般取 0.6～0.8 m。

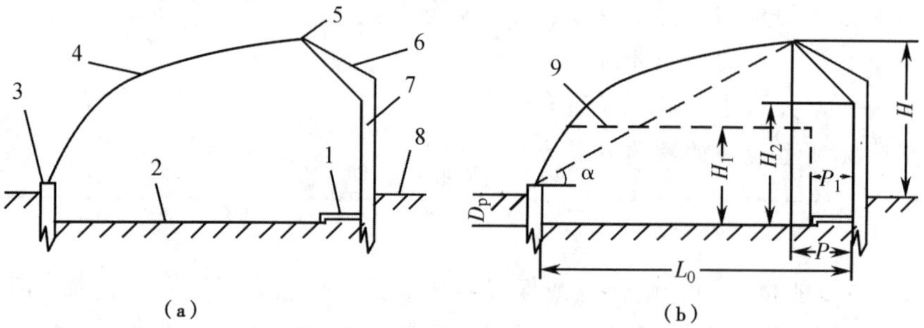

图 5-1　日光温室结构及几何尺寸

（a）日光温室结构　（b）日光温室几何尺寸

1. 室内走道　2. 室内地面　3. 前屋面基础　4. 前屋面　5. 屋脊　6. 后屋面　7. 后墙　8. 外地面　9. 作物冠层

注：α 为前屋面倾角；D_p 为室内外地面高度差；H 为脊高；H_1 为植株高度；H_2 为后墙内侧与后屋面交线到室内地坪标高间距离；P 为屋面水平投影；P_1 为走道宽度；L_0 为后墙内侧至前屋面骨架基础内侧的距离

（二）日光温室结构参数的确定

1. 长度

日光温室的长度宜为 60～120 m，可根据地形尺寸、湿帘—风机降温系统布置间距、卷帘机工作长度、室内物料的经济运输距离等因素确定。

2. 跨度

对北纬 45°以北地区，温室跨度一般为 6～9 m；北纬 39°～45°地区，一般为 8～10 m；北纬 35°～39°地区，一般为 9～12 m；北纬 35°以南地区，可选 10 m 以上，但不宜大于 12 m。

3. 脊高

日光温室的脊高可按式（5-1）计算：

$$H=\frac{L_0+(H_1-D_p)(\sin^{-2}h_x-1)^{1/2}-P_1}{(\sin^{-2}\alpha-1)^{1/2}+(\sin^{-2}h_x-1)^{1/2}} \tag{5-1}$$

式（5-1）中：H—日光温室脊高，m；

L_0—日光温室净跨，m；

H_1—夏季温室内作物的植株高度，m，吊蔓作物一般取 2.0 m；

D_p—日光温室室内外地面高差，m，下挖地面为正；

h_x—夏季计算日正午太阳高度角，(°)；

P_1—日光温室走道宽度，m，一般取 0.6～0.8 m；

α—温室前屋面角，(°)。

$$\alpha=\arcsin\left(\frac{\sin(47°-h_d)}{\cos\gamma}\right) \tag{5-2}$$

式（5-2）中：h_d—冬季计算日上午 10 时太阳高度角，(°)；

γ—冬季计算日上午 10 时的太阳方位角，(°)。

$$h_x=\arcsin(\sin\varphi\sin\delta_x+\cos\varphi\cos\delta_x) \tag{5-3}$$

式（5-3）中：φ—温室建设地的地理纬度，(°)；

δ_x—夏季计算日太阳赤纬角，(°)，周年生产温室取夏至日，$\delta_x=23.45°$。

$$h_d=\arcsin\left(\sin\varphi\sin\delta_d+\frac{\sqrt{3}}{2}\cos\varphi\cos\delta_d\right) \tag{5-4}$$

式（5-4）中：δ_d—冬季计算日太阳赤纬角，(°)，越冬生产温室取冬至日，$\delta_d=-23.45°$。

$$\gamma=\arcsin\left(\frac{\cos\delta_d}{2\cos h_d}\right) \tag{5-5}$$

4. 水平投影宽度

日光温室后屋面水平投影宽度宜按式（5-6）计算：

$$P=P_1+(H+D_p-H_1)\sqrt{\sin^{-1}h_x-1} \tag{5-6}$$

式（5-6）中：P—日光温室后屋面水平投影宽度，m。

5. 后墙高度

日光温室后墙高度宜按式（5-7）计算，且不宜低于 1.80 m。

$$H_2=H+D_p-P\tan\theta \tag{5-7}$$

式（5-7）中：H_2—日光温室后墙高度，m；

θ—日光温室后屋面仰角，(°)，一般取 40°～45°，在纬度高的地区取小值，纬度低的地区取大值。

二、日光温室采光设计

(一) 日光温室光照设计指标

日光温室主要以太阳光作为能源，不加温或少加温即可进行冬季蔬菜生产。因此，太阳辐射是日光温室的关键性限制因子，不仅是维持日光温室温度或保持热量平衡的最重要能量来源，还是作物进行光合作用的唯一光源。从技术和经济角度看，解决日光温室中光照不足比解决温室低温更困难。首先，若光照水平不能满足作物生长要求，就会出现减产甚至绝收；其次，对温室进行人工补光，需要的设备和条件较多，实际生产中较难实现。因此，采光是日光温室设计和建造过程中应首先考虑的问题。

根据作物对光照强度要求的不同，在生物学上将作物分为强光性作物、中光性作物和弱光性作物。温室常用蔬菜栽培品种的光照类型，以及所需光照强度如表5-1所示。从表中可知，温室生产作物不同，对光照要求差异很大。因此，温室设计应首先明确生产对象，令设计的温室具有针对性。若温室种植尽可能多品种的蔬菜，应按强光性作物为对象进行设计，使得温室生产者在管理和茬口安排上选择余地较宽，增强温室适应能力。

表5-1 蔬菜作物的需光特性和温室生产要求光照强度

类型	作物种类	温室生产要求光照强度/lx
强光性蔬菜	西瓜、甜瓜、番茄、茄子、甜椒	$>4\times10^4$
中光性蔬菜	豌豆、菜豆、芹菜	$(1\sim4)\times10^4$
弱光性蔬菜	姜、莴苣、茼蒿	$<1\times10^4$

强光性作物一般光补偿点为2 000～4 000 lx，而光饱和点多为4×10^4 lx以上，如黄瓜光饱和点为5×10^4 lx，在2×10^4 lx以下生育迟缓，1×10^4 lx以下停止发育，适宜光照为$(4\sim6)\times10^4$ lx。而对光照比较敏感的番茄，其光饱和点为6×10^4 lx以上，一般光照要求为$(3\sim4)\times10^4$ lx，低于1×10^4 lx光合作用呈直线下降，出现花器异常、开花结果不良、徒长并造成落花、落果等现象。显然，在冬季日光温室中要达到上述作物的适宜光照强度较难，一般只要能保证2×10^4 lx以上的光照，番茄的光合速率达到光饱和点时光合速率的80%，这样，强光性作物可进行安全生产。大量研究表明，温室作物在适宜光照范围内，强光性作物为$(2\sim4)\times10^4$ lx，提高1%的光照强度，将会带来1%的产量回报。

同时，光合作用产物的多少与光合作用时间长短有关，即光照强度和光照时间彼此关联。对于强光性作物，在光照时间小于4 h时，会出现化瓜、落花现象，温室采光必须保证4 h以上才能保证安全生产。日光温室采光设计时，至少应达到大于光补偿点4×10^3 lx，6 h累计平均光照强度不低于2×10^4 lx，以保证日光温室强光性蔬菜生育全过程的正常生产。如果当地太阳能资源不能满足上述指标，日光温室冬季生产应考虑种植中光性或弱光性蔬菜，或冬季光照最弱季节停止生产，待春季光照充足时再定植生产强光性作物。

(二) 日光温室的采光设计

1. 方位角的确定

方位角是指日光温室走向延长线的法线与正南（地理）方向的夹角。日光温室一般都是坐北朝南，东西延长，使采光面朝向正南，以充分接受日光照射。北纬40°以北的中高纬度地区，冬季早晨外界气温很低，不能太早揭开覆盖物，使得温室内下午实际日照时间比上午长，每日最高气温在14:00左右，适当西偏方位角的设计，可增加午后光照与高温配比，更有利于室内植物的光合作用，对日光温室的增光保温有一定的意义。对于冬季气候温和且大雾不多的地区，温室可以朝南偏东些，以充分利用上午的阳光，更有利于作物的光合作用。但无论偏东还是偏西，均以5°为宜，不宜超过10°。

2. 前屋面倾角的确定

确定合理的采光角以保证日光能有恰当的入射角是采光设计的关键之一。太阳光入射角指太阳光线与被照表面法线所成的角度。随着入射角的增加，塑料薄膜透光率呈下降趋势。当入射角等于0°时，薄膜透光率最大在90%以上；当入射角为0°～40°时，透光率下降不明显；当入射角为40°～60°时，透光率急剧下降。

当温室前屋面与太阳高度角构成90°投射角，即入射角为0°时，称为理想屋面角。但冬季太阳高度角很小，要使日光和采光屋面垂直，前屋面倾角必须很大，温室必须建得相当高才能办到。即便如此，由于太阳位置随季节和时刻不同在不断变化，日光也只能在一年中的某一瞬间垂直照射采光屋面，所以一味地追求日光入射角为0°是不切实际的。我们只能要求在每天的合理时段内，日光入射角不超过40°，对采光影响就不大。

对于正南方位的日光温室在一天的正午时刻（即当地时间12:00），太阳光入射角θ、太阳高度角h、前屋面倾角α之间的几何关系如式（5-8）所示：

$$\theta + h + \alpha = 90^\circ \tag{5-8}$$

合理采光时段前屋面倾角可按式（5-9）计算：

$$\alpha \geqslant 50^\circ - h + (5^\circ \sim 10^\circ) \tag{5-9}$$

式中太阳高度角h按冬至日正午时刻计算。如果是主要用于春季的温室，因太阳高度角比冬季大，则屋面倾角可以取小一些。

第二节　日光温室的结构选型与建造

一、日光温室分类

日光温室的结构各地不尽相同，分类方法较多。按墙体材料分主要有干打垒土温室、砖石结构温室、复合结构温室等；按后屋面长度分，有长后坡温室和短后坡温室；按前屋面形式分，有二折式、三折式、拱圆式、微拱式等。温室用材和受力方式主要受结构影响，因此，用结构形式来分类可概括各种温室类型，明确温室结构传力途径。温室的不同结构形式以及温室选型中应注意的问题如下。

（一）竹木结构

如图5-2所示，透光前屋面用竹片或竹竿作受力骨架，间距60～80 cm，后屋面梁和室内柱用圆木，由于竹片承载能力差，室内设置3～4道立柱支撑竹片骨架。此种温室造价较低，常配套干打垒、土坯等墙体材料，在农村可就地取材。但由于室内多柱，遮光严重，操作不便，不便于设置室内二道幕，且结构不牢固，一般寿命在3年以下。

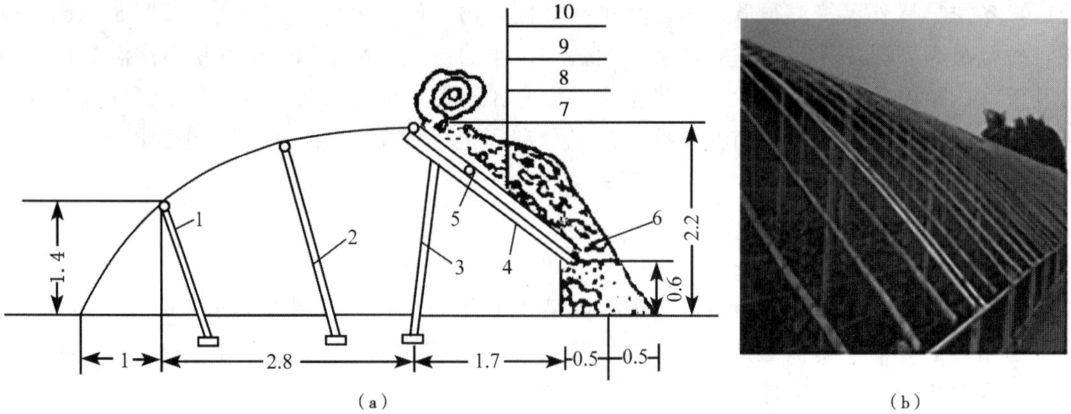

图 5-2 竹木结构日光温室（单位：m）

（a）结构示意图 （b）温室外观图片

1. 前柱 2. 二柱 3. 中柱 4. 柁 5. 檩 6. 培土 7. 秸秆 8. 抹泥 9. 薄膜 10. 稻草

（二）钢木结构

透光前屋面用钢筋或钢管焊成桁架结构作为承力骨架，后屋面与竹木结构相同，如图 5-3 所示。为节省钢材，前屋面承重结构有多种形式：两桁架间距 3 m 左右，中间设 3 道竹片骨架；桁架和钢管骨架间隔设置，3.3 m 为一个开间，中间设钢管骨架，钢管骨架与桁架间再用竹片骨架数道。这种结构由于前后屋面未做成整体结构，因而仍需要设置立柱，以承受主要来自后屋面的荷载。

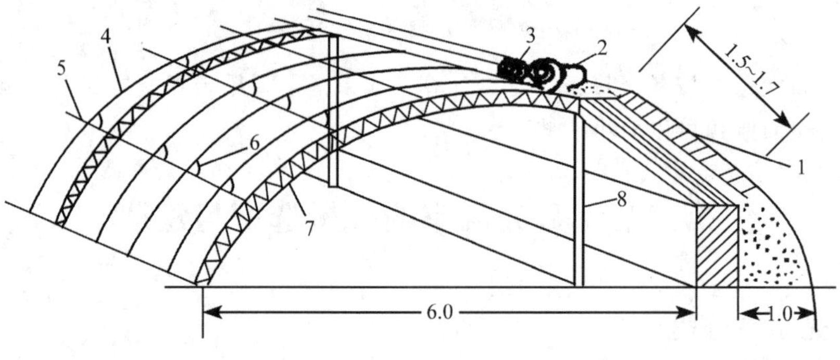

图 5-3 钢木结构日光温室（单位：m）

1. 后坡（墙） 2. 草苫 3. 纸被 4. 拱杆 5. 拉杆 6. 吊柱 7. 钢架 8. 中柱

（三）钢—钢筋混凝土结构

如图 5-4 所示，透光前屋面用钢筋桁架，用一根钢筋混凝土弯柱承载后屋面荷载，后屋面钢筋混凝土骨架承重段成直线，室内不设立柱。

（四）全钢结构

前屋面和后屋面承重骨架做成整体式钢筋（管）桁架结构，后屋面承重段或成直线，或成曲线，室内无柱，典型代表为鞍山Ⅱ型，如图 5-5 所示。

（五）悬索结构

悬索结构又称琴弦式结构。前屋面受力骨架采用钢筋桁架、钢筋混凝土或多柱竹片结构，

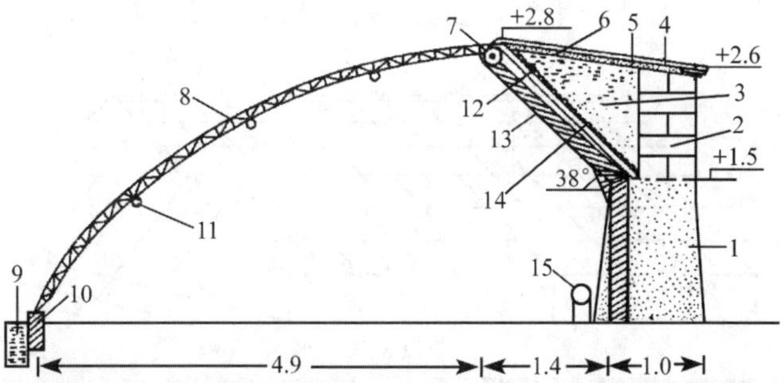

(a)

(b)

图 5-4　钢-钢筋混凝土结构温室（单位：m）

(a) 结构示意图　(b) 温室内观图片

1. 土墙　2. 土坯墙　3. 碎草　4. 红砖檐　5. 草泥　6. 细土　7. 木梁　8. 桁架　9. 防寒沟　10. 基础　11. 拉杆　12. 苇帘　13. 钢筋混凝土弯柱　14. 木檩　15. 烟道

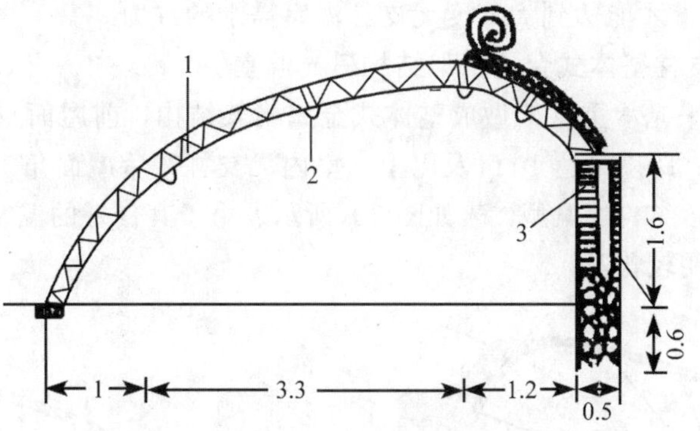

图 5-5　全钢结构日光温室（单位：m）

1. 钢架结构　2. 拉杆　3. 空心墙

但在骨架上表面垂直方向上设钢筋或钢丝拉索，构成空间悬索结构，如图 5-6 所示。这种结构出自辽宁瓦房店，后来在各地大量推广。实际建造中，一般在塑料薄膜和纵向钢丝之间间隔铺设廉价的竹竿（或竹皮）以隔离塑料薄膜和纵向钢丝［图 5-6（b)]，由于在固定塑料薄膜时细铁丝需要穿透塑料薄膜才能将上部竹皮和下部竹竿牢牢捆紧，造成了温室屋面的密封性和保温性下降，且在大风作用下易引起塑料薄膜破损，所以目前用管径大小一致的聚乙烯塑料管替代竹竿，避免了上述缺点，而且屋面平整，整洁美观，利于采光，如图5-6（c）所示。

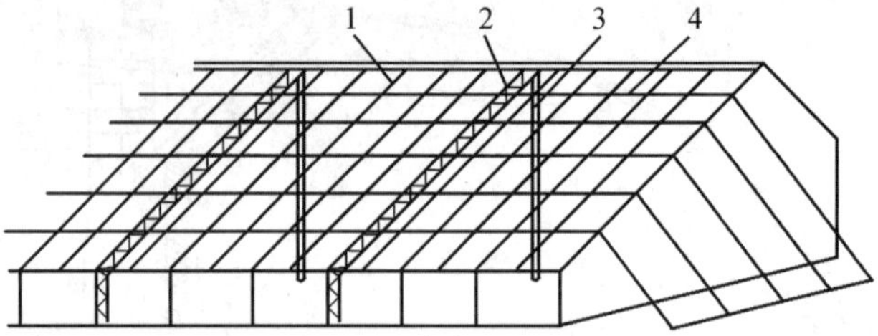

（a）

（b）

（c）

图5-6 悬索结构日光温室

（a）结构示意图 （b）传统立柱支撑屋面的“琴弦式”结构

（c）塑料管替代竹竿的“琴弦式”结构

1. 竹竿骨架 2. 钢管桁架 3. 立柱 4. 8号铁丝

（六）复合材料结构

如图5-7所示，透光前屋面用复合材料作为承力骨架，后屋面用复合材料表面强化处理的聚苯保温板。墙体可以是土墙、砖墙，也可是全复合材料的墙体，拱架间距多为1 m，均为无支柱结构，这种温室的跨度一般为7～8 m，对于大于8 m的跨度，须在复合材料结构件中配加钢筋和尼龙带才能达到大跨度无支柱温室需求的抗力。

（七）大跨度无支柱整体式金属桁架结构日光温室

前屋面和后屋面采光承重拱架做成整体式金属桁架结构，前屋面采光承重段为抛物流线形，后屋面成直线形，跨度可达10 m及以上，室内无支柱，后屋面角>40°，前屋面角>60°。墙体多为砖混结构，该结构的典型代表如图5-8所示。由于其良好的温室性能，较长的使用寿命，现在北方地区应用较普遍。

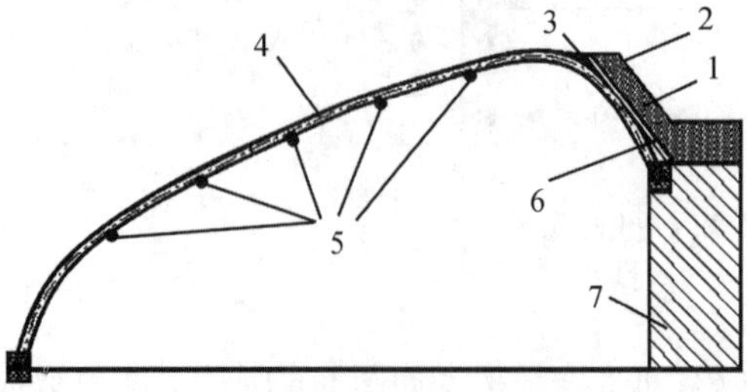

图5-7 复合材料日光节能温室

1. 保温层 2. 水泥抹面 3. 聚苯填充物

4. 复合材料拱架 5. 包塑钢丝绳

6. 高强度复合板 7. 后墙

图5-8 大跨度无支柱日光温室

1. 钢架结构 2. 复合结构后屋面

3. 砖混保温墙

(八) 半棚式塑料暖棚

如图 5-9 所示，半棚式塑料暖棚跨度 6～7 m，脊高 3 m，后墙高 1.6～1.8 m。后屋顶每隔 3 m 左右设一立柱和柁。在东山墙设进气孔，后屋顶设排气孔，进气孔距离地面高 2.0～2.5 m，屋顶排气孔用砖砌成或用铁皮筒，上面加风帽。

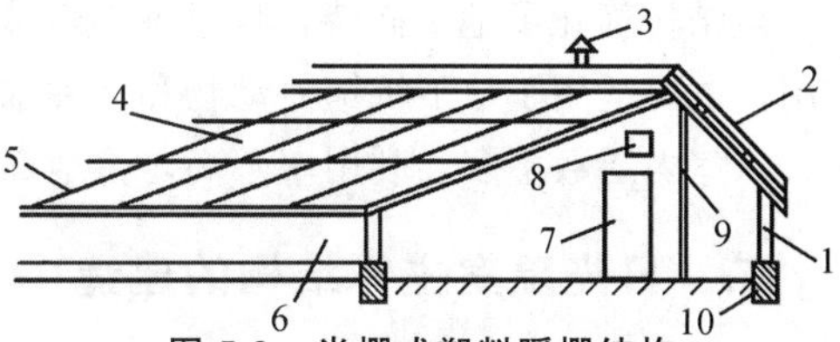

图 5-9 半棚式塑料暖棚结构

1. 后墙 2. 后屋顶 3. 排气孔 4. 薄膜 5. 棚架 6. 前墙 7. 门 8. 进气孔 9. 支柱 10. 房基

这种结构采光量足，保温性能好，有利于通风换气和操作，主要适用北方家畜越冬饲养。前坡采光角一般为 40°～60°，通常根据地区和饲养畜禽种类而定。前面护栏高度也应根据畜禽而定，最好采用向内倾斜安置护栏，这样有利于增大有效饲养面积。

(九) 笼养家禽日光温室

如图 5-10 所示，跨度 8～9 m，脊高 3.2～3.5 m，后墙为空心墙 0.8～1 m，后墙顶部设排气孔，东山墙设进气孔和门，室顶部设 50 cm 高的一排换气窗，距后墙 3.2～3.5 m 设立柱和柁，在柁上均匀设置两排檩，顶上用整捆秫秸作毡，抹两遍灰泥，铺上高粱壳或细稻麦壳，用混有麦秸的泥浆抹严密。

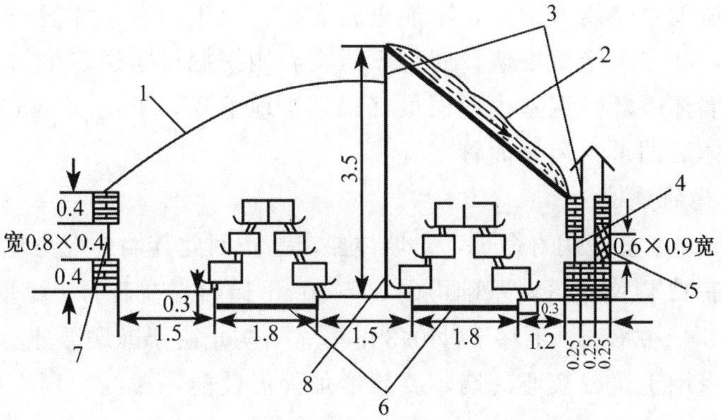

图 5-10 笼养家禽日光温室示意图（单位：m）

1. 薄膜 2. 覆盖物 3. 百叶窗 4. 木门 5. 窗（冬天堵死） 6. 粪沟 7. 前窗 8. 立柱

这种结构有利于采光保温，操作方便，可利于增加禽类饲养量。秋、夏、春要适当开窗，以增加通风量。

(十) 坑道式温室

坑道式温室就是坑和温室都在地下坑道内，地面用竹片做成拱形塑料大棚，可在坑道内两边作堆料坑，堆料上面做温室，地下坑道深 1 m，宽 2.0～2.2 m，长 10～20 m，中间用砖砌成高 60～70 cm 的单墙，两墙中间为 60 cm，可作人行道。单墙两边是坑池，各宽 70 cm。坑道两边打好木桩，固定拱形支架，覆盖薄膜，高度 0.8 m，如图 5-11 所示。

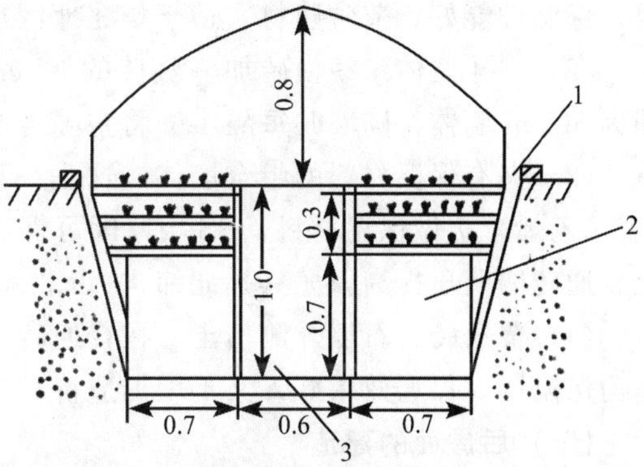

图 5-11 坑道式温室侧面结构图（单位：m）

1. 通气孔 2. 料坑 3. 人行道

该结构简化了地下砖墙，地下保温性能好，地上透光面积大（可达82%）。适于一家一户应用，主要适用于地下坑饲养动物和多种水产，培育食用菌和药用菌及各种幼苗。但由于坑室较大，室内层数不多，利用率不高，占地面积大，需年年挖坑建室，室内降温调温不便。

二、日光温室主体结构的建造

（一）场地选择

日光温室要选择背风向阳、光照充足、土层深厚、排灌良好处，并且水、电、路“三通”。蔬菜温室要坐北向南，正南偏西5°。最大不超过10°，前后温室间的距离一般为前温室脊高的2.7倍。

数字资源5-2
光温室的建造

（二）温室后墙的建造

1. 竹木结构墙体的建造

竹木结构日光温室，可因陋就简，就地取材。一般雨季过后即可筑墙，墙体厚度一般应超过当地平均冻土层厚50 cm，按照统一规划的墙体位置线夯土墙或草泥垛墙。

草泥垛墙，要使碎草和土掺均匀，含水量适宜，一层一层地垛，不能一段一段地垛。夯土墙要求土壤干湿适度，叠压或衔接，不能垂直靠接，要用力夯实才能坚固耐用。条件允许可用机械代替人工，如用推土机堆墙，履带车压实，用挖掘机运送多余的土。土墙后坡要留护坡，防止雨水将墙体破坏。温室内地面最好采用半地下式，下挖60 cm左右，有利于提高保温性能。筑完墙体后即可立后屋面骨架。

2. 钢架结构墙体的建造

由于钢架结构日光温室使用寿命长，对墙体要求高，因此其墙体应为砖石结构。砌筑前要先打好基础。在北纬42°以南地区，基础可砌30～50 cm砖石，在砖石上砌墙。在北纬43°以北地区，基础可挖深0.6～0.8 m，下垫干沙0.3 m厚，可防止由于冻融循环而引起的墙身开裂。

传统温室墙体采用土筑或实心砖墙，要想增加保温性能，单纯采用增加墙厚的方法不经济。保温墙体有以下几种：

（1）带有空气间层的空心墙体　墙内侧采用24 cm砖墙砂泥砌筑，墙外侧采用12 cm砖墙砂泥砌筑，外皮抹20 mm厚麦秸泥，中间设70 mm厚空气间层。这样把热容量大的结构材料放在室内高温一侧，因其蓄热能力强，表面温度波动小。这种墙体能保证温室结构需要，保温性能好，节省建材，适于华北地区选用。

（2）空斗墙体　一横砖加一竖砖的37 cm墙体，竖砖向外拉一砖空，宽度增加12 cm，即为50 cm墙体，砌墙时每隔1 m将空隙连起来，使两层皮的墙成为牢固的一体。

（3）夹有保温材料的组合墙体　这是一种两侧采用一砖加半砖的空心墙体，中间用PS（聚苯乙烯）板做保温材料，PS板厚度可据当地情况确定，一般50～200 mm。其保温效果比普通砖墙明显提高，尤其是北纬43°以北地区，可有效节约能源，减少运行费用。

（4）普通砖、石墙外侧培土　在普通砖、石墙后侧培土1.0～1.2 m，或做成斜面护坡，作为保温层，保温效果好，又不增加造价。

（三）后屋面的建造

1. 竹木结构后屋面的建造

后屋面用竹木作骨架时，一般由中柱、柁、檩组成。3 m开间，每间由1根中柱、1架柁、3～4 道檩组成。用预制的钢筋水泥柱做骨架时，可由立柱和柁组成。立柱埋入土中 50 cm 深，向北倾斜 5°，基部垫柱脚石，埋紧捣实，中柱支撑柁头，柁尾担在后墙上，柁头超出中柱 40 cm。在柁上东西方向用 8 号铁丝拉紧，上下间隔 20 cm 左右。在骨架上用高粱秸、玉米秸或芦苇等铺垫，上面抹 3～5 cm 厚草泥，草泥上再铺 10～20 cm 厚碎草、谷壳等，之后再抹一层草泥，然后再铺玉米秸或稻草。

2. 钢架结构后屋面的建造

温室后屋面质量的好坏直接影响到保温性能，各地可根据当地实际情况和自然条件，选择适宜的后屋面类型。

（1）后屋面内侧采用 5～10 cm 厚钢筋混凝土预制板，外侧加 20～40 cm 厚草泥。

（2）后屋面内侧安放 2～3 cm 厚木板，铺 5～10 cm 厚草苫，上部放 20～30 cm 厚炉渣，再用 5 cm 厚水泥砂浆封顶。

（3）后屋面内侧先架设钢拱架，上铺 25 cm 硬木板和一层油毡，用 200 mm 厚聚苯乙烯板做保温层，再铺一层油毡防水层，最后用 40 mm 水泥砂浆抹至后墙挑檐。

（四）前屋面的建造

1. 竹木结构

无论前屋面是一斜一立式还是半圆拱式，结构基本相同，不同之处是前屋面有无弧度。

根据温室跨度大小，以 2 m 的间距设立柱，位置与后屋面的椽子一致。立柱的地下部分一般为 50 cm，地上部分的高度根据屋面形状确定。在立柱上固定小头粗 10 cm 的竹竿，一端固定在椽子上，另一端固定在前立柱上，东西方向立柱上间隔 60 cm 设一道拱杆。前屋面在东西方向间隔 20 cm 拉一道 8 号铁丝，两端固定在山墙外的坠石吊环上。拱杆与脊檩、横梁交接处用细铁丝拧紧或用塑料绳绑牢。

2. 钢架结构

前屋面施工主要是固定钢梁。将钢梁上端焊接到后墙或后屋面顶部预埋的焊接点上固定住，下端焊接到地桩上或预埋的钢管、钢筋上。钢梁之间要用钢筋或钢管拉杆连成一个整体。

第三节　日光温室的热环境及其保温技术

一、日光温室热环境调控原理

以短波辐射为主的太阳辐射通过温室采光材料进入温室后使室内地温和气温升高而转化为长波辐射，长波辐射又被温室覆盖材料阻隔在温室内，从而形成室内热量的积聚，使室内温度提高，这一过程称为“温室效应”，如图 5-12 所示。对流是温室内外热量传导的一种重要方式，密封温室，抑制对流，可减少热量外传，这种现象叫“密封效应”。传导是热量外传的另一种形式，多层覆盖能在一定程度上减少热量外传。

温室是一个半封闭系统，它不断地与外界进行能量与物质交换，根据能量守恒原理：蓄积于温室内的热量 ΔQ 为进入温室内的热量与散失的热量之差。如图 5-13 所示，日光温室热平衡方程见式（5-10）和式（5-11）。

白天计算方法：

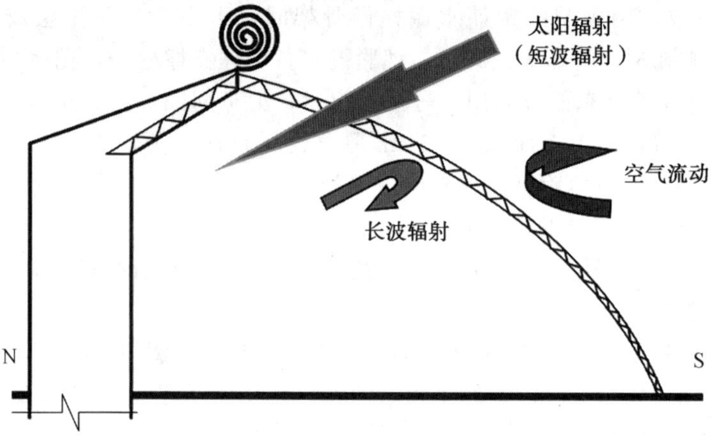

图 5-12 温室效应示意图

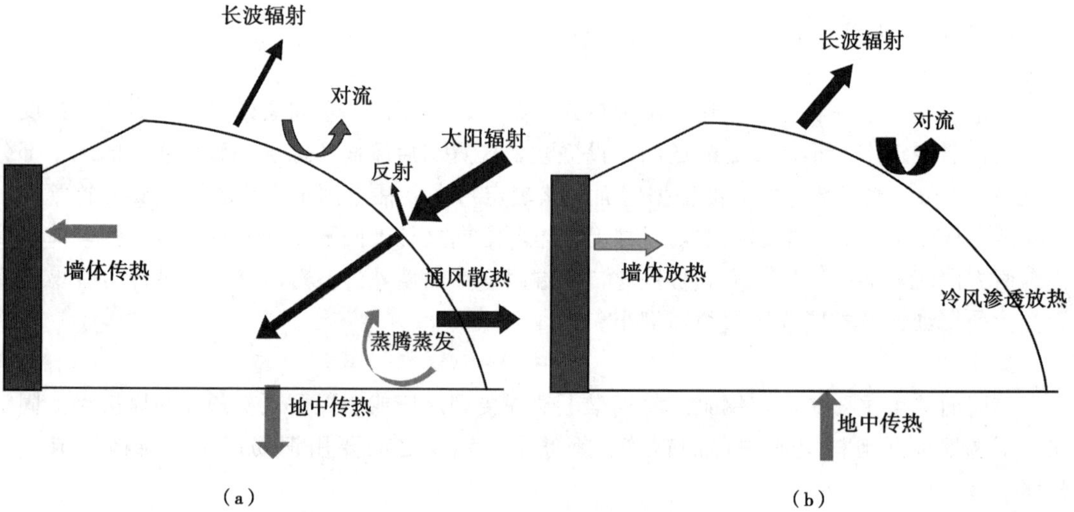

图 5-13 日光温室传热及热平衡示意图

（a）白天 （b）夜间

ΔQ=透射进入温室内的太阳辐射能－(墙体传热＋土壤传热＋室内土壤作物蒸发蒸腾＋通过围护结构表面散热＋通风散热) (5-10)

夜间计算方法：

ΔQ= (墙体向室内传热＋土壤传热)－(通过围护结构表面散热＋冷风渗透散热) (5-11)

当 $\Delta Q>0$ 时，温室升温；当 $\Delta Q<0$ 时，温室降温；当 $\Delta Q=0$ 时，温室达到热量平衡，温度不变。温室内散热有 3 种途径：通过覆盖材料或围护结构传热的贯流放热；通过通风口、裂缝、覆盖物破损、门窗缝隙导致的通风换气放热；土壤上下层和土壤横向传热导致的土壤传导失热。这 3 种传热量分别占总散热量的 70%～80%、10%～20%和 10%以下。各种散热作用的结果，使温室保温能力降低，因此尽可能减缓放热速度是保温设计的原则。

二、日光温室保温设计依据

(一) 日光温室室内设计温度

日光温室室内设计温度取决于种植作物对温度的要求，表 5-2 给出了日光温室主要种植蔬菜品种适宜生长的温度要求。由表可见，在冬季生产时，日光温室中温度条件很难达到喜温果菜的适宜生长温度，达到高产、稳产难以实现。但由于大部分蔬菜结果期温度要求均较低（表 5-3），如果将蔬菜结果期安排在低温季节，日光温室的冬季室内设计温度可适当降低。一般对种植喜温果菜的温室，冬季室内设计温度应不低于 12℃。一般黄瓜生产温室允许最低温度为 8℃，但持续时间不得超过 1 h；番茄生产温室允许最低温度为 10℃，持续时间也不宜超过 1 h。对于种植耐寒作物的温室，室内设计温度可允许到 0℃，一般为 5℃，短暂的－1℃对芹菜也是允许的。

表 5-2　不同蔬菜对温度的要求　℃

蔬菜名称	白天气温			夜间气温			白天地温		
	最高	最适	最低	最高	最适	最低	最高	最适	最低
黄瓜	32	27	16	23	18	12	30	23	15
番茄	30	28	15	20	14	10	27	20	15
甜椒	32	28	18	25	18	13	30	25	16
芹菜	25	22	8	18	15	5	25	18	10
韭菜	28	20	5	15	13	3	25	18	10

表 5-3　温室蔬菜不同生长期的温度要求　℃

蔬菜名称	生长期	适宜温度	最高温度		最低温度
			白天	夜间	
黄瓜	幼苗期	22＋3	23	22	15
	伸蔓期	24＋4	33	22	15
	结果期	26＋4	35	24	15
冬瓜	幼苗期	24＋4	38	22	18
	伸蔓期	25＋4	33	24	18
	结果期	26＋4	35	24	18
番茄、甜椒	幼苗期	18＋3	36	18	10
	初果期	22＋3	28	20	10
	盛果期	22＋4	30	22	10
菜豆	结果初期	20＋3	28	20	15
	结果期	22＋4	30	22	12

除空气温度外，日光温室的土壤温度对作物的生长也十分重要。表 5-4 列出了几种温室

生产蔬菜正常生长的根区环境要求。由表可见，一般根毛生长温度高于根系生长温度。事实上，根毛是吸收营养和水分最活跃的部位，作物通过根区吸收的营养主要来自根毛，为此，温室土壤温度必须首先满足根毛正常生长发育的温度要求。设计上一般对喜温果菜要求地温应高于10℃，最好为12～14℃；对耐寒作物，地温不宜低于5℃，最好为6～8℃；对特殊耐寒作物，如菠菜，其地温要求根据实际需要采纳，一般可在上述基础上降低2～3℃。

表5-4 主要蔬菜根系生长要求温度 ℃

蔬菜名称	根系生长温度			根毛生长温度	
	最低	最适	最高	最低	最高
黄瓜	8	25	38	12	38
番茄	6	24	36	8	36
南瓜	8	30	38	12	38
甜椒	8	28	38	10	36
芹菜	6	22	36	6	32
菠菜	0	22	34	4	34

(二) 日光温室室外设计温度

日光温室的室外设计温度指历年最冷日的温度平均值，它是日光温室设计时是否要采取人为加温措施的依据。一般取近20年的气象数据作统计，如果当地没有长期气象统计数据，也可采用近10年的统计数据。为方便起见，表5-5给出了我国北方地区主要城市的统计数据，对于其他地区可咨询当地气象部门或参考周围附近地区的气象资料，但对于一些局域性气候带应根据实际情况确定气象参数。

表5-5 日光温室室外设计温度 ℃

地名	温度	地名	温度
哈尔滨	－29	北京	－12
吉林	－29	石家庄	－12
沈阳	－21	天津	－11
锦州	－17	济南	－10
乌鲁木齐	－26	连云港	－7
克拉玛依	－24	青岛	－9
兰州	－13	徐州	－8
银川	－18	郑州	－7
西安	－8	洛阳	－8
呼和浩特	－21	太原	－14

日光温室是一种被动式太阳能温室，其室内温度主要靠保温来保证，一般可维持室内外温差20～25℃。因此，在设计日光温室时，应根据当地气候条件考虑是否配置加温系统。对种植喜温果菜的温室，当室外设计温度低于－15℃时，应考虑临时加温措施，在室外温度低于－20℃时，应设计永久加温系统。对种植耐寒性作物的温室，上述要求可降低5℃。

(三) 热工设计要求

日光温室的保温主要靠墙体和后屋面，要求其热工设计使之形成温室白天的蓄热体和夜间的放热体，为此，温室设计必须有一定的热惰性即足够的储热能力。日光温室的墙体及后屋面一般都用重体材料，其综合热阻应达到设计低限热阻（热绝缘系数），见表 5-6。

表 5-6　日光温室围护结构低限热阻

室外设计温度/℃	低限热阻 R_{min}/［（m^2·K）/W］	
	后墙、山墙	后屋面
−4	1.1	1.4
−12	1.4	1.4
−21	1.4	2.1
−26	2.1	2.8

三、日光温室主体结构的保温

日光温室主体结构的保温主要指日光温室后墙和后屋面的保温。在主体结构尺寸确定之后，建造日光温室首先所关注的问题就是温室的墙体和后屋面选择什么材料，以及如何确定材料的合理厚度。常用保温材料见表 5-7。

表 5-7　日光温室常用保温材料

材料名称	干容重/（kg/m^3）	导热系数/［W/（m·K）］
重砂浆砌筑黏土砖砌体	1 800	0.81
夯实黏土	2 000	1.16
夯实黏土	1 800	0.93
加草黏土	1 600	0.76
加草黏土	1 400	0.58
土坯墙	1 600	0.7
锅炉炉渣	1 000	0.29
膨胀蛭石	300	0.14
膨胀蛭石	200	0.1
膨胀珍珠岩	100	0.07
膨胀珍珠岩	80	0.058
干土	1 500	0.23
稻草	150	0.09
切碎稻草填充物	100	0.047
芦苇		0.14
干草	100	0.047
聚乙烯泡沫塑料	100	0.047
加气、泡沫混凝土	700	0.22
加气、泡沫混凝土	500	0.19

根据结构的低限热阻，日光温室墙体和屋面的最小厚度可按式（5-12）计算：

$$\delta = \sum (R_{min} \times \lambda) \tag{5-12}$$

式中：δ—保温材料厚度，m；

R_{min}—低限热阻，$m^2 \cdot K/W$；

λ—对应材料导热系数，W/（m·K）。

四、日光温室前坡面保温

（一）材料及其保温性能

日光温室前坡面保温材料主要用在温室的夜间保温，日出后收起，日落时放下，为此，要求保温材料必须为柔性材料。生产上应用最早也最广泛的主要是草苫。草苫利用农业废弃物资源，价格便宜，保温性能较好，但较为笨重，卷放作业劳动强度大，难以实现机械化作业，使用中易污染、损坏薄膜，防水性差，遇雨雪易浸水、腐烂，显著降低保温性能，如不与其他密致材料配合使用，保温性能有限。

纸被是最早与草苫配合使用的保温材料，多用牛皮纸缝合而成，保温效果好，并且体积小、重量轻，易于收存，但易吸湿受潮并破碎。在严寒冬季，用4～6层旧水泥袋纸被与5 cm厚草苫配合使用，可使温室室内温度比单独使用草苫提高7～8℃。如果在缝制纸被时，表面加一层草苫或一些芦苇，制成像草苫状，则保温效果相同，又不易被损坏。

棉被是棉区或非农区首选的保温材料，其保温效果要比草苫好。一般在缝制棉被时要在外侧用一层防水材料，以防淋湿棉絮。标准棉被一般用棉花2 kg/m²，厚度3～4 cm，宽约4 m，长比前屋面采光面弧长长出0.5 m，以便密封。草苫、纸被和棉被的主要规格参数见表5-8。

表5-8　日光温室常用前坡面外覆盖保温材料规格及用量

名称	规格			667 m²用量/条	备注
	长度/m	宽度/m	质量/kg		
稻草苫	8～10	1.0～1.5	40	65～100	
蒲草苫	8～10	1.4～1.6	50	70～80	
纸被	8～10	1.0～1.1		50～100	四层牛皮纸
棉被	5～8	2～4	10	30～40	
不织布	10	1.1	1.1	100	代替纸被
				200	代替草苫

对新型前屋面保温材料的研制和开发主要侧重便于机械化作业、价格便宜、重量轻、耐老化、防水等指标上，在保温性能上，一般要求能达到或接近草苫的性能即可。目前广泛试验用于替代草苫的柔性保温材料有聚乙烯发泡材料、不织布、复合保温被等。

（二）材料厚度的确定

日光温室前坡面保温材料厚度的选择，原则上要求与温室后墙和后坡的保温性能相匹配，从而保证温室在各个方向的散热保持一致，室内温度均匀。一般前坡面保温材料的热阻远不及墙体保温材料热阻，致使透过前坡面的夜间温室散热量仍占温室总散热的绝大多数。为了尽可能缩小温室内的温差，要求温室前坡面夜间覆盖保温材料的热阻应能达到墙体总热阻的 2/3 及以上。

五、其他保温措施

(一) 双层或多层膜保温

前屋面白天散失的热量占温室总散热量的 80%左右，日光温室前坡面采用双层透明塑料膜覆盖，可显著提高温室白天保温效果。在冬季光照充足的地区，采用固定式双层覆盖膜，可节能 40%～55%。对于冬季光照较弱的地区，为避免采用固定式双层膜引起温室透光率下降而危及作物的正常光合作用，影响作物的正常开花和坐果，可将内层覆盖膜设计为活动式，白天采光时段收起内层覆盖膜，用单层膜充分采光，在采光时段以外的时间，打开内层膜，形成双层覆盖，同样可起到良好的保温效果。此外，在温室内设活动式保温幕或挂帘，同样也具有一定的保温效果。表 5-9 为几种不同保温材料在室内采用不同保温方式时温室的保温效果。

表 5-9　日光温室多层覆盖的保温效果　℃

覆盖形式	保温效果
单层膜日光温室	4～6
双层膜日光温室	8～10
日光温室内扣小拱棚	3～5
日光温室内扣小拱棚＋草苫	8～10
日光温室内设不织布二道幕	3～5

(二) 防寒沟的设置

防寒沟一般设置在日光温室南侧墙基，宽 20～40 cm，深 40～60 cm，用砖墙或其他防水材料围护，内填麦秸、稻草、玉米秆、稻谷壳、锯末、炉渣、珍珠岩等隔热材料，踩实，至地平面后封好沟口，可有效地截断温室地面向外的散热。这种防寒沟一般可使室内南侧 1 m 范围内 5 cm 深处的地温平均提高 2～4℃。有的防寒沟中间不填任何填充物，而以空气隔热，这种方法虽然也有一定的隔热效果，但总的来讲，隔热效果不及有填充物的防寒沟。

内置防寒沟往往由于沟壁防水不好，而将隔热材料浸湿，从而使隔热材料的隔热效果急剧下降。一种简单的办法是用不透水的隔热材料，如聚苯板，将其直接贴在温室的基础墙内侧。这种方法既省去了做防寒沟的土建工程，又不用做防水处理，而且由于聚苯板导热系数小，3～5 cm 厚足可以达到上述防寒沟的保温效果，所以其占用温室地面积大大缩小，造价较低，是一种较好的防寒保温措施。

室外防寒沟的另一种方法是将麦草或稻草铺在靠近温室的道路上，由于麦草（稻草）的保温效果好，使日光温室通过地面的传热量显著降低，同样也起到了防寒沟的作用。这种方法在遇到下雪天时，要及时清理积雪，防止积雪融化渗入保温层，降低保温效果，必要时应彻底清洁换干麦草（稻草）。

(三) 风障的设置

日光温室的风障一般设置在温室北墙。用成捆的秫秸、麦草等制成，可有效防止北风的侵袭，而且贴在温室北墙，实际上又起到了温室北墙保温的作用。

第四节 日光温室生产区的规划

一、建设场地的选择

(一) 地势、地形

日光温室建设场地宜选择背风、向阳、地下水位低、平整或分区平整的地块。应避开低洼、积水的场地，避开泥石流、滑坡地段，避开雷击、冰雹多发和风口地区，避开污染工业区下风区和洪水淹没线以下区。在坡地上分区平整建设日光温室时，阳坡地形坡度不宜大于30°，阴坡地形坡度不宜大于10°。

(二) 土壤条件

日光温室生产区要求土地周年使用，为此，土壤一般要求有良好的物理性状，如：土质疏松、吸热能力强、透水性好、富含腐殖质、土壤酸碱度中性略偏酸、保肥能力强、地下水位低、土壤盐碱含量少、病虫害少。一般要求为壤土或沙壤土，最好在3～5年内未种过瓜果、茄果类蔬菜以减少病虫害发生。

(三) 交通运输

温室距离居民点和公路干线不要太远，便于管理、运输以及组织人员实施对各种灾害性天气采取措施。为使物料和产品运输方便，应有专用交通道路直通温室生产区，主干道宽度最小应达到6 m，以便错车、超车。

(四) 水电供应

温室区内应有充足的水源和可靠电源。供水水质好，冬季水温高（最好是深井水），不含有害元素。温室灌溉、照明常用220 V电压，但部分机械卷膜机构采用380 V电压。此外，临时加温设备和管理人员日常用电均会增加温室电负荷，温室规划要确保用电可靠性和安全性。

(五) 其他

温室群位置最好靠近有大量有机肥料供应的场所，如养鸡、猪、牛场等，因为日光温室需要大量的有机肥，一般日光温室种植黄瓜或番茄每年需要有机肥15～23 kg/m^2。

二、温室区的布局

(一) 温室朝向

为保证充分采光，温室朝向一般坐北朝南，东西延长。在上午光照条件好、光照早、冬季温度不太低的地区可采取南偏东方位；冬季温度低、光照晚的地区应采取南偏西方位。偏离角应根据当地的地理纬度和揭帘时间来确定，无论偏东或偏西均不宜超过5°。此外，还应考虑当地冬季主导风向，避免强风吹袭前屋面。

(二) 温室间距

温室群中每栋温室前后间距的确定应以前栋温室不影响后栋温室采光为原则，温室在光照最弱的时候至少要保证4 h以上的连续有效光照。在平地和坡地上建造的温室间距不同。

1. 平地上建设日光温室的间距

平地上建设日光温室的间距按式（5-13）至式（5-18）计算：

$$D = H_0 \operatorname{ctg} h \cos r \tag{5-13}$$

式（5-13）中：D—前一栋温室屋脊（或后墙外皮）至后一栋温室前沿间距离（图 5-14），m；

H_0—温室屋脊处最高点高度（或后墙檐高），m；

h—当地时间给定时刻的太阳高度角，（°），按式（5-14）计算；

r—太阳光线水平面投影线与温室屋脊垂线之间的夹角，（°），按式（5-16）计算。

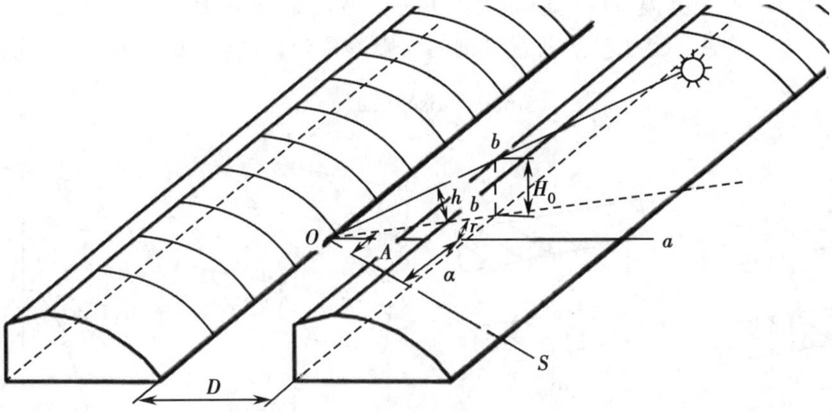

（a）

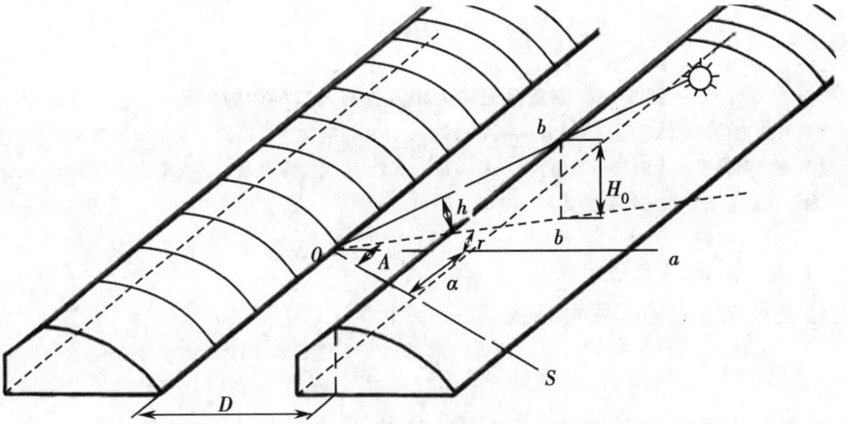

（b）

图 5-14　温室间距确定办法

（a）温室后墙屋檐为遮光屏障　（b）温室屋脊为遮光屏障

如果太阳高度角 $h>$日光温室的后屋面坡度（即温室屋脊与后墙挑檐连线与水平面的夹角），则后墙挑檐为遮光物，D 和 H_0 按图 5-14（a）计算；反之，如果 h 小于后屋面坡度，则温室屋脊为遮光物，D 和 H_0 应按图 5-14（b）计算。保温被未卷起时屋脊为最高点，保温被卷起时被卷顶部可能为最高点。

$$\sin h = \sin\varphi \sin\delta + \cos\varphi \cos\delta \cos\omega \tag{5-14}$$

式（5-14）中：φ—建设地地理纬度，（°）；

δ—太阳赤纬角，（°），按式（5-15）计算；

ω—太阳时角，(°)，上午为正，下午为负。

$$\delta=23.45\sin[360(284+N)/365] \tag{5-15}$$

式（5-15）中：N—日序数。

$$r=A\pm\alpha \tag{5-16}$$

式（5-16）中：α—温室方位角，即屋脊垂线与正南方向的夹角，(°)，“±”的确定应根据温室的朝向和太阳方位，按图5-15选取；

A—当地时间任意时刻的太阳方位角，(°)，按式（5-17）计算。

$$\sin A=\cos\delta\sin\omega/\cosh \tag{5-17}$$

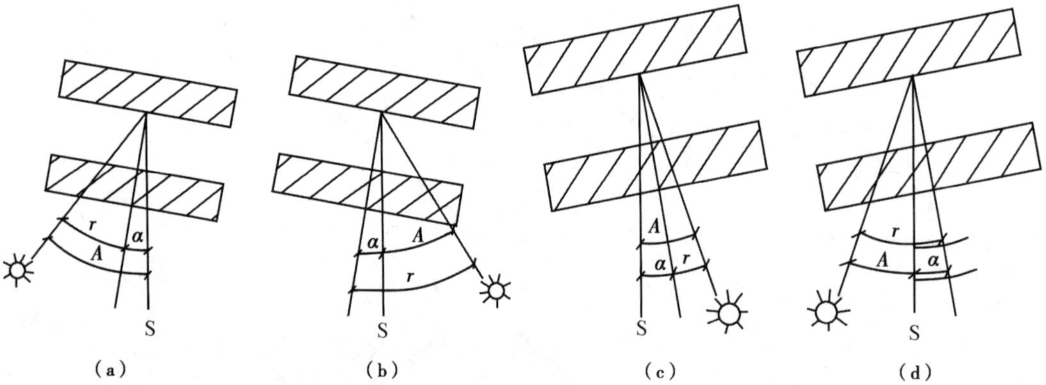

图5-15 温室采光和太阳方位与温室朝向的关系

(a) 建筑物为南偏西，太阳位于西侧，$r=A-\alpha$； (b) 建筑物为南偏西，太阳位于东侧，$r=A+\alpha$；

(c) 建筑物为南偏东，太阳位于东侧，$r=A-\alpha$； (d) 建筑物为南偏东，太阳位于西侧，$r=A+\alpha$。

注：图中S表示正南方向；当建筑物为正南方向时，$\alpha=0$，$r=A$。

2. 坡地上建设日光温室的间距

阳坡上建设日光温室的间距可按式（5-18）计算：

$$D=H_0-\Delta h \tag{5-18}$$

阴坡上建设日光温室的间距按式（5-19）计算：

$$D=H_0+\Delta h \tag{5-19}$$

式5-18、式5-19中：D—前一栋温室屋脊（或后墙外皮）至后一栋温室前沿之间的距离（图5-14），m，计算值小于1.0 m时，实际按1.0 m设计；

H_0—温室屋脊处最高点高度（或后墙檐高），m；

Δh—相邻两栋温室室外设计地坪标高之差，m。

（三）温室操作间

温室操作间设在温室端墙的门口，既可存放生产工具和生产原料，还可防止冷风直接侵入温室，起到缓冲门斗的作用，并在外观上起到装饰效果。其设计尺寸根据用途不同而变化，如果采用钢筋混凝土屋面板作操作间屋面，其设计尺寸应符合建筑设计模数，一般为3的倍数，如：3.0 m，3.3 m，3.6 m，3.9 m，4.2 m，4.5 m等，或者是4的倍数，如：4.0 m，

4.4 m，4.8 m，5.2 m 等。最小操作间尺寸为 3.0 m×2.7 m，一般为 3.0 m×3.6 m。

三、日光温室规划示例

大型日光温室群应规划为若干小区，每个小区成一独立体系，安排生产不同作物种类或品种。所有公共设施，如管理服务部门的办公室、仓库、料场、机井等应集中设置和管理。每个小区之间的交通道路有机结合，雨水较多的地区应设置排水渠。图 5-16 是某日光温室基地的园区示例，在实际规划中应在保证合理的交通路线的前提下，最大限度地提高土地利用率。为了管理方便，公共设施区一般规划在南面为宜。

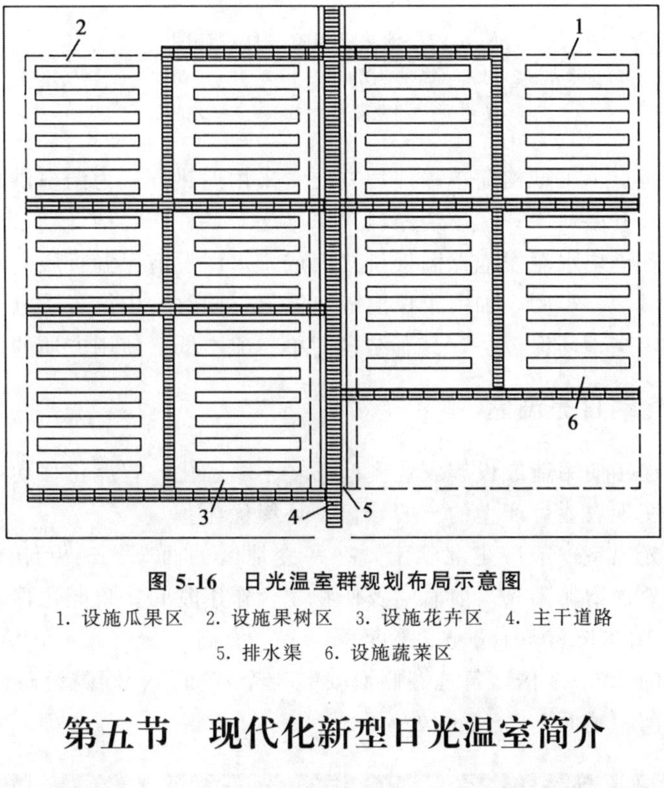

图 5-16　日光温室群规划布局示意图

1. 设施瓜果区　2. 设施果树区　3. 设施花卉区　4. 主干道路　5. 排水渠　6. 设施蔬菜区

第五节　现代化新型日光温室简介

一、地热型日光温室

地热型温室针对现有日光温室大棚冬季温度不足，增温缓慢的现象，以燃料燃烧为地热热源，将热量通过地暖管输送至温室大棚，可快速有效地增加温室内温度，使内部升温均匀，同时作物生长温度的可控性也得到提高。温室主要由秸秆炉和大棚两大部分组成。秸秆炉包括水箱、炉灶口、添柴口、暖气片组和炉体；温室大棚由大棚支架、大棚膜、地暖管、循环泵和分集水器组成。

图 5-17 为秸秆燃烧型地热温室总体设计。秸秆炉炉体内部为左中右贯通的空腔，暖气片组位于炉体内空腔中部，炉体上方各有 1 个炉灶口，添柴口位于右侧炉灶口旁。温室支架呈圆拱形，棚膜铺满支架，地热管位于温室支架底部，分为左、右 2 支，开端上设有分集水器，循环泵安装在地暖管的进水口处。

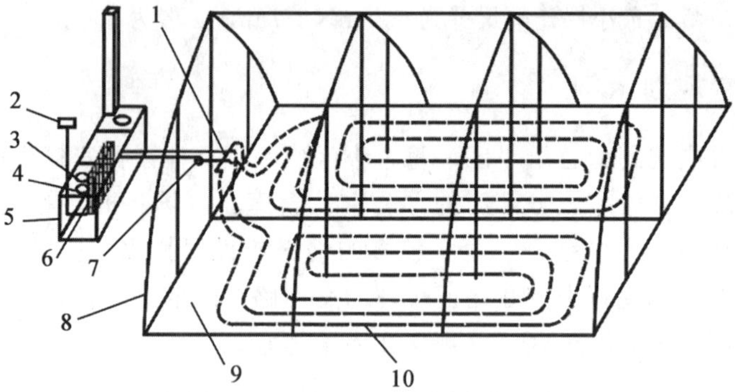

图 5-17 地热型温室总体设计图

1. 分集水器 2. 水箱 3. 炉灶口 4. 添柴口 5. 炉体 6. 暖气片组 7. 循环泵 8. 棚架 9. 棚膜 10. 地暖管

地热型温室的特点：①结构简单，使用方便，采用地热方式为温室供暖，可以快速有效地提升棚内温度，且升温均匀；②燃烧原料来源广泛，各种作物秸秆、果木枝条等均可作为热源；③炉体是由若干块水泥发泡保温板拼接而成，水泥发泡保温板质量轻、方便组装，拼接而成的炉体结构紧密、牢固，加强了保温隔热效果，同时炉内设置了电点火器和提温消烟器，可燃物能充分燃烧，环保经济，具有结构简单、成本低、使用方便的优点。

二、智能化移动日光温室

传统日光温室连年使用造成设施农业生产环境不断恶化，智能化移动日光温室的建造与使用可改变现状，实现农业生产上的土壤修复、环境优化。

智能化移动日光温室一般应坐北朝南，在寒冷地区偏西 3°～5°更佳，使得阳光入射率高，储热多，可有效地增加阳光入射时间及作物光合作用时间。智能化移动日光温室架构如图 5-18 所示。通常棚体长 80～100 m，跨度 8～9 m，脊高 4.5～5.0 m，后坡仰角 45°，前后两栋棚间距为脊高的 2.5～3 倍，每栋棚侧面安装 1 个双面门，棚内设两处通风口，一个在棚顶，另一个在棚前距地面 1.5～2 m 处。

图 5-18 智能化移动日光温室架构

温室内安装的智能设施主要包括：

(1) 传感器 智能温室内安装各种传感器，及时对温室内部温度、光照、土壤湿度、二氧化碳浓度等进行环境监测，并将数据及时汇入温室智能控制系统，做出分析与控制，生成数据报表。

（2）监测系统　在棚内安装摄像头，与手机、电脑相连，可随时查看棚内空气温度、湿度、土壤情况、农作物生产状况等。

（3）自动控制系统　放风机、卷帘机、浇水等全部采用自动控制设施操控，通过遥控器完成启动、关闭。

（4）自动报警系统　设定棚内温度、湿度限值，当温度、湿度达到限值时，传感器发出信号，报警器自动报警。

由于智能化温室内水分、温度、养分控制更合理，所栽培的作物产量及品质明显提高，同时可生产有机蔬菜、稀缺蔬菜、名贵中草药，以及对环境要求高的各种名贵、稀缺品种，经济效益显著。

三、轻型组装结构墙体日光温室

传统的机打土墙或砖墙复合墙体温室，其墙体承重并兼具被动储放热功能，是典型的被动式日光温室结构，不能控制墙体的储放热时间和大小，因此遇到极端天气时，自身调节和应对能力不足。且建设周期长、墙体占地面积大、施工质量参差不齐，建设土墙对土壤的破坏严重，生态环境难以恢复，迫切需要新型墙体来代替土建墙体。

如图 5-19 所示，刚性彩钢板墙体日光温室和柔性保温被墙体日光温室所选用的轻型材料墙体，完全摆脱了墙体承重和储放热的理念，温室的承重采用后墙立柱与温室屋面结构形成整体组装式框架结构，墙体厚度控制在 200 mm 以内，所有建筑材料和温室结构全部实现工厂化生产、现场组装，不仅大大加快了温室的建设速度，也显著提高了建设的标准化程度，尤其是温室建设不再破坏土地，温室墙体的占地面积也大大减少，是未来日光温室的发展方向。

（a）　　（b）

图 5-19　轻型组装结构墙体日光温室

（a）钢板墙体日光温室　（b）保温被墙体日光温室

四、无后墙新型高效节能温室

普通土质墙日光温室利用 1 个土质后墙和 2 个山墙来储热放热，但由于墙体宽度一般均在 5 m 左右，占地面积较大，土地利用率相对较低（正常情况下种植面积、土墙面积、采光区面积各占综合占地面积的33%)。同时，在挖建墙体时会破坏土壤耕作层，回填土为生土，导致棚内耕作层的地力下降，种植时需补充足量的有机肥和其他营养元素（N、P、K及其他微量元素），增加种植成本。

无后墙新型高效节能温室去掉了传统的土质后墙和山墙，形成了南北2个棚面和2个种植区，与普通日光温室按种植面积计算造价相当，但种植面积扩大了33%，土地利用率提高了，保护了土壤耕作层，如图5-20所示。生产实践表明，越冬生产时，无后墙新型高效节能温室南区，与当地普通日光温室一样，不用加温即可进行越冬生产；北区可以种植耐阴、耐低温的叶菜类蔬菜。越夏生产时，两区同步种植，与普通日光温室越夏茬相比，扩大了种植面积，提高了种植效益。

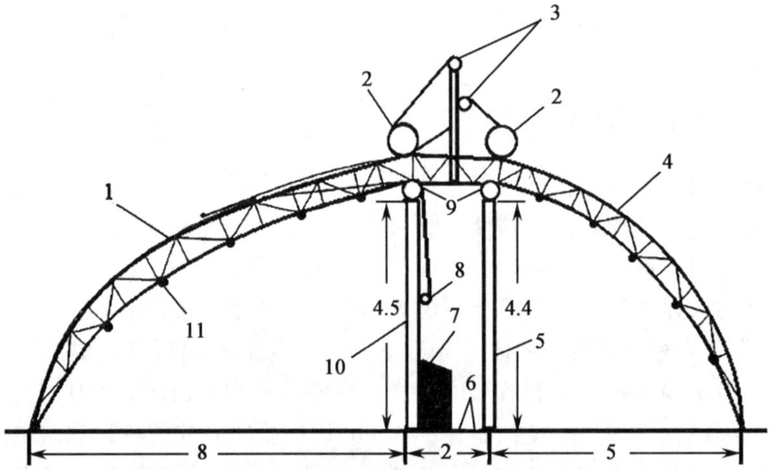

图5-20 无后墙新型高效节能温室截面图（单位：m）

1. 南棚架 2. 保温被（帘） 3. 卷帘机轴管 4. 北棚架 5. 北立柱 6. 生产用运输轨道 7. 蓄热土墙 8. 膜顶通风器 9. 南北横梁 10. 南立柱 11. 横拉筋

五、滑盖式节能日光温室

滑盖式节能日光温室是一种新型温室。前屋面透明覆盖材料为PO膜，以岩棉彩钢板保温覆盖材料，由W、Z、N三段结构组成，固定覆盖件N作为保温件位于温室北侧，保持不动；活动覆盖件W、Z白天沿骨架上的滑道滑动打开，部分打开可以确保光照充足，夜间可滑动至全部关闭对温室进行保温。东、西山墙活动覆盖件可根据实际需求移动，分别在上午、下午打开可增加滑盖温室的采光范围（图5-21）。冬季以太阳能水循环系统为加温设备，位于温室北坡内侧。

数字资源5-3 盖式日光温室

滑盖式节能日光温室集成了大型连栋温室和日光温室的优点，冬季采光量大，处于良好采光时段的时间更长，并且南北方向光照分布比较均匀，而夏季采光率和太阳能截获量均低于传统日光温室，在满足作物对采光和太阳能截获方面优于传统日光温室。另外，滑盖式节能日光温室采用保温彩钢板滑动覆盖形式，打破了日光温室“三面墙一面坡、草帘+卷帘机”的传统结构，易于实现日光温室的自动化控制和精准运行，为中国日光温室的智能化、现代化的发展和管理提供了新的途径。

近代温室经历了改良日光温室、大型玻璃温室和现代化温室三个发展阶段，由低、初级

(a)

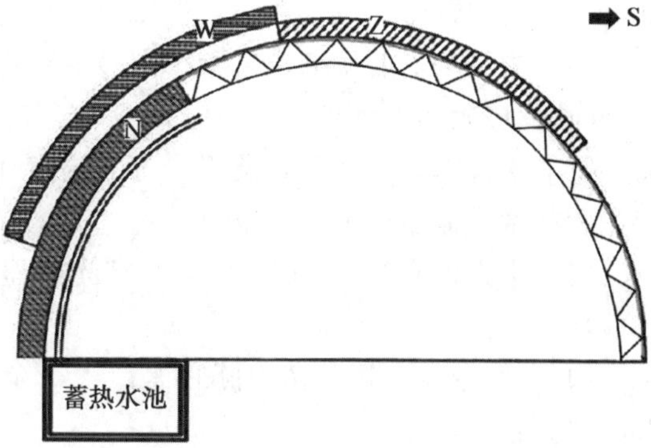

(b)

图 5-21 滑盖式节能日光温室示意图

(a) 外观图 (b) 剖面图

到高级，由中小型到大型，相关材料和设备也正日趋完善。但由于我国地域广阔，经济发展状况难以平衡发展，至今各阶段不同类型的温室仍并存发展。目前，日光温室的发展已经到了由数量到质量转变的关键时期，自动化、智能化、机械化并具备人工升温、光照、通风和喷灌设施，可立体种植将是现代化温室的发展趋势。

复习思考题

1. 日光温室的总体参数如何确定？
2. 日光温室主要包括哪些类型？
3. 日光温室的布局应该考虑哪些方面的要求？
4. 日光温室的建造有哪些步骤？
5. 如何提高日光温室的保温性能？
6. 如何提高日光温室的采光性能？
7. 现代化日光温室的发展趋势是什么？

参考文献

[1] 王双喜．设施农业工程技术概论．北京：中国农业科学技术出版社，2002.

[2] 新疆维吾尔自治区农业技术推广总站．日光节能温室结构设计及建设技术．新疆农机化，2005 (5)：44-45.

[3] 罗黎晨．日光温室的环境特点及调控技术．蔬菜栽培，2007 (1)：25-26.

[4] 孙洁，耿增鹏，史海峰，等．日光温室环境的综合调控管理．山西农业科学，2008，36 (7)：55-60.

[5] 刘建，周长吉．日光温室结构优化的研究进展与发展方向．内蒙古农业大学学报，2007，28 (3)：264-268.

[6] 刘淑云，谷卫刚，王风云，等．日光温室环境调控关键技术研究．农业网络信息，

2008（10）：17-19.

［7］李天来．我国日光温室产业发展现状与前景．沈阳农业大学学报：自然科学版，2005，36（2）：131-138.

［8］李善军，张衍林，艾平，等．温室环境自动控制技术研究应用现状及发展趋势．农业工程技术：温室园艺，2008（2）：20-21.

［9］中央农业广播电视学校．日光温室的建造与施工．农民科技培训，2002（10）：18-19.

［10］张成妍，田苗苗，陈兴军，等．全钢架高效日光节能温室建造技术．农村科技，2008（4）：15.

［11］孙洁，耕增鹏，史海峰．日光温室环境的综合调控管理．山西农业科学，2008，36（7）：55-60.

［12］杨盛平．二代日光温室的环境调控技术．武山蔬菜信息导报，2008（3）：1-6.

［13］刘晶，王慧杰，刘跃鹏，等．一种以秸秆燃烧为地热热源的温室设计．现代农业装备，2019，40（3）：61-65.

［14］佟景春．智能化移动日光温室的建造．农业科技与装备，2019（3）：60-61.

［15］张振军．北方高寒地区双膜节能日光温室建造．园艺园林，2018（7）：28-29.

［16］李春峰，程玉琳，于洪军，等．无后墙新型高效节能温室的结构与生产实践．中国蔬菜，2018（9）：83-86.

［17］佟雪姣．滑盖式节能日光温室太阳能水循环系统蓄放热效应解析．沈阳农业大学，2018.

［18］周长吉．周博士考察拾零（二十四）“琴弦式”结构日光温室用塑料管替代竹竿支撑屋面的新做法．农业工程技术：温室园艺，2013（4）：46-47.

［19］农业标准分社．中国农业行业标准汇编（2020综合分册）．北京：中国农业出版社，2020.

第六章

连栋温室

学习目标

- 了解连栋温室的类型与功能
- 熟悉连栋温室的相关术语、规格和结构
- 熟悉连栋温室的设计与建造
- 掌握连栋温室的常用环境控制配套设备性能及其应用

大型现代化连栋温室是现代农业的标志和重要组成部分，也是工厂化农业不可或缺的、高档次的农业设施。现代化连栋温室主要是指大型、可自动化调控的，生物生存环境基本不受自然气候影响的，能全天候进行生物生产的连接屋面温室。

大型连栋温室是近 20 多年迅速发展的一种现代农业设施，它具有覆盖面积大，土地及空间利用率高，生产和环境调控设施较齐全，环境调控能力强，采光、保温、降温、增除湿效果佳，室内温度变化平缓，土地温差小，内墙周边低温带面积小，通风效果好，抗风雪等灾害能力强，便于操作，使用寿命长等特性，已成为现代温室发展的方向之一。

第一节　连栋温室的分类及功能

近年来，随着社会的发展和科技的进步，我国现代化温室建设规模和发展速度举世瞩目，现代化连栋温室已成为我国现代农业不可缺少的重要设施之一。为了适应不同生产条件和不同农业生物的生产繁育需求，连栋温室也就形成了多种类型和规格。

一、根据用途和使用功能分类

根据用途和使用功能，连栋温室可以分为生产用温室（包括种植温室和养殖温室）、科研教学温室、检验检疫温室、生态餐厅温室、花卉展厅温室、植物观赏园温室等。

1. 种植温室

种植温室可分为花卉种植温室、蔬菜种植温室、林木育苗温室等。花卉种植温室用于进行各种盆花和切花的种植生产。蔬菜种植温室用于进行各种蔬菜的种植生产。目前蔬菜种植正逐渐向高级阶段发展，即采用温室高效栽培技术和方法生产出高标准的绿色蔬菜。林木育苗温室用于进行各种林木的繁殖和培育生产。

2. 养殖温室

养殖温室是利用现代化温室可调节“小气候环境”的特点，因势利导地创造适宜于畜禽生长的环境，从而达到投资少、收益高的目的。温室的外观及覆盖材料和花卉种植类温室基本一样，可根据具体养殖品种对光照、温度的需求，选择不同类型的温室结构及覆盖材料。

3. 科研教学温室

科研教学温室是大专院校、科研机构进行植物组织培养、育种、脱毒等试验、生产的温室类型，单元面积较小，温湿度、光照、CO_2等指标要求严格，内部隔间多，可对各单元的环境分别控制。

4. 检验检疫温室

检验检疫温室是为隔离试种对象提供相应的光照、水分、温度、湿度、压力等可控环境条件的一种安全温室。主要用于对可能潜伏危险病虫害的种子、苗木及其他繁殖材料进行隔离试种、繁育及各种检疫试验，并对出口植物进行检疫消毒。同时也可用于植物遗传基因研究等科研领域及一些对环境要求极为苛刻的植物的种植。

5. 生态餐厅

生态餐厅是一种温室使用模式，它依托领先的温室制造技术，综合运用建筑学、园林学、设施园艺学、生物科技等相关学科知识，把大自然丰富多彩的生态景观“微缩化”和“艺术化”，它以绿色景观植物为主，蔬、果、花、草、药、菌为辅的植物配置格局，配以假山、叠水的园林景观，或大或小，或园林或生态，为消费者营造了一个小桥流水，鸟语花香，翠色环绕的饮食环境，赋予传统餐厅健康、休闲的新概念。

6. 花卉展厅温室

花卉展厅温室主要用于花卉展览和花卉交易。温室功能既要保证花卉的正常生长，又具有一定的观光效应。花卉展厅一般选用高档温室，主要采用 PC 板温室和玻璃温室，这个类型的温室内部空间广阔，立柱高，室内气候宜人。

7. 植物观赏温室

植物观赏温室一般体型高大，多以观赏植物的种植为主，它揽天下奇花异草、珍稀树木，展现千奇百态、丰富多彩的植物景观。植物观赏温室的整体艺术性、观赏性和参与性较强，是集观光、旅游、科普、文化等活动于一体的活动空间。温室的建造形式比其他建筑更具有灵活性，人们完全可以根据地形、植物高矮、植物的生长、光照习性及人们的主观愿望，建造不同风格和多侯性的温室，并赋予温室建筑景观化、园林化、生态化的艺术美感。

检验检疫温室、生态餐厅、花卉展厅温室、植物观赏温室及进行商品批发或零售的温室属于商业性温室。

二、根据室内温度分类

根据室内温度可分为高温温室、中温温室、低温温室和冷室。

1. 高温温室

室内温度一般保持在 18～36℃的温室。主要用于栽培热带种类的植物，也可用于植物的冬季促成栽培。

2. 中温温室

室内温度一般保持在 12～25℃的温室。主要用于栽培热带高原、亚热带种类的植物，亦可供一、二年生草本花卉进行播种使用。

3. 低温温室

室内温度一般保持在 5～20℃的温室。主要用于栽培原产亚热带和大部分暖温带的常绿植物越冬使用，也可用于贮存不耐寒的球根及扦插月季等。

4. 冷室

室内温度冬季一般保持在 0～15℃的温室。主要用于亚热带、暖温带种类的植物越冬，还可贮存水生植物的宿根和其他耐寒力强的宿根和球根。

三、根据钢骨架构件的连接方式分类

根据钢骨架构件的连接方式可分为装配式温室和焊接式温室。

1. 装配式温室

装配式温室是先制作出温室所需的各种钢骨架构件，将构件运到温室建造现场后，再用专用的连接件，将各构件连接装配成为温室骨架。钢骨架构件的联结通常包括螺栓连接、铆接、卡具连接等方式。铆接费钢费工，在温室、塑料大棚这样的轻型结构中采用较少。螺栓连接的优点是装拆方便，安装时不需要特殊设备，操作简便，是装配式温室建筑的主要连接方式。卡具连接已成为大型温室构件连接的主要形式，其特点是装配方便，不损伤钢管表面，拆卸容易，连接坚固。承插连接和楔连接的连接牢固性稍差，不能承受较大的荷载。如遇大风、大雪袭击时，应及时检查防止松脱而引起骨架损坏。

2. 焊接式温室

焊接式温室是将制作好的构件运到温室建造现场后，再用焊接的方式将各构件连接成为温室骨架。焊接是现代钢结构的连接方法之一，优点是不削弱焊件的截面，构造简单，制造加工简便，便于机械化、自动化作业，可以工厂化生产也可以现场施工。焊接的不足在于焊口附近的构件表面防护层会遭到破损，需在焊后进行专门的防腐处理。

四、根据屋面形式分类

根据屋面造型可分为圆拱屋面温室、人字形温室和锯齿形温室等。

1. 圆拱屋面温室

如图 6-1 所示，是最常见的类型，其构造简单，受力合理，用材少，施工方便，常用于以单层或双层塑料薄膜为屋面透光覆盖材料的温室，也可用于单层塑料波纹板材为屋面透光覆盖材料的温室。

2. 人字形温室

如图 6-2 所示，有双坡单屋面和双坡多屋面之分。双坡单屋面，如图 6-2（a）所示，温室造型源于传统民居，屋面呈人字形跨在每排立柱之间，每跨为一个屋面。屋面具有适当的坡度，以利雨雪滑落。这种温室采光好，室内光照比较均匀，结构高大，风荷载对结构影响

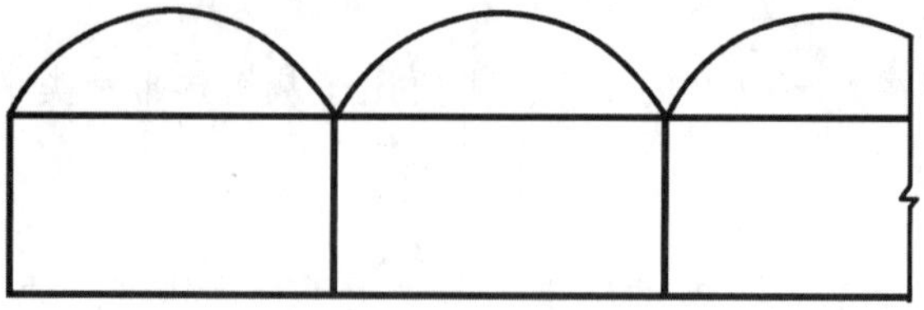

图 6-1　圆拱屋面

较大，而且对加热负载的需求也较大。它比较适合于以透光板材（玻璃、多层中空塑料结构板材）为屋面透光覆盖材料的温室。双坡多屋面，如图 6-2（b）所示，温室是一种小屋面双坡面温室，是使用最广泛的一种玻璃温室的结构。由于使用较小屋面（每个屋面宽为 3～4 m），每跨由 2～4 个小屋面组合起来，温室的总高度却得到了限制，从而减少了风荷载对结构的影响，也减少了热负荷需求。但它仍具有最佳的采光效果，这一点对高纬度、日照短的地区特别重要。

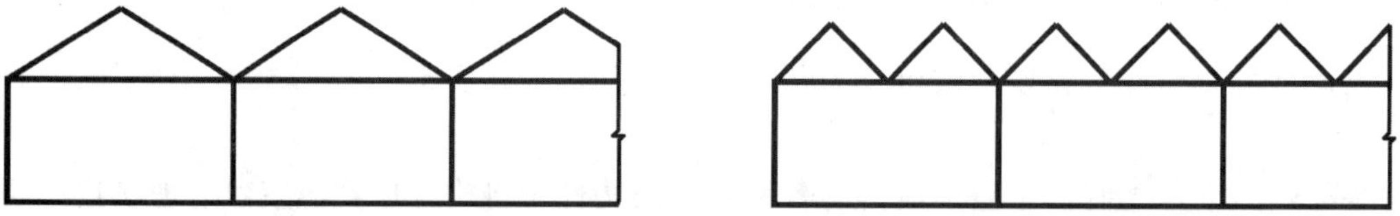

(a)　　　(b)

图 6-2　人字形屋面

（a）双坡单屋面　（b）双坡多屋面

3. 锯齿形温室

锯齿形温室，如图 6-3 所示，又有锯齿形单屋面和锯齿形多屋面之分。锯齿形单屋面，如图 6-3（a）所示，温室每跨具有一个部分圆拱形屋面和一个垂直通风窗共同组成屋顶。两屋顶之间用天沟连接以便排泄屋面雨水。这种结构的垂直通风窗，可采取卷膜式、充气式、翻转式和推拉式等多种方式，与侧墙通风窗有较大高差，有利于自然通风。设计时要注意使垂直通风窗避开冬季寒风的迎风面，也要使之位于当地高温季节主导风向的下风向，以便利用自然风力产生负压通风。同时天沟应具有足够的泄水能力，防止泄水不及时，溢出到温室内。锯齿形多屋面，如图 6-3（b）所示，温室是锯齿形单屋面温室的改进形式。其目的是增加屋面坡度，改善雪的滑落效果，并增大垂直通风窗的面积，以利于自然通风。同时也使温室建筑物的高度限制在适当范围之内。它比较适合于跨度较大的、塑料薄膜覆盖的自然通风温室。

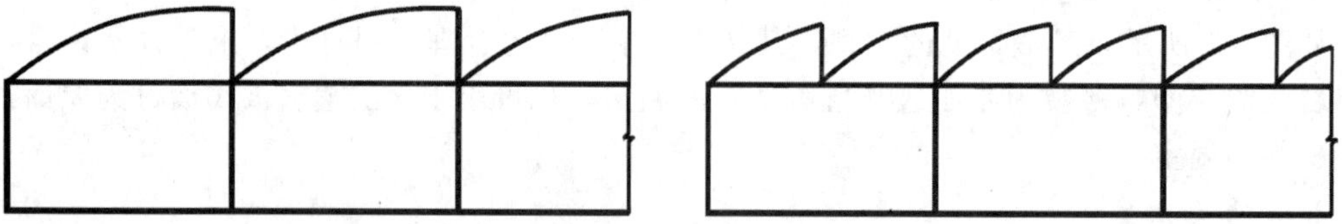

（a）　　　（b）

图 6-3　锯齿形屋面

（a）锯齿形单屋面　（b）锯齿形多屋面

五、根据覆盖透光材料分类

根据覆盖透光材料可分为玻璃温室、塑料薄膜温室、塑料板材温室。

1. 玻璃温室

玻璃温室以玻璃为采光材料，是各种设施中使用寿命最长的一种形式，适合于不同地区和各种气候条件下使用。玻璃常被用作高档温室的透光覆盖材料。温室玻璃常用厚度 4～6 mm，透光率应不小于 90%。玻璃抗冲击性能差，易破碎，重量大，投资多，对温室骨架要求较高。可选用双层玻璃，层间充有干燥空气，在边缘处加密封，能获得很好的保温、隔热、隔声效果。

数字资源 6-1
玻璃连栋温室

2. 塑料薄膜温室

用于温室的透光覆盖塑料薄膜材料主要有 PE（聚乙烯）、PVC（聚氯乙烯）、EVA（乙酸-醋酸乙烯共聚物）和 PEP（PE＋EVA＋PE 三层共挤）薄膜，新膜透光率（可见光）应到 90%以上。对于培育特殊作物（如食用菌的温室，可降低透光率要求），温室用塑料薄膜的使用寿命应不少于 3 年。在北方寒冷地区，应使用双层薄膜覆盖，层间充气，形成空气隔热层。单层薄膜和双层薄膜的内层膜应采用无滴膜，带有表面活化剂的膜面应朝内，以减少水蒸气在内表面凝结成水珠。宜使用多层构架支撑多层薄膜覆盖，可提高保温效果。

数字资源 6-2
塑料薄膜温室

3. 塑料板材温室

用于温室的透光覆盖塑料板材主要有 FRP（玻璃纤维增强聚酯）板、PC 板等，PC 板耐冲击性能好，使用寿命不小于 10 年。PC 板也可与塑料薄膜配合使用，用作端墙和侧墙的透光覆盖材料。

连栋塑料（塑料薄膜、塑料板材）温室是近 20 年出现并得到迅速发展的一种温室形式。与玻璃温室相比，其重量轻、骨架材料用量少、结构件遮光率小、造价低、使用寿命长、环境调控能力基本上可以达到玻璃温室的水平，所以，其用户接受能力在全世界范围内远远高出玻璃温室，几乎成为现代温室发展的主流。

第二节　连栋温室的结构性能与设计

一、建筑规划

连栋温室是一种大中型的永久性保护地设施，其一次性投资、生产运行费用和能源消耗等都远高于露地和简易设施的生产栽培。因此，建造温室之前，必须进行周密的规划、研究和论证，确保结构的安全、科学、经济、合理，避免造成人、财、物的巨大浪费，特别是能源消耗。

（一）场地的选择

选择温室的建设地点，需要考虑气候、地形、地质、土壤，以及水、暖、电、交通运输等条件。

1. 气候条件

气候条件主要包括气温、光照、风、雪、冰雹与空气质量等，是影响温室安全与经济性的重要因素。

（1）气温 应根据拟建温室地域的气温变化情况，估算冬季加温和夏季降温所需的能源消耗。没有地域气温及其变化情况的资料时，可针对该地域所处的纬度、海拔高度，结合其周围的海洋、山川、森林等对气温有重要影响的因素进行综合分析和评价。

（2）光照 光照度、光照时数和光照变化情况直接影响温室内植物的光合作用及室内温度状况。地理位置、空气质量、季节等因素直接影响光照，温室建造地点的光照条件应以满足农业生物的光照需求为宜。

（3）风 拟建温室选址时必须考虑风速、风向以及风带的分布。对于主要用于冬季生产的温室或寒冷地区的温室，应选择背风向阳的地带建造；全年生产的温室还应注意利用夏季的主导风向进行自然通风换气；避免在强风口或强风地带建造温室，以利于温室结构的安全和保证使用寿命；避免在冬季寒风地带建造温室，以利于冬季的保温节能。在我国北方连栋温室建造宜选在北面有天然或人工屏障的地方，而其他三面屏障应与温室保持一定的距离，以免影响光照。

（4）雪 连栋温室是一种轻型建筑结构，且屋面排雪非常困难，而雪压是其主要外来荷载，应避免在积雪多的地域建造，以防连栋温室的过载垮塌。

（5）雹 冰雹的撞击很容易使温室透光覆盖材料（玻璃和塑料）遭到破坏，因此要根据气象资料和局部地区调查研究确定冰雹的可能危害性，从而避免将温室建造在可能造成雹情危害的地区。

（6）空气质量 来自城市和工矿企业的大气污染物，如臭氧、过氯乙酰硝酸酯类以及二氧化硫、二氧化氮、氟化氢、乙烯、氨、汞蒸气等会对植物的生长造成严重危害。烟尘、粉尘以及尘土飘落在温室上，会严重减少透入温室的光照量；寒冷天，火力发电厂上空的水汽云雾会造成局部的遮光。因此，在有大气污染的城镇、工矿附近建造温室时，宜选择上风向以及空气流通良好的地带，尽量避开大气污染地域。

2. 地形与地质条件

连栋温室的占地面积较大，平坦的地形便于节省造价和管理，同时，温室内坡度过大会影响室内温度分布的均匀性，过小的地面坡度又会使温室的排水不畅，一般认为地面有不大于1%的坡度为宜。要尽量避免在向北面倾斜的斜坡上建造多个温室，以免造成南北向的朝夕遮光和加大占地面积。

要注意连栋温室建造不宜在地下水位太高的地区，对于建造连栋玻璃温室的地址，有必要进行地质调查和勘探，避免因局部软弱带、不同承载能力地基等原因导致不均匀沉降，确保温室安全。

3. 土壤条件

对于进行有土栽培的温室，由于室内要长期高密度种植，因此对地面土壤要进行选择。沙质土壤储藏阳离子的能力较差，养分含量低，但养分输送快；黏质土壤则相反。现代温室的作物高密度种植需要精确而又迅速地达到施肥效果，因而选用沙质土壤比较适宜。土壤的物理性质包括土壤的团粒结构、渗透排水能力、土壤吸水力以及土壤透气性等都与温室建造后的经济效益密切相关，因此要选择土壤改良费用较低而产量较高的土壤。值得注意的是，排水性能不好的土壤比肥力不足的土壤更难以改良。

4. 水、电及交通

(1) 水　水量和水质是温室选址时必须考虑的因素。虽然室内的地面蒸发和作物的叶面蒸腾比露地要小得多，但温室主要是利用人工灌水，还有水培、供热、降温等都要用水，因此，水量、水质都必须得到保证，特别是对大型连栋温室，这一点更为重要。要避免将温室置于污染水源的下游，同时，要有排灌方便的水利设施。

(2) 电　对于大型连栋温室而言，电力是必备条件之一，特别是有采暖、降温、人工光照、营养液循环系统的温室，应有可靠、稳定的电源，以保证不间断供电。在有条件的地方，可以准备两路供电或自备发电设施，供临时应急使用。为节约能源，减少建设投资，降低生产开支，有条件时应尽量选择有工厂余热或地热的地区建造温室，以充分利用这些热能。

(3) 交通　为了使温室产品能方便及时地运到消费地，确保产品的新鲜，减少生产、保鲜和管理费用，温室应选择在交通便利的地方，但应避开主干道，以防道路尘土污染覆盖材料。

(二) 场地的规划

1. 建筑组成及布局

在进行总体布置时，应优先考虑种植区的连栋温室，使其处于场地的采光、通风等的最佳位置，还应尽量将温室种植区安排在适宜于种植和肥沃土壤地带。

连栋温室四周要考虑雨季排水问题，一般在温室侧窗周围设明沟，沟深 35 cm，宽 40 cm。雨水经玻璃屋面通过天沟，排入明沟中，然后再流入排水干渠内。

大型温室企业必须有相应的辅助设施，才能保证其正常、安全生产。这些辅助设施主要有水暖电设施、控制室、加工室、保鲜室、消毒室、仓库以及办公休息室等。

辅助设施的仓库、锅炉房、水塔等应建在温室群的北面，以免遮阳；烟囱应布置在其主导风向的下方，以免大量烟尘飘落于覆盖材料上，影响采光；加工、保鲜室及仓库等既要保证与种植区的联系，又要便于交通运输。可将阴影区安排成道路、管线通路，以最大限度地提高土地利用率。

2. 建筑物间距

为减少占地、提高土地利用率，各建筑相邻的间距不宜过大，但必须保证在最不利情况下，各栋温室不会前后左右遮阳为前提。一般以冬至日中午 12 时或其前后一个时间段，温室南侧建筑的阴影不影响温室采光为计算标准。纬度越高，冬至日的太阳高度角就越小，阴影就越长，间距就越大。在降雪区域，相邻温室之间，至少要留有 3.0 m 的距离，防止滑落的雪堆积过高，损坏侧墙覆盖材料。

3. 温室的朝向

所谓温室的朝向就是指温室屋脊的走向（天沟的走向），主要有东西和南北两种走向。温室的朝向通常与温室的建筑造价无关，但同温室形成光照环境的优劣以及总的经济效益等有密切的关系。

对玻璃温室的研究表明，高纬度地区，冬季和春季用的玻璃（直射光为主）温室所吸收的太阳辐射量，东西走向温室优于南北走向温室。而低纬度地区，其他季节用玻璃温室，则采用南北走向较好。注意东西走向连栋温室的日平均透光率较南北方位的高，但室内光照不够均匀，屋架、天沟、管线会形成相对固定的阴影；南北方位温室的日平均透光率较小，但早晚透光率高于东西走向的，又无固定阴影带，光照比较均匀。一般来说，我国大部分地区，温室的朝向宜取南北走向，使温室内各部位的采光比较均匀。若限于条件，必须取东西走向，因天沟和骨架构件的遮阳作用，使某些局部位置长时间处在阴影下，得不到充足的光照，从而影响作物正常生长发育，应以妥善布置室内走廊和栽培床，或适当采取局部人工补光措施，使作物栽培区得到足够的光照。

二、建筑设计

(一) 建筑规格与型号

连栋温室的总体尺寸应根据建造地的实际情况，并参照《连栋温室设计条件》(JB/T 10288—2013) 规定进行选择和确定，而引进温室，不同国家有不同的系列。就总体而言，塑料温室的跨度要比玻璃温室大，高度与玻璃温室相当。

1. 型号

连栋温室的型号表示与意义如下：

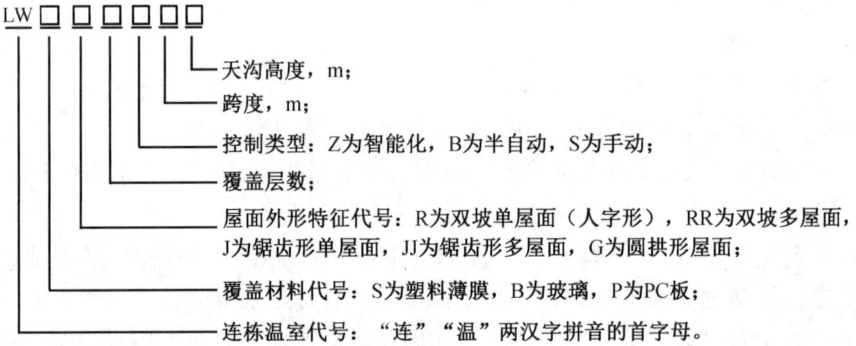

2. 尺寸规格

采用单元尺寸、总体尺寸两种方法描述温室的建筑尺寸，如图 6-4 所示。

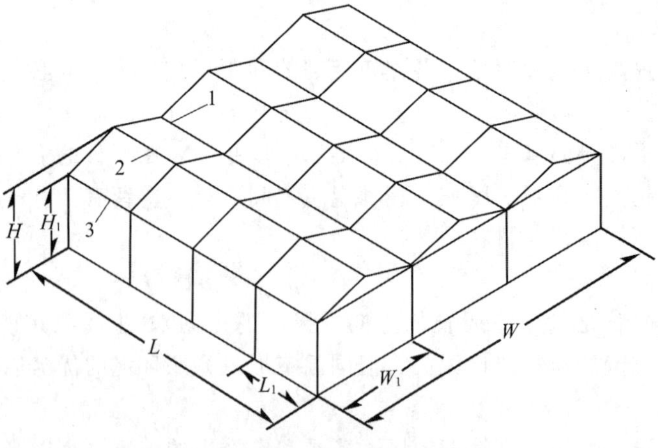

图 6-4 连栋温室建筑规格示意图

1. 天沟 2. 脊 3. 檩

H. 脊高 H_1. 檐高 L. 长度 L_1. 开间 W_1. 跨度 W. 宽度

（1）温室的单元尺寸　温室的单元尺寸主要包括跨度、开间、檐高、脊高等。

跨度指温室内相邻两柱之间，垂直于屋脊方向的中心距离。对于单屋面温室即为相邻天沟中心线之间的距离。温室的跨度按下述数值选择：6.0 m、7.0 m、7.5 m、8.0 m、8.5 m、9.0 m、9.6 m、10.8 m、12.0 m、15.0 m。

温室开间，也称“间距”，指相邻两立柱之间，平行于屋脊方向的中心距离。温室开间按以下数值选择：3.0 m、4.0 m、5.0 m，特殊用途温室不受此限。

脊高是指温室在封闭状态时，最高点与室内地平面之间的距离。即温室柱底到温室屋架最高点之间的距离，通常为屋檐与屋脊垂直距离之和。温室屋脊高度一般控制在 3.3～6.0 m范围内，特殊用途温室不受此限制。

檐高指温室柱底到温室屋架与柱轴线交点之间的距离。温室檐高的规格尺寸有 3.0 m、3.5 m、4.0 m、4.5 m。檐高近似等于下弦高度。下弦高度是指温室屋面主构架下沿离地面的高度，通常与横梁和天沟离地面的高度近似相等。温室的下弦高度：当跨度为 6 m 时，应不小于 1.8 m；跨度为 7～8 m 时，应不小于 2.4 m；跨度为 9～10 m 时，应不小于 3.0 m；跨度为 12～15 m 时，应不小于 3.6 m。

（2）温室的总体尺寸　温室的总体尺寸主要包括温室的长度、宽度、总高等。

长度指温室沿屋脊方向的总长度。一般指两山墙（端墙）中心线之间的距离，等于开间距与开间数的乘积。

宽度指温室沿跨度方向的总长度。连栋温室的跨数与跨度的乘积等于温室总宽度。

总高指温室柱底到温室最高处之间的距离。最高处可以是温室屋面的最高处或温室屋面外其他构件（如外遮阳系统等）。对自然通风为主的连栋温室在侧窗和屋脊窗联合使用时，温室最大宽度宜限制在 50 m 以内，最好在 30 m 左右，单体建筑面积宜为 1 000～3 000 m^2；对以机械通风为主连栋温室，温室最大宽度可扩大到 60 m，最好限制在 50 m 左右，单体建筑面积为 3 000～5 000 m^2，这样，能够充分发挥风机的作用。

为便于操作，温室的长度最好限制在 100 m 以内（一般是开间的倍数）。温室长度的确定主要看地势、地形和机械设备的操作距离，对于过长温室可考虑将温室分为两个操作区。

除据地理环境、生产规模、技术和管理要求，以及能源、资金条件决定温室的平面尺寸之外，就温室本身而言，需考虑温室的通风换气、散热降温、物流运输等条件。建议连栋温室的建筑面积，华南不大于 5 000 m^2，其他地区不大于 10 000 m^2。对于装有湿帘-风机降温系统的温室，为减少温室内的温差，长度或宽度应不大于 40～60 m。否则，温室内必须采取强制空气循环措施。对于更大的温室，应采取有效的措施以保证温室的加热、通风降温和物流运输等方面的性能。

（二）平、剖面设计

1. 平面单元的划分

为了适应植物栽培、繁殖、生产、试验、展览等对环境、设备、管理、观赏等方面的不同功能要求，在平面设计时应进行合理的单元划分。如根据植物生态学类型，可把生态习性相同植物分为一个单元；根据植物的地理分布，把同一原产地的植物分为一个单元；根据经济用途，把用途相近的经济作物分为一个单元；根据植物种类，把具有相同特性的植物分为一个单元等。

单元划分之后，生产、试验温室要根据其栽培所需的不同条件进行单元内的平面布置以及配上不同的设施和设备。陈列、展览温室除上述工作外，还要根据它们不同的株高、株形、花期、花色在平面和空间做科学和艺术的布置。

2. 平面和空间的布置与利用

花费了高昂投资形成的适宜环境，应高度重视平面面积和剖面空间的利用，如果按露地沟渠畦灌的传统布置方式，因地埂较宽而密、田边地角与空间不加利用，必然造成极大的浪费。据统计，我国现有大型温室的平面利用率大多不足60%，空间利用率更低。

平面和空间的利用率与温室采用的栽培方式有关。有的企业为了充分利用温室平面，采用活动式栽培床，以减少走道的面积，提高平面利用率。他们把长条形平面高位种植床的台面板上装上可来回摇动的曲柄机构，摇动手柄可使台面分开、合拢，以便留出通道让机器或人通过，这样可以提高20%左右的平面利用率，使其达到86%～90%，经济价值非常显著。室内空间的利用对提高土地利用率和环境、设备、能量利用率有很重要的意义。可采用立体的多层栽培床布置形式，阶梯式、层叠式或空中悬挂式布置，将喜阴作物布置在下层，喜光植物置于上层，或在下层采用人工补光，这样栽培床面积与建筑面积之比可高达200%，甚至更高。当然这种布置形式并非对所有温室都是可行的，要经过充分的论证和经济比较后做出设计。

3. 剖面设计

（1）室内地坪高程　为使各种机械和管理人员出入方便和节省工程量，大型连栋、生产性温室常将室内地坪与室外地坪定为相同高程。为防止室外雨水或积水倒灌入室内，室内地坪应略高于室外地坪。

（2）跨度　温室的跨度与温室的结构形式、结构安全、平面布置、适宜的作物栽植行距等有直接的关系。选定时应在保证结构安全的条件下，求得建筑造价最低。

（3）檐高　檐高首先应满足使用要求，对采用机器耕作或运输的温室应保证其安全通行高度，如高度较大，在侧墙开门会加大总高时，可考虑在山墙开门的方案。另外，还应考虑室内栽培的作物高矮以及空间布置情况等因素，从通风和促进植物的光合作用角度来讲，檐高些较为有利；但从造价、节省材料和能源，以及温室的结构安全的角度来看，则低些较为有利。选用时应以满足使用为条件，尽量降低檐高为原则。

（4）屋面坡度　双坡屋面的坡度，以屋顶坡面与地平面的夹角表示。坡度的选择同其结构受力、太阳辐射透过能力及保温性能等有关。温室作为轻型结构建筑，其所承受的风雪荷载的大小是决定温室结构构件断面大小和安全性的主要因素。无论是单坡或双坡屋面的玻璃或玻璃钢屋面温室，雪荷载的大小与屋面坡度角θ的大小成反比，且当$\theta \geqslant 50^\circ \sim 60^\circ$时，雪会全部自由滑落，雪压为零。对于风载，迎风面当$\theta < 30^\circ$时，风对温室屋面产生向上的吸力；当$\theta = 30^\circ$时，迎风屋面风压为零；当$\theta > 30^\circ$时则产生内向的压力。因此，在设计时，如当地以雪压为主，则可采用较大的θ角，如以风压为主，则应采用$\theta \leqslant 30^\circ$为宜。一般南方为不积雪地区，为节省屋面材料，降低温室成本，建议选取20°，其他地区选取25°。

（5）连跨数和开间数　温室的连跨数和开间数主要应根据现场土地的宽度和长度来确定。

总之，连栋温室的平、剖面设计，可参照《连栋温室结构》（JB/T 10288—2001）规定进行单元和总体尺寸的选择和确定，在满足使用功能的前提下，要对其采光、保温、通风等进行综合分析，拟出方案，进行比较，选用最优方案。

三、构造设计

(一) 主体 (骨架) 构造

温室是将透光和保温材料覆盖并固结于骨架上形成的具有封闭、透光和保温性能的农业设施。骨架是温室内支持屋面并承受各种荷载的建筑结构。连栋温室的骨架是由轻型材料(目前主要以轻钢型材为主)制成的各种构件、并连接成多个单元、再组合在一起的几何不变体。它支撑覆盖材料、运转设施和一切安装在它上面的附属设备,是承受温室自重和其他荷载的载体。骨架结构的主要受力构件必须进行受力计算,以保证其有足够的强度、刚度和稳定性。连栋温室骨架主要构件在正常使用条件下,从交付使用之日起,寿命至少要保证 15 年。由于玻璃和塑料的性能有显著差异,因此二者用于建造温室时的具体结构也不尽相同。

1. 玻璃温室构造

连栋玻璃温室主要由基础、立柱、天沟、屋架、梁(屋面梁、次梁、横梁、纵梁)、檩、椽、支撑杆等骨架构件和墙(侧墙、山墙、隔墙、幕墙)、门窗(门、侧窗、天窗)、屋面等围护构件组成,如图 6-5 所示。

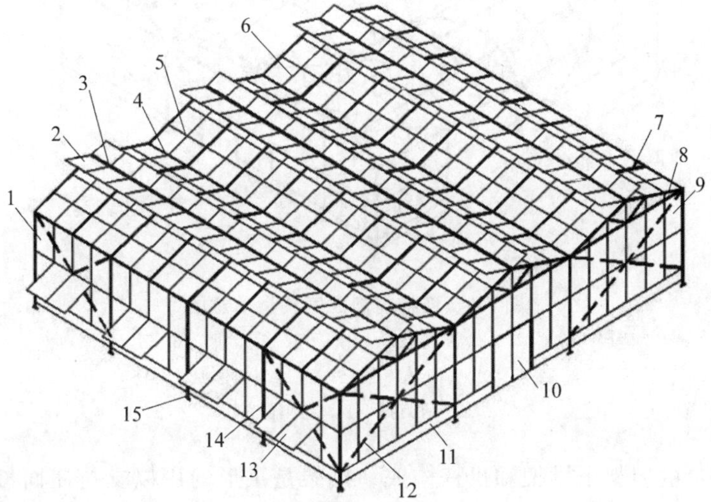

图 6-5　连栋玻璃温室构造示意图

1. 侧墙　2. 天窗　3. 脊檩　4. 天沟　5. 檩　6. 椽　7. 次梁　8. 屋架　9. 端墙　10. 门　11. 幕墙　12. 剪刀撑　13. 侧窗　14. 立柱　15. 基础

骨架构件中,基础是承受温室下沉、上拔、倾翻等荷载的建筑物底脚。常用钢筋混凝土浇注或用砖砌成。立柱是温室中直立的起支撑作用的构件,多用型钢制成。天沟是屋面与屋面连接处的排水沟,常用冷轧镀锌钢板制成。屋架(上弦,屋面梁)是将屋面撑成脊形的结构。温室除了拱形屋顶、单坡屋顶之外,多用三角形屋架。欧美式小型温室的屋架是承受檩条的斜材(上弦,屋面梁)。次梁是柱子之间,屋架与屋架之间,需要架设平行的横梁,通过檩条承担屋面的荷载,这部分部件称为次梁。横梁(下弦)是位于立柱顶端,与地面平行、与立柱和天沟垂直的长条形构件,它承受垂直或斜方向的荷载。纵梁是位于立柱顶端,与地面平行、与立柱和横梁垂直的长条形构件,承受垂直或斜方向的荷载。檩条(檩或桁条）是架在屋架或山墙上面，用来支持椽子或屋面的长条形构件。位于屋脊处的檩条称为脊檩，屋檐处的称为檐檩。椽子是放在檩上，架着屋面覆盖材料的条形构件。斜撑是倾斜地支撑于垂直的或平行的杆件之间的长条形杆件，用以加强温室骨架整体结构的刚性。剪刀撑是用在柱子间、对角线上的斜拉杆，作用是防止构架受水平荷载引起菱形变形。设在屋顶上屋架与屋架间的斜杆称为水平支撑。

2. 塑料温室构造

连栋塑料薄膜温室的形式很多，构造差异也很大，这里仅以当前采用较广泛的、热浸镀锌钢管装配式骨架为例介绍。连栋塑料温室是由主体骨架和其外围护结构组成，骨架主要包括基础、立柱、拱架、拱杆、拉杆、支撑杆等构件，如图6-6所示。一般都用热浸镀锌钢管作为主体承力构件，工厂化生产，现场安装。

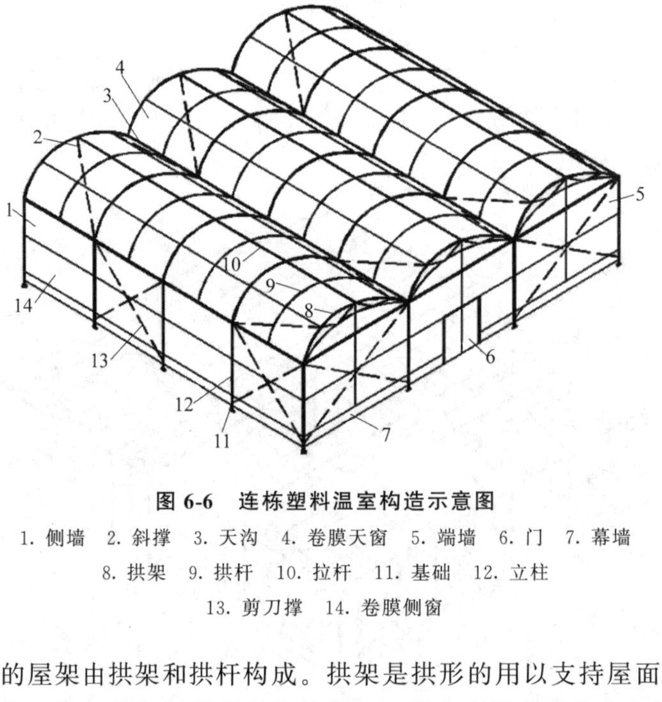

图6-6 连栋塑料温室构造示意图

1. 侧墙 2. 斜撑 3. 天沟 4. 卷膜天窗 5. 端墙 6. 门 7. 幕墙
8. 拱架 9. 拱杆 10. 拉杆 11. 基础 12. 立柱
13. 剪刀撑 14. 卷膜侧窗

连栋塑料温室的屋架由拱架和拱杆构成。拱架是拱形的用以支持屋面覆盖物，承受风、雪等荷载的桁架结构。拱杆是塑料薄膜温室的骨架，决定大棚的形状和空间构成，还对薄膜起支撑的作用。立柱起支撑拱杆和屋面的作用，柱大多用圆管或方管，纵横成直线网状排列。基础是承受由立柱传递下来的温室下沉、上拔、倾翻等荷载的建筑物底脚。拉杆纵向连接拱架、拱杆和立柱，使大棚骨架成为一个整体。为了增加屋面的整体性和拱架的稳定性，设置屋面支撑。结合拱结构的特点设置屋面斜撑，屋面支撑布置在温室的两个端开间，每跨布置两根。

连栋塑料温室骨架使用的材料比较简单，容易建造，但温室结构的自重轻，对风、雪荷载的抵抗能力弱，因而在结构的整体稳定性方面要有充分考虑，使骨架结构的各部件构成一个稳定整体，选料要适当，施工要严格。

(二) 围护结构

1. 基础结构

基础是承受垂直荷载防止下沉，承受水平荷载防止倾翻和承受向上拉力防止拔起的重要构件。基础的几何形状、大小、底面距地表深度等，都应根据地耐力、荷载、地下水位和冻土层深度等确定。基础底部应低于冻土层，并应设置在原状土层平面上，而不能设在填充土上，最小深度至少要有 600 mm。

连栋温室常用墩形点式基础或条形基础。因温室一般是采用轻型钢结构，基础传给地基的力较小，所以常采用墩形点式独立基础（梯形混凝土方墩或矩形混凝土方墩）就足够承受这些荷载。但对于地基承载力极低或地基各部位承载力差别较大的温室，为防止因不均匀沉陷引起的破坏，也可采用条形基础。

基础最常用的材料为钢筋混凝土。柱脚常高出地面 0.25～0.30 m，以防止连接件的锈蚀，常在柱墩内预埋锚固螺栓或锚固钢板，在安装时与柱脚用螺栓连接或焊接。螺栓的多少和尺寸大小以及焊缝的多少，应根据结构设计提出的采用刚节点或铰节点的要求，由结构设计来确定。基础的设计方法与其他建筑的基础设计相同。

2. 墙体

为使温室尽可能多地接受太阳辐射，连栋温室的四周围墙也多采用玻璃、塑料膜、塑料板等透光材料。材料的选择与温室的用途、温室的侧窗开启方式以及造价等因素有关。无论是何种材料，都是在侧墙骨架外部覆盖透光材料。通常为了提高侧墙的保温性能，尤其是侧墙下部与土壤接触附近的保温性能，大型的连栋温室在东、西、南三面侧墙的下部设置了600～900 mm 高的幕墙，它的作用一方面是承受外墙面（玻璃或其他覆盖材料）的重量；另一方面是为了封闭墙脚。常用 240 mm 厚水泥砂浆砌砖加表面抹水泥砂浆做法。为防止冬季雨雪水、冷凝水引起的对砌砖幕墙的冻融破坏，要求较高时可用混凝土作幕墙。上部仍为钢骨架外覆盖透光材料，有时把温室的北墙建造成中空砖墙，这样既不影响温室的采光，又使得温室的保温性能得以改善，节省了投资。

东、西、南三面侧墙下部的砖墙、柱基础及现浇钢筋混凝土构造柱刚度较大，使得温室边柱的长度得以减少，产生的应力较小，侧墙的整体刚度得以提高，同时也有利于温室结构承受水平荷载。北墙采用双层中空墙体，内部填塞保温和蓄热性能较好的材料，墙体的两层之间采用组砌的方法，同时在湿帘洞口的两侧及天沟处设置钢筋混凝土构造柱，在湿帘窗洞的上、下及北墙的弧顶各设一道圈梁，这样构造柱和圈梁共同保证墙体的整体性，也增加了北墙的承载能力。

3. 屋顶

（1）屋脊　温室屋脊是构造较为复杂的一个地方，必须考虑好中檩、屋架、天窗等的连接固定，还应处理好此处的分水防漏，在中檩上加盖防漏帽是一种常用方法。

（2）屋架与檩椽连接　为了使温室的结构整齐一致，现代温室多采用在工厂预制构件后，再进行现场安装。连栋温室骨架的连接结构件应采用专用扣件、专用螺栓和标准螺栓。所有连接件的设计和选用必须满足使用强度要求。表面应进行热镀锌处理，镀锌层厚度不得小于 0.01 mm。

（3）天钩　连栋温室栋间须设排水天沟，其功能除了排除雨、雪水外，还可增大整个温室的纵向刚度，还兼作为上人维修的过道。一般采用 2 mm 以上厚的薄钢板冷弯镀锌而成，其断面尺寸按所担负的排雨水量的大小，用水力计算确定，其纵向坡度一般采用 1/500～1/300，天沟宽度必须考虑单人行走放脚和安放检修活梯的地方。排水方式可采用天沟、中柱、室内排水沟的内排水系统，或两端落水管的外排方式。

4. 门窗

(1) 门 门是为了操作人员和设备进出而设置的，门的大小要考虑作业方便，太小不利于进出；太大不利于保温。专门用于操作人员进出的门，高度不低于1.8 m，宽度不小于1.2 m。设备进出门的高度应不低于2.2 m，宽度应比所通过的最大设备的宽度大0.4 m以上。为了保温和开关方便，常采用铝合金或薄壁方管门框的平推拉门。玻璃与门框用橡胶密封条固定以防止振动，可采用上承式吊导轨或下承式导轨、滚动或滑动启闭，以减轻开闭力。

(2) 窗 分天窗和侧窗，常用上悬式铝合金窗体。铝合金窗框轻而密封性好，且不易锈蚀。侧窗也有镀锌薄壁管材、玻璃钢、镀铝硬质塑料等作窗框的。窗芯采用玻璃钢比玻璃轻，但耐久性较差。小型温室常用手动启闭，而大型温室常用机械化、自动启闭。塑料薄膜温室顶部可设出气天窗，两侧设进气侧窗，常采用卷膜方式启闭。

5. 透光覆盖材料

除了承受多种载荷外，温室结构的主要作用就是固定透光覆盖材料。透光覆盖材料是整栋温室中最重要的部件之一。理想的透光覆盖材料应是透光性能强、保温和隔热性能好、坚固耐用、方便安装且价格低廉。目前温室使用的透光覆盖材料主要有玻璃、塑料薄膜和塑料板材。

(1) 玻璃 玻璃是塑料薄膜普及之前使用最多的透光覆盖材料。玻璃具有透光好、耐老化、使用寿命长（20年以上）、耐候性好、耐腐蚀、不易积尘和容易排凝结水等优良性能，常被用作高档温室的透光覆盖材料。

(2) 塑料薄膜 目前国内外用于连栋温室的透光覆盖塑料薄膜材料主要有PE、PVC、EVA和PEP薄膜，厚度为0.08～0.2 mm。连栋温室用塑料薄膜的使用寿命必须达到3年。薄膜纵向和横向抗拉强度均不得小于20 MPa，纵向撕裂强度不低于0.05 N/μm，横向撕裂强度不低于0.08 N/μm，纵向和横向伸长率应达到5倍以上。

在寒冷地区，为了提高温室的保温性能，可使用双层薄膜覆盖，层间充气，形成空气隔热层。空气层的平均厚度应达到100 mm左右。单层薄膜和双层薄膜的内层膜应采用无滴膜。带有表面活化剂的膜面应朝内，以减少水蒸气在内表面凝结成水珠。因为水滴会影响膜的透光，并对作物造成危害。也可使用多层构架支撑多层薄膜覆盖，以获得较为满意的保温效果。

(3) 塑料板材 用于连栋温室的透光覆盖塑料板材主要有FRP（玻璃纤维增强聚酯）板、FRA（玻璃纤维增强丙烯树脂）板、PMMA（丙烯树脂）板和PC（聚碳酸酯）板等。由于PC板具有良好的透光性、耐老化性等优点，目前，普遍应用的是PC板。

四、结构设计

作用在温室结构上的外力统称荷载。荷载大小是结构设计的基本依据，取值过大则结构粗大，浪费材料，还增加阴影，影响作物生育；取值过小则经不起风雪袭击，发生损坏倒塌，对生产和人身安全造成严重后果。因此，确定设计荷载是一项慎重周密的工作，确定荷载的基本方法是调查研究和必要的数理统计，经过整理，分析归纳，确定一个合理的取值。

根据来源的不同，荷载有自然荷载（风载、雪载、地震力等）和人为荷载（堆物、吊重、检修荷载等）。根据变化情况的不同，荷载有恒载（永久性荷载）、活载（可变性荷载）

和偶然荷载。恒载是指作用在结构上长期不变的荷载。如温室结构的自重，覆盖材料的自重，内部安装的附属设备的自重，悬吊在结构上的作物自重等。活载是指作用在结构上可变的荷载。如积雪荷载，风荷载等。偶然荷载是指在结构使用期间不一定出现，一旦出现，其值很大且持续时间很短的荷载，如爆炸力、地震力和撞击力等。根据作用方位的不同，荷载有垂直荷载、水平荷载、集中荷载和分布荷载。垂直荷载是指垂直作用在结构上的荷载，如恒载、雪载。水平荷载是指水平作用在结构上的荷载，如风载、地震力。集中荷载是指当横向荷载在梁上的分布范围远小于梁的长度时，便可简化为作用于一点的集中力。分布荷载是指沿梁的全部或部分长度连续分布的横向荷载。

因为多数温室的结构重量较小，要特别注意防止由于风而产生的上拔力，温室的基础应牢固，必要时可加设拉线。

温室结构的设计荷载，应满足《农业温室结构荷载规范》（GB/T 51183—2016）、《建筑结构荷载规范》（GB 50009—2012）的有关规定。温室结构和构件在承受最不利的可能的设计荷载组合时，构件中产生的应力不得超过所用材料的许用应力，不发生倒塌、倾翻和掀顶等恶性事故。

第三节　连栋温室的建筑施工

一、基础施工

数字资源 6-3
连栋温室的建造

连栋温室的基础是将温室结构所承受的各种作用力传递到地基上的结构组成部分。地基是直接分布在建筑物下面承受压力的土层。地基的选择和基础的合理处置，对温室使用寿命的长短和安全有着重要意义。

基础施工的基本规定与要求是施工单位应具备相应的专业资质，并建有完善的质量保证体系和质量检验制度。地基基础工程施工前，必须具备建筑场地的工程地质勘察报告、地基与基础的施工图纸及合理的施工方案。地基与基础工程所使用的材料、制品等的品种、规格、强度应符合设计要求。施工轴线定位点和水准基点，经复合后，应妥善保护，并定期复测。每个工序都要按规程施工、检测和验收，出现异常情况应采取妥善合理的应对措施处置，并要记录在案，形成文件资料。室外平均气温连续 5 d 低于 5℃时，基础工程应采取冬季施工措施。基础之间的安装尺寸及水平面上的准确性将影响温室上部结构总体装配过程的简易程度和装配速度。在安置基础时，非常重要的一点是沿天沟方向要有 1%～2%的坡度，对天沟较长的温室，在地平上设置基础的坡度为从中间向两端方向逐渐降低；而在垂直天沟方向，其坡度应尽可能为 0%，最大坡度不应超过 2%。

基础的施工细则应按温室设计具体要求，并参照《温室地基基础设计、施工与验收技术规范 NY/T 1145—2006》《连栋温室技术条件 JB/T 10288—2013》等相关的技术文件进行。

二、地脚幕墙施工

连栋温室的墙壁通常由地脚处的低矮幕墙和其上部由透光材料构筑的侧墙和端墙（山墙）组成。地脚幕墙一般用普通黏土砖砌筑。室外地平以上用混合砂浆，地平以下和承担屋架的砖柱部分要用高标号水泥砂浆砌筑。厚度可根据各地区冬季的寒冷程度决定，一般不应小于 37 cm。墙内外和上表面用水泥砂浆抹平，这样可以有效防止墙体的过早侵蚀。在纬度较高的严寒地区建筑温室，为了提高墙壁的保温性能，外面的墙壁，可用厚空心墙或在外侧增设保温层。在土质碱性较重的地方建筑温室，为了保持墙壁的坚固耐久，而不致过早地受碱腐蚀损害，应在灰土上先铺一层油毡，砌砖至室内地平到室外地平处，也应各铺油毡一层。在室内地平到室外地平的一段墙壁，建成后外部填土以前，最好在墙面上先刷一层沥青防碱，以延长墙壁的寿命。幕墙也可用石材建筑。石墙的厚度一般应不小于 40 cm，砌筑时应用标号较高的水泥砂浆。并于内外两面用水泥砂浆抹缝，如图 6-7 所示。

图 6-7 地脚幕墙施工

三、柱子的安装

柱子是支承屋架（或骨架）结构荷载的主要结构之一，温室的柱子从其设立的部位来分，一般有边柱和中柱之分。连栋温室一般采用圆管、方管、工字钢、槽钢等型材，预制好后在建筑现场进行安装。柱子与基础预埋件常采用焊接或螺栓连接。安装柱子前，应先进行下述准备工作。首先要进行欲装柱子的制造质量和尺寸的相关检测，检测合格后方可用于安装。再进行柱基检查，包括定位轴线、柱间距、柱基中心线、柱基螺栓、柱基标高等检测，检测合格后方可进行柱子的安装。采用与构件重量相应的安装施工机具（吊车、“人”字抱杆、手拉葫芦等），将柱子安装就位后需及时进行临时固定，临时固定可采用管式支撑，同时要采用经纬仪、线锤、钢卷尺等测量仪器和丈量仪器进行柱子位置的校正，无误后初步紧固地脚连接。

四、屋架的安装

温室的屋架是承重（包括顶部的自身重量及外界风压、雪压等全部的压力）并保持外形的重要结构。它与一般房屋的屋架要求不同，为了坚固耐久，减少对植物的遮光，外形美观，因此，屋架各个构件的截面不宜太大，必须选用优质材料制作。在每个结构平面（例如侧墙、端墙、每排立柱和屋面等）内，为防止平行四边形变形，必须加装适当的斜支撑或拉索。钢屋架的侧向刚度较差，安装时要特别注意，必要时需采取临时加固措施，以免发生弯曲变形。所有骨架构件安装完成后，应逐一检查各构件的安装连接点的紧固情况，确保各连接达到规定的紧固力矩。若采用焊接，也须确保每个焊接处的牢靠。检测安装无误后，方可拆除安装时使用的临时加固件。连栋温室骨架安装后，整体结构应紧凑、整齐。各立柱在纵、横两个方向的垂直度误差不大于 30 mm，横梁的直线度误差不大于 50 mm，垂直吊杆相对位置度误差不大于 50 mm。安装效果如图 6-8 所示。

图 6-8　屋架安装

五、门窗及天沟的安装

1. 门窗

温室的门窗关闭时要严密，开启时要方便自如。安装前，应首先检测门窗框架有无变形走样，是否平整方正，无误后方可进行安装。安装后也必须确保平整方正无变形，且必须保证门转轴线和门面纵轴线的铅垂。侧窗和顶窗常采用沿水平轴线开启的方式，因此必须保证转轴线的水平，窗扇开启自如，开后排列齐整。卷轴式侧窗和顶窗需使窗的上下沿与卷轴线平行。安装完成后应注意检测安装构件牢固和接缝密封状况，确保其应有效果。

2. 天沟

天沟用镀锌钢板压制成型，接头部位的接缝和铆钉孔或螺钉孔均需涂密封胶，不得有滴漏现象。天沟宜逆排水方向自下而上采取复瓦状顺序排列，并在安装后应形成 1/500～1/300 的出水坡度，以确保排水的顺畅。

六、覆盖材料的安装

1. 防虫网

为防止昆虫飞入飞出传播病疫或影响植物人工授粉，必须加设防虫网。防虫网应装在门窗的里面。安装时网面应松紧适宜，网面过松易出现煽动，太紧易造成网面破裂。网的周边应压贴严实。

2. 玻璃和塑料板材

玻璃和塑料板材的镶嵌，应使用密封胶条或采取其他密封措施，不得漏水。温室玻璃安装基本与一般建筑相同。但为了不过多遮光，温室玻璃窗应少加或不加横条。屋顶玻璃窗框应尽量使用整块，拼装玻璃尽量安置在侧墙或端墙，并采取对缝安装，接缝处用透明玻璃胶粘剂填缝。

3. 塑料薄膜

薄膜需纵横方向张紧拉平后固定于卡槽内。在设计风荷载作用下，薄膜不得从卡槽的任何位置脱出。覆盖薄膜上不得有任何裂缝、划痕和孔洞。万一由于施工不慎出现长度 5 cm 以下的裂缝和划痕，或 1 cm^2 以下的孔洞，每 300 m^2 表面积不得多于 1 处，而且一定要用粘补胶带修补好，不得有任何漏风漏雨的缝隙存在。

4. 卷膜风窗

采用卷膜通风窗时，卷膜位于固定膜的外侧，两端各与固定膜有不小于 0.3 m 的重叠，两端应设限位和压膜机构，使卷膜轴与温室的固定部分贴紧。

第四节　连栋温室的环境调控系统及装备

一、概述

现代化连栋温室不仅建筑规模较大，而且具有较为齐全完备的环境调控系统及其装备。包括通风、加热、保温、降温、遮阳、补光、灌溉、施肥、防虫网、栽培等装置及控制系统。

通风系统是为降低室内空气温度，调节室内空气湿度，或获得必要的二氧化碳浓度，所采取的环境调节技术设施体系。

加热系统是用供热的方法提高温室内空气、床土、地板、营养液和基质温度的工程技术设施体系。

保温系统是用于保存温室内热量，尽可能减少热量外传而造成室内总热损失，使温室内保持适宜温度所采取的技术设施体系。

降温系统是为了避免温室高温对农业生物造成危害所采取的降低室内温度的工程技术措施。农业生物生长发育离不开热能，但温度过高或过低都不行，生物只有在适宜温度下，才能正常生长发育，并保证其优良品质。通风有一定的降温作用，但室外气温较高时，仅靠通风无法达到所需的降温幅度。现代化温室配备有较为完善的降温系统，能根据作物需要，对温室温度进行有效调控。

遮阳系统是用于阻隔或遮挡过强阳光，减少太阳辐射，降低作物栽培区温度或光照而采用的技术措施。常用遮阳材料有塑料薄膜网、缀铝箔遮阳网等。后者在夜间和寒冷季节可兼作保温幕。安装在屋面之上的是外遮阳网，安装在屋面以下的是内遮阳网。遮阳网应能按需要展开和收拢。

补光系统是指当温室中自然光照不足以满足植物生长需要时，采取人为补充光照措施所需的技术装备与设施。温室补光有自然反射光补光和人工电光源补光两大类。

灌溉系统是用来将符合质量标准的水，适时适量地输送到作物所需部位，以满足作物对水分的需求。现代化温室的重要标志之一是采用现代节约用水的方式灌溉，保证作物高产优质的用水需求，在现代化温室中节水的滴灌、微喷灌等灌溉系统，通过自动化控制，适时适量满足作物对水分的要求。

施肥系统是指能将肥料释放到作物所需部位的装置体系。肥料是作物生长发育的营养，施肥是将肥料施于土壤或植物，以提供养分、保持和提高土壤肥力的农业技术措施。在现代化温室中，施肥系统与灌溉系统的有机结合，为作物提供精确的用肥或无土栽培营养液，可自控调节施肥浓度、pH、EC 等，还可采用 CO_2 发生器，适时增加温室内的 CO_2 浓度，满足植物光合作用对 CO_2 的需要。

防虫网是阻挡害虫侵入温室的网状设施。常用网孔大小为 20～50 目，可按害虫种类进行选择。

栽培装置是指温室栽培时，与栽培模式相适应的配套设施和器具的总称。现代化温室不仅可在室内地面土壤中栽培作物，还可在专门的配套设施和装置中进行立体栽培和无土栽培。不仅使温室空间得到了有效利用，而且可大幅度提高作物产量和效益。

控制系统是现代化温室的必备系统之一。现代化温室设有控制器、温室内外传感器、气象站等仪器设备，可实现温室内温度、湿度，以及灌溉系统、施肥系统、pH/EC、通风系统、遮阳降温系统、保温系统、CO_2 补充系统、光照系统等的计算机全自动或智能控制。

二、通风系统及其装备

温室是一个半封闭系统，其覆盖和维护结构限制了室内空气与室外大气间的气体交换，易造成高温、高湿、有害气体浓度高、CO_2 浓度低等不适于作物生育的恶劣环境，为了维持温室作物的正常空气环境，必须进行充分的通风换气。

（一）有关通风的基本名词术语

通风系统　进行温室内外空气交换所采取的环境调节技术设施系统。

自然通风　利用温室内外温差与风力作用造成室内外空气压差，而进行室内外空气交换的技术措施。

温室自然通风系统　为实现自然通风而在温室中设置的由屋顶窗或侧窗等通风口组成的系统。

强制通风（机械通风）　利用风机运转造成室内外空气压差的通风措施。

温室风机通风系统　为实现风机通风而在温室中设置的由通风机、通风管道、风口等组成的系统。

通风量　单位时间内进入室内或从室内排出的空气量。

换气次数　单位时间室内空气的更换次数，按通风量与室内容积的比值计算。

通风率　单位室内地面面积的通风量，按通风量与温室地面面积的比值计算。

必要通风量　考虑作物在不同生育时期正常生育需要，为使室内空气温度、湿度、CO_2 浓度维持在某一水平或排出有害气体所必需的通风量。

设计通风量　通风系统设计时采用的通风能力，即预计系统运行能够达到的通风量。

中和面　沿建筑物某一标高处，余压为零的水平面，也称中和界。在该水平面上，室内某一点的空气压力与室外未受扰动的空气压力相等。

（二）温室通风的目的和通风方式

温室通风的目的：排除室内余热，使温室内的环境温度保持在适于植物生长的范围内；排除室内水分，使温室内的环境湿度保持在适于植物生长的范围内；调节室内空气成分，排走有害气体，提高温室空气中CO_2的含量，使作物生长环境良好。一般进行通风时，温室内的温度、湿度和空气成分均要发生不同程度的变化。在不同季节温室通风的目的和作用有所不同。夏、秋季节通风主要是进行降温，靠空气流动带走大量的余热，因此需要最大的通风量。冬季通风主要是调节温室的湿度和气体成分。但冬季通风的同时也要带走大量的热量，为节约能源，仅维持最低的通风量即可。

温室通风的主要方式：根据通风系统工作动力的不同，温室通风可分为自然通风和机械通风两种。

（1）自然通风　是借助自然的“风压”或“热压”促使空气流动。这种通风方式基本不消耗或很少消耗动力能源，是温室基本通风方式，主要靠在温室的适当部位设置窗户（天窗、侧窗等）方式来进行，并通过调节窗户的开度来调节通风量。自然通风虽然不需要动力，但往往受自然条件的限制，作用范围有限。侧窗自然通风如图 6-9 所示。

图 6-9　自然通风

（2）机械通风　是依靠风机产生的风压强制空气流动，如图 6-10 所示。机械通风可以根据实际需要来确定风机动力的大小，而且可以通过管道在任何需要的地点送风或排风，便于通风量的调节和控制。但是风机需要一定的投资和维护费用，而且要占据一定的建筑面积和空间。按通风系统的特征，机械通风还可分为进气通风和排气通风。

图 6-10　机械通风

（三）自然通风原理

自然通风不需提供专门的通风动力和能源，温室大部分时间依靠自然通风调节室内环境，设备简单，运行管理费用较低。因此，它是温室广泛采用的一种通风方式。尤其对于具有大天窗的连栋温室，只要窗户设置合理，其通风及经济效果更佳。

1. 自然通风原理

自然通风有热压通风和风压通风两种形式。热压通风是依靠温室中及温室内外空气的密度差，密度较小的热空气向上运动，密度较大的冷空气向下运动，实现温室室内外空气的交换。风压通风是依靠室外空气的运动在温室围护结构表面形成正压或负压，带动温室内空气运动，实现室内外空气的交换。

决定热压通风量大小的主要因素有室内外温差、温室通风口高差、通风口面积和通风口孔口阻力。一般温室内空气温度总是高于温室外空气温度，所以空气的运动总是室内空气上升，室外空气下降，对于屋面和侧墙都具有通风口的联合通风系统来说，室内空气将自然地通过屋面通风口向外排出，室外空气通过侧墙通风口进入温室。这种通风系统，通风总量最大。有的温室只开设屋面通风窗或侧墙通风窗，这样，冷热空气的交换都集中在一个通风口进行。对于只有一个（一类）通风口的温室，侧墙通风口的通风效果总是好于屋面通风口。但对固定式屋面垂直通风口（如锯齿形温室、屋脊窗温室等），其通风效率要高于同样通风面积的侧墙通风口。对于大面积连栋温室，一般屋面通风口面积总和远大于侧墙通风口面积，所以，屋面通风一般占有主导地位。对于温室总宽度小于 30 m 的温室，一般侧墙通风在整个温室通风中占有较大的比重。

风压通风量的大小主要取决于室外风速的大小、风向和通风口面积。垂直于温室侧墙方向的风，对温室迎风侧墙和温室第一跨迎风面屋面将形成正压，对温室其他围护表面均形成负压；垂直于温室山墙方向的风，除迎风山墙面为正压外，其余各面均为负压。一般正压面的风压要高出负压面的风压约 1 倍。实际运行中垂直于某个侧面的风向一般很少出现，大部分风向都与温室形成一定角度。一般不论哪个方向的风，对屋面的风压影响都不大，主要影响在于侧墙，也就是说，在温室侧墙通风口布置时，要充分考虑当地的主导风向。温室的主要通风降温季节为晚春到中秋，所以，温室侧墙通风口设计要尽量正对上述季节的主导风向。

2. 自然通风窗的设置

通风窗是进行自然通风的必要设施，其设置应满足通风效率高，启闭灵活，气流均匀，关闭严密，以及坚固耐用等要求。通常温室的通风窗有天窗、侧窗及其二者组合等形式。

不论热压通风，还是风压通风，通风口的设置必须符合空气的流动规律。对热压通风，要求屋面通风口尽量设在屋面的最高处，并与侧墙通风口相结合，形成大高差，避免强迫热空气向下运动。从这点考虑，屋脊通风窗的设置是最合理的，而天沟通风窗的通风效果是最差的。有的温室仅设屋面通风口，不设侧墙通风口，这种设计的效果自然是不理想的。由于塑料温室一般密封都较严，靠温室的缝隙渗透来补充风压通风是远远不够的，往往使温室内空气形成负压状态，抵消了风压造成的屋面负压，结果使通风总量大大降低。

天窗是设置在屋面的通风窗，主要用于排除室内的高温高湿空气。天窗的启闭方向，应与高温季节常有的风向一致，以免受风力倒灌影响通风效率。设在屋脊两侧的天窗，每一侧都应能单独启闭，以备风向不同时选择使用。对于较长的天窗，应分为几个单元独立启闭，以便进行区域控制。侧窗是设置在侧墙或端墙下部的通风窗，有悬臂式、卷绕式和推拉式等。侧窗的主要功用是进气。热压造成的内外压差与天窗和侧窗间的垂直距离成正比。因此，侧窗应尽量设于较低的部位。

（四）机械通风（强制通风）及其通风系统的设置

连栋温室虽然大部分时间依赖自然通风来调节环境，而在炎热的夏季气温较高，尤其室外温度超过 33℃的天气，单靠自然通风往往难以满足温室降温要求，采用机械通风并配合其他措施进行降温是生产中常用的手段和措施。机械通风是利用风机作为动力来实现室内外强制性通风换气的。它虽然消耗一定的动力能源，设备和运行费用较高，但通风效果比较可靠。因此，现代化大型连栋温室多设置有机械通风装置。机械通风的理论降温极限为室内空气温度等于室外空气温度。因为此时的温室内外温差为零，通风量为无穷大，在实际应用中是不可能的，由于机械设备和植物生理上的原因，一般温室的通风强度一般为每分钟换气 0.75～1.5 次，能够控制温室内外的温差在 5℃内。

1. 机械通风的设施组成与类型

强制通风是利用风机驱动进行室内外空气的交换。强制通风设施主要由风机、进气口、风道或导风管等组成。按内外压差的不同，强制通风可分为正压和负压两种。正压通风是风机由室外吸气向室内吹气，造成内外压差为正值；负压通风是风机由室内向室外抽气，造成内外压差为负值。通常利用整个栽培间作通风道时采用负压通风，而用导风管送风时则用正压通风。

2. 机械通风设施的布置

根据风机装置位置与通风设施组成不同，温室强制通风的布置形式包括山墙面通风、侧墙面通风、屋面通风和导风管通风等。

（1）山墙面通风　风机设在山墙面上的通风为山墙面通风，一般温室长度小于30 m时，可在一面山墙面上设置风机，另一面山墙面设进气孔，作物行间及上层空间为空气通道，阻力较小。对于长度大于30 m的大型单栋温室，可在两山墙面上设置风机，在两侧面设置进气孔。两侧进气孔面积，应以山墙面到中间逐渐增大，以使室内气流均匀。风机应尽可能设在下风侧高处。当不得已而设在上风侧时，则以尽可能接近地面处为宜。

（2）侧墙面通风　进深过长的单栋温室，可以考虑在下风侧设置风机，上风侧设置进气孔的侧面通风，因气流方向与作物行间直交，阻力增大，风量计算时应适当估计这一损失。

（3）屋面通风　屋面通风的风机设于屋顶，侧面设置进气孔。这种通风方式便于排出上升的高温高湿空气，受外风影响也较小，但风机遮光严重。

（4）导风管通风　导风管通风包括正压与负压两种。其主要特点是室外冷空气不是集中进入室内，而是通过如聚乙烯圆管道上的许多小孔均匀进入室内。这种方式虽然阻力稍大，但冬季通风量小，时间也较短，无论是正压型还是负压型，由于风机安装位置不同都可保证风管内的压力高于室内空气压力而鼓起。导风管常安装于屋顶部，进入的冷空气不直接与作物接触，这对于冬季降温，补充CO_2及排除有害气体等具有特殊的意义。导风管表面通风小孔的总面积与导风管断面积之比称为开孔比，应控制在1左右。通风小孔直径与间距应保证均匀输入空气及管道内外压差在19.6 Pa（2 mm水柱）为宜。

3. 开窗装置

（1）齿条开窗装置　玻璃和塑料温室均可用齿条开窗装置启闭，采用电机驱动，也可人力手动，但用得很少。机动的启闭方式方便快捷，但需要电机和电耗开支，使用成本较高。人力手动仅需人工，不需依赖电能。

齿条开窗装置所用的电机主要有两种形式：一种为普通电机，220 V或380 V；另一种为管道电机，220～240 V。管道电机由于体积小、重量轻、遮光少、变速比小，尤其适用于塑料温室的开窗。

（2）卷膜开窗装置　卷膜开窗装置主要用在塑料温室的侧墙开窗和屋顶卷膜开窗。卷膜开窗是将覆盖膜卷在卷管上，一般卷管采用钢管，通过转动卷管，将覆盖膜卷起或放下。卷膜开窗装置的驱动可采用手动，也可以机动，传动方式有软轴传动和直接传动两种。一般屋顶卷膜多用电机通过软轴驱动卷管，侧墙卷膜用手动直接传动方式，但侧墙用机动卷膜的也不少。对卷膜器的基本要求是在通长方向上卷膜轴不能有太大的变形，卷膜器在卷起过程中要能自锁，不致在重力作用下自动将卷起的幕膜打开。当反方向操作打开卷膜时，解除锁定，即可使卷膜器顺利反转。

除此之外，目前应用的开窗装置还有轨道推杆式、摆臂推杆式等。

4. 温室通风的设计计算

温室通风的设计与计算可依照《温室通风设计规范》（NY/T 1451—2018）进行。

三、降温系统及其装备

温室中栽培的常见蔬菜适宜生长温度多在30℃以下，白天最高温度不宜超过35℃。若夏季温室内的温度接近甚至超过作物生育的高温界限，将严重制约温室内作物的正常生长和发育。如果仅靠通风，温室内温度仍在35℃以上，仍不能进行正常生产，因此必须采用其他的降温方法来降低温室内温度。目前生产上应用的降温方法主要有通风降温、遮阳降温、蒸发降温和新能源空调系统等。

（一）遮阳降温

1. 遮阳降温的原理

遮阳是利用不透光或透光率低的材料遮住阳光，阻止多余的太阳辐射能进入温室，既保证作物能够正常生长，又降低温室内的能量聚集，降低温室的温度。由于遮阳材料不同和安装方式的差异，一般可降低温室温度3～10℃。遮阳方法有室内遮阳、室外遮阳。遮阳材料有苇帘、黑色遮阳网、银色遮阳网、缀铝条遮阳网和镀铝膜遮阳网等。

2. 室外遮阳系统

室外遮阳系统是在温室骨架外安装遮阳骨架，将遮阳网安装在骨架上，遮阳网可以用钢缆滑轮机构、齿轮齿条机构或卷轴机构驱动，自由开闭。驱动装置可以手动或电动，使用者可以根据需要进行手动、电动或与计算机自动控制。室外遮阳的优点是：降温效果好，直接将太阳能阻隔在温室外，各种遮阳网降温效果差别不大，都可以使用。缺点是：室外遮阳骨架需要耗费一定的钢材；室外气候恶劣时，风、雨、冰雹等灾害天气时有出现，对遮阳网的强度要求高。各种驱动设备在露天使用，要求设备对环境的适应能力强，机械性能优良。

3. 室内遮阳系统

室内遮阳系统是将遮阳网安装在温室内。在温室骨架上拉接一些金属或塑料的网线作为支托系统，将遮阳网安装在支撑系统上，整个系统简单轻巧，不用另行制作金属骨架，因此，节省材料，降低造价。室内遮阳网因使用频繁，其驱动系统和外遮阳系统相同，一般采用电动控制，或电动加手动控制，在临时停电时可以手动启闭。

室内遮阳是在阳光进入温室后进行遮挡，这时遮阳网要反射一部分阳光，因为反射光波长不变，则这部分能量又回到室外，另外的一部分太阳辐射被遮阳网吸收，升高遮阳网本身的温度，然后再传给温室内的空气，升高温室的温度。这样温室内遮阳虽然能够降低温室地面的温度，但与同样遮光率的室外遮阳相比，仍然有一部分太阳辐射进入温室，升高温室的温度。室内遮阳的效果主要取决于遮阳网反射阳光的能力，不同材料制成的遮阳网使用效果差别很大，以缀铝条的遮阳网效果最好。

室内遮阳系统一般还与室内保温幕帘系统共设，夏天使用遮阳网，降低室温，到秋、冬天将遮阳网换成保温幕，夜间使用，可以节约能耗。

4. 屋面喷白

屋面喷白是玻璃温室特有的降温方法，属于遮阳降温的一种，它是在夏天将白色涂料喷在温室的玻璃维护结构上，阻止太阳辐射进入温室。其遮阳率最高可达85%，可以通过人工喷涂的疏密来调节其遮光率，到冬天再将其清洗掉。屋面喷白的优点是不需要制造支撑系统，因此造价低、施工方便。缺点是不能调节控制，一个夏天都是如此，对作物生长有影响。

(二) 蒸发降温

蒸发降温是利用空气的不饱和性和水的蒸发潜热来降温，当空气中所含水分没有达到饱和时，水会蒸发变成水蒸气进入空气中，同时吸收空气中的热量，降低空气的温度，提高空气的湿度。而温室中植物生长需要比较高的湿度，一般温室内湿度为85%～90%时，不会对植物生长造成不利影响。蒸发降温过程中必须保证温室内外空气流动，将温室内高温、高湿的气体排出温室并补充新鲜空气，因此，必须采用强制通风的方法，如果采用自然通风的方法，会造成温室高温高湿，对植物产生不利影响。目前采用的蒸发降温方法主要有湿帘-风机降温、喷雾降温和喷淋降温系统。

1. 高压喷雾降温系统

高压喷雾降温是一种常用的蒸发降温方式。在设施园艺技术较为发达的日本，其推广面积约是湿帘风机系统的5倍。高压喷雾降温系统中，水经过滤系统后进入高压泵，在高压（4 MPa以上）下通过管路流过孔径非常小的喷嘴（直径为15 μm）形成直径为20 μm以下的微细雾滴，雾滴弥漫整个温室与空气混合，利用水的蒸发潜热，大量吸收空气中的热量，从而达到降温目的。高压喷雾降温系统的喷嘴一般均匀分布于温室上部，能够形成空间上比较均一的温、湿度分布。系统理论上最大降温极限为室内湿球温度，与通风系统配合能够降低室温3～8℃。但该系统需要配置高压雾化喷头和管网，对水质和过滤系统、喷嘴、加压设备要求较高。若造成温室内部湿度过高，植物易受病菌感染。

2. 屋面喷淋降温系统

屋面喷淋降温是将水均匀地喷洒在玻璃温室的屋面上，来降低温室的温度。其原理是：当水在玻璃温室屋面上流动时，水与温室屋面的玻璃换热，将温室内的热量带走，因为水的导热系数远大于空气的导热系数，所以水与玻璃的换热强度远大于空气与玻璃的换热强度。另外当水膜厚度大于0.2 mm时，太阳辐射的能量全部被水膜吸收并带走。这一点又相当于遮阳。屋面喷淋系统由水泵、管道、喷头组成，系统简单、价格低廉。但需要有温度较低的水源，屋面喷淋系统的降温效果与水温及水在屋面上的流动情况有关，如果水在屋面上分布均匀时降温效果可达6～8℃，否则降温效果不好。屋面喷淋降温的缺点是：耗费大量的水；水在屋面上结垢，影响玻璃的透光率；清洗复杂。屋面喷淋降温的玻璃温室目前在国内应用不多。

(三) 新能源空调系统

荷兰的连栋温室大量采用类似于空调系统的空气处理单元（ATU）及配套冷源来实现大规模远距离降温。空气处理单元包括制冷模块、加热模块、变频控制风扇、进风口、出风口和风管。为了降低温室的运行成本，在冷源的选用上引入了地源热泵技术、含水层储能技术、回灌技术等新能源技术。地源热泵技术是利用浅层土壤（200 m以内）或地下水作为空调热源或冷源，通过输入少量高品位能源（如电能）实现低品位能源向高品位能源的转移。冬季，热泵将土壤或水源中的热量送入温室内；夏季，温室内的热量被热泵转移到土壤或水中，实现夏季降温，而地下获得的能量将在冬季得到利用，如此周而复始。含水层储能是利用地下水在含水层中流速慢和水温变化小的特点，用管井回灌的方法，将大气环境中冬季的“冷”和夏季的“热”季节性地储存在地下含水层中，需要时再抽取使用，实现冬季的供热和夏季的供冷。这项可再生能源新技术可比常规地源热泵节能20%～30%，具有能效高、环保性能好及一机多用等特点。

不同的降温技术受其降温原理限制，均有一定的局限性，单纯地采用某种降温方式很难达到理想的降温效果和温室运行的各方面需求。降温技术的采用需要根据地区气候条件、种植作物类型和温室系统性能等因素综合考虑选择。

四、加温系统及其装备

(一) 加温采暖的方式

根据热媒不同温室采暖分为热水式采暖、热风加温和电加温。

1. 热水式采暖

热水式采暖系统由热水锅炉、供热管道和散热设备 3 个基本部分组成。热水式采暖系统的工作过程为：用锅炉将水加热，然后用水泵加压，热水通过供热管道供给在温室内均匀安装的与温室采暖热负荷相适应的散热器，热水通过散热器来加热温室内的空气，提高温室的温度，冷却了的热水回到锅炉再加热后重复上一个循环。供热管道如图 6-11 所示。

图 6-11　供热管道

热水式采暖系统运行稳定可靠，是玻璃温室目前最常用的采暖方式，其优点是温室内温度稳定、均匀，系统热惰性大，温室采暖系统发生紧急故障，临时停止供暖时，2 h 不会对作物造成大的影响。其缺点是系统复杂，设备多，造价高，设备一次性投资较大。热水式采暖的锅炉和供热管道基本采用目前通用的工业产品。热水式采暖系统采用的散热器种类目前很多，有光管散热器、铸铁散热器、铸铁圆翼散热器、热浸镀锌钢制圆冀散热器，其中热浸镀锌钢制圆翼散热器为温室专用的散热器，具有使用寿命长、散热面积大的优点，在玻璃温室中应用比较广泛。

2. 热风加温

热风加温系统由热源、空气换热器、风机和送风管道组成。热风加温系统的工作过程为：由热源提供的热量加热空气换热器，用风机强迫温室内的部分空气流过空气换热器，空气被加热后进入温室进行流动，其他空气又流经空气换热器，这样不断循环就加热了整个温室。热风加温系统的热源可以是燃油、燃气、燃煤装置或电加热器，也可以是热水或蒸汽；热源不同，热风加温安装形式也不一样。蒸汽、电热或热水式加温系统的空气换热器安装在温室内与风机配合直接提供热风。燃油、燃气式的加热装置安装在温室内，燃烧后的烟气排放到室外大气中，如果烟气中不含有害成分，可直接排放至温室内。燃煤热风炉一般体积较大，使用中也比较脏，一般都安装在温室外面。为了使热风在温室内均匀分布，由通风机将热空气送入通风管。通风管由开孔的聚乙烯薄膜或布制成，沿温室长度布置，通风管重量轻，布置灵活且易于安装。

热风加温系统的优点是：温度分布比较均匀，热惰性小，易于实现温度调节，设备投资少。缺点是：运行费用和耗电量要高于热水采暖系统，当温室较长时，风机一侧送风压力不够，可能送不到另一端，造成温度分布不均匀。

3. 电加温

除电加热器外，电加温系统还有一种较常见的电加热方式，是将电热线埋在地下，用来提高地温。此方法在没有其他加温设备的南方温室中应用较多，主要是为温室育苗用。电能是最清洁、方便的能源，但电能是二次能源，本身比较贵，我国又是缺电的国家，因此，只能作为一种临时加温措施应急使用。

（二）供热热源和采暖系统的选择

采暖方式和采暖设备选择是一个涉及温室投资、运行成本、生产经济效益的问题，在温室规划阶段就必须解决好。

温室的热源不论是热风炉还是热水炉，从燃烧方式上分为：燃油式、燃气式、燃煤式 3 种。其中燃气式的设备装置最简单，造价最低，但在气源上没有保证，不可强求。燃油式的设备也比较简单，操作容易，自动化控制程度高，现有一些小型的燃油锅炉，完全实现电脑控制，设定好温度后，全部操作由电脑完成。燃油式设备造价也比较低，占地面积比较小，土建投资也低。但燃油设备的运行费用比较高，相同的热值比燃煤费用高 3 倍。燃煤式的设备最复杂，操作比较复杂，需要锅炉工人责任心强，精心操作。燃煤式设备费用最高，因为占地面积大，土建费用比较高。但设备运行费用是 3 种设备中最低的。从温室的加热系统来讲，热水式的性能好，造价高，运行费用低，热风式的性能一般，造价低，运行费用高。

温室的加热系统选择要从基建投资、运行成本、生产技术水平、操作管理、设备可靠性等方面考虑。一般在南方地区，采暖时间短，热负荷低，采用燃油式的设备比较好，加温方式采用热水或热风方式都可以，最好采用热风式。在北方地区冬季加温时间长，采用燃煤热水锅炉比较保险，虽然一次投资比较大，但可以节约运行费用，长期来看还是合适的。

（三）温室的节能

温室的热量散失主要通过以下途径：①通过玻璃等围护结构传导散热；②向天空辐射散热；③通风散热；④空气渗透散热；⑤地中传热。

其中第②项耗热量很小，可忽略不计。第①项占总的散热损失的 70%～80%。第③、④项合计占总的散热损失的 10%～20%。第⑤项占总的散热损失的5%～10%。

数字资源 6-4
环境调控系统

温室节能就是要减少温室的散热量。玻璃温室的散热量主要是围护结构散热引起的，减少温室热损失的有效方法是装设保温幕，保温幕可以有效地降低夜间的热损耗。在满足作物光照的前提下，最好安装双层透光材料，双层透光材料与单层透光材料比较，其耗热量减少 50%，而透光率仅减少 10%～20%。较好的方法是其中一层是可收放的，采光时收起，便不会影响透光率；保温时候放下以实现保温。另外，采用防寒沟，填上保温材料减少地中传热量也十分有效。

复习思考题

1. 简述连栋温室的类型及特点。
2. 规划与建造连栋温室需要注意哪些方面?
3. 连栋温室的建筑施工分为哪几个步骤?
4. 简述连栋温室环境调控系统的基本组成。
5. 简述连栋温室加温、降温系统及其装备。
6. 简述通风的基本概念、目的、方式及原理。

参考文献

[1] 王双喜. 设施农业装备. 北京:中国农业大学出版社,2010.

[2] 邹志荣. 现代园艺设施. 北京:中央广播电视大学出版社,2002.

[3] 周长吉. 温室工程设计手册. 北京:中国农业出版社,2007.

[4] 冯广和,齐飞. 设施农业技术. 北京:气象出版社,1998.

[5] 陈健,刘九庆. 温室环境工程技术. 哈尔滨:东北林业大学出版社,2002.

[6] [美] 克里斯·贝茨. 温室及设备管理. 17 版. 齐飞,蔡峰,曹干,等译. 北京:化学工业出版社,2009.

[7] 马承伟,苗香雯. 农业生物环境工程. 北京:中国农业出版社,2005.

[8] 全国农业机械标准化技术委员会. 温室工程术语:JB/T 10292—2001. 北京:机械科学研究院,2001.

[9] 全国农业机械标准化技术委员会. 连栋温室技术条件:JB/T 10288—2013. 北京:机械工业出版社,2014.

[10] 全国农业机械标准化技术委员会. 温室加热系统设计规范:JB/T 10297—2014. 北京:机械工业出版社,2014.

[11] 全国农业机械标准化技术委员会. 设施农业装备、温室降温用纸质湿帘:JB/T 13078—2017. 北京:机械工业出版社,2017.

[12] 全国农业机械标准化技术委员会农业机械化分技术委员会. 温室通风设计规范:NY/T 1451—2018. 北京:中国农业出版社,2018.

[13] 农业部规划设计研究院. 农业温室结构荷载规范:GB/T 51183—2016. 北京:中国计划出版社,2016.

[14] 全国农业机械标准化技术委员会农业机械化分技术委员会. 温室地基基础设计、施工与验收技术规范:NY/T 1145—2006. 北京:中国农业出版社,2006.

[15] 中华人民共和国农业部. 温室工程质量验收通则:NY/T 1420—2007. 北京:中国农业出版社,2007.

[16] 农业部规划设计研究院. 连栋温室建设标准:NY/T 2970—2016. 北京:机械工业出版社,2017.

第七章

工厂化育苗系统及其配套设备

学习目标

- 了解工厂化育苗的特点、意义与前景
- 熟悉常见工厂化穴盘育苗、嫁接育苗及组培育苗的设施与设备
- 掌握常规工厂化育苗生产系统的工作原理、设备组成及其性能
- 熟练运用所学知识进行工厂化育苗生产系统的设计与组装

第一节 工厂化育苗概述

一、工厂化育苗的概念与特点

工厂化育苗是指借助先进的育苗设施和设备，在人工控制的最佳环境条件下，充分利用自然资源，采用科学化、标准化的技术措施，运用机械化、自动化手段，使作物秧苗生产达到快速、优质、高效、成批而又稳定的一种育苗方式。工厂化育苗是育苗技术发展到现代的最高层次，其特点为：

数字资源 7-1
工厂化育苗

（1）育苗设施现代化，设备智能化　完善先进的育苗设施和设备是实现育苗工厂化所必需的“硬件”条件。例如，在设施育苗中，温度控制的实现，必须有保温与采光性能良好的保护设施、经济而有效的加温设备及智能化的控温系统作为保障。否则，即使温度管理指标体系再科学，也无法实现。

（2）生产技术标准化，工艺流程化　技术标准化是育苗工厂化的前提。只有实行标准化生产，才有可能运用机械化和自动化手段，快速、高效、成批而稳定地生产整齐一致的优质秧苗。要实现秧苗的标准化生产，既需要制定科学管理育苗各技术环节的指标，同时也要具备保证指标实现的工艺流程及相应条件。此外，管理指标体系的构建，需建立在育苗作物生长发育规律的基础之上，是工厂化育苗所必需的“软件”部分。

（3）生产管理科学化，过程专业化　工厂化育苗之所以能够获得最佳的育苗效果，是“硬件”与“软件”协调的结果。一方面，设施与设备的先进性必须符合工厂化育苗技术指标；另一方面，各技术指标的科学管理需借助完善、先进的育苗设施和设备实现。除生产过程的科学管理外，还需要建立起包括秧苗产销在内的现代化企业管理体制。因此，工厂化育苗必须建立科学化的管理体系。此外，科学的管理，需建立在幼苗生长发育特性的基础之上，涉及环境控制、灌溉施肥和病虫害防控等方方面面，要求生产过程高度专业化。

二、工厂化育苗的范畴与分类

育苗的方式多种多样，包括穴盘育苗、嫁接育苗、组培育苗、扦插育苗、压条育苗等，但目前只有前 3 种育苗方式实现了机械化和标准化，属于工厂化育苗的范畴。因此，本书工厂化育苗重点从这 3 种育苗方式展开论述。根据育苗方式，工厂化育苗可以分为工厂化穴盘育苗、工厂化嫁接育苗、工厂化组培育苗。典型的工厂化育苗生产系统包括蔬菜工厂化育苗生产系统、花卉组培工厂化育苗生产系统和水稻工厂化育苗生产系统。其中，蔬菜主要包括工厂化穴盘育苗和嫁接育苗两种，而水稻以工厂化穴盘育苗为主。

第二节　工厂化穴盘育苗的设施与设备

一、穴盘育苗的工艺流程

穴盘育苗是指以不同规格的塑料穴盘为育苗容器的育苗方式，一般以草炭、蛭石、珍珠岩等轻型基质材料为育苗基质。工厂化穴盘育苗采用自动化精量播种生产线完成基质装填、压穴、精量播种、覆盖和喷水等系列作业，然后在催芽室和育苗温室等设施内进行科学管理，一次性成苗。工厂化穴盘育苗的一般流程包括种子加工、基质处理、精量播种、集中催芽、幼苗培育和穴盘重复利用等（图 7-1）。

数字资源 7-2
穴盘育苗设施

二、穴盘育苗设施

穴盘育苗设施主要由育苗温室、播种车间、催芽室和控制室组成。

（一）育苗温室

温室是工厂化穴盘育苗的主要生产车间。种子催芽后，秧苗的生长发育及成苗后的炼苗均是在育苗温室中完成的。育苗温室应满足秧苗生长发育所需的光照、温度、湿度和水肥等条件。我国常见育苗温室包括塑料大棚、日光温室和现代化温室，其中前两种类型的占比较大。国际上大型育苗公司一般采用隔段式连栋温室，进行光照、温度、湿度等环境条件的分区控制，以适应幼苗不同发育阶段的需要。目前，育苗专用的自动化程度较高的大型连栋温室已在我国部分发达地区得到了推广，被商业化应用于周年规模化育苗。这类育苗温室的设施设备配置高于普通育苗温室，除了配置通风、帘幕、覆盖、苗床、温控系统外，还装备有补光、精量肥灌及智能化控制系统等设施设备。

（二）播种车间

播种车间是育苗场的核心区，其主要用途是播种，也可用于成品种苗的包装与搬运。播种车间一般由播种设备（播种流水线或用于播种的机械设施）、催芽室、育苗温室控制室等

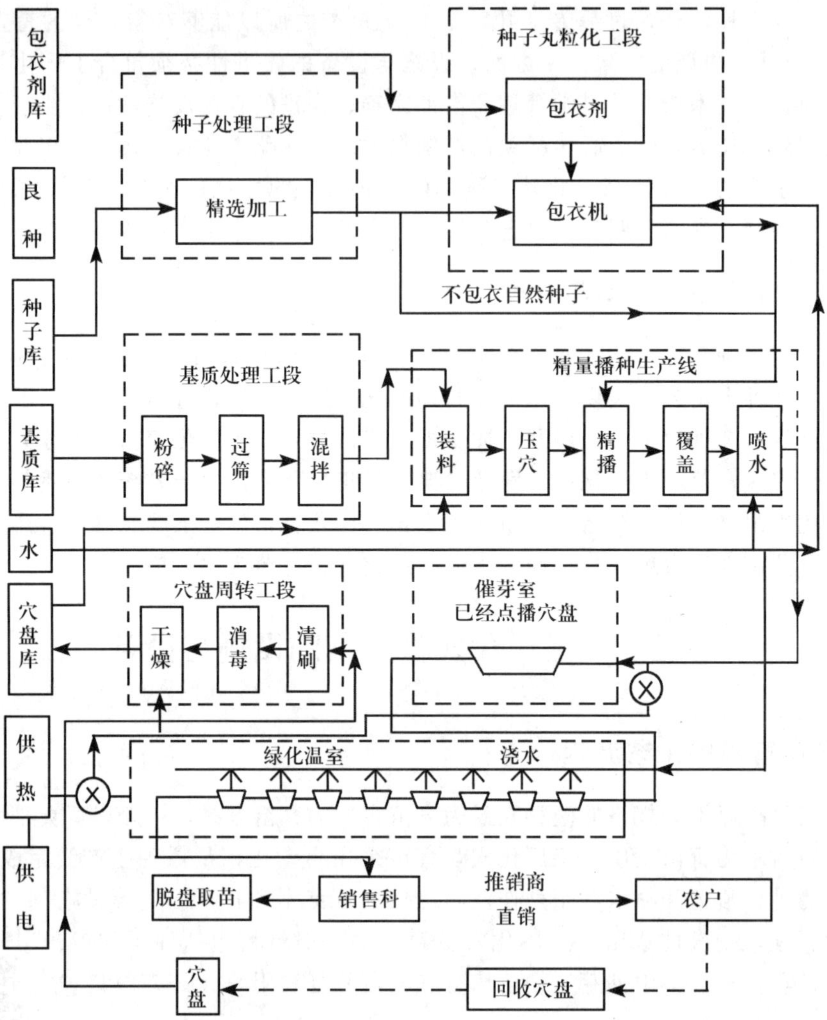

图 7-1 工厂化穴盘育苗的生产工艺流程示意图（周长吉等，1997）

组成，同时也可将灌溉与施肥设备安排在播种车间内，以便于设备的集中控制和提高空间利用率。播种车间（图 7-2）一般采用轻型结构钢和彩色轻质钢板建造而成，地面用混凝土硬化，有助于实现大跨度结构，进而提高土地和空间利用率。

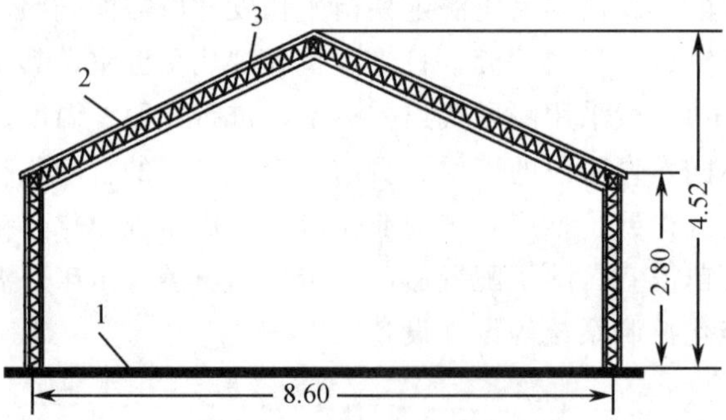

图 7-2 播种车间剖面结构示意图（单位：m）

1. 混凝土地面 2. 彩色轻质钢板组成的瓦楞屋面 3. 轻型结构钢组成的钢筋桁架

（三）催芽室

种子播种后进入催芽室。催芽室为可控温、控湿的封闭式空间，为种子发芽提供适宜的温度、湿度、氧气、光照等条件。其面积约为育苗温室苗床面积的5%～10%。为了便于环境控制，催芽室多以密闭性、保温隔热性能良好的材料（如彩钢板）建造。催芽室一般采用小单元的多室配置，每个单元的环境参数可单独控制，以方便不同种类、批次的种子催芽。为了节省空间，催芽室中的苗盘采用垂直多层码放。

（四）控制室

在工厂化育苗过程中，实现温室环境条件（包括温度、光照、湿度、水分）和营养液灌溉的有效监控和调节，是保证种苗质量的关键。育苗温室的环境控制由传感器、计算机、电源、配电柜和监测控制软件等组成。控制室一般具有数据采集处理、育苗环境控制和决策、图像分析与处理等功能。

三、穴盘育苗的关键设备

穴盘育苗的设备包括育苗温室环境控制设备和育苗生产设备两大部分。育苗温室环境控制设备为种苗培育提供适宜的生长环境，由加温系统、降温系统、CO_2补充系统、补光系统等组成（详见本章第五节）；育苗生产设备主要包括种子处理设备、精量播种设备、基质消毒和搅拌设备、灌溉和施肥设备、种苗分选移栽和种苗贮运设备等。

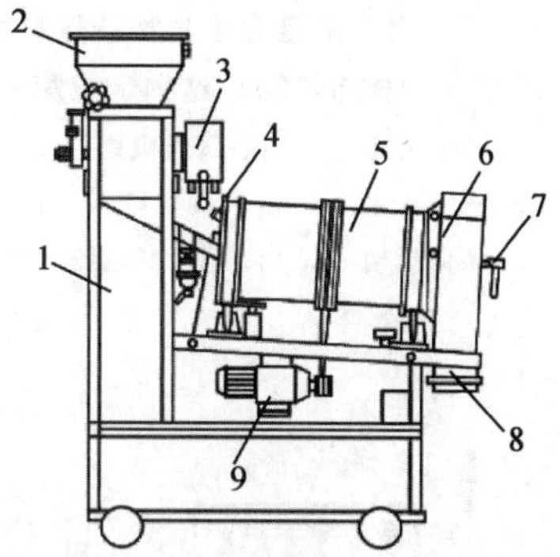

图 7-3　滚筒喷雾式种子包衣机（5BY-5 型）结构示意图

1. 控制箱　2. 喂料斗　3. 药液箱　4. 喷头　5. 搅拌滚筒　6. 出料箱　7. 出料活门　8. 出料口　9. 减速机

（一）种子处理设备

种子处理设备是指育苗前，根据农艺和机械播种的要求，采用生物、化学、物理和机械的方法处理种子的设备。常用的种子处理设备包括种子拌药机、种子表面处理机械和种子包衣机，以及用γ射线、高频电流、红外线、紫外线、超声波等物理方法处理种子的设备。在生产中，多数种子包衣机也具有拌药功能。目前，生产中常见的种子包衣机主要包括滚筒喷雾式（图 7-3）、甩盘雾化式（图 7-4）、旋转式（图 7-5）3 种。

（二）精量播种设备

数字资源 7-3　穴盘育苗的关键设备

穴盘育苗的精量播种生产线包括基质筛选、基质混拌、基质提升进料装箱、穴盘装料、基质刷平、基质压穴、精量播种、穴盘覆土、喷水等工艺流程（图 7-6）。其主要设备包括：①基质混拌机，进行复合基质的混合搅拌，使各基质成分混合均匀，制成理想的复合基质；②基质自动装盘机，能够准确地将复合基质装填到苗盘各孔穴中，并将多余基质自动返回加料斗中；③旋转加压刷，在装填完基质的苗盘各孔穴内基质表面适当加压，以使表面平整；④精量播种机，可以高速、准确地将种子播入苗盘各穴孔中；⑤基质覆盖机，在播种好种子的穴盘上面均匀覆盖一定厚度的基质；⑥自动洒水装置，能够向苗盘各孔穴内均匀喷洒适量水分。

精量播种机是精量播种流水线的核心部分。根据播种原理不同，主要可分为气吸式、机械式和振动式 3 种。其中，气吸式又可分为针吸式、气吸整盘式和气吸滚筒式 3 类。下述是几种生产中常用的精量播种机类型：

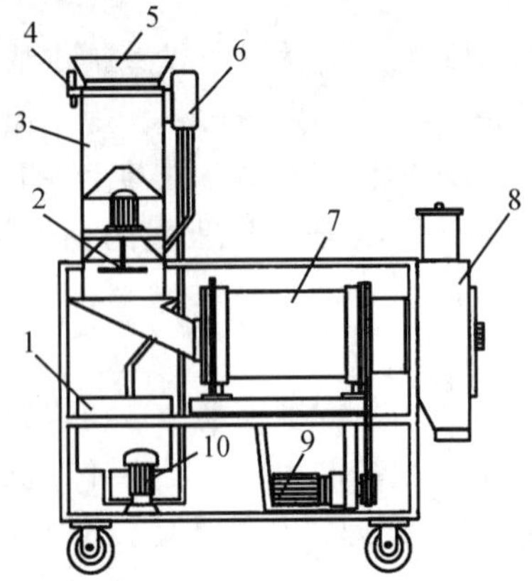

图 7-4　甩盘雾化式种子包衣机

（5BGF-5 型）结构示意图

1. 药液桶　2. 离心甩盘机构　3. 料箱
4. 种子/药可调装置　5. 上接料口　6. 限位自溢药箱
7. 滚筒机构　8. 出料斗　9. 电机　10. 药泵

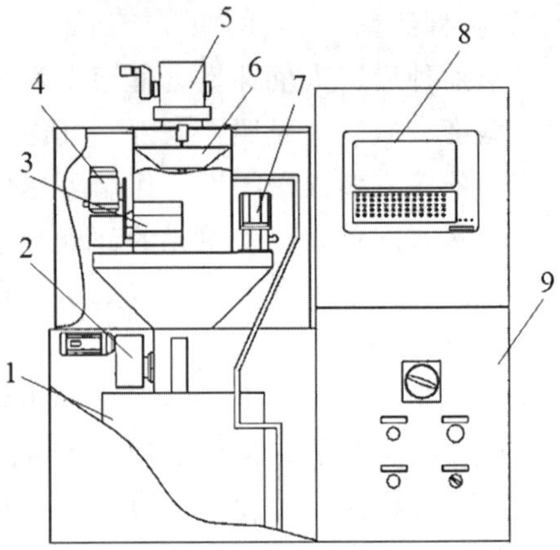

图 7-5　旋转式种子包衣机结构示意图

（汪瑞军等，2016）

1. 搅拌输料室　2. 搅拌输送装置　3. 种衣剂雾化装置
4. 主盘驱动电机　5. 喂料机　6. 主盘
7. 清理刷驱动电机　8. 操作屏　9. 机架

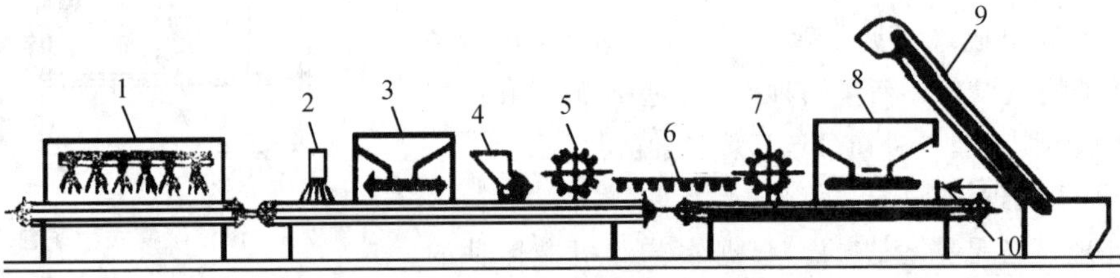

图 7-6　穴盘育苗精量播种生产线示意图

1. 喷水　2. 刷平（播种覆盖后）　3. 覆盖　4. 点播　5. 压穴　6. 装有基质的穴盘
7. 刷平（填料后）　8. 填料　9. 上盘　10. 提升料

（1）全自动真空吸附式播种机　该机型实现了整个生产线（包括充填基质、刷平、压穴、点种、覆盖、喷水等）的全部自动化。其配有线性运动式播种棒、可调节的振荡器和真空控制器及供选用的九套针头，可精播任何类型的小种子（包括眼睛识别困难的、较小的、稀奇种子），播种速度为 200 盘/h（以 288 孔穴盘为标准）。

（2）齿盘转动式播种机　由一组受光电系统控制的凹齿圆盘组成，播种前根据苗盘孔隙数目和种子粒径来选换齿盘。该机适用于丸粒化种子和少量球形裸种。

（3）小型针吸式播种机　特点是体积小、重量轻、可折叠，移动方便、操作简单；从选种到振动调节，从真空控制到针式清洁器的使用均为气压驱动，播种速度为每秒 1 排，速度快，精度高；苗盘的高度不超过 11.4 cm，宽度不超过 43 cm 的各

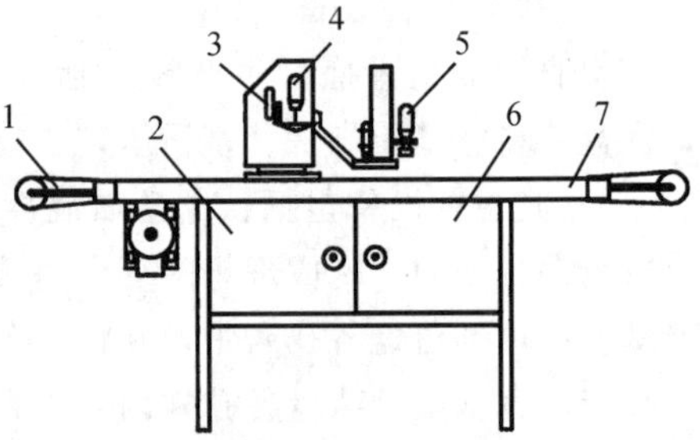

图 7-7　针吸式精量播种机（BZ-200 型）

结构示意图（展一贤，2017）

1. 传送带驱动系统　2. 气动控制部分　3. 振动器和种子盘　4. 播种头　5. 自动行为打孔装置
6. 计算机控制部分　7. 机架

类穴盘均可使用，适用各类小粒种子，如番茄、甜瓜等。图 7-7 为 BZ-200 型针吸式精量播种机，主要由机架、传送带驱动系统、气动控制部分、振动器和种子盘、播种头、自动行为打孔装置和计算机控制部分等组成。图 7-8 所示为国际上精量播种生产线采用的真空针吸式播种装置，主要由真空气泵、针式吸嘴、落种导管和种盒等部分组成。

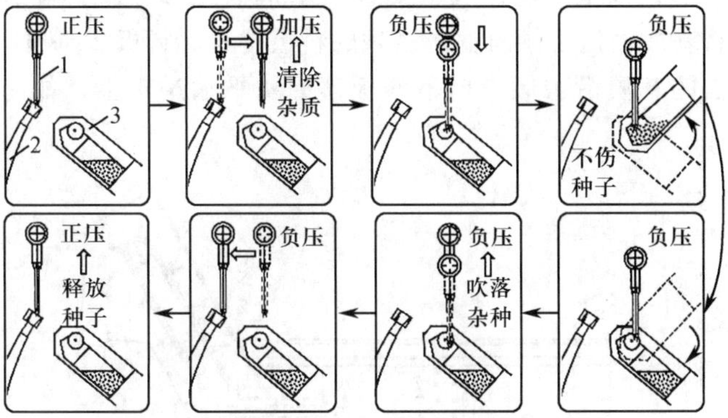

图 7-8　针吸式播种装置工作原理示意图

1. 针式吸嘴　2. 落种导管　3. 种盒

（三）育苗灌溉设备

规模化蔬菜穴盘育苗灌溉施肥技术主要有顶部喷灌、底部漂浮灌溉和底部潮汐灌溉 3 种类型。传统上，规模化育苗常采用移动式喷灌机从顶部供应水分，这样不仅省工省时、灌水均匀，而且可以和肥料泵联用，实现灌溉施肥一体化作业。近年来，潮汐灌溉由于同时具备节水、减肥、减药的效果，得到国内外研究者的广泛关注。潮汐式育苗工作原理主要是依靠穴盘底部排水孔和基质的毛细管作用，使泵入床箱内的肥料溶液进入整个基质或根际空间，以满足幼苗生长发育对水分、养分的需求。潮汐灌溉以底部进水、毛细管吸水为主要技术特征，主要包括植床、循环管路和控制系统，配套自动控制系统、循环管路系统，易于实现水肥智能精准供给和闭合循环利用。下面以潮汐灌溉为例，对工厂化穴盘育苗灌溉设备的系统组成进行简要介绍。

（1）植床　植床的基本功能是使肥料溶液（1～5 cm 高度，单次 5～30 min）均匀一致地到达每个育苗容器的底部，满足基质对水肥的吸收。主要包括固定式、移动式、槽式、地面式和全移动式五大类型。

（2）循环管路　循环管路由储水池、肥料罐、施肥机、消毒装置、回液池、水泵、输水管路等组成。其工作流程是水泵从储水池吸水，经施肥机形成肥料溶液（pH、EC 检测和调制），沿输水管路通过快开阀和床箱入水口进入潮汐床箱（保持 5～30 min），停止灌水后，剩余（未被基质吸收的）肥料溶液又通过快开阀经排水管路回流至回液池，再经消毒装置，进入储水池，用于下次灌溉，如此反复，循环利用。如水质差，可在储水池前端增加水处理设备；若投资低，也可用比例施肥器替代施肥机。

（3）控制系统　控制系统主要针对灌溉参数和肥料浓度。灌溉参数由集成控制元器件和电磁阀联合完成，涉及单次灌溉时长、灌溉频次、启动时间；肥料浓度由 pH 计、EC 计和施肥机自带程序等设定。

（四）育苗环境及基质处理设备

（1）基质搅拌设备　基质搅拌的目的是使各种具有不同特性的基质材料均匀地混合在一

起，以便基质具有良好的持水性、透气性、颗粒性、压实度、透水性等性能。基质搅拌机类型多样：依据搅拌轴的数目，可分为单轴、双轴和多轴（三轴及以上）三大类，且以前两类居多；依据搅拌轴的布置方式，可分为立式和卧式两大类；依据搅拌叶片的形状，可分为螺条式、螺带式和桨叶式等。近年来，国内研发了以向上循环的料板（倾斜向下）为核心的新型基质搅拌机（图7-9）。该基质搅拌机主要包括水平输送带、倾斜输送带和摆动架。作业时，由水平输送带将基质输送至倾斜输送链条的料板位置，料板将基质向上输送，由于料板倾斜向下，输送上去的基质沿着倾斜向下料板落回水平输送带上，如此重复，实现搅拌的目的。

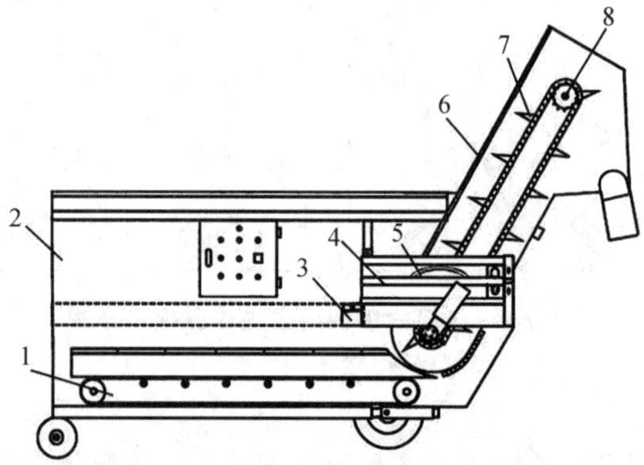

图7-9 基质搅拌机（2YB-J10型）结构示意图

1. 机架水平输送带 2. 机架 3. 转动电机 4. 连接套 5. 弧形摆动槽 6. 摆动架
7. 倾斜输送链条的料板 8. 倾斜输送链条的上转动

（2）环境、基质和穴盘消毒设备 保持清洁卫生的育苗环境，使用无病原菌和虫（卵）的育苗基质，是确保幼苗健康生长、提高育苗效益的关键措施。为此，在育苗实践中，除人工去除杂草、育苗用具的化学消毒（福尔马林、来苏儿溶液等）、防虫网阻断害虫的侵入外，还要利用适当的设备，对育苗环境和基质进行消毒。常见的消毒设备有：

①手推式雾扇 该设备采用离心式雾扇，防阻塞效果好，雾粒微小（5～10 μm），不仅可用于育苗温室的杀菌消毒，还可用于夏季温室喷雾降温。

②硫黄熏蒸器 硫黄熏蒸器是育苗生产中常用的消毒设备，具有省工省力、药残少、不增加温室湿度等特点。

③蒸汽消毒机 由于基质运输、贮备、混合过程可能会造成病菌和害虫的侵染，因此需要采取基质消毒措施。蒸汽消毒机是国内外穴盘育苗最常用的消毒设备，其杀菌灭虫效果好，无公害和化学残留，对操作者也安全。例如，Sioux蒸汽发生器，是一种燃油式锅炉，每小时蒸汽输出量为91 kg，从开始启动到达到消毒要求只需要30 min左右，最高输出温度可达121℃。

④穴盘清洗消毒装置 在工厂化育苗过程中，使用过的穴盘中常含有有害病原菌，重复使用前需进行清洗消毒处理。传统上，穴盘清洗采用人工毛刷清洗，存在劳动强度大、效率低、易损坏穴盘等问题。采用自动化穴盘清洗装置，可有效克服传统方式存在的诸多问题。国内已设计出一种育苗穴盘自动清洗装置（图7-10），该装置主要由清洗系统、干燥系统和控制系统组成，采用竖直送盘、对称多次冲洗和循环水箱设计，实现了对穴盘的自动清洗，

利用水泵变频器与压力变送器的PID控制避免了穴盘损伤。

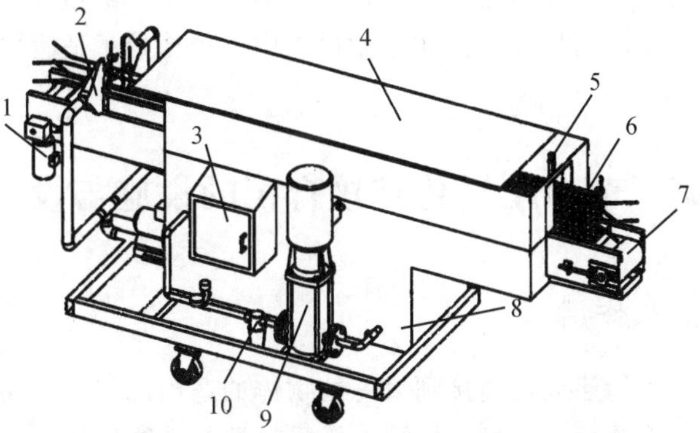

图 7-10　育苗穴盘自动清洗装置结构示意图（高原源等，2017）
1. 减速电机　2. 风吹喷嘴　3. 控制装置　4. 防水罩　5. 直立喷管　6. 穴盘
7. 传送带　8. 循环水箱　9. 水泵　10. 过滤器

(五) 种苗分选移栽设备

种苗移栽是工厂化育苗的一个重要部分。传统的人工种苗移栽存在劳动强度大的突出缺点。目前，智能机械化种苗移栽机的研发，大大减轻了人工作业的劳动强度，提高了种苗的移栽效率。近年来，国内研发了一种种苗智能分选移栽机，该装置通过使用相机采集图像检测种苗的移栽适合度信息（包括直立度、高度和子叶方向等），基于评判准则对种苗进行分级，按分级结果，由控制系统（包括横移装置、升降装置和末端执行器）将种苗放置到相应的种苗盆内，实现分选和移栽作业同步机械化（图 7-11）。

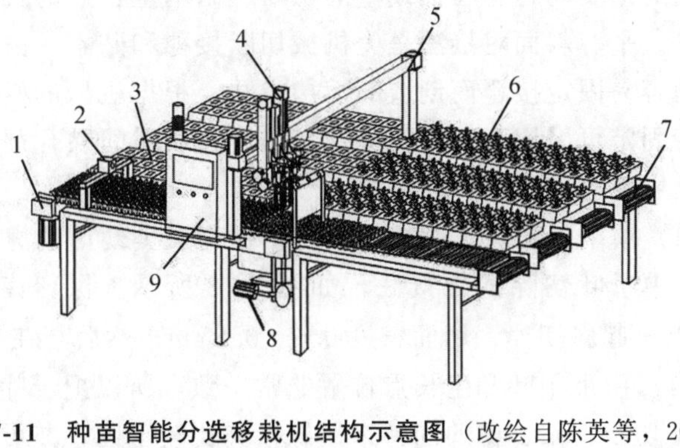

图 7-11　种苗智能分选移栽机结构示意图（改绘自陈英等，2014）
1. 蜗轮蜗杆减速器　2. 相机　3. 制穴种苗盘　4. 同步带直线升降运动单元
5. 同步带直线横移运动单元　6. 种苗分选移栽后制穴盘　7. 平带及其
输送装置支架　8. 种苗顶升选装装置驱动电机　9. 控制系统箱

(六) 种苗贮运设备

种苗的包装和运输是种苗生产过程的最后一道程序，对种苗生产企业来说非常重要，如包装和运输方法不当，可能造成较大损失。包装箱多为多层包装纸箱，一般可放置 4～6 个穴盘，采用纸板分层叠加，内隔层纸板经防潮处理，可避免因潮湿造成穴盘挤压。包装箱应注意在箱外标注“种苗专用箱”“向上放置”等标记，并设置种苗标签粘贴处，注明品种、数量、规格等。种苗的运输设备包括封闭式保温车、种苗搬运车辆、运输防护架等；根据运输距离的长短、运输条件等选择运输方式；种苗运输过程中，经过包装的秧苗放在运输防护架上，这样不仅装卸方便，而且能保证在运输过程中，秧苗处于适宜的环境中，减少运输对苗的危害和损失。

第三节　工厂化嫁接育苗的设施与设备

一、嫁接的目的和作用

嫁接是指将一植物体的芽或枝连接到另一植物体的适当部位，使两者愈合生长形成一个新植物体的技术。嫁接用的芽或枝称为接穗，承受接穗的植物体称为砧木。一般的嫁接植株由砧木和接穗两部分组成，有些在砧穗之间还有中间砧。通常情况下，砧木构成嫁接植物体的地下部分，接穗构成地上部分，前者为后者提供水分和矿质营养，后者为前者提供光合同化产物。利用嫁接方法培育植物苗木的技术即嫁接育苗，在园艺植物生产中广泛应用。园艺植物嫁接育苗的目的和意义主要体现在以下几个方面：①无性繁殖，保持品种的优良性状；②减少病虫危害，增强植株抗病虫能力；③提高接穗抗逆性，增强环境适应能力；④促进生长发育，实现早熟丰产；⑤实现特定的栽培或观赏目的；⑥扩大繁殖系数，加速优良品种苗木繁育。

二、适于机械化嫁接的方法与嫁接机器人

人工嫁接，即使技术比较熟练，每人每天也只能嫁接 600～800 株，工效很低。应用嫁接机器人技术则可以大幅度提高嫁接效率和成活率。在机械化嫁接过程中，要解决的重要问题是胚轴或茎的切断、砧木生长点的去除和砧、穗的把持固定方法。平、斜面对接法是为机械切断接穗和砧木、去除砧木生长点以及使切断面容易固定接合而创造的嫁接方法。根据机械的嫁接原理不同，砧、穗的把持固定可采用套管、陶瓷针、嫁接夹或瞬间黏合剂等。适于机械化嫁接的方法主要有以下几种。

数字资源 7-4
国内外典型嫁接机机型

(1) 单子叶切除式嫁接法　为了提高瓜类幼苗的嫁接成活率，日本设计出砧木单子叶切除式嫁接法，如图 7-12 所示。保留南瓜砧木的一片子叶，将另一片子叶和生长点一起斜切掉，切面长度 0.5～0.8 cm，然后与在子叶节下 1 cm 处向下斜切的黄瓜接穗相接合。南瓜子叶和生长点位置非常一致，所以把子叶基部支起就能大体确保把生长点和一片子叶切断。砧、穗的固持采用嫁接夹比较牢固，亦可用瞬间黏合剂涂于砧木与接穗的接合部位。

(2) 平面智能嫁接法　平面智能嫁接法由全自动智能嫁接机完成，适于子叶展开的黄瓜、西瓜和 1～2 片真叶的番茄、茄子。这种方法要求砧木、接穗均用 128 孔穴盘育苗。

作业过程：首先，由一台砧木预切机在砧木子叶以下把上部茎叶切除，在育苗穴盘行进中完成；然后，将切除了砧木上部的穴盘与接穗穴盘同时放在全自动智能嫁接机的传送带上，嫁接作业由机械自动完成。砧木穴盘与接穗穴盘在传送带上同速行至作业处停下，一侧伸出机械手把砧木穴盘中的一行砧木夹住，与此同时，切刀在贴近机械手面处重新切一次，使之露出新的切口；紧接着，另一侧的机械手把接穗穴盘中的一行接穗夹住切下，并迅速移

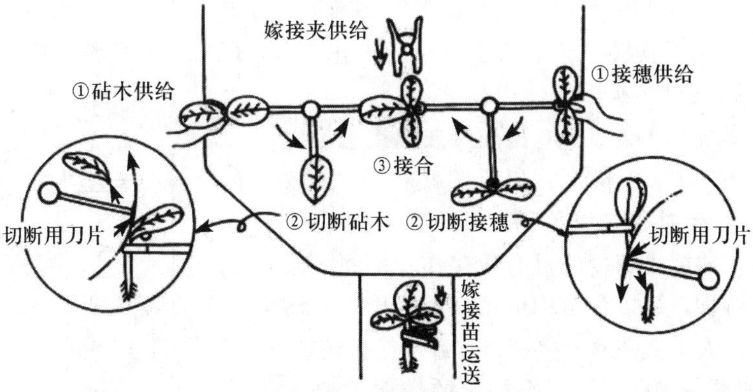

图 7-12　砧木单子叶切除智能嫁接示意图（王秀峰等，2000）

至砧木之上将两切口平面对接，然后从喷头喷出瞬间黏合剂（2-氰基丙烯酸酯）将接口包住，再喷上一层硬化剂把砧穗固定。

整体而言，日本、韩国等是研究蔬菜自动嫁接技术最早的国家，其研制的蔬菜嫁接机器人已应用于实际蔬菜育苗生产。但是，国外嫁接机器都较为昂贵，并不适合一般农户和中小育苗基地。近年来，国内研发了葫芦科穴盘苗单人操作嫁接机器人（图 7-13）。该机器主要由砧木与接穗供苗台、砧木与接穗夹持搬运机构（图 7-14）、旋转切削机构、嫁接夹自动排列输送机构和排苗机构五部分组成。在种苗质量有保证的前提下，其嫁接成功率可达 95%，嫁接速度可达 455 株/h，实际作业的人均操作效率提高了 50%以上。

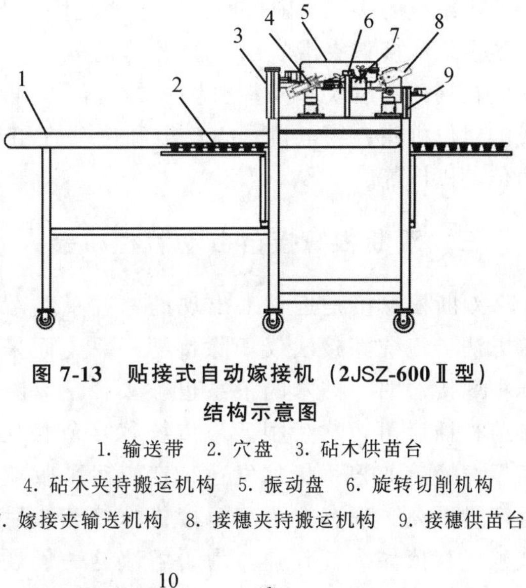

图 7-13　贴接式自动嫁接机（2JSZ-600Ⅱ型）结构示意图

1. 输送带　2. 穴盘　3. 砧木供苗台
4. 砧木夹持搬运机构　5. 振动盘　6. 旋转切削机构
7. 嫁接夹输送机构　8. 接穗夹持搬运机构　9. 接穗供苗台

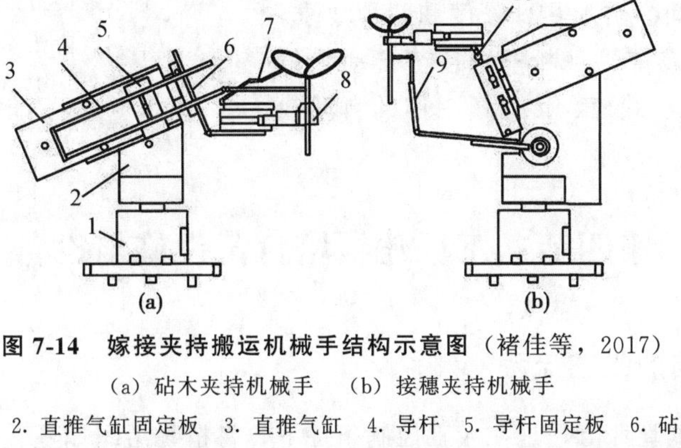

图 7-14　嫁接夹持搬运机械手结构示意图（褚佳等，2017）

（a）砧木夹持机械手　（b）接穗夹持机械手

1. 旋转气缸　2. 直推气缸固定板　3. 直推气缸　4. 导杆　5. 导杆固定板　6. 砧木气爪板
7. 砧木支叶滑坡　8. 夹持手爪　9. 接穗支苗杆　10. 接穗气爪支撑板

（3）磁力压嫁接法　由日本研究开发，利用棒状胶体磁铁的柔软性和适度的吸附力作为成列嫁接的托架，对幼苗进行嫁接，在黄瓜、番茄上已经获得成功。该法的优点是胶体磁条吸附力适中，既不会损伤胚轴，也不会分离；对齐一点，即可使整列都对应；嫁接效率和成活率较高；胶体磁条可多次重复使用。

（4）插接式嫁接法 2JC-350型插接式嫁接机是我国开发研制的半自动嫁接机，它以瓜科蔬菜（黄瓜、西瓜和甜瓜）为嫁接对象，以普通菜农和中小型育苗中心为使用对象。插接式嫁接法具有嫁接作业简便，成活率高，不需夹持物，嫁接育苗中应用广泛等优点。该机采用半自动式，人工上砧木、接穗苗和卸取嫁接苗。

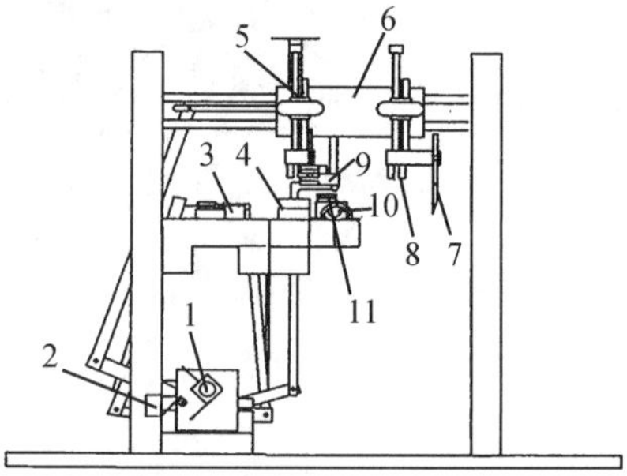

图7-15 插接式自动嫁接机（2JC-350型）结构示意图（辜松等，2007）

1. 凸轮机构 2. 位移开关 3. 接穗切刀 4. 对位座 5. 接穗夹滑块 6. 主滑动块 7. 插签 8. 对位销 9. 接穗夹 10. 砧木夹 11. 砧木切刀

如图7-15所示，2JC-350型嫁接机的结构主要包括：①砧木夹和压苗片等组成的砧木夹持机构；②砧木切刀等组成的砧木切削机构；③插签等组成的砧木打孔机构；④接穗夹等组成的接穗夹持机构；⑤接穗切刀等组成的接穗切削机构；⑥主滑动块、下压总成、插签滑块和接穗夹滑块组成的滑动机构；⑦分别固定安装在接穗夹滑块和插签滑块上的对位销和对位座组成的对位机构；⑧电机、凸轮组和传动杆组组成的动力传动机构等。

三、双断根嫁接苗自动栽植机器人

双断根嫁接是近年来出现的一种瓜类蔬菜嫁接方法。传统嫁接法仅切除接穗根系，而采用双断根嫁接法时，砧木的根系也被去掉。双断根嫁接苗扦插后可再次生根。与传统嫁接苗相比，双断根嫁接苗的根系更加发达，定植后采收期更长且产量更高。现有的蔬菜嫁接机嫁接完成后幼苗栽植一直依靠人工作业。为了解决这一问题，国内专家根据嫁接空间、砧木茎秆长度和栽植要求，设计了接力式取苗栽植机（断根嫁接苗自动栽植机），完成了集打孔、栽植、传送于一体的自动栽植过程（图7-16）。

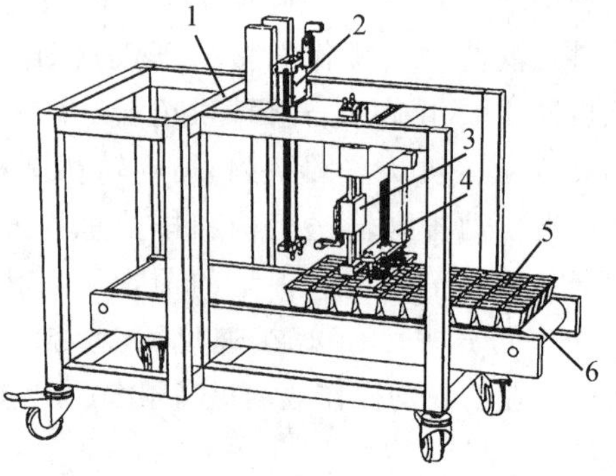

图7-16 断根嫁接苗自动栽植装置结构示意图（褚佳等，2016）

1. 机架 2. 移苗机构 3. 插苗机构 4. 插孔机构 5. 嫁接苗栽植穴盘 6. 输送带

第四节 工厂化组培育苗设施与设备

一、组培育苗的工艺流程

组培育苗也称试管育苗，是在人工控制条件下，将植物组织如茎、叶或花等，在试管内的人工培养基上进行离体培养，形成具有根、茎、叶的幼苗后，再经试管外驯化成苗。试管育苗法最早用于育种过程，随着组培育苗技术的成熟和组培苗驯化过程环境控制能力的增强，组培育苗技术在园艺作物尤其是无性繁殖的园艺作物的种苗快繁上发挥越来越重要的作用，目前已广泛应用于园艺植物的秧苗扩大繁殖中。

组培育苗的工艺流程如图 7-17 所示。虽然现在组培体系已经逐渐完善，但是工厂化组培苗生产仍存在组培苗存活率低、生产效率不高等问题。近年来，我国已设计出一套组培苗生产流水线（图 7-18），该流水线的工作流程是：输送带带动组培苗培养容器前后移动；当需要加湿时，容器移动至储水箱的滴灌头下方进行加湿；当需要施肥时，容器移动至储药箱的滴灌头下方进行加药；当需要暗培养时，容器移动至暗培养腔内；采用等离子空气杀菌装置对组培室内空气进行杀菌消毒。

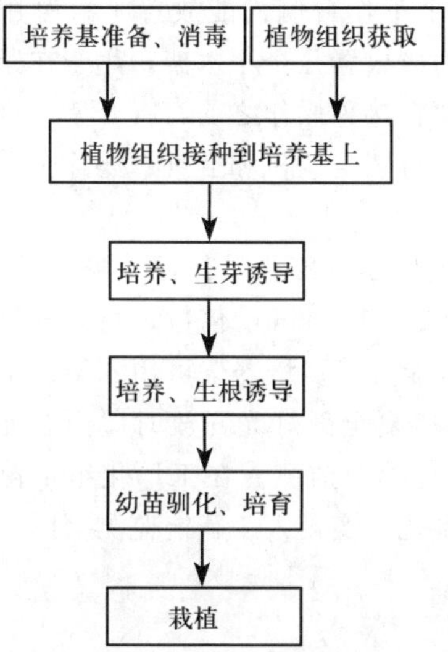

图 7-17　组培育苗的工艺流程

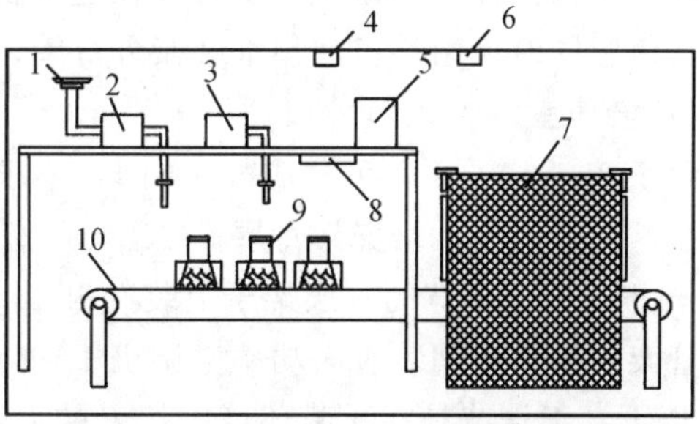

图 7-18　组培苗生产系统结构示意图

（陈祥等，2019）

1. 喷头　2. 储水箱　3. 储药箱　4. 温度传感器
5. 杀菌装置　6. 湿度传感器　7. 暗培养腔
8. 光照灯　9. 组培苗培养器　10. 传送带

二、组培育苗配套设施与设备

组培育苗配套设施一般由四大部分组成，即准备室、接种室、培养室和炼苗温室。

（一）准备室

准备室一般由洗涤室、培养基配制室、培养基分装及高压灭菌室组成。

（1）洗涤室　根据组培室的年生产能力安排房间大小，一般年产百万株苗的工厂要有 20～30 m^2 的洗涤室，洗涤室的中间设宽 1 m，长 4～6 m 的洗涤水槽，上设多个水龙头，内镶白瓷砖，底铺硬橡胶板，以防玻璃器皿清洗时碰底破碎。房四周放多排多层木架，放置待清洗及清洗后的玻璃器皿，主要是三角瓶及小型平底白色罐头瓶（代替三角瓶做培养瓶），其周转量应在 1×10^4 瓶左右。本室需配备橡胶手套、各式瓶刷及大型塑料果筐若干。现缺乏真正实用的洗瓶机器，故需人工洗瓶。

（2）培养基配制室　一般 16～20 m^2 即可。中间设置长型或方型工作台，配制培养基用。台上放量筒、烧杯、移液管，自制刻度的 26～28 cm 口径、较深的铝或钢锅 2～3 个。一边设沿墙工作台，放置粗天平（1～500 g）1 台，分析天平（1/1 000 g）1 台，实体解剖镜 1 台；另一边放药品柜 1 个，放置各种瓶装配制培养基的大量元素、微量元素、有机质、琼脂、白糖。电冰箱或冷藏柜 1 台，内放激素类、配置好的培养基母液等。还需放置酒精桶

(95%工业酒精即可)，蒸馏水桶若干。

(3) 培养基分装及高压灭菌室　需要面积 30 m²左右，中央需工作台 1 个，用于放置培养瓶、分装培养基用的医用下口杯。一边放大型立式或卧式高压灭菌锅 2 个，一边放鼓风干燥箱 1 台，用于烘干移液管类的玻璃器皿、棉塞等。电炉或煤气罐 1 个，用于熬固体培养基中的琼脂以及培养基中的糖。一角放蒸馏水器（50 L）1 台，灭菌锅和蒸馏水器电源需专用线路。另一边放置一排木架子，一层 30 cm 高即可，上放硬橡胶板，用于放置灭菌后的培养瓶。

（二）接种室

需要面积 200 m²左右，能放置单人 8 台或双人 4 台超净工作台，最好选用垂直送风、前面带玻璃幕帘，净化级为 100 级或更高级的超净台。每个工作台侧面能放置 1 台医用小平车，正面放 1 把椅子，要留出小平车的过道。如再有空间应放置几个小木架，用于在紫外灯消毒之前放入待接种的三角瓶，余者放在超净台上，以便在接种操作之前，打开紫外灯时就把这些三角瓶同时灭菌。房间顶部装紫外灯管，如有条件可装空调机和空气过滤除尘器。

（三）培养室

总面积 80～100 m²，可分成 3～4 间，要求采自然光量尽可能大；保湿、隔热效果好；四壁洁白，清洁明亮。培养架每层高 30 cm，宽 50 cm，长为 130 cm 的倍数，总高 6～7 层，每 130 cm 长，50 cm 宽的一层架子上装 2 根 40 W 电子节能灯管。培养架可用木架、铝合金架或钢管架。每个房间装有大功率空调机 1～2 台，使得盛夏全部灯光开放时屋内温度能降至 25℃以下。组培苗是在无菌环境中培养的，需实时进行无菌监测。在工厂化组培苗生产情况下，可采用基于计算机视觉的组培苗无菌检测试验系统，实现人工智能监测（图 7-19）。

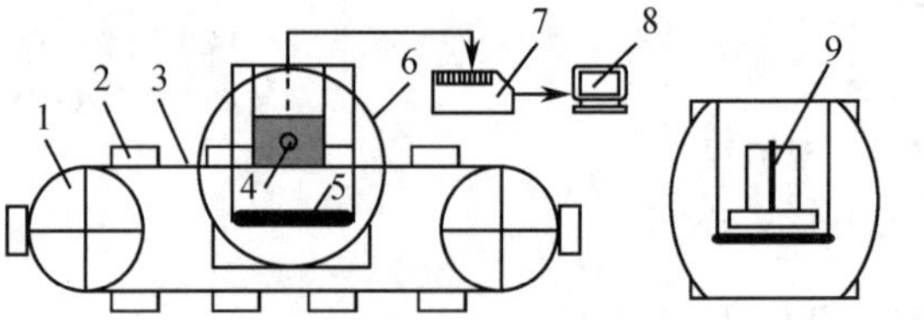

图 7-19　组培苗无菌自动监测系统示意图（徐娇娇等，2005）

1. 传动轮　2. 杯托　3. 输送带　4. CCD 摄像机　5. 光源　6. 照明室外壳　7. 图像采集系统　8. 监测系统　9. 入口

此外，在工厂化组培苗生产过程中，还涉及繁殖分化过程。在该阶段，需将已长成的植株分割切割成带有腋芽的小茎段或小块芽团，然后插植到新培养容器的继代培养基中，使之再成长为一个新的苗株（图 7-20）。

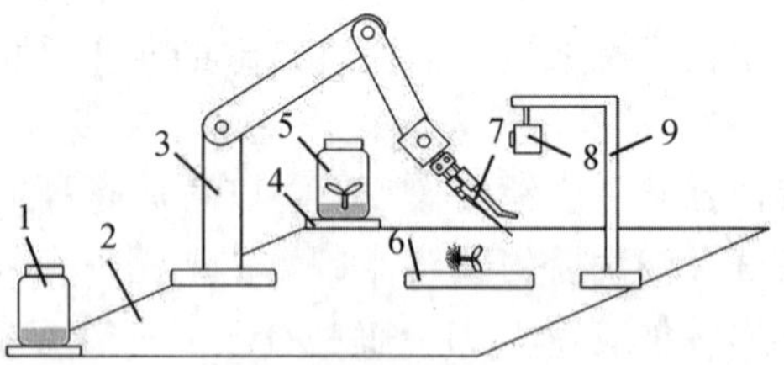

图 7-20　组培苗分割移植系统示意图

1. 苗瓶　2. 工作平台　3. 分割移植机器人　4. 苗瓶放置平台　5. 移植后苗瓶　6. 苗识别平台　7. 剪苗和抓苗手爪　8. 摄像头　9. 摄像头支架

（四）炼苗温室

炼苗温室又称移栽温室。瓶苗在培养室内生长时，首先确保相对湿度为 100%，其次是无菌，第三是营养与激素供应，第四是适宜的光照和温度。瓶苗出瓶种植后，环境发生剧变，这是造成瓶苗移栽死亡的原因，故瓶苗出瓶后种植时需要一种特殊温室，即炼苗温室或称移栽温室，这是组培工厂化生产必不可少的一个车间。炼苗温室的环境调控设备尽量齐全、环境调控能力强，和一般穴盘育苗温室有一定不同，为了保证移栽成活率，炼苗温室必需配有空气湿度、光照、温度控制设备及空间利用设备（如多层栽培架床）。

第五节　闭锁型工厂化育苗系统

一、闭锁型植物生产系统概述

闭锁型植物生产系统（Closed Plant Production System）是指除投入的物质资源和生产物外，没有额外物质的进出，外界环境与系统之间的能量交换是被调控或限制的，整个植物生产过程是在闭锁状态下完成。该系统由日本首次公开提出，并建成了世界第一个闭锁型育苗系统。该设施利用了穴盘自动运输、冷凝水循环利用、分布式智能环境调控、底层精准灌溉、植物长势图像处理、空调调控等装置设备。经历研究阶段后，闭锁型植物生产系统于2005年进入实用化阶段，目前已在种苗生产领域得到普及与推广。闭锁型植物生产系统又称人工光型植物工厂。在该系统中，植物的生长发育几乎不受外界环境条件的影响，完全实现了环境调控和植物生长调控的科学管理和按计划进行。

二、闭锁型工厂化育苗系统的构成

闭锁型工厂化育苗系统主要由隔热不透明的围护结构（仓库状）、装有高效人工光源的多层立体栽培架、热泵和风机系统、二氧化碳（CO_2）供给装置、水肥供给系统、环境控制系统构成（图7-21）。

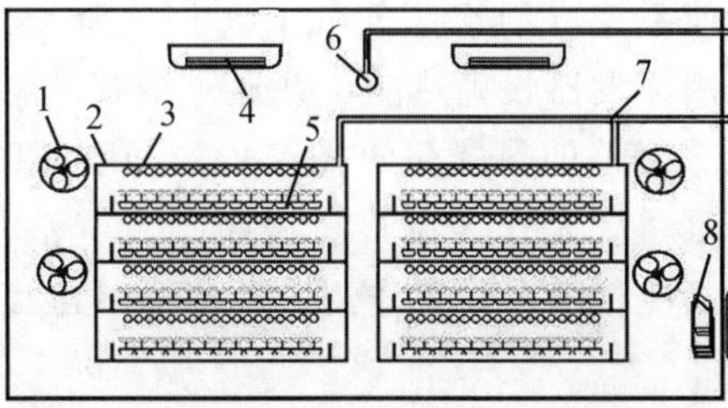

图7-21　闭锁型植物工厂育苗系统结构示意图

1. 小型送风扇　2. 多层立体育苗床架　3. 高效人工光源　4. 空调设备　5. 种植槽与秧苗　6. CO_2 输送口　7. 营养液循环路线　8. 环境调控设备　9. 营养液供给装置　10. CO_2 供给装置

（一）围护结构

由不透光的绝热壁板组成，严丝合缝。当室外气温比室内气温低时，可有效防止壁内侧结露。由于其最大限度地降低了壁板传热，很容易实现系统内环境的精准控制。在利用已有废弃厂房搭建闭锁型工厂化育苗系统时，为了降低成本，还可采用双层充气薄膜建造其围护结构。

（二）育苗床架

闭锁型植物生产系统采用装备光照装置的多层立体架，一般4～25层。为了方便栽培架移动，可在架体的立柱下端装备万向轮。栽培架的层间距一般为40 cm左右，或可根据需要调节。例如，立柱可采用套管式设计，在套管上设有销孔，通过销钉控制套管升高或降低。此外，为了便于育苗盘在架体上推进或抽出，可在架体上设置抽屉式导轨，使育苗盘架与架体活动连接。

（三）人工光源

闭锁型植物生产系统的每一层育苗床架分别安装有一组人工光源，其类型主要包括荧光灯（图7-22）、发光二极管（light emitting diode，LED；图7-23）和混合电极管荧光灯。光是闭锁型系统最重要的环境因子之一。光能消耗占整个系统运行费用的20%～40%，因此，利用节能型光源是闭锁型工厂化育苗系统可持续发展的关键。LED是一种节能高效、发热量小的“冷光源”，其研究与开发促进了闭锁型植物生产系统的普及与推广。

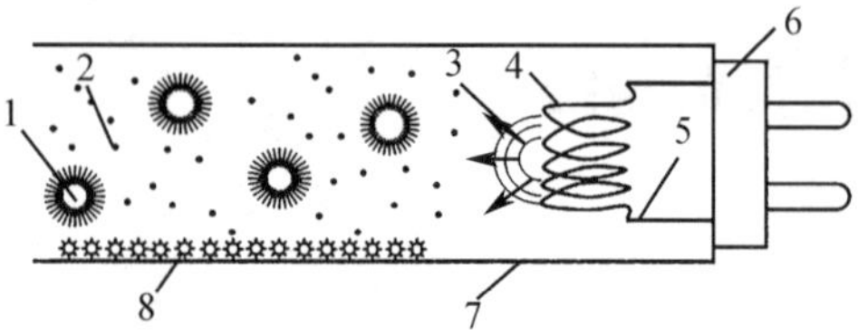

图7-22 荧光灯的发光原理模式示意图

1. 紫外辐射 2. 水银原子 3. 热电子 4. 涂敷电子辐射物质发射极 5. 电极 6. 灯头 7. 荧光物质（管内壁） 8. 可见辐射

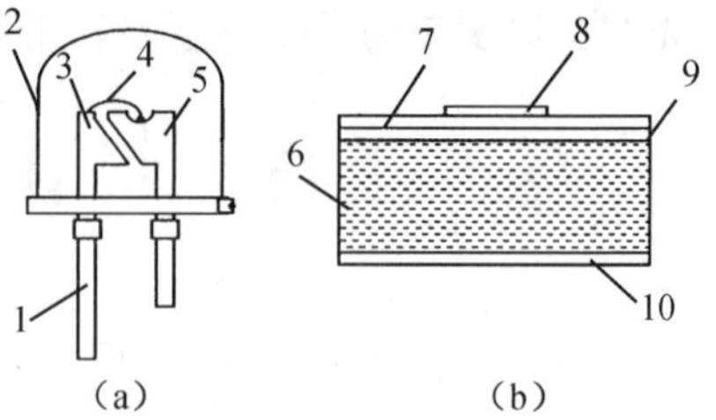

图7-23 发光二极管（LED）示意图

（a）LED结构 （b）LED元件

1. 引线架 2. 透明环氧树脂 3. 阳极杆 4. 丝焊 5. 装有发射端的阴极 6. N型结晶层 7. N型结晶 8. 金属层 9. P型结晶 10. N型电极

（四）热泵和风机系统

闭锁型育苗系统内外的热交换采用热泵（空调机）来进行，以减少通风换气带来的内外能量与物质交换，使系统内的水蒸气和CO_2损失降至最低。热泵是利用蒸发器收集热能，并通过冷媒的移动将其搬运到冷凝器的热能泵（图7-24）。闭锁型育苗系统的热泵主要是作为制冷机（包括营养液冷却）使用的，制冷伴随有除湿作用，所以兼具湿度调节器功能。

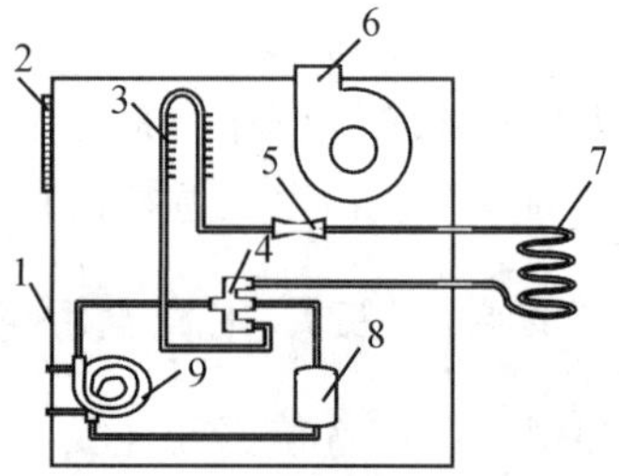

图7-24 热泵结构示意图

1. 压缩机主机 2. 空气过滤器 3. 内置热交换器（冷凝器） 4. 反向阀 5. 膨胀阀 6. 换气扇（风机） 7. 外置热交换器（冷凝器） 8. 压缩机 9. 热回收线圈

（五）二氧化碳和水肥供给装置

闭锁型育苗系统使用的CO_2供给装置包括碳氢化合物CO_2发生器、CO_2发生剂和瓶装液态CO_2。其水肥供给系统是由无土栽培中的营养液栽培装置改进而来的。在闭锁型育苗系统中，营养液是循环利用的。营养液循环需要栽培床、原水与原液的定量混合装置、原水供水泵、给液（排液）泵、过滤和杀菌装置、营养液供液泵、排液（回液）贮存罐及营养液温度控制设备等。

（六）环境控制系统

环境控制系统主要由各类环境监测用传感器与设备组成。其中配置仪器包括辐射计、CO_2浓度（差）计、CO_2流量计、营养液温度计、营养液流量计、热泵电力计、供暖燃料计量器、换气窗开度计等；配置设备包括换气窗电机、CO_2电磁阀、热泵压缩机、送风机、模式切换器、保湿帘和GPS等。

三、闭锁型工厂化育苗系统的优势

与常规育苗系统相比，闭锁型工厂化育苗系统具有节约资源、安全环保、优质高效、稳定省力、程序简化和作业舒适等突出优点，具体体现在以下几方面：①在闭锁型植物生产系统中，由于热力泵的降温除湿作用，基质蒸发和植物蒸腾的绝大多数（约95%）水分可被回收再利用于灌溉；②闭锁型工厂化育苗系统采用垂直多层立体苗床育苗，土地使用面积较常规育苗温室相比减少至1/10以下；③不存在病虫害管理等常规农事操作，大大减少了劳动力投入；④通过缩短育苗周期显著增加育苗次数和年育苗量，并能够培育出健壮且形状均一的种苗。

数字资源 7-5
闭锁型工厂化
育苗系统

复习思考题

1. 工厂化育苗的特点是什么？它有什么实际意义？
2. 列举种子包衣机类型、结构及其工作原理。
3. 论述精量播种生产线的主要设备及各自的功能。
4. 试述针式播种装置的结构组成及其工作原理。
5. 列举育苗环境和基质消毒设备的类型及各自的特点。
6. 简述插接式自动嫁接机的结构及其工作原理。
7. 简述工厂化组培苗的工艺流程及其设备。
8. 闭锁型育苗系统有什么特点？它主要包括哪些设备？

参考文献

[1] Bouldin, F. Bouldin, D. Seedling transplanter. U. S. Patent No. 5, 557, 881. Washington, DC: U. S. Patent and Trademark Office, 1996.

[2] 别之龙，黄丹枫．工厂化育苗原理与技术．北京：中国农业出版社，2019.

[3] 曹林．吸盘式水稻育秧播种机结构优化与播种性能试验．浙江：浙江大学，2014.

[4] 陈佳峰，尤匡标．基质搅拌机的搅拌、上料摆动装置：CN205412720U. 2016-08-03.

[5] 陈祥，沈羊城，陈玉宏，等．组培苗生产流水线：CN208657595U. 2019-03-29.

[6] 陈英，杨振宇，张文强，等．种苗智能分选移栽机：CN103636333A. 2014-03-19.

[7] 褚佳，张立博，张铁中，等．葫芦科穴盘苗单人操作嫁接机器人设计与试验．农业机械学报，2017，48（1）：7-13.

[8] 褚佳，张铁中，李军，等．断根嫁接苗自动栽植装置设计与试验．农业机械学报，2016，47（10）：28-34.

[9] 高丽红．蔬菜穴盘育苗实用技术．北京：中国农业出版社，2004.

[10] 高丽红．蔬菜快速育苗技术．北京：中国农业科学技术出版社，2006.

[11] 高原源，王秀，舒象兴，等．育苗穴盘自动清洗装置的设计．农机化研究，2017（1）：63-67.

[12] 辜松．蔬菜工厂化嫁接育苗生产装备与技术．北京：中国农业出版社，2006.

[13] [日] 古在丰树．太阳光利用型植物工厂．张成波，尚庆茂译．北京：中国农业出版社，2010.

[14] [日] 古在丰树．人工光型植物工厂．贺冬仙，钮根花，马承伟译．北京：中国农业出版社，2014.

[15] 科学技术部农村与社会发展司，农业部科技教育司，中国农业工程学会．发展中

的中国工厂化农业．北京：北京出版社，2000.

［16］尚庆茂．尚庆茂博士“蔬菜集约化穴盘育苗技术”系列讲座第二讲：育苗场的科学规划与设计．中国蔬菜，2011（3）：42-45.

［17］王莉．中国工厂化育苗生产现状与发展．农业工程技术：温室园艺，2017，37（4）：15-19.

［18］汪瑞军，傅斌友，邹卓然，等．种子包衣机主盘及其制造方法和旋转式种子包衣机．中国专利：CN105850284A. 2016-08-17.

［19］王秀峰，陈振德．蔬菜工厂化育苗．北京：中国农业出版社，2000.

［20］吴峰，张会娟，谢焕雄，等．我国种子包衣机概况与发展思考．中国农机化学报，2017，38（10）：116-120.

［21］徐娇娇，龚颖，赵玉国，等．基于计算机视觉的组培苗无菌检测系统硬件开发．农业装备技术，2005，31（3）：18-19.

［22］杨丽．组培苗分割移植机器人系统的研究．北京：中国农业大学，2005.

［23］杨丽，张铁中．组培苗自动化生产技术的研究进展．农机化研究，2006（10）：25-28.

［24］杨其长，张成波．植物工厂概论．北京：中国农业科学技术出版社，2005.

［25］展一贤．2BS-162型穴盘精量播种机关键机构仿真分析与优化．石河子：石河子大学，2017.

［26］周长吉，曹干．工厂化穴盘育苗技术在我国的发展．农业工程学报，1997（A00）：102-107.

第八章

温室环境测控与人工智能

学习目标

- 了解生物生长环境因素及对作物生长的影响
- 掌握环境信息采集、输送与控制的基本原理
- 能够选择和应用不同的环境信息监测与控制系统
- 熟练设计和构建温室环境监测与控制系统
- 了解并掌握温室人工智能的应用

第一节　温室环境因素

环境是指围绕着生物体周围的所有事物。环境可分为物理环境和化学环境两方面。物理环境包括生物周围的温度、光照和热辐射、空气和水的运动状态等，其中由温度、湿度、光照、气体流速等构成的环境称为热环境，是受地域和季节影响最大、最易出现不利农业生物生长发育条件的因素。化学环境主要是指周围空气、土壤和水中的化学物质成分组成，主要包括CO_2以及对作物生长发育不利的CO、H_2S、SO_2、NH_3等有害气体成分，以及土壤或水中的各种化学物质组成的情况。

温室内的环境因子是互相联动变化，相互影响的。一般来说，农艺要求给定的温室环境控制因子是一个区间值，很难实现精确控制。一是多因子、多目标，在任何情况下，都必须将温室内的温度、湿度、光照度、CO_2浓度控制在所要求的范围内，任何一项指标超标都会影响作物生长，甚至死亡；二是多因子强耦合，温度、湿度、光照度、CO_2浓度等因子是相互耦合的，有些甚至是矛盾的，如冬季通风降湿必然会带来温度的降低，因而必须采用多变量控制算法；三是部分目标因子有精确控制的要求，如冬天加热控制，控制精度越高，其节能效果越明显，运行成本降低。被控对象较多且是时变的、严重非线性的、大容量滞后的、多变量强耦合的，因而较难实现精确控制。

一、温室热环境

温度是农业作物生长发育重要的环境因子，影响着作物的生长发育速度、光合作用、形态建成、营养品质等。不同作物在合适的范围内，初期温度的升高会促进光合作用的发生，生长发育速率加快一直延续到温度的最适点，之后随着温度的升高造成呼吸速率的提高与干物质积累量减少，生长发育变缓停滞并造成产量降低。当温度低于适温时，作物生长较慢，过低的温度还会导致其停止生长，温度过高或者过低，作物都会停止生长甚至死亡。温度对于作物的影响在整个发育阶段是不同的，在不同生长期，作物对温度有不同的要求。以番茄为例，不同温度下生长发育情况如表8-1所示。一般在前期，温度应偏高，促进作物生长，在中后期，应适当降低温度，增加作物体内营养物质的积累和存储，利于增产增收。而温室外部环境条件往往不能满足作物生长对于温度需求，在生产过程中，应根据不同作物以及生长阶段对温度的不同要求，采取相应的加温、保温及降温措施。温度环境包括气温和地温。气温是温室内空气的温度，地温是指温室内土壤表层的温度。

表8-1 不同温度下番茄生长发育情况

温度/℃	番茄生长发育情况
<0	冻死
<5	茎叶停止生长
<10	生长发育受到抑制
<15	发芽受到影响
>35	生长发育受到抑制
>40	热死

（一）气温

1. 气温的季节变化

日光温室内冬季天数可比大田露地缩短3～5个月，夏季可延长2～3个月，春、秋季也可延长近1个月（20～30 d），可四季生产喜温果蔬。连栋温室内的气温随外界气温及季节气温变化而改变。冬末初春随着露地温度回升，温室内气温也逐渐升高，我国北方连栋温室气温具体变化见表8-2。

2. 气温的日变化

春季不加温温室最高与最低气温出现的时间略迟于露地，但室内日温差要显著大于露地。我国北方典型日光温室，保温性能好，冬季日温差高达15～30℃，在北纬40°左右的地区不加温或基本不加温情况下，番茄、黄瓜、豆角等喜温果菜也能安全越冬生产。

3. “逆温”现象

通常温室内温度都高于外界，但在没有保温的单层薄膜塑料拱棚、日光温室内，在有风、日落后降温速度往往比露地快，常常出现室内气温反而低于室外气温1～2℃的现象，称“逆温”现象。因此我国北方日光温室在冬季日落前就铺放保温棉被防止“逆温”现象。

（二）地温

土壤是作物生长发育的基础，也是温室主要蓄热源。温室内的作物生长，不仅受到室内空气温度的影响，与土壤温度也有着较大联系。地温受季节和天气的影响较大，日间明显高于夜间且日变化规律为正弦函数。在我国北方，晴天、阴天、多云和阴雨等不同天气条件下，地温在上午10点前较低，之后开始出现回升，下午地温回升较为明显。在土壤深度方向，地面以下23 cm以内的土壤温度呈现较规律的对数下降趋势，23～50 cm的土壤温度变化较为复杂，50～80 cm的土壤温度变化较为平稳。

表8-2　某连栋温室气温变化　℃

时间	室内旬平均气温	室内高温时		室内低温时	
		最高气温	与室外气温的差值	最低气温	与室外气温的差值
12月至翌年1月	5	—	—	—	—
2月上旬至3月中下旬	10以上	15～38	2.5～15	5	1～2
3月中旬至4月下旬	15以上	40	6～20	12	—
5～6月	26	50	—	—	—
7～8月	31	54	—	—	—
9月中旬至10月中旬	—	30	—	10～18	—
10月下旬至11月上中旬	—	20	—	3～8	—
11月中下旬	0以上	3	—	0	—

地温不足是日光温室作物越冬生产普遍存在的问题。实践证明，提高1℃地温相当于增加2℃气温的效果。我国北方通常采用半地下温室提高日光温室地温。也可提前覆盖薄膜提高地温，9月上旬覆盖薄膜相对10月上旬覆盖薄膜在12月份地温高1～2℃。也可以增加温室外保温材料性能尽量减少温室热量散失。

（三）地温与气温的关系

夜晚日光温室中的空气温度主要是靠地中热量来提升的，有足够的地中热量和墙体热量就可以保持较高的空气温度。地、气温的协调是日光温室优于加温温室的一个显著特点。土壤的热容量明显比空气大。晴天的白天，在温室不放风或放风量不大的情况下，气温始终比地温高。夜间，一般都是地温高于气温。早晨揭帘前是温室一日之中地温和气温最低的时间。日光温室最低地、气温的差距因天气情况而有差别：在连续晴天的情况下，最低地温始终比气温高5～6℃；连阴天时，随着连阴天的持续，地温、气温的差距越来越小，直到最后只有2～3℃或更小。连阴天气温虽然没有达到可能使植株受害的程度，但地温却有可能降到使根系无法忍受以至受到伤害的程度。

二、温室光环境

光照是作物生长的主要环境因子，是作物光合作用的主导因子，也是温室作物进行光合作用、形成温室内温度、湿度环境条件的能量源。根据荷兰温室种植者的经验，1%的光照带来1%的增产，可见光照在温室作物生产中的重要性。温室内的光照环境不同于大田，光照条件受温室建造方位、骨架结构，屋面形状、大小和角度，覆盖材料性能及其使用程度等多种因素的影响。温室内的光照环境除了光照强度、光照时数、光的组成（光质）等方面影响园艺作物生长发育、产量和品质，还要考虑室内光的分布均匀性对其生长发育的影响。

(一) 光照强度

衡量光照强弱的主要指标是光照强度。在一定的条件下，光照强度低于某一值时，作物光合速率与呼吸速率相等，作物的净光合速率为零，此时的光照强度称为光补偿点。当光照强度超过某一值时，作物光合速率趋于稳定，此时的光照强度称为光饱和点。当光照强度在光补偿点和光饱和点之间时，作物光合速率随光照强度的增强而升高。自然光在通过各类覆盖材料进入温室过程中，会受到覆盖材料反射、吸收，同时覆盖材料外表面附着灰尘影响、内表面结露的水滴折射、吸收都会使得温室内光照强度明显降低。温室内的光照强度，一般均比露天自然光照低。影响温室内光照强度的因素主要有：温室透光材料的透光率，温室骨架架构与生产设备的遮光率，覆盖材料附着水滴的光照折射率，粉尘污染，薄膜老化等。另外，光照的入射角越大，光线的透光率就越低，入射角大于60°时透光率会急剧下降。

连栋温室与单栋温室比较，用于较为复杂的温室结构会使采光条件略低于单栋温室。一般连栋温室的平均透光率为50%～60%。

不同季节和温室的朝向对连栋温室的光照影响是很明显的，冬天，东西栋向的连栋温室直射光日总量窗面的平均透光率比南北栋向的高5%～25%（平均约为7%）。温室的跨数越少或温室的长度越长，温室朝向对光照的影响越显著。春季和秋季，朝向对光照的影响小一些，温室平均透光率相差约5%。夏季，南北栋向比东西栋向的平均透光率还要高一些。实测数据表明，朝向不同、建筑形式和规格完全一样的连栋温室，东西栋向比南北栋向的温室平均透光率约高3%。

(二) 光照时数

按照气象学原理，光照时数一般指日出至日落的时间长短。但是日出之前与日落之后较长一段时间产生的曙暮光对于作物生长也有明显的影响，通常把一天中对植物产生光周期效应的时间长短称为光照时数，为上述二者的和。在同一地区，温室内光照时数与温室类型有关。塑料大棚和大型连栋温室内的光照时数与露地基本相同，而单坡屋面日光温室属于被动式供热温室，对保温要求特别高，在刚刚日落甚至在日落前就开始铺放不透光的外保温覆盖材料（如草帘、纸被、保温被等），而在日出后才开始揭开外保温覆盖材料，日光温室光照时数不考虑曙暮光时间段，甚至比气象学所指的光照时数还要短。在北方地区冬季，日光温室光照时数一般不超过8 h，在高纬度地区甚至还不足6 h。

(三) 光质

温室内光谱组成（光质）与自然光不同，其与透明覆盖材料的性质有关。光线需透过玻璃、塑料薄膜或硬质塑料等采光材料后才进入到温室内，其中紫外线和红外线的入射量受玻璃等影响透入很少，或基本不透入。覆盖材料主要影响的是380 nm以下紫外光的透光率，虽然有一些塑料膜可以透过310～380 nm的紫外光，但大多数覆盖材料不能透过波长310 nm以下的紫外光。而紫外线对动植物的许多病原菌有很强的抑制作用，对植物的果实有很好的促进作用，缺少紫外线对防御动植物各种病害和植物果实着色不利。此外，覆盖材料还可以影响红光和远红光的比例，缺少红外线影响棚室内温度升高，作物得不到足够的地温和气温，根系的吸收能力和地上部分物质的合成、运转、积累都会受到抑制，也不能进行正常生育。

(四) 光分布

露地栽培作物在自然光下生长，光分布是均匀的，温室内则不然。由于构架结构材料和保温墙壁的影响，会产生不均匀的光分布。据测定，日光温室栽培床上前、中、后排的黄瓜产量有很大的差异，前排光照条件好，产量最高，中排次之，后排最低。连栋温室内的光照，不会像日光温室出现山墙遮阴等情况，在水平分布方向上差异不明显，所以，连栋温室光照条件远比日光温室要好。另外，温室内不同部位的地面距屋面的远近不同，光照条件也不同。

三、温室水分环境

水是作物进行光合作用的主要原料，也是农业生物体的基本组成部分。一般作物的含水率高达80%～95%，只有作物体内含有充足的水分才能保证生长发育的正常进行。温室作物的一切生命活动如光合作用、呼吸作用及蒸腾作用等均在水的参与下进行。湿度的大小直接影响作物蒸腾速度和作物吸收水分的速率，对于作物病害的控制也有一定的影响。湿度对于作物的影响还因作物的种类不同而有较大差异。温室的水分环境主要包括空气湿度和土壤湿度。

（一）空气湿度

高湿度是温室环境的特点之一，温室内湿度一般要高于露地。露地空气的相对湿度大多较低，只有在雨后或早晨较短的时间之内达到饱和状态，在温室内，由于环境密闭，通风差，作物生产旺盛，作物叶面积指数高，土壤水分蒸发和植物蒸腾作用释放大量水蒸气，使得温室内水蒸气迅速达到饱和，绝对湿度和相对湿度都明显高于室外。

温室内湿度受气候条件、通风换气、加温及蒸腾作用的影响。阴天温室内空气相对湿度一般都在90%以上。晴天，夜间温室处于密闭状态，温室湿度较高，往往会伴随结雾现象，甚至附着在覆盖材料内壁形成滴露。到了白天，在室外气温和太阳辐射的共同作用下，温室内温度迅速升高，结雾消散，空气相对湿度下降。在温暖季节，白天温室往往开窗进行通风，室内空气湿度进一步下降，与室外趋于一致。在寒冷季节，温室夜间需进行加温，空气绝对湿度不变，而相对湿度降低，也会减少结雾现象。温室内湿度高也会带来作物表面的结露现象，它与温室结构和覆盖材料内表面的结露现象原理相同，春天和夏天这种结露现象在温室里面是很常见的。作物表面的结露条件十分有利于病原菌的繁殖和传播。

温室内相对湿度的日变化也很大，尤其是塑料大棚，其变幅可达到20%～40%。湿度的昼夜变化，与气温的日变化呈相反的趋势。夜间，室内维持较高的湿度，有时湿空气遇冷后凝结成水滴附着在薄膜或玻璃的内表面上，或出现雾霭。日出后，室内温度升高，湿度逐渐下降。温室内空气湿度的日变化受天气、加温和通风换气量的影响，阴天或灌水后的湿度几乎都在90%以上。同时，还与设施的大小、结构、土壤干湿等有关。

空气中水汽质量一定时，温度越高饱和蒸汽压越大，空气的相对湿度就越小。因此，提高室温，可以适当降低空气的相对湿度。温室的空气湿度在浇水后最大，之后随着时间的推移降低。

昼夜相对湿度变化大。温室内温度昼夜会发生大幅变化，空气的相对湿度随温度的变动而变化。一般晴天中午前后气温高，空气相对湿度就低，空气干燥；夜晚温度低，空气相对湿度高，即使是晴天的夜晚，其相对湿度也常达90%及以上，且持续8～9 h及以上。

（二）土壤湿度

温室中的土壤湿度与灌溉量、土壤毛细管上升水量、土壤蒸发量、作物蒸腾及空气湿度有关。与露地相比，由于温室内空气湿度高于室外，土壤蒸发量和作物蒸腾量均小于室外，因而温室土壤相对比较湿润。由于覆盖材料将温室空间和地面与大气层隔离，温室土壤的耕作层不能依靠降雨来补充水分，故土壤湿度只能由灌水量、土壤毛细管上升水量、土壤蒸发量以及作物蒸腾量的大小来决定。与露地相比，温室的土壤蒸发和植物蒸腾量小，不易随大气运动而流失，其土壤湿度比露地高。

温室生产期间的土壤水分主要依赖于人工灌溉。因而，土壤的淋溶很少，土壤的积盐比较严重。土壤蒸发出来的水分受到覆盖材料的限制，较少逸散到大气中，所以生产相同的产量时，比露地用水量要少。水汽在覆盖材料内壁上凝结后，水滴会受覆盖材料弯曲度的限制而经常滴落到相对固定的地方，因而就造成温室土壤水分的相对不均匀，这种情况在冬季浇水较少时表现更为突出。

土壤深层的水分沿毛细管上升到地表，棚膜上大量凝结水又滴落到土壤表面，容易使土壤的表面形成泥泞状态，这往往容易给人们一种土壤不缺水的假象，实际挖开表土即可见到土壤早已干旱了。冬季浇水直接影响到土壤的温度，而地温低又是温室冬季生产的一大难题，所以，温室浇水必须注意水质、水温和浇水的时间。

四、温室气体环境

在自然状态下生长发育的农作物与大气中的气体关系密切，CO_2和O_2对作物生长发育有着重要的作用。CO_2是作物进行光合作用的主要原料，O_2则是作物有氧呼吸的前提。环境中这两种气体的含量变化对于作物的生长发育以及产量和品质会产生较为明显的影响。温室内空气中还会存在少量的有害气体，温室中使用的一些农用薄膜自然挥发出一些氯气（Cl_2），一些化学肥料和没有完全降解的有机肥会产生氨气（NH_3）、二氧化硫（SO_2）、一氧化氮（NO）、二氧化氮（NO_2）等。即使这些气体含量很少，但是随着作物的呼吸作用进入植物体，对于植株产生一定的伤害。必须了解并掌握这些有害气体的减除方法。

温室内气体环境监测控制不当，不仅严重影响农业生物的正常生长和产量，还会影响农产品品质。

（一）二氧化碳

CO_2是光合作用的主要原料之一，在一定范围内，植物的光合产物随CO_2浓度的增加而提高，但是浓度过高，会造成叶片卷曲进而影响光合作用。因此监测控制温室内CO_2的浓度和变化对促进作物生长、提高产量与品质具有重要的意义。

大气中CO_2含量一般约为0.03%（体积分数），仅相当于作物光合作用最适宜浓度的1/4～1/3，温室内CO_2含量是随着温室的使用情况、作物的生长阶段和气候的变化而变化的。温室的密闭结构阻断了内外气体交换，夜间由于土壤和作物的呼吸作用，CO_2不断积累，浓度明显比白天高，日出前达到最高值。日出后光温条件改善，光合作用增强，CO_2浓度降低呈现亏缺，光照达2 h后就降至CO_2补偿点以下（蔬菜作物大多数为三碳作物，一般CO_2的补偿点在0.005%左右），晴天上午9点至12点，温室内作物光合作用最强，CO_2浓度急剧下降，通风换气较弱得不到CO_2的及时补充，在12点左右降至0.01%，甚至可降至0.005%，光合作用减弱，光合物质积累减少，一些叶面积指数大、光合作用旺盛的作物光合作用会停止，影响作物产量。

作物不同生育期，对CO_2浓度的要求和影响也不同。作物在出苗前或定植前，因呼吸强度大，排出CO_2量也较大，温室与大棚内CO_2浓度较高；在出苗后或定植后，因呼吸强度比出苗前或定植前弱，排出的CO_2量小，大棚内CO_2浓度就相对较低。

另外，CO_2浓度与温室或大棚容积有关。一般温室与大棚容积越大，CO_2出现最低浓度的时间越迟。

相对密闭的温室环境，作物光合作用会消耗大量的CO_2，造成CO_2不足，限制了作物的生长发育，严重影响作物的产量和品质。使用CO_2气肥已成为提高温室生产效益的一项重要措施。

（二）氧气

氧气是地球上一切生物生存的前提和基础。农业生物本身需要O_2来维持生存和生长发育。除空气含氧量外，土壤O_2也极为重要。这是因为地上部分作物的生长，必须有地下部分的生长相配合，而地下部分的生长，土壤O_2则极为重要。为此，土壤中必须含有足够的O_2。通常采取的方法：翻耕土地、改变土壤粒子结构、施用土壤改良剂等，其实质都是在设法供给土壤O_2，或提高对土壤的O_2供给量。

（三）有害气体

自然环境下空气中也含有少量Cl_2、NH_3、HNO_2、SO_2、H_2S、NO、NO_2等有害气体，但是空气流动会迅速带走这些有害气体，对大田作物基本没有影响。温室密闭的环境中，空气流动较差，温室内外气体交换缓慢，这些有害气体积存较多时会严重影响作物的生长发育，需要进行监测调控。

NH_3气　温室内的NH_3主要来源于未完全降解的鸡粪、猪粪、马粪和饼肥等有机肥料，一些化学肥料也会产生NH_3。温室内的NH_3浓度达到5～10 mg/L时，作物就会中毒。

HNO_2气　室内的HNO_2气主要来源于氮素化肥。沙土和沙壤土连续施入大量氮肥，土壤中HNO_2向HNO_3转化则会受阻，使得土壤中积累起大量的HNO_2，当温度升高时就会形成HNO_2气散发在温室内，浓度超过2～3 mg/L时，作物就会中毒。

CO和H_2SO_3气体　这两种气体主要是室内加温与施用气肥产生的。CO和H_2SO_3对人和作物都有毒害。一般浓度在3 mg/L左右维持1～2 h，植物叶缘和叶脉间的细胞就会死亡，并发生小斑点或枯死。

（四）空气流速

温室内空气流动缓慢是明显有别于露天的一大特点。在密闭的温室内，气流运动缓慢，气流的横向运动几乎为零，纵向运动也不如露地。栽培时，如室内气流静止或缓慢运动，叶片长期处于同一位置，影响光合作用、蒸腾作用等生理过程。气流静止或缓慢运动，还影响CO_2的活动，造成叶片密集区域严重缺乏CO_2，影响光合作用的进行。畜禽饲养时气流缓慢，则CO_2积聚过多，畜禽粪便发酵等使室内空气混浊，影响畜禽健康。气流静止的现象如不通过开窗通风或强制通风，对植物或动物的生长发育都有不良的影响。

第二节　温室环境监测与控制系统综述

一、发展现状

温室内环境信息的远程、实时、快速、准确监测，是有效控制温室环境，为作物生长提供最优环境的基础，对提高温室作物产量和品质、增加温室经济效益具有重要意义。对不同环境，信息是通过不同类型传感器进行获取的。目前我国很多温室监测控制系统中，还采用有线连接的通信方式。这种通信方式存在诸多缺点，例如通信线缆长期处于高温、高湿、酸性的恶劣工作环境中，极易腐蚀老化，降低环境监测系统的可靠性和使用寿命；安置监测点数量较多，有线通信方式导致温室内线缆较多，一方面会影响采光，同时也会增大温室环境监测系统建设施工难度和环境监测系统建设维护成本。随着无线传感器网络技术的不断发展，其在温室环境监测中得到广泛应用，有效解决了有线通信方式带来的诸多不便。经过近年来物联网技术发展与应用，其在农业方面的应用日益广泛，逐渐成为智慧精细农业的重要技术。物联网技术应用也是未来一段时间温室环境监测技术的发展趋势。

农业物联网可实现温室环境信息的远程监控。通过空气温湿度传感器、土壤温湿度传感器、光照强度传感器、CO_2浓度传感器等获取温室内环境信息参数，通过无线通信技术，将参数信息保存到云端服务器。用户可通过智能手机或电脑等终端设备，随时随地查看温室环境各参数数据，并进行相关控制，可改善作业环境、节约劳动力，满足农业远程监测的要求。

数字资源 8-1 环境监控系统

总体来说，我国的温室环境监测控制技术向智能化发展，但也存在着一些缺陷，限制了大面积的推广使用，例如只能对单一环境参数进行采集存储，不能对影响作物生长的环境参数做到全面监测；一些监测控制系统不具备普适性，只适合于特定的地域环境和气候特征，不能大面积推广应用；一些性能较好的监测控制系统建造成本较高，温室经营者无法承受。目前，我国一些大型的温室园区依然采用的是国外的监测控制系统，亟须加大研发力度，研制适合我国温室产业特点的温室环境监测控制装备，促进我国温室产业快速健康发展。

二、传感器

温室环境信息获取是温室环境监测控制系统的基础，主要依赖于各种类型的传感器。传感器（transducer/sensor）是一种检测装置，能感受到被测量的信息，并能将感受到的信息，按一定规律变换成为电信号或其他所需形式的信息输出，以满足信息的传输、处理、存储、显示、记录和控制等要求。传感器的变化特点包括：微型化、数字化、智能化、多功能化、系统化、网络化。它是实现自动监测和自动控制的首要环节。

国家标准 GB/T 7665—2005 对传感器的定义是："能感受被测量并按照一定的规律转换成可用输出信号的器件或装置，通常由敏感元件和转换元件组成。"敏感元件是指传感器中能够直接感受或响应被测量的部分，转换元件是指传感器中能将敏感元件感受或响应的被测量转换成适合于传输或测量的电信号部分。

传感器承担将某个对象或过程的特定特性转换成数字量的工作。其"对象"可以是固体、液体或气体，而它们的状态可以是静态的，也可以是动态（即过程）的。对象特性被转换量化后可以通过多种方式检测。对象的特性可以是物理性质的，也可以是化学性质的。按照其工作原理，传感器将对象特性或状态转换成可测定的电学量，然后将此电信号分离出来，送入变送系统加以评测或标示。

各种物理效应和工作机理被用于制作不同功能的传感器。传感器可以直接接触被测量对象，也可以不接触。用于传感器的工作机制和效应类型在不断增加，其包含的处理过程在日益成熟和完善。

常将传感器的功能与人类五大感觉器官相比拟：光敏传感器——视觉；声敏传感器——听觉；气敏传感器——嗅觉；化学传感器——味觉；压敏、温敏、流体传感器——触觉。

为了实用，对传感器设定了许多技术要求，有些是对所有类型传感器都适用的，也有些是只对特定类型传感器适用的特殊要求。针对传感器的工作原理和结构，在不同场合均需要的基本要求是：高灵敏度，抗干扰的稳定性（对噪声不敏感）；线性，容易调节（校准简易）；高精度，高可靠性，无迟滞性；工作寿命长（耐用性），可重复性，抗老化，高响应速率，抗环境影响（热、振动、酸、碱、空气、水、尘埃）的能力；选择性，安全性（传感器应是无污染的），互换性，低成本；宽测量范围，小尺寸、重量轻和高强度，宽工作温度范围等。

（一）传感器的分类

根据传感器工作原理，可分为物理传感器和化学传感器两大类。

物理传感器应用的是物理效应，诸如压电效应，磁致伸缩现象，离化、极化、热电、光电、磁电等效应。被测信号量的微小变化都将转换成电信号。化学传感器包括那些以化学吸附、电化学反应等现象为因果关系的传感器，被测信号量的微小变化也将转换成电信号。

有些传感器既不能划分为物理类，也不能划分为化学类。大多数传感器是以物理原理为基础工作的。化学传感器技术问题较多，如可靠性问题，规模生产的可能性，价格问题等，解决了这类难题，化学传感器的应用将会有巨大增长。

根据输出信号可将传感器分为模拟传感器、数字传感器、膺数字传感器和开关传感器。

模拟传感器是将被测量的非电学量转换成模拟电信号，包括电压输出型传感器和电流输出型传感器。数字传感器是将被测量的非电学量转换成数字输出信号（包括直接和间接转换），包括 I^2C 输出传感器、单总线输出传感器和 RS-485 输出传感器等。膺数字传感器是将被测量的信号量转换成频率信号或短周期信号的输出（包括直接或间接转换）。开关传感器是当被测量的信号达到某个特定的阈值时，传感器相应地输出一个设定的低电平或高电平信号。

（二）传感器的特性

传感器的特性是指传感器的输入量和输出量之间的对应关系。

动态特性是指传感器在输入变化时，它输出的特性。在工程实际中，传感器的动态特性常用它对某些标准输入信号的响应来表示。最常用的标准输入信号有阶跃信号和正弦信号两种，传感器的动态特性也常用阶跃响应和频率响应来表示。

静态特性是指对静态的输入信号，传感器的输出量与输入量之间所具有的相互关系。理论上，将微分方程中的一阶及以上的微分项取为零时，即可得到静态特性。传感器的静态特性其实是其动态特性的一种特殊情况。此时输入量和输出量都和时间无关，传感器的静态特性可用一个不含时间变量的代数方程，或以输入量作横坐标，把与其对应的输出量作纵坐标而画出的特性曲线来描述。

表征传感器静态特性的主要参数有：线性度、灵敏度、分辨率、迟滞等。

1. 线性度

理想传感器的输入与输出最好呈线性关系。但是传感器采集信息存在着迟滞、蠕变、摩擦等各种因素，同时还会受各种外界条件的影响，输入输出不会完全符合所要求的线性关系。传感器的实际静态特性输出是曲线而非直线。在工程实际中，常用一条拟合直线近似地代表实际的特性曲线，线性度（非线性误差）就是这个近似程度的一个性能指标。拟合直线的选取有多种方法，如将零输入和满量程输出点相连的理论直线作为拟合直线；或将与特性曲线上各点偏差的平方和为最小的理论直线作为拟合直线，此拟合直线称为最小二乘法拟合直线。

2. 灵敏度

灵敏度是指传感器在稳态工作情况下输出量变化对输入量变化的比值。是输出—输入特性曲线的斜率。传感器的输出和输入之间呈线性关系时其灵敏度是一个常数。否则，它将随输入量的变化而变化。灵敏度的量纲是输出、输入量的量纲之比。例如，某位移传感器，在位移变化 1 mm 时，输出电压变化为 100 mV，其灵敏度应表示为 100 mV/mm。当传感器的输出、输入量的量纲相同时，灵敏度可理解为放大倍数。灵敏度主要影响测量精度，但是灵敏度提高，测量范围会变小，测量稳定性也会变差。

3. 分辨率

分辨率是指传感器可能感受到被测量最小变化能力的百分比。如果输入量从某一非零值慢慢变化但未超过某一特定数值时，传感器的输出不会发生变化，即传感器对此输入量的变化是分辨不出来的。只有当输入量的变化超过分辨率时，其输出才会发生变化。通常传感器在满量程范围内各点的分辨率并不相同，因此常用满量程中能使输出量产生阶跃变化的输入量中最大变化值作为衡量分辨率的指标。

4. 迟滞特性

迟滞特性表征传感器在正向（输入量增大）和反向（输入量减小）行程间输出—输入特性曲线不一致的程度，通常用这两条曲线之间的最大差值与满量程输出的百分比表示，迟滞由传感器内部元件能量的吸收特性造成。

(三) 传感器的选用

对于相同种类的信息采集也可采用不同工作原理的传感器，因此，要根据温室环境信息的实际情况选用最适宜的传感器。

1. 测量条件

传感器选用不合理会降低系统的可靠性。需要从测控系统总体考虑，明确使用要求及采用传感器的必要性。测量条件包括测量目的、被测量的选定、测量的范围、输入信号的带宽、要求的精度、测量所需要的时间和输入发生的频率程度等。

2. 传感器的性能

选用传感器时，要考虑传感器的以下性能：精度、稳定性、响应速度；模拟信号或者数字信号、输出量及其电平；被测对象特性的影响；校准周期等。

3. 传感器的使用条件

传感器的使用条件，即为设置的场所，环境（湿度、温度、振动等），测量的时间，与显示器之间的信号传输距离，与外设的连接方式，供电电源容量等。

温室环境因子常用传感器见表 8-3。

表 8-3 温室常用传感器性能参数表

测量因子	传感器型号	范围	精度	信号输出
光合有效辐射/[μmol/（m^2·s）]	JXBS-3001-GHFS FPH	0～2 000	1	数字信号
光照强度/lx	GY-30	0～65 535	±1	数字信号
气体温度/℃	DHT22	−40～80	±0.5	数字信号
空气湿度/%		0～99.9	±2	
CO_2浓度/（mg/L）	S80053	0～10 000	±40	数字信号
土壤温度/℃	DS18B20	−55～125	±0.5	数字信号
土壤湿度/%	FDS-100	0～100	±3	模拟信号
温室外风速/（m/s）	QS-FS	0～30	±（0.3+0.03 V）	模拟信号
温室外风向/（°）	QS-FX	0～360	±1	模拟信号

注：表中 V 表示风速示值。

三、控制器

监测控制设备的重要组成部分之一是控制器。控制器能够根据特定信号，改变调节机构的状态或位移，使温室与外界产生物质和能量交换，从而实现对温室环境的调控。

在温室环境调控系统中，控制模块是整个系统的核心，数据采集、分析、传输、设备控制以及数据存储，都需要控制模块的支持。控制模块既要有较高的可靠性，同时，也要具备较好的稳定性、较快的反应速度和较好的分析能力。目前温室环境调控系统主要的控制方式有四种：基于单片机的控制方式、基于工业控制机（IPC）的控制方式、基于可编程逻辑控制器（PLC）的控制方式、分布式控制方式。

（一）基于单片机的控制方式

单片机又称单片微型计算机、微控制器，是一种在一块芯片上集成了微处理器（CPU）、定时/计数器、存储器、通信部件和 I/O 接口的器件。单片机控制系统具有运行速度快、实时性好、操作方便、体积小、易于嵌入、成本低等优点，但也存在内部资源不足、功能较少、通用性差、故障查找困难、可维护性差等缺点，一般用于控制功能较固定仪器仪表中。

（二）基于工业控制机的控制方式

工业控制机（IPC）简称工控机，是一种采用总线型控制方式，对生产现场的各种机电设备和装备等进行控制的计算机，它具有计算机的属性特点，同时有良好的工作性能和友好的人机界面。工控机有实时性好、可靠性强、设计平台多、可以联网等优点，并且能够在恶劣的环境下连续运行，适用于各种复杂应用和大数据的处理，但成本较高，投资较大，体积较大，开发周期较长。

（三）基于可编程逻辑控制器的控制方式

可编程逻辑控制器（PLC）是在顺序控制和微机控制的基础上发展起来的微处理器为核心的控制装置，是现代自动控制中一项先进的控制技术，具有良好的控制性能，集通信技术和信息技术为一体，具有各项完备的功能，广泛用于各种领域。PLC 控制系统具有多方面的优点：使用简单、维护容易；编程简单、开发周期短；电路布线容易；故障查找方便；能与触摸屏、上位机等进行通信。PLC控制系统凭借自身的优越性在温室环境调控系统得到广泛应用。

（四）分布式控制方式

分布式控制系统（DCS）是一种应用计算机技术对生产过程进行集中管理和分散控制的系统，基于网络传输能够通过分散控制的方式提高设备的利用率，对分散的设备进行统一管理且不受地域限制。分布式控制系统具有精度高、可靠性高、抗干扰性能强、便于扩充、故障少等优点，它分散控制的特点能够减少接线成本、降低系统开销，适合在需要对多个温室进行集中管理的温室园区使用。

四、环境控制执行装置

根据温室环境调控设备的工作机理与用途，光照调节设备包含遮阳网、荧光灯、钠灯、LED灯以及植物效应灯等，温湿度调节设备包含遮阳网、风机、湿帘、保温被、灌溉装置等，气体调节设备包含通风窗、风机、CO_2施放装置等。

由于各类温室环境调控设备的调控原理、作用的差异以及之间相互的干涉影响，在进行温室环境调控中需要考虑其耦合效应。表8-4为温室内影响调控设备功能的因素及相互之间的关系。

表8-4 温室环境调控设备的功能及其影响因素

调控设备	影响的环境因素	影响因素
自然通风设备	温室、湿度、CO_2浓度	室内外温度、湿度、室外风速风向
机械强制通风设备	温度、湿度	室内外温度、湿度、通风量
蒸发降温设备	温度、湿度	室内初始温度、湿度、通风量
遮阳保温设备	光照强度、温度	室外光照强度、室内初始温度
加热设备	温度、湿度	加热量、室内初始温度、湿度

五、温室环境调控技术的发展趋势

（1）智能化　随着传感技术、计算机技术和自动控制技术的不断发展，温室计算机环境控制系统的应用将由简单的以数据采集处理和监测，逐步转向以知识处理和应用为主。因此软件系统的研制开发将不断深入完善，其中以专家系统为主的智能管理系统已取得了不少研究成果，而且应用前景非常广阔。因此近几年来神经网络、遗传算法、模糊推理等人工智能技术在温室生产中得到了不同程度的应用。

（2）网络化　目前，网络技术已成为最有活力、发展最快的高科技领域。网络通信技术的发展促进了信息传播，使设施农业的产业化程度提高成为可能。我国幅员辽阔，气候复杂，劳动者整体素质低，可利用网络进行在线和离线服务。

数字资源8-2
自动化控制系统

（3）分布式　分布式系统通常分为上、下两层，上层用作系统管理，其他各种功能（测量与控制任务）主要由下层完成。下层由许多各自独立的功能单元组成，每个单元只完成一部分工作。面向对象的分布式系统，即每一个功能单元针对一个对象，每一根进线、每一根出线、每个传感器、接触器等都可作为对象。

第三节 光环境监测与控制系统

光照是作物生长发育的能量来源，是非常关键的一项环境参数，没有光照就没有作物的生长发育。在自然条件下，温室内的光照强度和光照时间因季节、地理位置和气候条件而异。冬季弱光、低温伴随着短日照，夏季强光、高温伴随着长日照。弱光、短日照和强光、长日照都在一定程度上限制了温室作物的生长发育，必须对温室内的光照强度和光照时数进行一定的调节和控制。通过人工的光照调节还可以促进或抑制作物的生长，从而达到作物在规定的时间上市。

一、光照传感器

光照传感器是将光强这种难以表示的变化量转化为电信号，从而可以通过电信号的变化来表示光强的变化，并可以将这种变化信号应用于其他扩展电路中去。基本的光照传感器包含光敏元件、电源、放大电路。较复杂一点的传感器还包括调零电路、可变放大倍数的电路及稳压电路。

光照强度传感器是现代工农业和日常生活中经常出现的一种基于光强变化的检测器件，它可以检测出其接收到的光强的变化，主要使用各种光电元件来将光信号转换成电信号，再经信号取样电路、放大电路和模数转换电路处理，获取表示光照度的数字信号。根据传感器件对入射光响应的原理可分为内光电效应、外光电效应和热电效应三大类型。光敏电阻和光生伏特器件属于内光电效应传感器；光电管和光电倍增管属于外光电效应传感器；热电偶、热敏电阻和热释电器件等属于热电效应传感器。

（一）光敏电阻

光敏电阻又称光导管，常用的制作材料为硫化镉，另外还有硒、硫化铝、硫化铅和硫化铋等材料。这些材料在特定波长的光照射下，产生载流子参与导电，在外加电场的作用下作漂移运动，电子奔向电源的正极，空穴奔向电源的负极，从而使光敏电阻器的阻值迅速下降。光敏电阻器是利用半导体的光电效应制成的一种电阻值随入射光的强弱而改变的电阻器，入射光强，电阻减小；入射光弱，电阻增大。

光敏电阻的电阻率与入射光通量有关，光通量越大，其电阻率越小，两者为非线性关系。在恒定光照下，光敏电阻的端电压 U 与流过光敏电阻的电流 I 之间的关系（伏安特性），对于大多数光敏电阻而言呈线性关系。由此可知，光敏电阻不适宜作测量光照的元件，只能作为光控的开关性元件。

（二）光敏二极管

光敏二极管也叫光电二极管，是将光信号变成电信号的半导体器件。光敏二极管与半导体二极管在结构上是类似的，其管芯是一个具有光敏特征的 PN 结，具有单向导电性，为了便于接受入射光照，PN 结面积尽量做得大一些，电极面积尽量小些，PN 结的结深很浅，一般小于 1 μm。工作时需加上反向电压。无光照时，有很小的饱和反向漏电流，称为暗电流，此时光敏二极管截止。当受到光照时，饱和反向漏电流大大增加，形成的光电流随入射光强度的变化而变化。当光线照射PN结时，可以使PN结中产生电子一空穴对，称为光生载流子，这些载流子在反向电压下漂移，使反向电流明显变大，光的强度越大，反向电流也越大。这种特性称为“光电导”。光敏二极管在一般照度的光线照射下，所产生的电流叫光电流。如果在外电路上接上负载，负载上就获得了电信号，而且这个电信号随着光的变化而使反向电流增加。可以利用光照强弱来改变电路中的电流。常见的有2CU、2DU等系列。

二、光照调控设备

温室的光照调节包括补光和遮光调节。

一般来说，温室补光系统包括光源及其控制系统，温室内的补光包括自然补光和人工补光。自然补光是在中、高纬度地区光照不足时，利用反射原理进行太阳光补光，人工补光是在自然光照条件不能满足作物的生长时进行，通过温室内安装补光系统，提高温室内光照强度或光照时数来实现作物对光的需求，目前很多叶菜生产都是密闭环境，完全依赖于人工补光进行立体生产。人工补光包括光合补光和光周期补光，光合补光就是在温室内的光照远不能满足光合作用需要的光照强度时，利用人工光源增加温室内的光照强度。常见的温室补光设备有荧光灯、钠灯、LED灯以及植物效应灯等。光周期补光是对于光周期敏感的作物，特别是在光周期临界期，当夜间时间过长而影响作物的生长发育时，应对作物进行人工光周期补光。

温室内的遮光调节包括光合遮光调节和光周期遮光调节。光合遮光调节主要针对夏季强光高温会使得某些喜阴作物的光合强度降低，甚至会造成叶片烧伤现象。光周期遮光的目的是延长暗期，保证短日照作物对连续阴暗的要求。目前温室内的遮光调节设备主要为室内和室外的遮阳网，同时利用遮阳网调节光照还降低了温室内的空气温度，在夏季具有一定的降温作用。

(一) 人工光源

温室补光设备的核心部分包括人工光源、镇流器及反射罩。镇流器的主要功能是驱动补光灯。反射罩的功能是将光源发出的光尽可能地反射到植物生长区域并保持光照的均匀度，反射罩的反光效率越高，反射下来的光线越多，光分布越好，对作物的生长越有利。

温室补光中使用的人工光源类别较多，常用的主要有白炽灯、荧光灯、高压钠灯、金属卤素灯以及新型光源LED。

1. 白炽灯

白炽灯俗称电灯泡，依靠真空灯泡中的灯丝（钨丝）通电发热至白炽化而发光。高温钨丝发射连续光谱，辐射光谱大部分是红外线，红外线能量可达总能量的80%～90%，而红、橙光部分约占总能量的10%～20%，蓝、紫光部分所占比例很少，几乎不含紫外线。对植物生长发育有效的红橙光、蓝紫光称为生理辐射，白炽灯的生理辐射量所占比例很小，能被植物吸收用于进行光合作用的光能则更少，仅占全部辐射光能的10%左右。

白炽灯可用于温室花卉生产的光合补光及光周期调控，通过调节白炽灯的悬挂高度和安装密度达到调节光照强度的目的。白炽灯平均寿命较短，不到1 000 h，其发光原理决定了白炽灯发光效率较低，会使温室内的温度和植物的体温升高。温室生产中正逐渐淘汰白炽灯的使用。

2. 荧光灯

荧光灯俗称日光灯，是利用低压气体放电的原理制成，灯管内壁覆盖了一层荧光粉，管内充有一些汞蒸汽（水银蒸汽）和惰性气体，由紫外线激发荧光粉而发光。发光的颜色根据荧光物质的不同而异，有蓝光荧光灯、绿光荧光灯、红光荧光灯、白光荧光灯、日光荧光灯以及卤素粉荧光灯和稀土元素粉荧光灯等。

温室补光使用较多的是白光荧光灯，发光光谱主要集中在可见光区域，光谱成分中无红外线，其生理辐射所占比例比白炽灯高，能被植物吸收的光能约占辐射光能的75%～80%，是较适于作物补光的人工补光光源，目前使用较为普遍，平均寿命约1 000 h以上。但其功率小，功率因数低，附件较多（启辉器、镇流器、灯架、反光板），故障环节多，维护费用高，且含有对环境和人体有害的成分“汞”，使用逐渐减少。

3. 高压水银灯

高压水银灯又称“高压汞灯”、UV灯。原理类似于荧光灯，利用高压水银蒸汽放电发光的一种气体放电灯。产生的生理辐射量占总辐射能的85%左右，主要是蓝绿光及少量紫外光，红光很少。发光效率高，平均寿命6 000 h以上。高压水银灯的不足之处在于需要镇流器高压启动，断电后需完全冷却才能重新启动，不可以频繁启动。

4. 高压钠灯

电流通过高压钠蒸汽时激发产生光的一种光源。高压钠灯主要产生黄橙光，补光效率较高。平均寿命可达20 000～24 000 h。高压钠灯需要配合反光罩或反光板使用，是温室中常用的人工补光光源。缺点在于，高压钠灯功耗高，发热量大，表面温度高，不宜近距离照射作物，也不宜频繁启动。

5. 半导体二极管发光光源（LED）

前几种人工光源的共同点是能耗大、运行费用高，其能耗费用占全部运行成本的50%～60%。LED是一种能够将电能转化为光能的固态半导体器件。近年来，随着LED技术的发展，LED在温室生产中具有白炽灯、荧光灯和高压钠灯等传统人工光源不可比拟的优点。

（1）绿色环保　与传统的人工光源光原理不同，LED是采用电场发光，光谱中没有紫外线和红外线，且LED本身不含汞等有害物质，安装和使用过程中不会破碎，废弃物可回收，避免了一些传统光源使用或者处理过程中带来的二次污染。

（2）节能高效，坚固耐用　电场发光原理决定了LED具有耗电量低、发光效率高的特点，比一般光源具有更高的光电转换效率，比同样发光效率的白炽灯可节电90%以上。LED是固态冷光源，发热量比传统光源更小，配以LED的散热装置，光源不会直接对植物辐射热量，使得植物在接受充足光照时不会受到过多热辐射的影响，避免不必要生理活动的改变。LED坚固耐用、寿命长、体积小、重量轻、设计灵活、容易安装，可以根据设施生产的特点设计安装，使作物的功能性叶片接收到全方位光照。

（3）单色性好　LED可以产生出单一颜色的光谱，光质均一，并且可任意组合。可以有针对性地提供植物所需光照条件。大量研究表明，在可见光光谱中，并不是所有的光谱对植物光合作用都有同样效率，其中以610～720 nm的红橙光和400～510 nm的蓝紫光对植物光合作用的效率最高。LED可使光质（红/蓝光比例或红/远红光比例等）变得易于组合与调控，可以根据作物生长发育的需求提供不同的光照条件。

（4）响应速度快　LED通电后不需要热启动时间，灯亮时间仅约60 ns，白炽灯加电后需140～200 ms的时间才能达到设定亮度，高压钠灯开启后甚至需要10 min才能达到最高的亮度，且高压钠灯熄灭后必须等到完全冷却后才能再次开启。

目前，LED在温室补光的主要应用有育苗补光，多层种植照明，补光调控花期，植株间补光照明等。

（二）LED补光系统

图8-1为温室补光系统结构图，其基本工作过程为：在自动控制模式下，光照传感器实时测量温室内的光照度数值，并发送给主控制器，主控制器根据传感器的数值做出决断，在检测到光照度低于限值时触发相应继电器电路工作，对植物进行补光；在手动控制模式下，每个继电器分别控制1组（2个，红、蓝比不同，分别为2∶1和4∶1）补光灯，每组补光灯补光时间的设定是任意的，这种控制方式有利于根据作物生长状态决定补光效率。

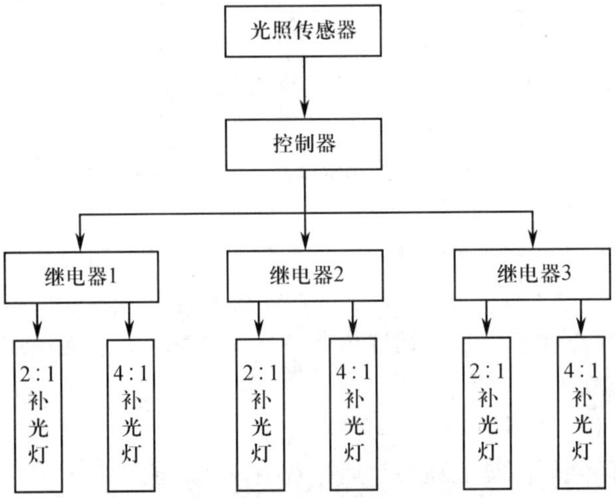

图8-1 温室补光系统结构图

第四节 温度监测与控制系统

一、温度传感器

温度传感器（temperature transducer）是指能感受温度并转换成可用输出信号的传感器。温度传感器是开发最早、应用最广的一类传感器，其种类最多、发展最快。温室环境监测调控中用以检测和传递温度信息主要使用的就是温度传感器。温度传感器是温度测量仪表的核心部分，按测量方式可分为接触式和非接触式两大类，按照传感器材料及电子元件特性分为热电阻和热电偶两类。常用的有以下几种。

（一）触点式温度传感器

这类传感器是把被测对象的温度参数（变化）直接或间接转换为电气接点（触点）的闭合或断开状态。它的基本组成部分包括温度敏感元件，信息传递机构和电接点。根据功能不同，电气接点有单限、双限和多限之分。从结构上常用的有双金属片式、水银接点式和波纹管式及压力式等。

1. 双金属片式

双金属片式温度传感器属于固体热膨胀式，即感热元件在受热后，几何尺寸或体积将发生变化，通过一些简便方法直接测出它的尺寸或体积的变化而间接地测量温度。

固体膨胀式温度传感器由两种不同膨胀系数的材料制成，分为杆式和双金属片式两大类。双金属式温度传感器由两种热膨胀系数不同的金属紧密结合而成的双金属片制成，一般常做成螺线管形或螺旋形，将其一端固定，另一端为自由端，自由端与指示系统或电气接点系统相接。当温度变化时，由于两层金属膨胀系数不同，产生应力，致使金属片的曲率发生变化，最后导致自由端有一定的角位移，该角位移经传动机构带动指针把相应的温度指示出来，或使电气接点通断。双金属式传感器一般应用为－80～600℃，最高精度可达0.5～1.0级，延迟性大。但由于其结构简单、便宜、抗震性好、牢固、耐用，故在农业生物环境工程中常作为温度检测的限位控制敏感元件。

2. 水银接点式

水银接点式温度计（传感器）属于液体膨胀式，最常用的是玻璃管式。它主要由液体贮存器、毛细管以及电接点和温度标尺等组成，外附一小型马蹄形永久磁铁。毛细管和液体贮存器用玻璃制成，在贮存器中充满工作液体。当温度升高时，贮存器中的工作液体便受热膨胀，由于玻璃比所用液体的膨胀系数小得多，所以使毛细管内液柱的高度发生变化，并从温度标尺上读出相应的温度值。当温度升高到某一值时，液体便将电接点接通。

工作液体的选择主要取决于所需测温的范围。常用液体的工作温度范围：水银为－30～750℃，甲苯为－90～100℃，乙醇为－100～75℃，戊烷为－200～20℃，石油醚为－130～25℃。

在农业生物环境检测与控制中常用水银接点式。由于它结构简单，使用方便，有较高的灵敏度和精度，测量范围广；但易碎，不便于自动记录，电气接点容量很小，一般只能用于电压小于30 V，电流为数毫安之内的场合，故常用它作为检测敏感元件去控制强电电路，实现控温的目的。

3. 波纹管式

波纹管式是在钢或不锈钢波纹管内注入氟利昂、甲苯、乙醚等某种易挥发的液体，在温度变化时，液体便会膨胀或收缩，推动波纹管作相应的变化，再通过相应的传动机构使电气接点通断，它属于限位控制。

尽管波纹管式温度传感器价格稍贵，但由于其性能稳定，动作延迟小，控温精度较高，输出的力矩（或称推力）大，故在农业生物环境检测系统中也常作为温度敏感元件使用。

4. 压力式

压力式温度传感器是利用密封容器中的物质随温度升高而压力跟着升高这一原理制成的，是利用测量压力来测量出温度的。密封系统中填充的介质可以是液体或气体。液体压力式一般常充以二甲苯（－40～200℃）、甲醇（－40～175℃）、甘油（20～175℃），老产品也有充水银的。充气压力式系统内多充以氮气，其工作温度范围为－100～500℃。尚有低沸点液体压力式的，在该系统中，不需全部充满液体，在上部空间是该液体的蒸汽，因此，该系统中的压力是由不同温度下该液体的饱和蒸汽压所决定的。通常使用的低沸点液体有丙酮（50～200℃）、氯甲烷（－20～125℃）、氯乙烷（20～120℃）。

压力式温度传感器可借助于齿轮传动机构和刻度盘做成压力表式温度计，也可以通过传动机构带动电气接点通断，实现双位、三位和多位等控制，使用很方便，抗震性强，工作可靠，维护简单，是温室环境调控系统常用的温度敏感元件。

(二) 热电阻与热敏电阻温度传感器

导体的电阻值随温度变化而改变，通过测量其阻值可测算出被测物体的温度，利用此原理构成的传感器就是热电阻温度传感器，这种传感器主要用于－200～500℃温度范围内的温度测量。电阻（率）随温度变化是各种物质的基本物理特性，但适于制作温度测量敏感元件的热电阻材料应具有以下特性：电阻温度系数要大而且稳定，电阻值与温度之间应具有良好的线性关系；电阻率高，热容量小，反应速度快，便于减小尺寸；材料的复现性和加工工艺性好，成本低；在测温范围内化学物理特性稳定。

按上述要求，适宜制作热电阻的材料有纯金属和半导体材料。前者一般称作热电阻，应用最广的是铂和铜，并已制作成标准测温热电阻；后者称热敏电阻，在温度检测精度要求比较高的场合，这种传感器比较适用。

铂电阻与温度之间的关系接近于线性，可近似用式（8-1）表示：

$$\begin{cases} R_t=R_0\left[1+At+Bt^2+C(t-100)t^3\right] & (在-200℃\leqslant t\leqslant 0℃时) \\ R_t=R_0(1+At+Bt^2) & (在\ 0℃\leqslant t\leqslant 650℃时) \end{cases} \tag{8-1}$$

式中，R_t—温度 t℃时铂电阻的电阻值，Ω；

R_0—温度0℃时铂电阻的电阻值，Ω；

t—任意温度,℃。

A、B、C—温度系数，/℃。由实验确定，$A=3.908\times10^{-3}$/℃，$B=-5.802\times10^{-7}$/℃，$C=-4.274\times10^{-12}$/℃。当R_0不同时，在同样温度下，其R_t也不同。

铂容易提纯，其物理、化学性能在高温和氧化性介质中很稳定。铂电阻的输出—输入特性接近线性，且测量精度高，能用作工业测温元件和作为温度标准。按国际温标 IPTS—68 规定，在－259.34～630.73℃温域内，以铂电阻温度计作基准器。

在测温精度要求不高且测温范围比较小的情况下，可采用铜电阻做成热电阻材料代替铂电阻。在－50～150℃的温度范围内，铜电阻与温度呈线性关系，其电阻与温度关系用式（8-2）表示：

$$R_t=R_0(1+at) \tag{8-2}$$

式中，R_t—温度 t℃时铜电阻的电阻值，Ω；

R_0—温度0℃时铜电阻的电阻值，Ω；

a—铜电阻的电阻温度系数，/℃；一般为4.289×10^{-3}/℃。

铜电阻由于加工工艺性好，价格低廉等得到广泛的应用。但其缺点是电阻率较低，体积大，热惯性大，在高温及有腐蚀性环境中易氧化等，它适宜在温度不高、无腐蚀的环境中检测温度变化。

制作热电阻元件，除需要基本的电阻材料外，还要有电阻架和保护管等，以便绕制、支撑、绝缘和保护电阻丝。通常用云母、石英、陶瓷、玻璃、塑料等制作热电阻管架。保护套管材料的要求基本上与管架材料一致，要有一定的机械强度，耐热，化学稳定性好，对敏感元件无化学腐蚀作用等。通常用陶瓷，钢或不锈钢制作护套，也有用熔融石英的。

半导体热敏电阻是由铁、镍、锰、钼和铜等的金属氧化物、硫化物、硒化物等粉末加入适当的结合剂经挤压烧结而成的，常用的材料有 $CuO+MnO_2$、$MgO+TiO_2$、TiO_2+CuO、

$NiO+Mn_2O_3+Co_2O_3$等混合物。

大多数半导体热敏电阻具有负温度系数，其电阻与温度的关系可表示为式（8-3）：

$$R_t=R_0e^{b\left(\frac{1}{273+t}-\frac{1}{273+t_0}\right)} \tag{8-3}$$

式中：R_t—热敏电阻在 t℃时的电阻值，Ω；

R_0—热敏电阻在 t_0℃时的电阻值，Ω；

t—介质的变化温度,℃；

t_0—介质的起始温度,℃；

b—热敏电阻的材料常数，K；一般为 1 500～6 000 K。

温度升高时，电阻值很快下降，即半导体热敏电阻具有负的电阻温度系数，同时电阻值与温度间存在明显的非线性关系，不便直接检测，往往需要采取线性化措施，另外互换性与稳定性能也较差。但由于其电阻率大，电阻温度系数比纯金属大 4～9 倍，机械性能好，寿命长，热惯性小，可以做成体积很小的敏感元件等。因此，目前在一些领域测控温度的系统中被逐渐推广使用。

热敏电阻的结构形式有棒状、珠状、片状等，也常采用一些特殊的制作工艺制成薄膜、厚膜和线状或特定的珠状热敏电阻等。

（三）热电偶传感器

由两种不同的导体（或半导体）A 和 B 组成一个回路，其两端相互连接时，只要两接点处的温度不同，一端温度为 T，称为工作端或热端，另一端温度为 T_0，称为自由端（也称参考端或冷端），则回路中就有电流产生，图 8-2 为其工作原理。回路中存在的电动势称为热电动势。这种由于温度不同而产生电动势的现象称为塞贝克效应。与塞贝克有关的效应有两个，当有电流流过两个不同导体的连接处时，此处吸收或放出热量（取决于电流的方向），称为珀尔帖效应；当有电流流过存在温度梯度的导体时，导体吸收或放出热量（取决于电流相对于温度梯度的方向），称为汤姆逊效应。两种不同导体或半导体的组合称为热电偶。

热电偶的热电势 E_{AB}（T，T_0）是由接触电势和温差电势合成的。接触电势是指两种不同的导体或半导体在接触处产生的电势，此电势与两种导体或半导体的性质及在接触点的温度有关。温差电势是指同一导体或半导体在温度不同的两端产生的电势，此电势只与导体或半导体的性质和两端的温度有关，而与导体的长度、截面大小、长度方向的温度分布无关。热电偶测量的热电势是二者的合成。

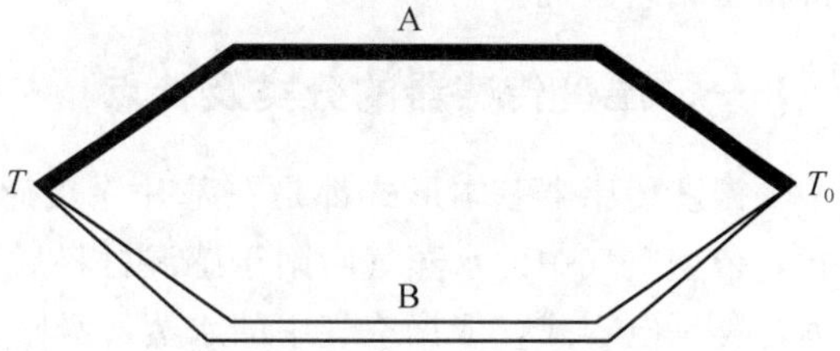

图 8-2　热电偶工作原理图

理论分析可知，两接点间的电位差（即温差电势）大小取决于材料不同和两接点的温度，可由式（8-4）表达：

$$E_{AB(T-T_0)}=\frac{K}{e}\ (T-T_0)\ \ln\frac{N_A}{N_B} \tag{8-4}$$

式中：$E_{AB(T-T_0)}$—A、B 两种材料的金属导体当温差为 $T-T_0$时的温差电势，V；

e—电子电荷，C；一般 $e=1.602\times10^{-19}$ C；

K—波尔兹曼常数，J/K；一般 $K=1.381\times10^{-23}$ J/K；

N_A，N_B—电极 A、B 的自由电子浓度，与温度有关；

T，T_0—两接点绝对温度，K。

根据热电极材料的不同，热电偶可分为难熔金属热电偶（如钨铼$_5$-钨铼$_{20}$等）；贵金属热电偶（如铂铑$_{10}$-铂、铱铑-铱等）；廉金属热电偶（如镍铬-镍硅、镍铬-考铜等）；非金属热电偶（如石墨-碳化硅、石墨-硼化锆等）；根据测温范围，热电偶可分为高温、中温和低温热电偶；根据结构形式，热电偶可分为普通型、铠装型、薄膜型、表面型、消耗型等。

用热电偶构成测温和控温系统在工农业生产中已十分成熟。如用铜-康铜制成的热电偶，当两个端点温差为1℃时，会产生41 μV 的温差电势，故可用相应的微伏表或数字万用表测出温差值。若将多个串联使用，便可加大输出电压信号，称作热电堆。光辐射测量中就常采用这类热电堆。

二、温度调控设备

温室温度调控设备大多采用通风系统（自然通风和机械强制通风）、遮阳系统、湿帘-风机系统、水电加热系统等。设备的运行由控制器开启或关闭。控制器根据监测系统采集的实时数据结合设备的工作状况，改变其运行状况，保证温室环境参数在一定的范围内变化。详细内容见第六章第四节。

第五节 空气湿度监测与控制系统

生产生活实践与湿度密切相关，由于应用领域不同，对湿度传感器的技术要求也不同。从制造角度看，湿度传感器因材料、结构、工艺等不同，其性能和技术指标也有很大差异，价格也相差甚远。

一、湿度传感器的分类及特点

湿度传感器基本形式都是在基片涂覆感湿材料形成感湿膜，主要分两类：一类是电阻式，依据空气中的水蒸气吸附于感湿材料后，元件的阻抗发生很大的变化而制成湿敏元件；另一类是电容式，依据空气中的水蒸气吸附于感湿材料后，元件介电常数发生很大的变化而制成湿敏元件。

湿度传感器具有以下特点：

（1）精度和长期稳定性　湿度传感器的精度应为±（2～5）%RH，达不到这个水平很难作为计量器具使用，湿度传感器要为±（2～3）%RH 的精度是比较困难的，通常产品资料中给出的特性是在常温（20±10）℃和洁净的气体中测量的。在实际使用中，由于尘土、油污及有害气体的影响，使用时间长，会产生老化，精度下降。湿度传感器的精度水平要结合其长期稳定性去判断，一般来说，长期稳定性和使用寿命是影响湿度传感器质量的头等问题，年漂移量控制在1%水平的产品很少，一般都在±2%左右，甚至更高。

（2）湿度传感器的温度系数　湿敏元件除对湿度敏感外，对温度也十分敏感，其温度系数一般为(0.2～0.8)%RH/℃，而且有的湿敏元件在不同的相对湿度下，其温度系数又有差别。对温漂非线性，需要在电路上加温度补偿措施。采用单片机软件补偿，或无温度补偿的湿度传感器是保证不了全温范围湿度测量精度的。湿度传感器温漂曲线的线性化直接影响到补偿的效果，非线性的温漂往往补偿不出较好的效果，只有采用硬件温度跟随性补偿才会获得真实的补偿效果。多数湿敏元件难以在40℃以上正常工作。

(3) 湿度传感器的供电　金属氧化物陶瓷、高分子聚合物和氯化锂等湿敏材料施加直流电压时，会导致性能变化，甚至失效，所以这类湿度传感器不能用直流电压或有直流成分的交流电压，必须是交流电。

(4) 互换性　目前，湿度传感器普遍存在着互换性差的现象，同一型号的传感器不能互换，严重影响了使用效果，给维修、调试增加了困难，有些厂家在这方面做出了种种努力，互换性能有所改观但仍不理想。

(5) 湿度校正　校正湿度要比校正温度困难得多。温度标定往往用一根标准温度计作标准即可，而湿度的标定标准较难实现，干湿球温度计和一些常见的指针式湿度计是不能用来作标定的，精度无法保证，因其要求环境条件非常严格，湿度环境适合的条件下，在缺乏完善的检定设备时，通常用简单的饱和盐溶液校正，并测量其温度。

二、几种常见的湿度传感器

(一) 氯化锂湿度传感器

1. 电阻式氯化锂湿度计

基于电阻—湿度特性原理的氯化锂电湿敏元件具有较高的精度、结构简单、价格低廉、适用于常温常湿的测控等一系列优点。

氯化锂元件的测量范围与湿敏层的氯化锂浓度及其他成分有关。单个元件的有效感湿范围一般在20%以内。例如0.05%的浓度对应的感湿范围为80%～100%，0.2%的浓度对应范围为60%～80%。要测量较宽的湿度范围时，必须把不同浓度的元件组合在一起使用。可用于全量程测量的湿度计组合的元件数一般为5个，采用元件组合法的氯化锂湿度计可测范围通常为15%～100%。

2. 露点式氯化锂湿度计

露点式氯化锂湿度计和电阻式氯化锂湿度计形式相似，但工作原理却完全不同。简而言之，它是利用氯化锂饱和水溶液的饱和水汽压随温度变化而进行工作的。通过测量氯化锂饱和溶液的饱和水汽分压与被测气体的水汽分压相等，即达到平衡时盐溶液的温度，称为平衡温度，来确定被测气体的露点。

露点和水汽分压都是表示绝对湿度的方法，它们之间有一定的对应关系（如露点0℃时，水汽分压为611.9 Pa)，也可以说，露点就是对应于水汽分压的饱和温度。氯化锂露点计就是采用氯化锂电导加热式测量元件来测量气体中的水汽分压的。氯化锂盐可吸收空气中的水分而潮解。在同一温度时，潮解形成的饱和溶液的蒸汽压比纯水的饱和气压要低。氯化锂饱和盐溶液的饱和气压随着温度的升高而增大。如果在某一温度下，当周围的水汽压等于氯化锂的饱和水汽压时，水汽与氯化锂溶液中水分的交换就会达到平衡（即吸收和放出的量相等)。此时如果空气中的水分增加或减少，氯化锂将会吸收或放出水分。如果空气中的水汽不变，而改变氯化锂饱和溶液的温度，同样也会吸收或放出水分。

由于这种露点湿度计结构简单、精度较高、反应快、性能稳定、寿命长，因此使用甚广，在温室环境监控系统中也应用较多。

氯化锂湿敏电阻最突出的优点是长期稳定性极强，因此通过严格的工艺制作，制成的仪表和传感器产品可以达到较高的精度和稳定性。具备良好的线性度、精密度及一致性，是传感器长期使用的可靠保证。氯化锂湿敏元件的长期稳定性是其他感湿材料无法取代的。

(二) 碳湿敏元件

碳湿敏元件与常用的毛发、肠衣和氯化锂等探空元件相比，具有响应速度快、重复性好、无冲蚀效应和滞后环窄等优点。其测量不确定度不超过±5%，时间常数在正温时为2～3 s，滞差一般在7%左右，比阻稳定性也较好。

(三) 氧化铝湿度计

氧化铝传感器的突出优点是，体积可以非常小（例如用于探空仪的湿敏元件仅90 μm厚、12 mg重），灵敏度高（测量下限达－110℃露点），响应速度快（一般为0.3～3 s），测量信号直接以电参量的形式输出，大大简化了数据处理程序等。另外，它还适用于测量液体中的水分。

三、空气湿度调节系统

在炎热的夏季，可采用加湿降温法调控温室的环境，其作用一是降低由室外流入室内的空气温度，二是降低进入温室内的太阳辐射能所产生的温度。其原理是由于水分的蒸发要消耗热能，从而会使温室内湿度升高，室温降低。加湿降温的具体方法在生产中应用最多的是湿帘-风机降温系统，有时也会用喷雾系统。湿度过高时需要通过通风系统带走温室内部的湿空气，干燥的空气进入温室降低湿度。

第六节 CO_2监测与控制系统

目前，监测CO_2的方法主要有化学法、电化学法、气相色谱法、容量滴定法等，但是这些方法普遍存在价格贵、普适性差、测量精度低的问题。而传感器法具有安全可靠、快速直读、可连续监测等优点。

一、CO_2气体浓度检测传感器

目前CO_2气体传感器主要有电化学式、热传导式、电容式、固体电介质式和红外吸收式等。主要介绍以下几种传感器。

(一) 固体电解质CO_2气体传感器

固体电解质CO_2气体传感器初期用K_2CO_3固体电解质制备的电位型CO_2传感器，受共存水蒸气影响很大，实用性较差。后来采用NASICON（Na＋超导体）固体电解质和二元碳酸盐电极使传感器响应特性有了较大改进。这类电位型的固态CO_2传感器需要在高温(400～600℃)且只适宜于检测低浓度CO_2，应用范围受到限制。现有采用聚丙烯腈(PAN)、二甲亚砜（DMSO）和高氯酸四丁基铵（TBAP）制备固体聚合物电解质，以恰当用量配比PAN $(DMSO)_2$ $(TBAP)_2$聚合物电解质，其在金微电极上成膜构成的全固态电化学体系在常温下对CO_2气体有良好的电流响应特性，消除了传统电化学传感器因电解液渗漏

或干涸带来的弊端，具有体积小、使用方便的优点，但其成本过高。

（二）电容式 CO_2 气体传感器

电容式传感器是利用金属氧化物，一般比其碳酸盐的介电常数要大，利用电容的变化来检测 CO_2。采用溶胶-凝胶法以醋酸钡和钛酸丁脂为原材料，乙醇和醋酸为溶剂制备 $BaTiO_3$ 纳米晶材料。采用这种纳米晶材料为基体制备电容式 CO_2 气体传感器，其缺点是检测低浓度 CO_2 时输出信号小且易受其他气体的影响。

（三）光纤 CO_2 传感器

光纤 CO_2 传感器利用 CO_2 与水结合后生成的碳酸酸性，其酸性的检测多采用灵敏度较高的荧光法。克服了化学发光传感器消耗试剂的不足，不必连续地在反应区加送试剂。但其系统复杂，使用寿命也较短。

（四）红外吸收型 CO_2 传感器

红外线气体传感器的优点是测量范围宽、选择性好、防爆性好、设计简便、价格低廉。

红外吸收型 CO_2 气体传感器是基于气体的吸收光谱随物质的不同而存在差异的原理制成的。不同气体分子化学结构不同，对不同波长的红外辐射的吸收程度就不同，因此，不同波长的红外辐射依次照射到样品物质时，某些波长的辐射能被样品物质选择吸收而变弱，产生红外吸收光谱，故当知道某种物质的红外吸收光谱时，便能从中获得该物质在红外区的吸收峰。同一种物质不同浓度时，在同一吸收峰位置有不同的吸收强度，吸收强度与浓度成正比关系。因此通过检测气体对光的波长和强度的影响，便可以确定气体的浓度。

红外吸收型 CO_2 传感器由红外光源、测量气室、可调干涉滤光镜、光探测器、光调制电路、放大系统等组成。红外光源采用镍铬丝，其通电加热后可发出 3～10 μm 的红外线，其中包含了 4.26 μm 处 CO_2 气体的强吸收峰。在气室中，CO_2 吸收光源发出特定波长的光，可显示出 CO_2 对红外线的吸收情况。干涉滤光镜是可调的，可改变其通过的光波波段，从而改变监测信号的强弱。红外监测器为薄膜电容，吸收了红外能量后，气体温度升高，导致室内压力增大，电容两极间的距离就要改变，电容值随之改变。CO_2 气体的浓度越大，电容值改变也就越大。

二、CO_2 气体浓度调节设备

温室作物群体的 CO_2 来源包括空气和土壤。其室内 CO_2 的浓度对时间的变化率可用式(8-5)表示：

$$V\frac{\mathrm{d}C_n}{\mathrm{d}t}=Q_{CO_2}-(C_n-C_w)nV-(P_n-r_0)A_s \tag{8-5}$$

式中：V—温室内容积，m^3；

C_n—设定的室内空气 CO_2 目标浓度，g/m^3；

t—计算时间，h；

Q_{CO_2}—CO_2 的计算施用量，g/h；

C_w—室外空气 CO_2 浓度，g/m^3；

n—换气次数，次/h；

P_n—净光合作用强度，$g/(m^2\cdot h)$；

r_0—土壤 CO_2 呼出强度，g/（m^2 · h）；

A_s—温室面积，m^2。

当 CO_2 浓度对时间的变化率 $\frac{dC_n}{dt}=0$ 时，则 $Q_{CO_2}=(C_n-C_w)nV+(P_n-r_0)A_s$。

传统上，温室中 CO_2 的含量可由3种措施提高：一是控制好农作物的密度和水肥管理，保证通风良好；二是增施有机肥料，利用土壤微生物分解有机肥料中的有机物，释放出较多的 CO_2；三是适当施用碳酸氢铵肥料，碳酸氢铵分解后能够释放出较多的 CO_2。对现代温室生产而言，这些都是很好的辅助方法。

现代温室生产对 CO_2 浓度的精确控制主要是通过 CO_2 浓度传感器的实时在线检测和相应的设备调控器来完成的。图8-3是一种通过气瓶释放 CO_2 气体，结合风扇系统加快 CO_2 分布速率的调控系统。可以精准控制每次施肥过程中的 CO_2 供应量，有效控制 CO_2 浓度的增加值，防止因环境参数迟滞，CO_2 施用量过高造成"温室效应"等不良影响。

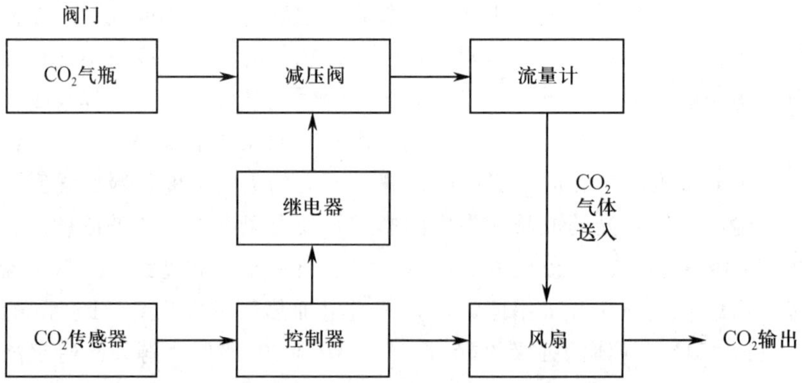

图8-3 CO_2 调控系统基本结构图

第七节 设施农业中的人工智能

在有土栽培和无土栽培中，都要对施入土壤和营养液中的液态肥的浓度进行检测和调控。尽管光照、温度、湿度等会对作物生长发育有影响，但往往是较缓慢的，而植物根圈环境中的水肥量对作物生长的影响却是直接的和迅速的。一旦水肥失控，会使作物很快出现"营养不良"或被"烧死"等现象。为此，从促进作物生长发育、节省人力和水肥资源等方面看，采用水肥自动调控系统是十分必要的。

一、生物生长发育模拟与仿真

模拟（simulation）是利用模型来进行试验、分析和推演，以认识被研究对象。一般将模拟分为静态模拟和动态模拟。静态模拟没有时间变量的参与，动态模拟以一定的时间间隔对研究对象的变化进行详细的动态记录，故能反映模型状态变量随时间的变化。

作物生长模拟就是将作物及其气象和土壤等环境作为一个整体，应用系统分析的原理、方法和计算机的模拟技术，综合大量的作物生理学、生态学、农学、农业气象学、土壤肥料学等学科的理论和研究成果，对作物生长发育的生理生态过程及与之相关的环境和管理技术因子动态关系加以理论概括和定量化分析预测，建立相应的数学模型描述作物的生长特性、环境效应和栽培管理三者之间综合效应的因果关系，然后在计算机上进行动态的定量化分析和作物生长过程的模拟研究。

作物生长模型是对作物生育过程的基本规律和环境因子关系的量化表达，基础是作物生长发育的内在规律，属于基础共性的研究。较理想的作物生长模型应具有以下 8 个特征。

（1）系统性　对作物生长发育过程进行系统的、全面的分析与描述；

（2）动态性　包括受环境因子和品种特性驱动的各个状态变量的时间过程变化及不同生育过程间的动态关系；

（3）机理性　在经验性或描述性的基础上，通过进行深入的支持性研究，模拟较为全面的系统等级水平，并将其进行有机结合，从而提供对主要生理过程的理解或解释；

（4）预测性　通过研究模型的主要驱动变量及其与作物状态变量的动态关系，对不同系统成分提供可靠的定量描述；

（5）通用性　适用于不同地点、时间和品种；

（6）便用性　可为非专家操作应用，可用于一般的气候、土壤及作物资料；

（7）灵活性　可容易地进行修改和扩充；

（8）研究性　除了应用性以外，还可用于作物生理生态与栽培育种等学科的研究工作。

利用作物生长模型进行研究，可以避免实物研究中干扰因素多、周期长、费用高等不足。这些基本特征中，动态性和预测性是作物模型最显著的特征。作物模型的机理性与经验性是两个重要的特征，任何一个模型都有一定的机理性和经验性，只是相对比例不同。应用型模型具有较强的经验性，研究型模型具有较高的机理性。经验模型容易理解、使用，但模型的解释性和广适性差。机理性模型可以动态地反应变化，具有较强的解释性和广适性，但难以理解和使用、输入多。任何模型都有一定的经验性与机理性，只是偏重程度不同。随着资料的丰富可以深化对模型机理性的认识。

二、作物生长模型

（一）作物生长模型概念

作物生长发育模拟模型指利用系统分析方法分析作物生长发育及其与环境和技术的相互关系以及这些关系随时间的变化，建立描述这些关系的数学模型，并将模型对作物系统模拟的过程和结果与作物系统的试验资料对比，对模型进行校正、调试和检验，这样建立起来的模型称作物生长发育模拟模型。作物模拟模型可以解析作物系统的结构、功能和行为，并对作物生长发育过程及其与环境和技术的动态关系进行定量描述和预测。因此，作物生长发育模型是以作物生长发育的内在规律为基础，综合了作物遗传潜力、环境效应、技术调控之间的因果关系，是一种基于作物生理生态和栽培管理技术的过程模型。作物生长发育模拟模型的成功开发和应用促进了人们对作物生长发育规律由定性描述向定量分析的转化，为作物生产管理决策系统的开发与应用奠定了很好的基础，为作物生产的数字化、标准化和优化管理提供了科学的工具。

（二）作物生长模型的类型

作物生长模型依据模型建立的理论基础和功能特征可分为经验模型与机理模型，描述模型与解释模型，统计模型与过程模型，应用模型与研究模型，功能模型与结构模型。依据作物模型本身是否考虑时间因素可分为静态（static）模型与动态（dynamic）模型。

（1）经验模型或描述性模型　指仅表达系统各成分间存在的关系而不能给出解释的模型。这类模型主要是基于因果之间的经验性统计关系建立，模型结构简单，主要侧重于模型的预测性和应用性。

（2）机理模型或解释性模型　指不仅能表达系统各成分间存在的定量关系，而且能解释系统行为，是基于作物生长发育过程的生理生态机理建立的模型。这类模型强调模型的解释性和研究性。但总体上，所有模型从更微观的层次看都可认为是经验模型，或者从更宏观的层次看是机理模型。

（3）功能模型　指对系统结构和行为的数字描述，模拟过程和结果均采用抽象的数字表达。包括经验模型或描述性模型、解释性模型或机理模型。

（4）结构模型　指利用可视化和虚拟现实技术，模拟植物的拓扑结构和几何形态及其变化规律，模拟过程与结果采用真实生动的三维（3D）图像进行可视化表达。这类模型主要模拟植物的拓扑结构和几何形态及其变化规律，可以对植物几何形态及表面各个部分的三维（3D）方位及其随时间的变化进行详细描述和重建。结构模型在作物株型育种、作物冠层辐射传输的精确描述以及园林景观设计中具有功能模型不可替代的重要作用。

（5）静态模型　指仅描述系统行为与某个时刻作物系统内某个或各个组成成分状态之间的关系而不考虑这些关系随时间的变化。静态模型既可是解释性模型或机理模型或结构模型，也可是经验模型或描述性模型。

（6）动态模型　指描述系统行为与作物系统内某个或各个组成成分状态之间的关系及其随时间的变化规律。动态模型既可是解释性模型或机理模型或结构模型，也可是经验模型或描述性模型或结构模型。

（三）作物模拟研究的意义和作用

作物模型是进行农业生产诊断管理的重要工具，是相关农业科学研究的知识总结。建立一个好的作物生长模型，有利于帮助快速分析在不同地区作物生长发育和产量形成的规律，分析作物生产的气候和管理措施风险，为管理部门进行作物合理布局和农户进行实时诊断管理提供决策支持。可对作物基因、生理和环境方面之间的相互关系以及作物自身的基因特性进行模拟分析，以便获得对作物清晰透明的了解。在工程方面，作物模型可在优化管理技术和农艺措施、制定生产过程应变对策、进行生长发育或性状预测、田间实验方案设计以及栽培、施肥、灌溉和病虫害处理等方面发挥重要作用。从宏观角度，模型还可以帮助决策者在环境变化的影响分析、大范围的产量预测、资源的合理利用、环境因子的优化组合、经济优化管理等方面发挥重要作用。

作物模型最重要的意义是对整个作物生长发育的知识进行系统的综合，并量化简化生理生态过程及其相互关系。在这种知识合成的过程中，还能鉴定知识空缺，从而明确新的研究方向，同时在对作物生育规律由定性描述向定量分析的转化过程中，深化对作物生育过程的定量认识。

成功的作物模型之所以受到作物科学家的肯定和重视，是因为模拟模型具有其他研究手段不可替代的功能：理解、预测、调控。作物模型能够帮助人们理解和认识作物生育过程的基本规律和量化关系，并对作物生长系统的动态行为和最后产量进行预测，从而可指导对作物生长和生产系统的适时合理调控，实现高产、优质、高效和持续发展的目标。

作物模型的发展还存在很多的局限性和不足，要求在模型的描述和设计上要目标明确、逻辑清晰，明确模型研究的对象和问题所在，模型输入的数据要保证其可靠性和代表性，模型中参数的确定和标定要建立通用的规范，当然，除了以上一些因素之外，还有模型本身牵涉到的一些问题也妨碍了模型的进一步发展。

作物模型大多集合在大田作物，而在温室生产领域则研究不多，也很不深入。温室作物自身品种种类繁多，生产环境是一个多变量的耦合系统，如何解决温室作物生产的环境与作物关系是能否建立良好通用的温室作物模型的一个重要问题。

三、专家系统

(一) 专家系统的定义与特点

所谓专家系统实际上是一种以人类专家知识为基础进行推理，模拟专家处理生产实际中的问题并达到人类专家水平结论的计算机程序系统。它应用人工智能技术，根据一个或多个专家提供的在特殊领域内用以分析和解决问题的知识、经验和方法，总结并形成规则，用软件的方式予以实现，然后存储起来。这样计算机就能利用这个软件，通过系统与用户交互对话的方式，根据用户回答程序的询问所提供的数据、信息或事实，运用系统存储的专家知识和经验，进行推理判断，模拟人类专家解决问题形成决策的过程，最后得出结论，给出建议，同时给出该结论的可信度，以供用户决策参考。它可以解决那些需要专家才能解决的复杂问题，提出专家水平的解决方案或决策，从而大大提高各类事物的管理和决策水平，向着人类期望的高水平系统目标迈进。

专家系统不同于一般的计算机系统，其主要特点是：启发性，即能运用专家知识和经验进行推理和判断；透明性，即系统能解释本身的推理过程，并能问答用户提出的问题；灵活性，即专家系统能不断地增长知识，修改和完善原有的知识；针对性，即一个特定的专家系统完成的任务领域比较窄，解决的问题也比较专一；实用性，即专家系统强调适用和管用，所研制的系统一定要解决人们在生产实践、科学研究及其他领域中的实际问题。

专家系统结构是指专家系统各组成部分的构造方法和组织形式。专家系统的主要模块如下。

(1) 知识库（knowledge base） 用于存储某领域专家系统的专门知识，包括事实、可行操作与规则等。为了建立知识库，要解决知识获取和知识表示问题。知识获取涉及知识工程师如何从专家那里获得专门知识的问题；知识表示则要解决如何用计算机能够理解的形式表达和存储知识的问题。

(2) 综合数据库（global database） 又称全局数据库或总数据库，用于存储领域或问题的初始数据和推理过程中得到的中间数据（信息），即被处理对象的一些当前事实。

(3) 推理机（reasoning machine） 用于记忆所采用的规则和控制策略的程序，使整个专家系统能够以逻辑方式协调地工作。推理机能够根据知识进行推理和导出结论，而不是简单地搜索现成的答案。

(4) 解释器（Explanatory） 解释器能够向用户解释专家系统的行为，包括解释推理结论的正确性以及系统输出其他候选解的原因。

(5) 接口（interface） 又称界面，它能够使系统与用户进行对话，使用户能够输入必要的数据、提出问题和了解推理过程及推理结果等。系统则通过接口，要求用户回答提问，并回答用户提出的问题，进行必要的解释。

（二）专家系统的类型

（1）解释专家系统　对表面观察的情况进行分析，解释深层的结构或内部情况，包括语言理解、图像处理、化学结构说明、信息解释和智能分析等。

（2）预测专家系统　通过对有关一个事物的过去和现在的数据信息的分析，来预测该事物未来一段时间的发展趋势。

（3）诊断专家系统　通过用户输入的信息来推断某个对象是否正常，如果不正常，则给出排错的措施。

（4）设计专家系统　根据设计的要求，求出满足设计问题的约束的目标配置。这种类型的系统涉及电路设计、建筑设计、生产工艺设计、机械产品设计和财政方案设计等。

（5）规划专家系统　按照给定的目标制定行动或步骤。规划专家系统可用于机器人规划、交通运输调度、工程项目论证、通信与军事指挥以及农作物施肥方案规划等。

（6）监视专家系统　其任务是对系统、对象或过程的行为不断地观察，并把观察到的行为与应当具有的行为进行比较，以发现异常现象，发出警报。

（7）控制专家系统　它可以完成对被控制系统的适时控制，以自适应的方式适时监视和控制一个对象的全面行为，它们大多是监视型和修理型的结合体，主要用于空中交通管制、商业管理、战场管理、自主机器人控制和生产质量控制等。

（8）教学专家系统　是诊断型和调试型的结合体，主要用于教学和培训任务。这类专家系统不但能对领域知识进行传授，而且能回答学生提出的问题，指出学生回答中的错误，并解释、分析错误的原因以及指导纠正错误等。

（9）调试专家系统　根据计划、设计和预报的能力，对诊断出的问题产生修正或建议，给出解决问题或排除故障的方法和方案，主要用于医疗设备调试和软件调试等。

（10）修理专家系统　是对诊断出的问题或故障进行修正，使其恢复正常的工作，主要用于自动化、网络、航天控制系统和计算机维护等。

（三）农业专家系统的发展现状

1. 国外农业专家系统发展概况

目前，国际上已正式公布的农业专家系统有近百个，广泛应用于作物生产管理、灌溉、施肥、品种选择、病虫害控制、温室管理、牛奶生产管理、牲畜环境控制、土壤保持、食品加工、粮食储存、环境污染控制、森林火灾控制、经济分析、财务分析、市场分析、农业机械选择、农业机械故障检测等众多方面，几乎无所不包。目前，许多系统已经得到应用，一部分已成为商品进入市场，发挥出高新技术的巨大优势。

2. 国内农业专家系统研究概况

农业专家系统是“国家863计划”高科技产品，根据农业生产流程的需要，有针对性地研究开发出一系列适合不同地区生产条件的实用经济型农业专家系统，为农技工作者和农民提供方便的、全面的、实用的农业生产技术咨询和决策服务。包括蔬菜生产、果树管理、作物栽培、花卉栽培、畜禽饲养、水产养殖、牧草种植等不同类型的农业专家系统。

近20年来，以农业专家系统为重要手段的智能化农业信息技术在我国迅速发展，并成为我国农业现代化的重要内容。目前，已有多种大田和温室作物生产管理专家系统正在我国广大地区应用，为我国农业现代化建设服务。

四、农业智能管理系统应用

如图 8-4 所示，该温室智能控制管理系统采用全无线综合数据传感器实时采集温室内的空气温度、湿度、光照度、CO_2浓度、土壤温度、土壤水分等各项环境参数，并将数据返回到数据处理中心进行综合比较分析并判断，当数据超限或不利作物生长时，下发指令到控制设备，自动开启或关闭大棚内的指定设备运行，从而及时有效地调节作物生长所需的温、湿、光、气等条件。同时，为进一步确保系统的安全性，系统设定有超限及异常报警功能，将第一时间通过短信或者手机 App 推送等方式向用户报警，得到用户确认后进行执行，以排除设备本身故障采取的自动运行，从而有效避免错误，及时应对并采取必要措施。用户还可通过手机 App 远程实时查看大棚环境的情况、异常操作记录等数据，可通过点击开关按钮进行远程控制，及时管理农业生产现场，实现智能化托管，自动决策、及时响应，达到温室生产安全、高效、精准的目的。

数字资源 8-3
智能管理应用

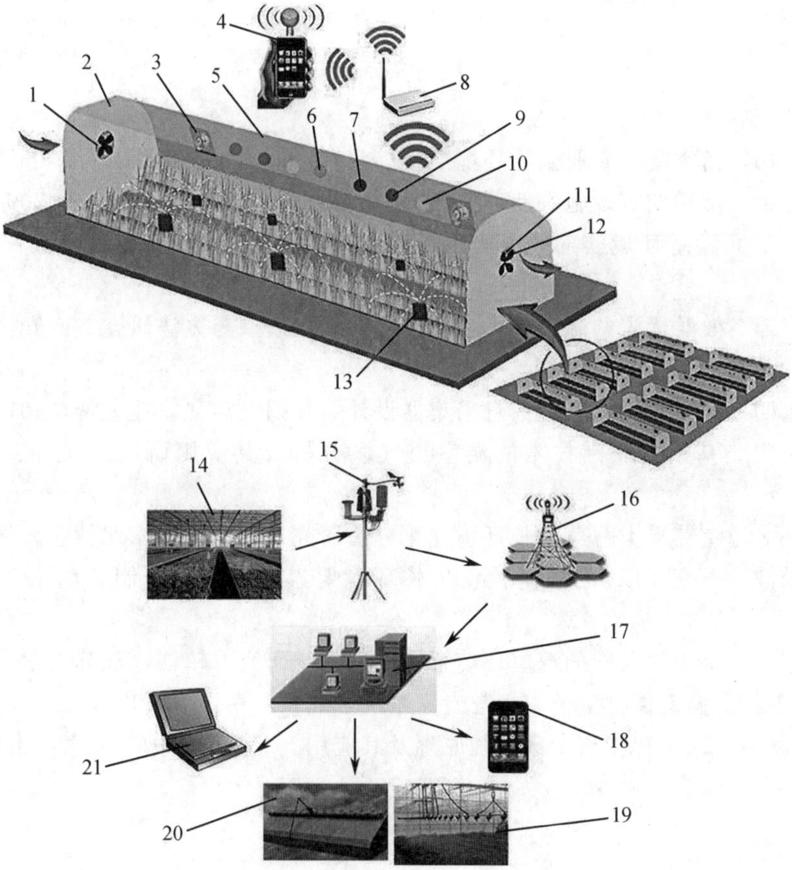

图 8-4　农业智能管理系统应用

1. 进风口　2. 遮阳网　3. 加湿器　4. 操控手机　5. 无线光照传感器　6. 无线 CO_2 传感器　7. 无线温湿度传感器　8. 无线路由器　9. 无线卷帘机　10. 无线土壤温湿度传感器　11. 出风口　12. 风机　13. 无线电磁阀　14. 智能管控温室　15. 天线　16. 基站　17. 服务器　18. 手机监测端　19. 喷灌设备　20. 保温（遮阳）装置　21. 电脑监测端

复习思考题

1. 影响温室作物生长发育环境中主要环境因素有哪些？具有什么特性？
2. 如何选用温室环境信息传感器？
3. 常用的温度传感器有哪几种？它们的工作原理分别是什么？
4. 常用的湿度传感器有哪些？它们的工作原理分别是什么？
5. 常用的光照传感器有哪几种？它们的工作原理分别是什么？
6. 常用的 CO_2 传感器有哪几种？它们的工作原理分别是什么？
7. 常用的人工补光光源有哪些？各自优缺点是什么？
8. 常见的温室环境控制设备有哪些？简述各自的工作原理。
9. 作物生长模拟模型的定义与特征是什么？
10. 专家系统的定义及主要的特点是什么？
11. 简述专家系统的类型。

参考文献

[1] 马承伟，苗香雯．农业生物环境工程．北京：中国农业出版社，2005.

[2] 邹志荣，邵孝侯．设施农业环境工程学．北京：中国农业出版社，2008.

[3] 王士玉．温室环境实时监测与远程管控平台设计与实现．哈尔滨：东北农业大学，2018.

[4] 辛萍萍．效益优先的温室环境多因子协同调控模型与方法研究．西安：西北农林科技大学，2019.

[5] 陈永明．温室无线自适应信息采集器设计．郑州：河北农业大学，2019.

[6] 郁莹珺．基于物联网技术的温室小气候分析及其应用研究．杭州：浙江农林大学，2018.

[7] 石晶．温室茄果类蔬菜生长环境优化方法研究．哈尔滨：东北林业大学，2019.

[8] 陈景波．基于 PLC 的温室植物生长环境要素调控系统研制．南京：南京农业大学，2015

[9] 王纪章．基于物联网的温室环境智能管理系统研究．镇江：江苏大学，2013.

[10] 罗卫红．温室作物生长模型与专家系统．北京：中国农业出版社，2008.

[11] 郑丽敏．人工智能与专家系统原理及其应用．北京：中国农业大学出版社，2004.

第九章

设施种植中的机械化装备

学习目标

- 了解设施种植机械化装备的基本要求与特点
- 熟悉设施种植各类机械化装备的不同类型与构造
- 熟悉设施种植各类机械化装备的工作原理与特性
- 掌握设施种植各类机械化装备的功能特点与使用维护

第一节　设施种植机械化装备的要求与特点

设施种植机械化是为设施农业生产服务的工程技术体系，就是要用各种机械装备来完成设施环境中植物生产过程中的各项作业，如整地、育苗、栽植、灌溉、病虫害防治、收获以及环境调控等。凡是用于设施种植作物生产方面的各种机械，如动力机械（电动机、内燃机、拖拉机）以及与动力机械相配套的各种作业机械，都属于设施种植机械化装备的范畴，主要包括耕整地机械、种植机械、灌溉机械、病虫害防治机械、收获机械以及环境控制机械等。

从广义上说，设施种植机械化也是农业机械化的重要组成部分，许多设施种植机械与通用大田作业的农业机械结构原理相同，但设施种植植物栽培由于有其特殊性，对设施种植机械又有许多特殊的要求。目前我国的设施种植主要是以日光温室和塑料大棚两种形式为主体，一般而言，我国节能型日光温室南北跨度为 8～10 m，长度约 60 m，横向种植，南端空间高度为 50～80 cm，北端设有 60～80 cm 的通道，要在这种狭小空间里实现机械化，作业区域受到很大限制，对设施种植机械化装备有着特殊的要求。

(1) 机体小、重量轻　由于设施种植机械需要在设施内进行作业，而温室和大棚又受高度和宽度的限制，这就要求设施种植机械要结构紧凑、体积小、重量轻，以便在设施内能够灵活转向和转移，使作业区域不留死角。

（2）多功能综合利用 为适应设施种植的特殊作业条件，降低机械化成本和工人作业强度，要求设施种植机械尽可能采用通用化、标准化、系列化部件，能够搭载多种作业机具，完成旋耕、深耕、开沟、起垄、铺膜、土壤消毒、喷药、收获等多项作业。

（3）性能稳定、可靠 设施种植特殊的作业环境要求机械机动性强、作业效率高，维修方便，有安全保护措施。

（4）结构简单、操作灵活 复杂的结构会增加机械的故障率和停机维修时间，由于空间和地块的局限性，机具操作灵活性是保证作业效率的关键。

数字资源 9-1
种植机械化

（5）高效能、低能耗 由于温室大棚作物的季节性极强，为不失时机，降低生产成本，应在保证质量的前提下，尽量选用高效能、低能耗的机械设备。

（6）安全、环保 由于机具在相对狭小的空间内作业，且棚室内的高温高湿使作业环境比较恶劣，作业人员容易感到不适和疲劳，因此要求机械有更多的安全防范措施来避免误操作和人身伤害事故。

第二节 耕整地机械化装备

对设施种植生产过程来说，耕整土地是作物种植前必不可少的首要环节。设施内耕地作业包括在收获后的地或新建设施地上进行的翻土、松土、覆埋杂草或肥料等项目，通过机械对土壤的深层耕翻，把前茬作物残茬和失去结构的表层土壤翻埋下去，而将耕层下部未经破坏的土壤翻上来，以恢复土壤的团粒结构；通过对土层的翻转，可将地表肥料、杂草、残茬连同表层的虫卵、病菌、草籽等一起翻埋到沟底，达到消灭杂草和病虫害的作用，同时改善土壤的物理化学性质，提高土壤肥力。机械对土层翻转同时具有破碎土块、疏松土壤，积蓄水分和养分的作用，为播种（或栽植）准备好种床，并为种子发芽和农作物生长创造良好条件，且有利于作物根系的生长发育；通过对耕层下部进行深松，还可起到蓄水保墒、增厚耕层的效果。

一、旋耕机

常用的设施内耕整机械主要是旋耕机。旋耕机是一种由动力驱动、以铣切原理加工土壤的耕整机械，且切土能力强，能切碎秸秆并使得土肥混合均匀。一次作业能达到犁耙几次的效果，耕后地表平整、松软，能满足精细耕作的要求，在农业生产中得到了广泛应用。

旋耕机的种类很多，按其刀轴的配置可分为横轴式（卧式铣切）和立轴式（立式铣切）两类，其中卧式旋耕机使用较多。卧式旋耕机的刀轴呈水平方向配置，根据刀轴的旋转方向不同，卧式旋耕机分为正转旋耕机和逆转旋耕机。

卧式旋耕机刀辊轴水平放置并与机器前进方向垂直，如图 9-1 所示，为我国常用的旋耕机的结构图。主要工作部件是旋耕刀辊（包括刀轴、刀片、刀座），辅助部件由机架、传动部分、挡土罩壳、平土拖板、挂接装置和调节装置等组成。

旋耕刀片安装在刀轴上，工作时随刀轴一起旋转，完成切土、碎土、翻土的工作。刀片的形状和结构参数对旋耕机的工作质量、功率消耗影响较大。旋耕机上常使用的刀片主要有三大类：弯刀、直角形刀和凿形刀，如图 9-2 所示。

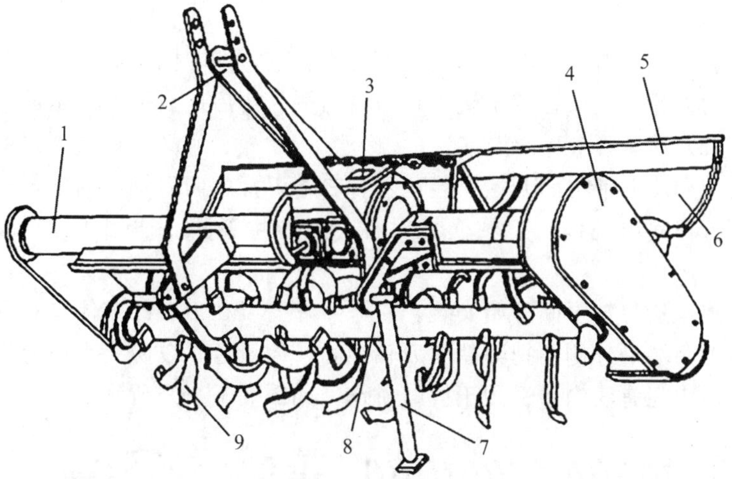

图 9-1　旋耕机的构造（李宝筏，2017）

1. 主梁　2. 悬挂架　3. 齿轮箱　4. 侧边传动箱　5. 平土托板
6. 挡土罩　7. 撑杆　8. 刀轴　9. 旋耕刀

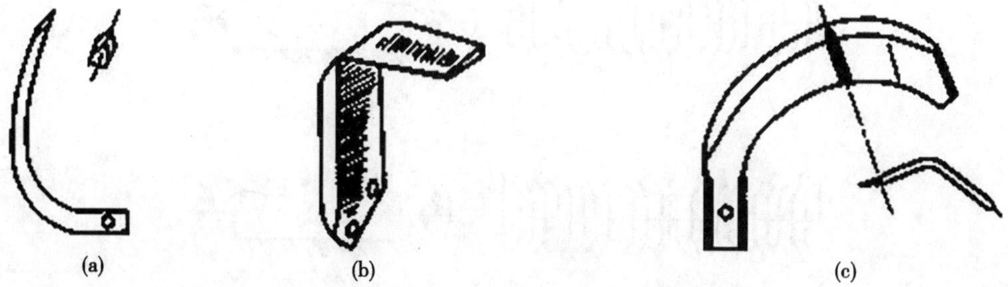

图 9-2　旋耕机上常使用的刀片（李宝筏，2017）

（a）凿形刀　　（b）直角形刀　　（c）弯刀

凿形刀正面有凿形刃口，入土能力强，松碎效果好，但由于刃口较窄容易缠草，只适用于杂草、茎秆不多的地块。

直角形刀片刃口分正切刃和侧切刃两部分，两刃相交约呈 90°，工作时，先由正切刃垂直于机器前进方向横向切土，然后由侧切刃逐渐切出土垡侧面，工作中也易缠草，但因为刀片刀身较宽，刚性较好，且有较好的切土能力，多用在土质较硬的干旱地区工作。

弯刀片应用最广泛，根据刀部的弯转方向不同，分左弯刀和右弯刀，其刀片刃口较长，制成曲线形状，刃口也由正切刃和侧切刃两部分组成。曲线刃口在切削土壤的过程中，先由离回转轴较近的侧切刃切削，逐渐转到离回转轴较远的侧切刃切削，最后由正切刃切削。侧切刃呈弧形，有滑切作用，这种切削方式工作平缓，可把土块和草茎压向未耕地。由较坚硬的未耕地支承切割，草茎易切断，即使切不断，也可利用刃口曲线使草茎滑向端部离开弯刀，使刀片不易缠草，并有较好的碎土和翻土能力。

凿形刀的安装没有特殊的要求，一般是在刀楞上按螺旋线均匀排列，用螺钉固定在刀座上。

弯刀片有左弯和右弯两种，在安装时有不同的配置方法，一般有混合安装、向内安装和向外安装3种。

（1）混合安装　左、右弯刀在刀轴上交错对称安装，即在同一截面上，左、右弯刀各一把，但刀轴两端的刀片向里弯，使土块不致撒向两侧。耕后地表平整，是最常用的一种安装方法，如图9-3（a）所示。

（2）向内安装　从刀轴中间开始安装，左、右弯刀都朝向刀轴中间弯，耕后地面中间高出成垄，相邻两行程间出现沟，刀轴受力对称，不产生漏耕。适用于作畦耕作，如图9-3（b）所示。

（3）向外安装　从刀轴中间开始安装，左弯刀片安装在刀轴的左侧，右弯刀片安装在刀轴的右侧，但刀轴两端最外侧两把刀朝向刀轴中间，向里弯，以防止土块向外抛，影响下一行程的作业。耕后中间有浅沟，适用于拆畦耕作，如图9-3（c）所示。

(a)

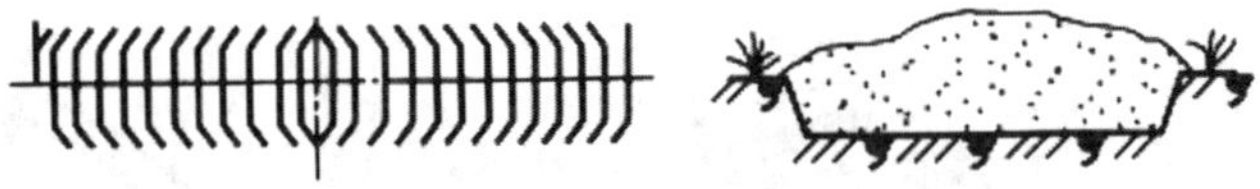

(b)

(c)

图9-3　旋耕刀片的安装及其作业效果（王双喜，2010）

（a）混合安装　（b）向内安装　（c）向外安装

二、微耕机

微型自走式旋耕机，简称微耕机，它属于耕作机械的变形产物，并且具有其独特的工作方式以及结构特性。

虽然适合设施耕整地的微耕机种类繁多，但其结构、特点及工作原理基本相同，主要由动力部分、旋耕部件、传动部件、操纵部件、阻力铲等部分组成，如图9-4所示。微耕机主要特征是利用"旋耕自走"原理。工作时，发动机的动力经变速箱传给驱动轴，驱动安装在轴上的位于变速箱两侧的两组旋耕部件旋转，切削土壤，并将其向后抛扔、破碎，同时通过土壤反力推动机器前进。利用调节机具后端阻力铲入土的深浅，并通过操作人员改变其对操纵手柄压力的增减力矩来改变阻力的大小，使旋耕刀辊有不同的滑转率，从而得到不同的耕深、前进速度、生产率和碎土质量。

数字资源9-2
微耕机

通过与其配套使用不同的作业机具，可实现一机多用，例如犁耕、旋耕、开沟、作畦、起垄、喷药等作业，有些机型还兼具覆膜，播种等功能。

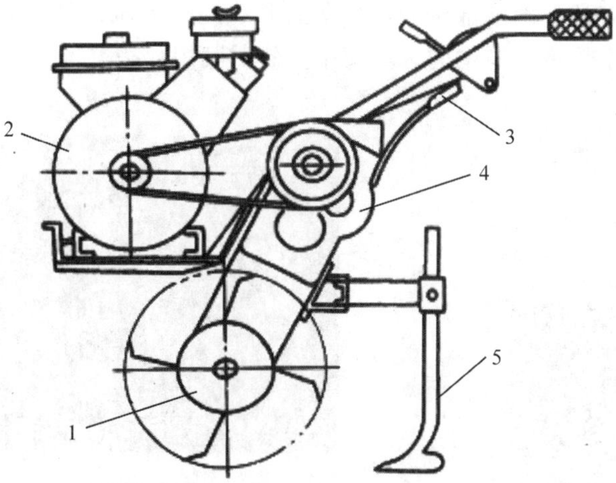

图 9-4　自走式微耕机结构示意图（王双喜，2010）

1. 旋耕部件　2. 发动机　3. 操纵部件　4. 变速箱　5. 阻力铲

微耕机的结构特点：①微耕机没有行走轮，又称无轮旋耕，体积小、重量轻、结构紧凑，适宜设施内作业；②根据选择动力不同，其最佳转速也不相同，但无轮旋耕时的转速不能太高，否则机器不能前进，只在原地旋转；③耕深比较浅，适宜比较松软的土地；④阻力铲有防止漏耕、控制耕深的作用，同时能保证机器稳定作业。

三、起垄作畦机

作物种植中，经过清茬、施肥、耕翻、耙地之后，常需要整地起垄作畦。如图 9-5 所示，为一种单刀辊牵引式作畦机，其主要由机架、扶土器、传动机构、起垄板、压整盖板、尾轮等组成，部分还包含镇压辊及液压控制部件等。其工作原理为采用地表土壤堆积培埂后作畦，一般先通过深旋耕刀辊（或刀齿）深耕土壤，将土壤进行破碎，并松散凸起于地表，形成足够的堆土量用起垄板培埂，然后用压整盖板或整形、镇压部件压整埂，实现所要求的畦结构。

(a)

(b)

图 9-5　单刀辊牵引式作畦机（陈永生，2017）

(a) 作畦机具　(b) 田间作业

在工作空间有限的作业环境中，一般采用自走式作畦机，以汽油机作为动力，结构紧凑轻盈，便于进出，且易操作。如图 9-6 所示，汽油机通过传动装置将动力传递至刀辊，在刀辊中间部位布置旋耕刀片，两端部位设置起垄刀片，通过导辊的转动带动旋耕刀切削土壤，同时起垄刀将切出的土块甩到畦中间区域集中，然后利用起垄整形板镇压畦沟侧边，完成畦的整理。

数字资源 9-3
起垄作畦机

图 9-6 自走式作畦机
（陈永生，2017）

第三节 播种机械化装备

播种是设施种植的一个重要环节，由于作物种子的粒径、重量、形状、表面光洁度等差异大，用一般的农用播种机难以满足农艺技术要求，所以设施作物播种大都采用专用的播种机。

一、播种方式

作物常用的播种方法有撒播、条播和精密播种等。随着作物栽培技术的发展，播种方法也在不断改进。

（一）撒播

将种子按要求的播量均匀地漫撒于田间的播种方法称为撒播。其主要优点是生产率高，能快速、及时地完成播种作业，所用机器结构简单、成本低。但播种质量不高，种子分布不均，覆土深浅不一或不能完全覆土，出苗率低，主要用于某些叶菜的播种。

（二）条播

将种子按规定的行距、播深、播量连续成条地播在土壤里的播种方式称为条播。条播的行距、行内种子密度随作物种类和品种而定。这种方法便于后期的中耕除草、追肥、喷药等田间管理作业。

（三）精密播种

精密播种是使种子行距、粒距（株距）及深度都达到精确分布的播种方法。按种子在播行内的分布情况，有以下几种。

（1）点播　将单粒种子等距地播入土壤中。其粒距一般为 5～30 cm，主要用于甜菜、油菜等小粒种子。

（2）穴播　按一定距离将若干粒种子成穴播入土壤。穴播可使幼苗集中顶土，有利于出苗。

（3）穴盘育苗播种　是将种子精确播入穴盘穴孔中，待穴盘苗达到一定高度和苗龄，再进行移栽。

(4) 间断点播　将种子以较小株距点播成段，这种播法适于种子出苗率低的作物，通过间苗可以做到每段留 1 株。

精密播种能为种子创造良好的发芽、生长条件，出苗齐，群体结构合理，土地、空间和阳光的利用率高，同时能节约大量种子，减少间苗用工量，降低生产成本。

(四) 铺膜播种

在种床上铺上塑料薄膜，铺膜前或铺膜后播种，幼苗长在膜外的播种方法叫铺膜播种。先播种后铺膜，需在幼苗出土后人工破膜放苗；先铺膜后播种，需利用播种装置在膜上先打孔再下种。通过铺膜，可提高并保持地温；通过选择不同颜色的薄膜还可满足不同作物对光线的不同要求；可以减少水分蒸发，改善湿度条件；改善植株光照，提高光合作用条件；改善土壤物理性状和肥力，抑制杂草生长。

二、播种机构造及工作原理

播种作业中要完成的有开沟、排种、施肥、覆土及镇压等环节，有时施肥与镇压可单独进行。农作物播种机的结构主要由机架、排种部件、土壤工作部件及其仿形装置、传动部分等组成。

(1) 机架　一般为框架式，支撑整机及安装各种工作部件。

(2) 排种部件　包括种子箱和能达到播种要求的机械式或气力式排种器、输种管等。

(3) 土壤工作部件及其仿形装置　包括开沟器、覆土器、仿形轮、镇压轮等工作部件。

(4) 传动部分　通常由地轮（行走轮）通过链轮、齿轮等将动力传递给排种部件。

如图 9-7 所示，为一种蔬菜精密播种机的播种单组，可以精播甘蓝、胡萝卜、番茄、油菜等。作业时，机架前方的刮土器将种床上的干土层推向两侧，前镇压轮进行播前镇压，铲式开沟器开出 V 形浅沟，型孔式排种器按调整好的要求播下种子，种沟镇压轮使种子更好地与土壤接触，覆土器覆上细土后再进行播种后镇压。这种播种机的排种器为窝眼式，每个窝眼只能充填一粒种子。

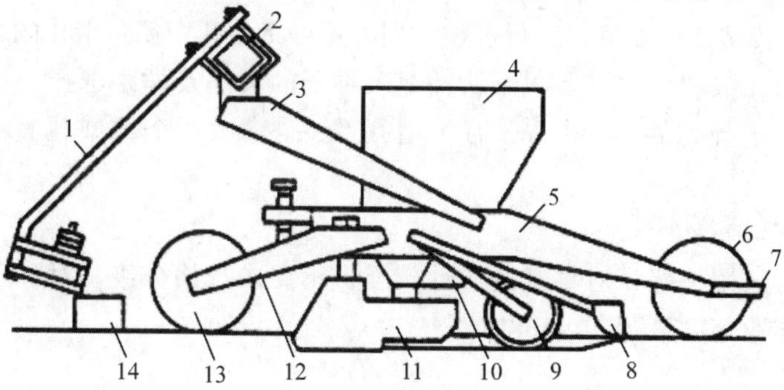

图 9-7　蔬菜精密播种机播种单组（王双喜，2010）

1. 刮土器支架　2. 机架　3. 播种单组牵引杆　4. 种子箱　5. 单组后支架
6. 后镇压轮　7. 后镇压轮刮土板　8. 覆土器　9. 种沟镇压轮
10. 排种器　11. 开沟器　12. 单组前支架
13. 前镇压轮　14. 刮土器

如图 9-8 所示，为一种小型电动直播式蔬菜播种机，采用槽轮交换式播种方式，具有播种精度高、性能稳定的特点，播种过程中通过电力辅助驱动实现尾气零排放。该设备可用于小颗粒蔬菜种子，如小白菜、洋葱、胡萝卜、卷心菜和莴笋的直播作业。

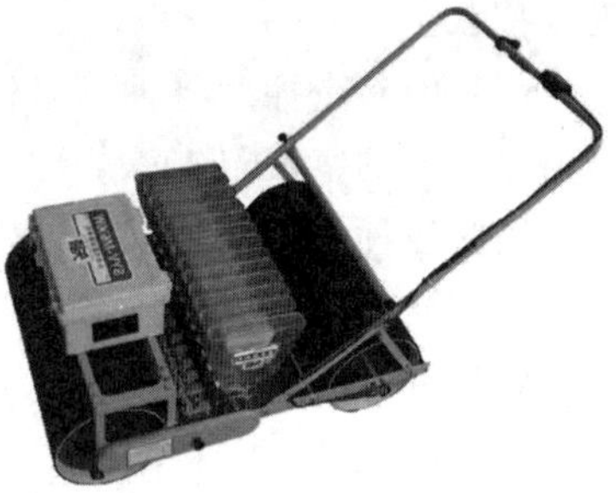

图 9-8 电动蔬菜精密播种机

（冯磊，2019）

三、播种机的排种器

排种器是播种机的主要工作部件之一，其工作性能直接影响播种质量、田间管理和作物产量。对排种器的要求是结构简单、调节方便、通用性好、不损伤种子、排种均匀、工作可靠、能适应多种作业速度。

（一）型孔式排种器

型孔式排种器结构比较简单，对种子的要求比较严格，必须精选分级。在充种和刮种时排种机构容易伤种，由于排种器填充性能的限制，播种作业时速度受到一定限制，一般速度不超过 3～5 km/h。

型孔式排种器主要有圆盘式和型孔轮式两种排种器。按圆盘回转平面的位置，圆盘式排种器可分为水平、倾斜和垂直 3 种形式。如图 9-9 所示，为垂直圆盘式排种器，主要由排种器壳体、排种盘、传动轴、剔种舌、插板、种箱等组成。一般圆盘直径 220 mm 左右，可用于播种白菜、萝卜等作物。

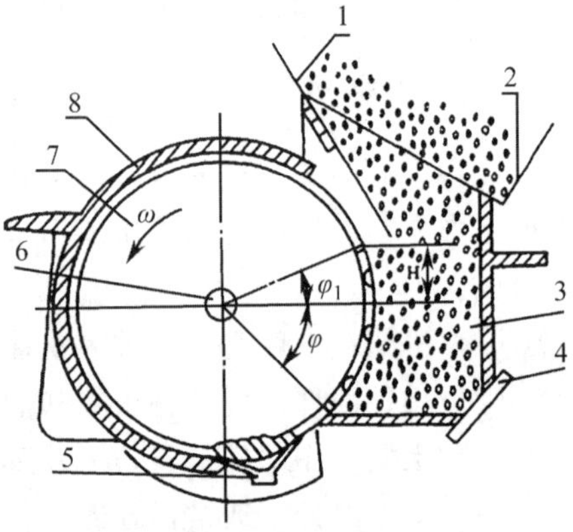

图 9-9 垂直圆盘式排种器

（耿端阳，2011）

1. 插板 2. 种子箱 3. 充种室 4. 卸种盖 5. 剔种舌 6. 排种盘轴 7. 排种盘 8. 壳体

工作时，传动装置带动排种盘转动，当排种盘型孔到达充种室与种子接触后，种子充入型孔，调节插板高度可以控制种面高度、调节进入型孔的种子粒数，当型孔离开种面时，型孔多余的种子在自重作用下自行滑落，排种盘继续转动，充种后的型孔转入壳体遮盖部分，当转动到投种口时进行投种。剔种舌可将型孔中偶尔卡住的种子强制剔出。

排种盘上的型孔数和尺寸需要根据所播蔬菜种子的大小及株距选择，如播种白菜，在适当的转速范围内，选择株距为 30 mm 时，型孔数一般为 20 个，型孔直径 3.5 mm，深度为3 mm。

（二）气力式排种器

气力式排种器通用性好，对种子适应性较强，不要求严格分级，对种子无损伤，可以进行高速作业，其作业速度可达 10 km/h。

1. 气吸式排种器

如图 9-10 所示，为一种垂直圆盘气吸式排种器。它由吸种盘、搅拌轮、吸气管、吸气室和风机等组成。吸种盘上设置吸种孔，吸气室分左右两个，通过吸气管道与风机相连。两个吸种盘分别对两个吸气室的端面密封着。

工作时由于风机的作用，在吸种盘的两面形成压力差，吸种盘上的吸种孔便成为气流通道，在吸气室产生一定的真空度。种子在吸力的作用下被吸附在吸种孔周围，随着吸种盘转

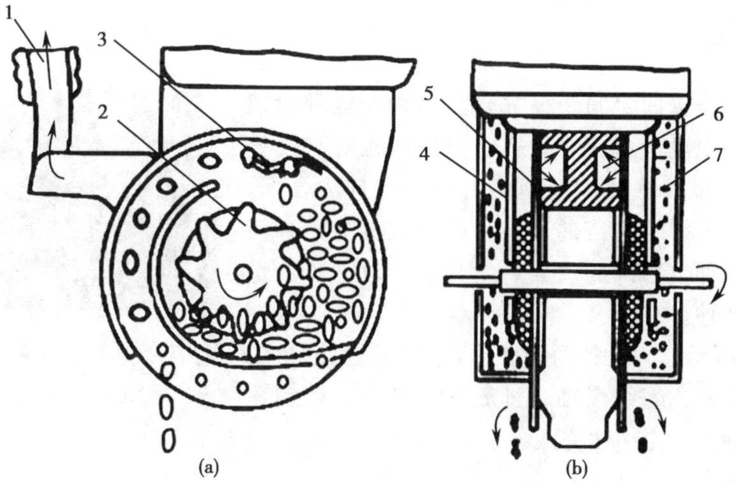

图 9-10　气吸式排种器（王双喜，2010）

（a）排种器主视图　　（b）排种器左视图

1. 吸气管　2. 橡胶搅拌轮　3. 刮种器　4. 挡板　5. 吸种盘　6. 吸气室　7. 种子

动，吸种孔多余的种子被刮种器刮除，保证吸种孔吸住一粒种子。当带有种子的吸种孔转到吸气室以外之后，吸气室对种子的吸附力消失，吸气孔上的种子靠自重落下，经输种管插入土壤中。脱种后的吸气孔由毛刷清除孔内的杂物后，再度进入吸气室重新吸附种子，如此循环实现连续排种。

垂直圆盘气吸式排种器的吸孔从侧面吸附种子。除了种子不断地补充到喂入区外，还需要由外力把种子不断地填补到吸种孔附近，以免吸种孔吸不着种子而增加漏播率。尤其对流动性差的种子，更易发生架空。搅拌轮的作用就是防止种子出现架空。

2. 气吹式排种器

如图 9-11 所示为气吹式排种器，由种子箱、排种器体、壳体盖、排种轮、推种片、气嘴、挡种板、排种轴等组成。其型孔轮及排种过程类似机械式型孔轮式排种器，不同点是采用气流分离的原理把多余种子清除掉，而且气流辅助作用提高了充填性能，可达到单粒精密排种。

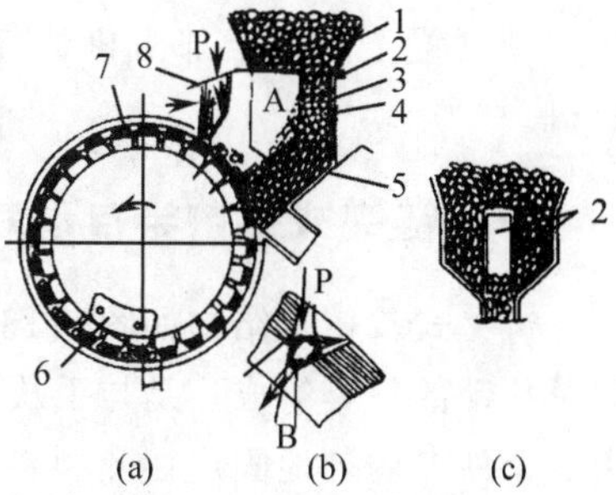

图 9-11　气吹式排种器

（耿端阳，2011）

（a）气吹式排种器　（b）高压清种

（c）充种区

1. 种子箱　2. 挡种板　3. 排种器壳体

4. 种子　5. 插板　6. 推种片

7. 排种轮　8. 气嘴

种子由种子箱经喂入口进入充种区，种子在自重和气压差作用下充入到由地轮通过链条带动、旋转着的排种轮窝眼内，当充种窝眼转到清种区时，在气嘴吹出的高压气流作用下，窝眼上部的多余种子被吹回到充种区，而位于窝眼底部的种子，由于窝眼底有小孔，气流通过小孔而产生压差，使得只有一粒种子被压附在窝眼孔底进入护种区，转到下部时由于压差消失，种子在自重作用下落入输种管。少量卡在型孔里的种子被推种片推出落下。根据需要更换排种轮及相应的推种片，就能精播多种作物的种子。

气吹式排种器采用靠种子自重和气力作用相结合的充种原理，以及气力清种的方法，比其他排种盘（轮）的充种和清种的性能好，适于较高速作业播种。

四、线播机

线播是将种子按固定间距事先包进线内，播种时通过机器将播种线自动埋进土中，从而使种子相对有规律地排放在出苗环境较好的土层，使出苗株距自然合理，同时大幅减轻人工蹲下间苗的环节。线播机具有播种间距固定、每窝播种数精确的优点，尤其适合对种子数量要求高的作物播种。

图 9-12　两行式线播机（冯磊，2019）

如图 9-12 所示，为一种两行式线播机，以汽油机为动力，包括开沟器、缠线滚轴、排线孔等部分，可实现开沟、埋线播种、覆土一次完成。

第四节　移苗栽植机械化装备

作物育出苗，当幼苗长到一定大小后，就要定植，作物秧苗的定植，也叫栽植或移栽。机械栽植作物秧苗，是一次完成开穴或开沟、栽植、覆土、压紧和浇水，再覆以细干土等全部工作过程。栽植机械必须满足以下农业技术要求：①秧苗基本垂直地面，一般倾斜度不得超过 30°，并无窝根现象；②作物株距、行距和栽植深度要均匀一致并符合不同作物的需要；③无漏栽和重栽现象；④不伤秧、不破坏营养钵。

栽植机的种类很多，按秧苗的种类可分为裸苗栽植机和钵苗栽植机；按栽植器的形式又可分为链夹式、钳夹式、挠性圆盘式、吊篮式、导苗管式和带式栽植机等；按自动化程度可分为人力栽植机、半自动栽植机和全自动栽植机以及移栽机器人。半自动栽植机有一个栽植器，人工将秧苗交给栽植器夹持，由栽植器将秧苗栽入沟内，自动栽植机则从分秧到覆土压实全部由机器完成。目前国内外广泛使用的栽植机绝大多数是半自动栽植机。

一、链夹式裸苗半自动栽植机

链夹式栽植机结构如图 9-13 所示，该机主要由栽植机构、开沟器、地轮、镇压轮、机架及传动部分等组成，是与手扶拖拉机配套的半自动栽植机。栽植器为链夹式，每组栽植器由 8 个秧夹均匀地固定在环型栽植器链条上。

工作时，地轮转动，栽植器链条的运动由地轮链条带动。当链条上的秧夹进入喂秧区 L 时，由栽植手将秧苗喂入秧夹上，秧苗随秧夹在链条的带动下由上往下平移进入滑道，借助滑道作用迫使秧夹关闭而夹紧秧苗，秧苗由上下平移运动变成回转运动，秧夹转到与地面垂直位置时，脱离滑道控制的秧夹，在橡皮弹力作用下，自动打开，秧苗脱离秧夹垂直落入开沟器开好的沟中。秧苗根部接触沟底瞬时，由镇压轮覆土压实，秧苗被定植。机组不断前进，秧夹继续随链条运动。通过返程区上 L_1，然后又进入喂秧区，如此循环进行栽植作业。

该机可一次完成开沟、人工分秧、栽植、覆土和压实等作业，株行距可调，栽植机的喂入速度为 30～45 株/（行·min）。

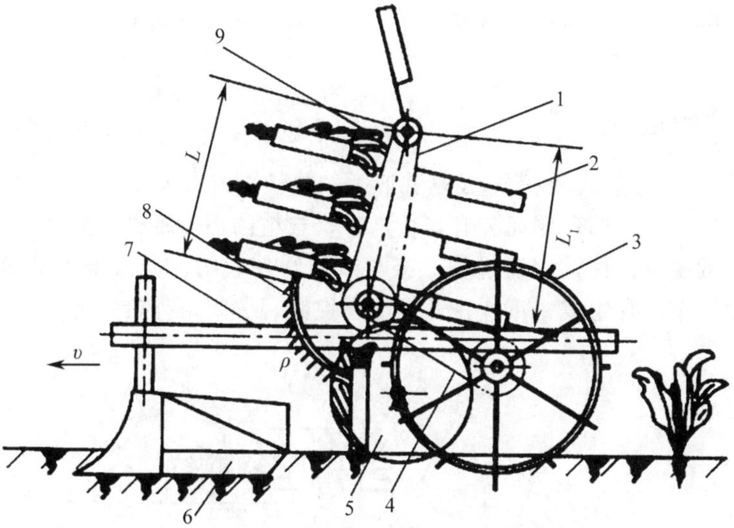

图 9-13　链夹式栽植机结构示意图（王双喜，2010）

1. 链条　2. 秧夹　3. 驱动地轮　4. 链条　5. 镇压覆土轮　6. 开沟器　7. 机架　8. 滑道　9. 秧苗

二、圆盘钳夹式栽植机

如图 9-14 所示，栽植机的主要工作部件是圆盘钳夹式栽植器，它主要由栽植圆盘、圆盘轴、夹苗器、上下开关、滑道等组成。该栽植器圆盘为平面，其上装有两个夹板组成的夹苗器，夹苗器多为常闭式，依靠弹簧的力量夹住秧苗。作业时，栽植圆盘做圆周运动，当秧夹旋转到转轴的前方约平行于地面时，抓取由横向输送链送来的钵苗，再转到垂直地面的位置时，钵苗处于垂直状态，这时秧夹脱离滑道控制，钵苗在自重作用下，落入沟内，接着覆土镇压，完成栽植作业。圆盘钳夹式栽植器上的秧夹运动轨迹在开沟器中心线铅垂面内，故其最小栽植株距受秧苗高度的限制，秧苗越高，最小株距越大。即在栽植要求株距小的秧苗时，所用秧苗不能过高，否则已栽植的秧苗会被秧夹碰倒。

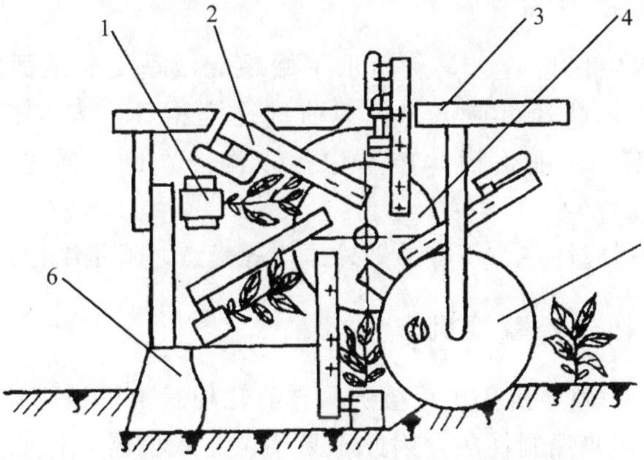

图 9-14　圆盘钳夹式钵苗栽植器工作过程（王双喜，2010）

1. 钵苗　2. 秧夹组合　3. 机架　4. 栽植器圆盘　5. 覆土器　6. 开沟器

这种栽植器既可栽植裸苗，也可栽植钵苗。传动机构比较简单，可由地轮用链条直接传动，人工喂入频率40～50株/min。

三、吊篮式栽植机

如图9-15所示，吊篮式栽植机结构由爪手、栽植圆环、偏心圆环、滑道等部件组成。栽植圆环与转轴固定，在圆环侧面装有栽植爪手，栽植圆环由轴带动旋转。偏心圆环是保证爪手做平行运动的主要部件，它通过偏心板与栽植圆环联结，并保持水平向前50 mm的偏心。栽植爪手由两个爪片组成，爪片张开靠滑道控制，关闭由弹簧完成。

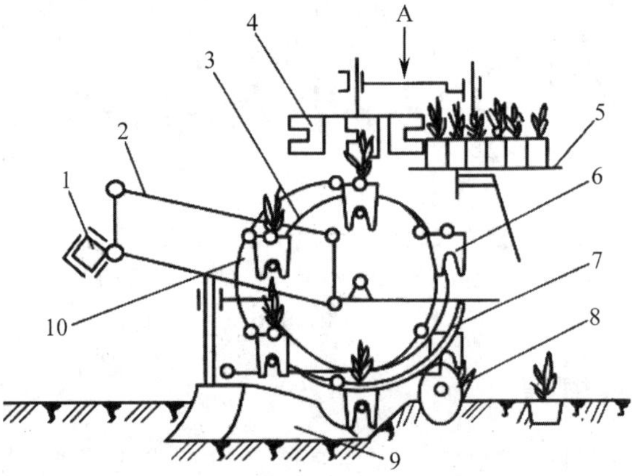

图9-15　吊篮式栽植机简图（王双喜，2010）

1. 方梁　2. 拉杆　3. 栽植圆环　4. 抓苗器　5. 送苗盘　6. 爪手　7. 滑道　8. 覆土器　9. 开沟器　10. 偏心圆环

栽植器工作时，随着机组的前进，开沟器开出栽植沟，自动喂入机构将钵苗放入旋转着的爪手里，栽植爪手在偏心圆环的作用下，始终垂直于地面，当运行到接近于最低位置时，栽植爪手在滑道的作用下被张开，钵苗落入沟中。一部分土壤从开沟器两侧尾部滑至秧苗周围，其余的土壤靠覆土器推送覆盖秧苗根部，脱离滑道控制的栽植爪手靠弹簧作用自行合拢。

为了使钵苗栽入沟中保持直立，栽植爪手始终应做垂直于地面的运动，当转至最低位置投放钵苗时，爪手的线速度应该与机器前进速度相等，方向相反，即投入钵苗时，爪手绝对速度接近于零，才能保证钵苗平稳落入沟内。机器前进速度应根据株距及喂入量来确定。

吊篮式栽植器具有适应性广、不容易破碎钵体等优点，但是结构较复杂。

四、导苗管式（杯式）栽植机

如图9-16所示，为一种导苗管式栽植机，与前几种栽植机械相比，秧苗在导苗管式栽植机内的运动是自由的，非强制性的，因此不易伤苗。栽植器结构如图9-17所示，喂入器是由水平转动的多个（一般为4个）喂入杯构成。人工喂入时，其喂入速度可以提高，人工喂入频率可达70株/min，比链夹式栽植器的人工喂入速度提高30%～50%，但这种移栽机的结构较复杂。

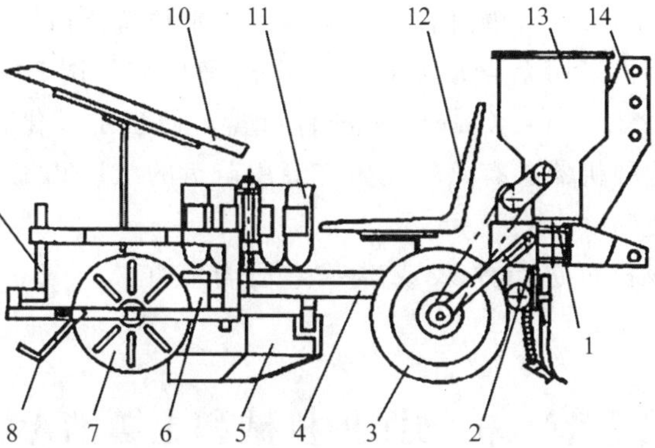

图 9-16　导苗管式（杯式）钵苗移栽机（王双喜，2010）

1. 主梁　2. 施肥杆齿　3. 地轮　4. 单组机架　5. 开沟器　6. 送苗机构
7. 镇压轮　8. 覆土器　9. 栽深调整杆　10. 秧盘　11. 喂入机构
12. 座位　13. 肥箱　14. 悬挂机构

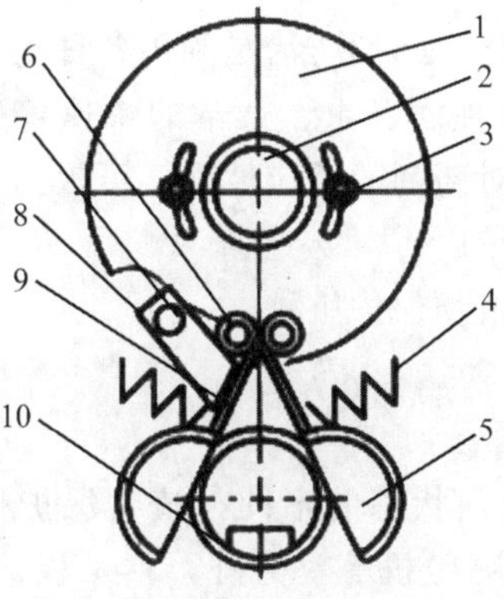

图 9-17　栽植器结构示意图
（王双喜，2010）

1. 圆盘凸轮　2. 立轴　3. 紧固螺栓
4. 弹簧　5. 喂入杯　6. 送苗器
7. 喂入杯支架　8. 滚轮支架
9. 滚轮　10. 杯轴

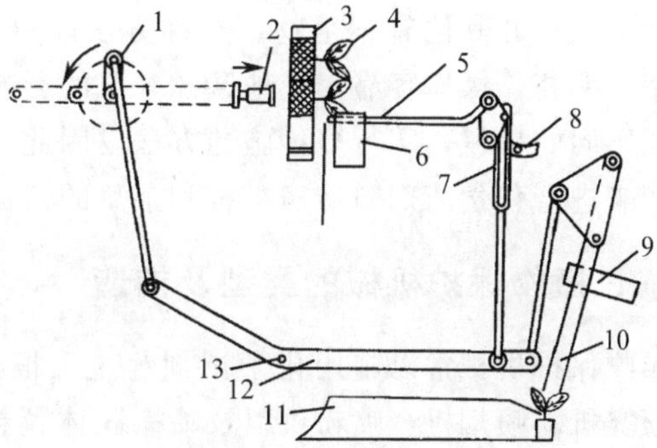

图 9-18　全自动蔬菜栽植机工作原理图（丁为民，2011）

1. 曲柄　2. 推苗器　3. 育苗盘　4. 苗　5. 栽苗板
6. 引导板　7. 升降杆　8. 限动板　9. 扩张板
10. 移栽爪　11. 开沟器　12. 旋转摇杆
13. 转轴

五、全自动栽植机

为了提高栽植机的生产率、减轻劳动强度，国内外都在研制全自动作物栽植机，有的机型已用于生产。全自动作物栽植机属于钵苗栽植机，它是把已育成苗的育苗盘直接放在机器上进行移栽，其工作原理如图 9-18 所示。

工作时，将已育好苗的育苗盘装入苗盘架上。动力经三角皮带无级变速传给减速箱带动曲柄连杆机构，使栽植器的钳夹式移栽爪由垂直位置向前上方顺时针转 90°到水平位置，这时移栽爪的小钳夹被引导板推开，夹住秧苗板上的秧苗，秧苗板上的秧苗是由推苗器从育苗盘中定时推出的。当小钳夹由水平位置再逆时针转 90°到垂直位置时，钳夹扩张板将小钳夹松开，秧苗平稳地落到开沟器开出的栽植沟内，再经两锥形覆土轮覆土镇压，完成一次栽

数字资源 9-4
移栽机

植。栽苗板在升降杆拉动下又回到水平位置接苗。

该机采用全自动栽植，工作准确可靠，调节方便，使用专用的小土钵 4 mm×4.6 mm×5.6 mm 的育苗盘，便于工厂化育苗并实现作物栽植机械化。这种机器要有大规模生产专用苗盘的工厂和工厂化育苗设施才能大面积推广使用。

该机可进行平栽或畦栽，适合栽植 5～15 cm 高的莴苣、白菜和甘蓝等。

第五节　植物保护机械和土壤消毒装备

植物保护是农作物生产过程中的重要环节。植物在生长发育过程中，经常遭受病虫草害而影响最终的产量和品质。因此，及时防治病、虫、杂草等对作物的危害，是非常重要的。为了经济有效地进行植物保护，应该防重于治，及时有效地把病虫草害消灭在危害之前，以保证稳产高产。

化学药剂防治法是目前使用的主要植物保护方法。化学药剂防治是利用各种化学药剂杀灭细菌、杂草和其他有害生物。这种方法能有效控制各种病、虫、杂草的快速繁殖，见效快，生产率高，操作容易，受地区和季节的影响较小，对药剂的适应性强，可根据不同的剂型选用不同的机械，实行多种施药方法，因此目前应用较广。

用来进行化学药剂防治病虫害和杂草的器械通称为植物保护机械。

一、植物保护机械的类型及构造

植物保护机械常以施用化学试剂为主，根据施用药剂状态的不同，植物保护机械主要有：喷雾机、喷烟机、喷粉机以及喷撒固体颗粒制剂的喷撒机等，另外，粘虫板、杀虫灯、硫黄熏蒸器也常使用于植物保护中。

(一) 喷雾机

1. 喷雾特点

喷雾机的功能是使药液雾化为细小的雾滴，并喷洒在农作物的茎叶上。喷雾是化学防治法中的一个重要方面，因为有许多药剂本身就是液体，另外是可以溶解或悬浮于水中的粉剂。喷雾的优点是能使雾滴喷得较远，散布比较均匀，黏着性好且受气候的影响较小，药液能较好地覆盖在植株上，药效较持久，因此，它具有较好的防治效果和经济效果。但由于所用药液需用大量的水稀释，因此在缺水或离水源较远的地区，应用受到限制。另外，由于喷雾需用较高的压力，故功耗较大。

田间作业时对喷雾机的要求是：雾滴大小适宜、分布均匀、能达到被喷目标需要药物的部位、雾滴浓度一致、机器部件不易被药物腐蚀、有良好的人身安全防护装置等。

2. 喷雾机的种类

喷雾机按药液喷出的原理分为液体压力式喷雾机、离心式喷雾机、风送式喷雾机和静电式喷雾机等。此外，按单位面积施药液量的大小来分，可以分为高容量、中容量、低容量和超低量喷雾机等。根据所用动力形式可分为人力式和动力式两大类。人力式又称手动式，是用人工操作喷洒药液的一种机械，它具有结构简单、制造容易、使用维修方便和价格低廉等特点。动力式又分为机动式和机引式两种类型，它是以内燃机、电动机或拖拉机动力输出轴为动力，利用喷洒部件将药液喷洒到农作物上的植物保护机具。动力式喷雾机具有工作幅宽大、生产效率高、喷洒均匀等优点。根据移动形式，可分为背负式、推车式、担架式、自走式等。

3. 手动喷雾器

手动喷雾器根据其结构及工作原理可分为液泵式和气泵式两大类。手动液泵式喷雾器的基本结构如图 9-19 所示，它属于液体压力式喷雾器，主要由药液箱、活塞泵、空气室、胶管、喷杆、开关及喷头等组成。

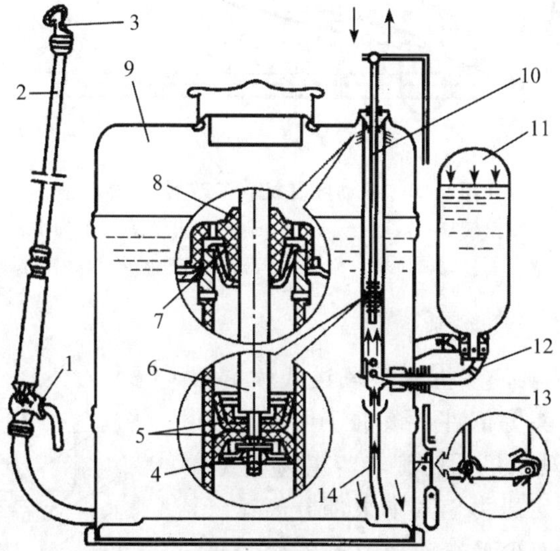

图 9-19　手动背负式喷雾器（王双喜，2010）

1. 开关　2. 喷杆　3. 喷头　4. 固定螺母　5. 皮碗　6. 塞杆　7. 毡圈　8. 泵盖　9. 药液箱　10. 泵筒　11. 空气室　12. 出液阀　13. 进液阀　14. 吸液管

工作时，操作人员上下揿动摇杆，通过连杆机构使塞杆在泵筒内作往复运动，当塞杆上行时，皮碗从下端向上运动，在皮碗下面，由于皮碗和泵筒所组成的腔体容积不断增大，因而形成局部真空。这时，药液箱内的药液在液面和腔体内的压力差作用下，冲开进水球阀，沿着进水管路进泵筒，完成吸水过程。当皮碗从上端下行时，泵筒内的药液开始被挤压，致使药液压力骤然增高，进水阀关闭，出水阀被压开，药液通过出水阀进入空气室。空气室里的空气被压缩，对药液产生压力，打开开关后，药液通过喷杆进入喷头被雾化喷出。

4. 机动式喷雾机

机动喷雾机的种类很多，但其结构和工作原理基本相似。机具的结构都是由动力机、喷枪或喷头、调压阀、压力表、空气室、流量控制阀、滤网、液泵、混药器等组成，如图 9-20 所示的是一种液体压力式活塞泵喷雾机。

当动力机驱动液泵工作时，水流通过滤网，被吸液管吸入泵缸内，然后压入空气室建立压力并稳定压力，其压力读数可从压力表标出。压力水流经流量控制阀进入射流式混药器，借混药器的射流作用，将母液（即原药液加少量水稀释而成）吸入混药器。压力水流与母液在混药器自动均匀混合后，经输液软管到喷枪，作远射程喷射。喷射的高速液流与空气撞击和摩擦，形成细小的雾滴均匀分布在农作物上。

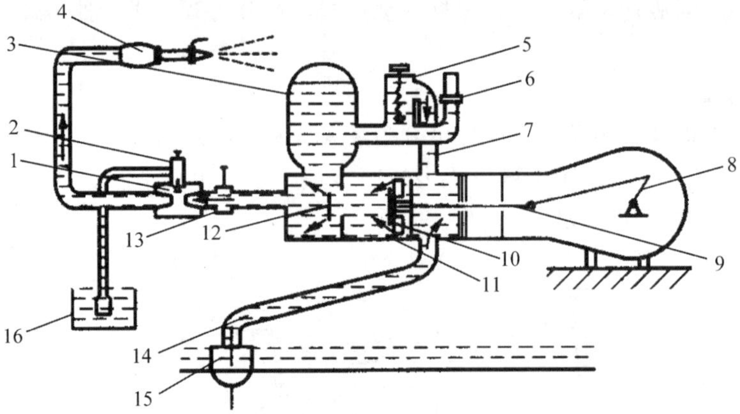

图 9-20　机动喷雾机（王双喜，2010）

1. 混合器　2. 混药器　3. 空气室　4. 喷枪　5. 调压阀　6. 压力表　7. 回水表　8. 曲轴　9. 活塞杆　10. 活塞　11. 泵筒　12. 出水阀　13. 流量控制阀　14. 吸水管　15. 吸水滤网　16. 母液桶

5. 弥雾机

图 9-21 是一种弥雾机，该机属于风送式喷雾机，通过更换不同形式的喷头等部件，该机还可进行喷粉作业。工作时汽油机带动风机叶轮旋转产生高速气流，并在风机出口处形成一定压力，其中大部分高速气流经风机出口流入喷管，而少量气流通过进气阀和进气管到达药箱面上部，对药液增压。在喷雾作业时，药液在风压作用下，经输液管流向喷头。喷头可分为固定导流叶片式和旋转叶片式。药液经固定叶片形成弥雾；旋转叶片在风机的高压气流作用下高速旋转时，转速可达 8 000～12 000 r/min，药液流到高速旋转的圆盘后，在离心力作用下先形成水膜，后分散成雾滴飞向四周，能形成很细的雾滴（80～100 μm），实现超低量喷雾。雾滴微小、均匀，覆盖面积大，药液不易流失，可提高防治效果，可进行高浓度、低喷量喷洒药液，大量减少稀释用水，适用范围广。

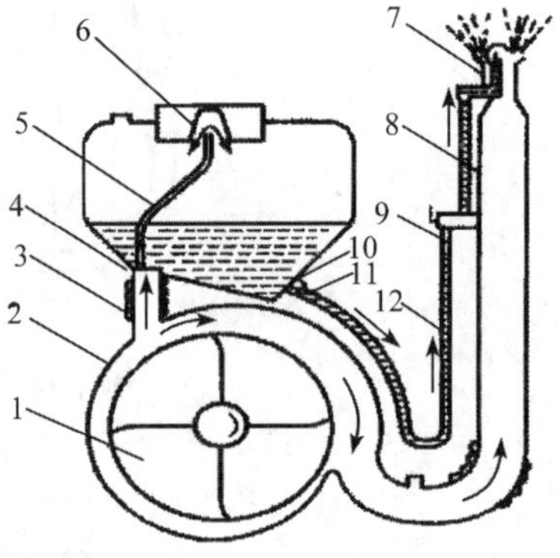

图 9-21　弥雾机（王双喜，2010）

1. 叶轮　2. 风机壳　3. 进气阀　4. 进气塞　5. 进气管　6. 滤网　7. 喷头　8. 喷管　9. 开关　10. 出液阀门　11. 出水塞接头　12. 输液管

6. 静电喷雾机

静电喷雾机的工作原理如图 9-22 所示，由机架、高压静电发生器、喷头总成和电源等部分组成。机架由大框架、桁架、主喷杆等组成；喷头主要由微型电机、雾化盘极板、喷头体等部分组成。工作时，高压静电发生器产生的高压负电直接加在喷头的药液管上，当药流通过时，药液就带上负电。喷头的极板也带高压负电，因而就使作物上产生一个正电位，二者之间形成一个电场，带负电的药液直接被吸向带正电作物的各个部位，不仅正面，而且能吸附到它的反面。静电喷雾技术的优点是提高了雾滴在农作物上的沉积量，雾滴分布均匀，飘移量减少，节省用药量，提高了防治效果，减少了对环境的污染。

(二) 喷粉机

如图 9-23 所示，为喷粉机的工作原理示意图，其实际为弥雾喷雾机的另一种工作方式，工作时，汽油机带动风机叶轮旋转，大部分高速气流经风机出口流经喷管，而少量气流经进风阀门进入吹粉管，然后由吹粉管上的小孔吹出，使药箱中的药粉松散，以粉气混合状态吹向粉门。由于弯管下部出粉口处有负压，将粉剂吸到弯管内，这时粉剂被从风机出来的高速气流，通过喷管吹出喷粉机的喷口。喷粉机喷洒的为粉状固体制剂，颗粒 3～5 μm。喷粉的优点是作业效率高，不需要载体物质，不用加水，因而节约劳力和作业费用，其主要缺点是粉粒在植株上的附着性差，容易滑落。

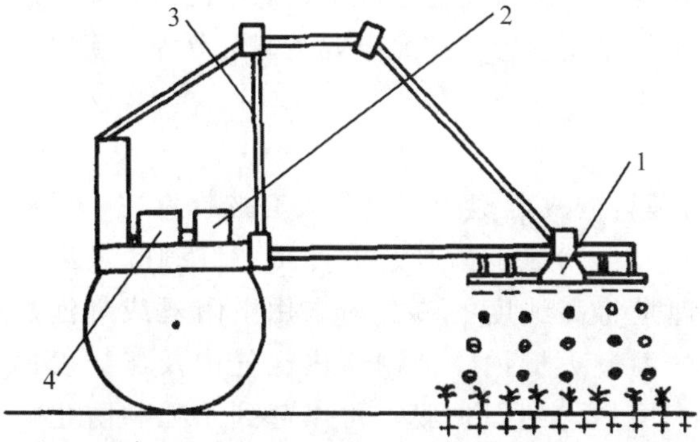

图 9-22 静电喷雾机（丁为民，2011）

1. 喷头总成 2. 高压静电发生器 3. 机架 4. 电源

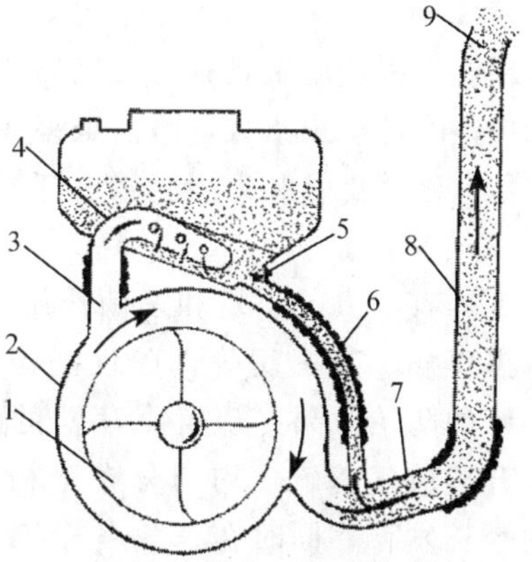

图 9-23 喷粉机（王双喜，2010）

1. 叶轮 2. 风机 3. 进风阀门 4. 吹粉管 5. 粉门 6. 喷粉管 7. 弯管 8. 喷管 9. 喷口

(三) 烟雾机

烟雾机能够使药剂产生直径小于 30 μm 的雾滴喷出，形成烟雾。根据雾化温度的不同，烟雾机可分为热烟雾机和常温烟雾机。热烟雾机是利用燃烧所产生的高温气体的热能和高速气体的动能，使油溶剂受热而迅速裂解，挥发呈烟雾状，随同燃烧后的气体喷出。常温烟雾机是利用压缩空气在常温下使药液雾化成小于 30 μm 的烟雾。根据雾化机构的不同，又分为气体雾化型烟雾机、直接燃烧式烟雾机和蒸发式烟雾机。雾化型烟雾机是利用气体使药液形成烟雾，该方法应用最广；直接燃烧式烟雾机是将杀虫剂与燃烧迟缓的物质混合在一起点火，使其发出烟雾状；蒸发式烟雾机是将杀虫剂加热使其蒸发，形成烟雾。

常温烟雾机的工作原理如图 9-24 所示，由空气压缩机输出一定压力的空气，经输气管路切向进入涡流室，空气在涡流室中一边高速旋转，一边轴向前进，高速旋转的气流在混合室中心部分形成一定的真空度，药液被吸入混合室与高速旋转的空气混合，继而气液混合物以高速喷出喷口，形成烟雾。改变气流比，即可调节雾滴直径的大小，以达到理想的烟雾状。

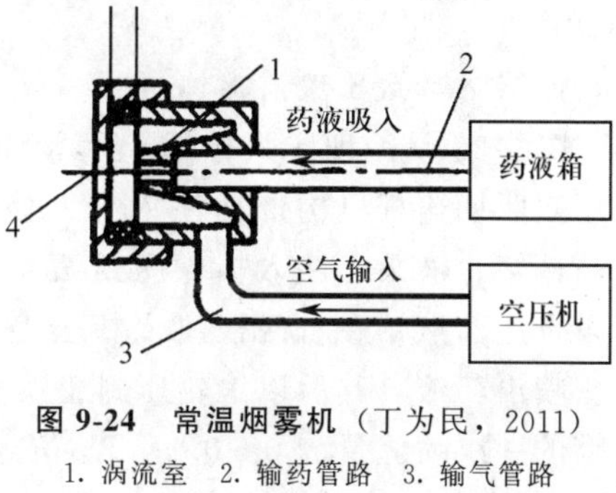

图 9-24 常温烟雾机（丁为民，2011）

1. 涡流室 2. 输药管路 3. 输气管路 4. 混合室

烟雾机所喷出的大量烟雾可充满在一定的空间

内，能较长久地悬浮在空气中，可以深入到一般喷雾、喷粉所不能到达的空隙处，长时间悬浮在空气中的烟雾，通过触杀和熏蒸作用消灭病虫害。所以，烟雾尤其适合于消灭飞翔的害虫。烟雾机不用水或少用水，因此受地区条件的限制比较小，用于封闭的场所，如温室、仓库、船舱、畜棚以及医院等熏杀害虫和消毒、防疫。

(四) 其他植保设备

1. 粘虫板

粘虫板杀虫技术是利用昆虫的趋黄、蓝性诱杀农业害虫的一种物理防治技术，采用黄、蓝色纸（板）上涂粘虫胶的方法诱杀昆虫，可以有效减少虫口密度，不造成农药残留和害虫抗药性，可兼治多种虫害，绿色环保、成本低。

2. 杀虫灯

杀虫灯是根据昆虫具有趋光性的特点，利用昆虫敏感特定光谱范围，诱集昆虫并能有效杀灭昆虫，降低病虫指数，防治虫害和虫媒病害的专用装置。按照电源类型可分为交流电杀虫灯、蓄电池杀虫灯和太阳能杀虫灯等。

3. 硫黄熏蒸器

硫黄具有杀虫、杀螨和杀菌作用，对白粉菌科的真菌孢子和螨类具有选择毒性，对白粉病、黑斑病、灰霉病等真菌性病菌害及蚜虫、白粉虱、蓟马、潜叶虫、红蜘蛛等虫害均有很好的防治效果。硫黄熏蒸器的工作原理是将高纯度的硫黄粉末用电阻丝或灯泡加热直接升华成气态硫，均匀分布于相对密封的温室大棚内，抑制室内空气中及作物表面病虫的生长发育，同时在作物各个部位形成一层均匀的保护膜，可以起到杀死和防止病原菌侵入的作用。

二、土壤消毒机械

设施农业高密度和多年连作会加剧土壤传播病虫害，造成作物产量下降，品质低下，甚至绝收。采用物理或化学的方法进行土壤消毒是解决连作障碍的有效方法之一。

(一) 化学消毒法

化学消毒法即化学药剂消毒法，是利用化学药剂处理土壤的方法，把液体药剂注入一定深度土壤，并使其汽化扩散，常用药剂包括40%福尔马林、氯化钴和溴甲烷等，使用的机械有人力和动力土壤消毒机2种。人力土壤消毒机由活塞、药液箱、吸排液阀、注入针、喷头等组成，适用于小面积作业。动力土壤消毒机可与小型拖拉机和大型拖拉机配套使用，前者多为牵引式，而后者多为悬挂式。按注入机构形式可分为注入棒式和注入刀刃式。

1. 注入棒式土壤消毒机

图9-25是一种注入棒式土壤消毒机，安装在手扶拖拉机上，一般具有2根注入棒，利用双曲柄连杆机构带动注入棒，使注入棒上下垂直运动，避免残根、作物秸的挂阻，由药液箱、液泵、注入棒、压封滚轮等组成。工作时，由动力将注入棒打入土壤一定深度再点注药液。左右两根注入棒交替进行，以减少机体振动。注入棒达到最大深度时，喷头喷出药液，其后以滚轮压封土壤表面，减少汽化药液的泄漏，这种机具效率比较高。喷嘴的一次喷施量为0～0.5 mL，注入间距为30 cm，注入深度为22 cm左右，可用尾轮来调节。

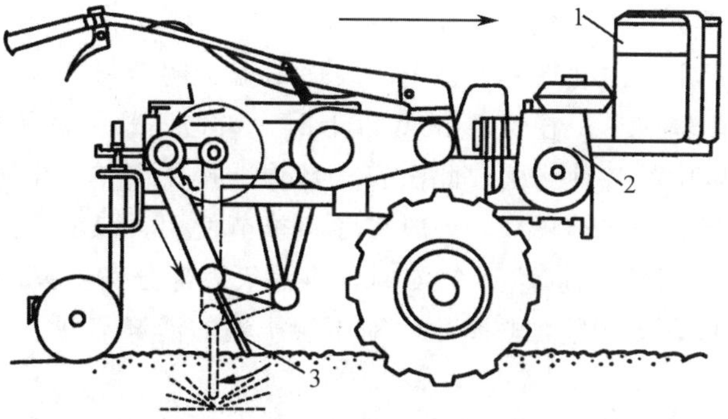

图 9-25　注入棒式土壤消毒机（耿端阳，2011）

1. 药液箱　2. 手扶拖拉机　3. 注入棒

2. 注入刀刃式土壤消毒机

图 9-26 是一种注入刀刃式土壤消毒机。药液由隔膜泵加压后经过管道和安装在管道前端的注入刀刃点注。药箱容积一般为 20 L，常用压力为 49～69 kPa。

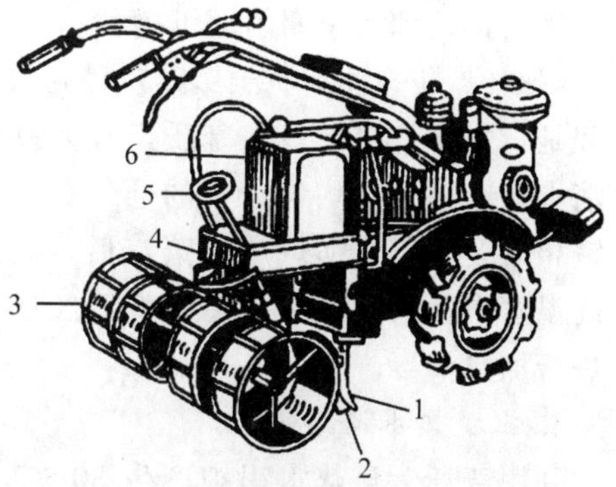

图 9-26　手扶拖拉机配套土壤消毒机（王双喜，2010）

1. 注入刀刃　2. 注入口　3. 镇压轮
4. 注入开闭龙头　5. 注入深度调节手柄　6. 药箱

由于化学消毒法常用的消毒剂溴甲烷挥发后会严重破坏地球大气的臭氧层，促使人们寻找替代溴甲烷的土壤消毒法，使得土壤物理消毒法日益受到重视。

(二) 物理消毒法

物理土壤消毒法是通过提高土壤温度达到消灭土壤和栽培基质中病菌的目的，温度达到 80℃以上基本可以杀死土壤中大部分病菌，如图 9-27 所示，消毒效果不仅和温度有关，还和消毒时间有关。

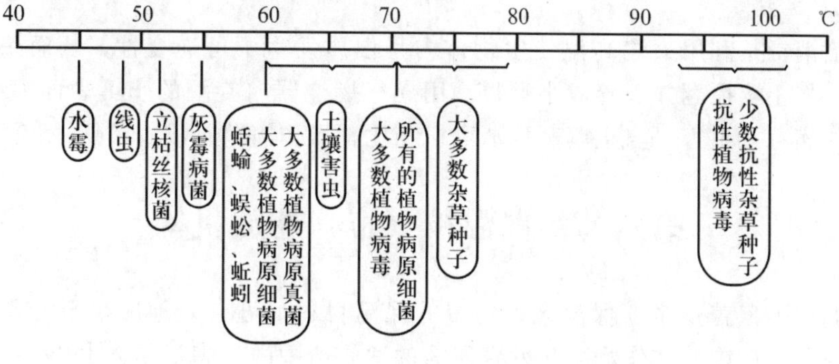

图 9-27　土壤和栽培基质中病菌的灭死温度（王双喜，2010）

物理消毒法是一项环保消毒技术，主要指太阳能加热消毒法、蒸汽消毒法和热水消毒法，其基本原理是利用各种热源使土壤的温度达到 50℃以上，实现消除土壤中绝大多数病菌及虫害的目的。

1. 太阳能加热消毒法

该法是在向待消毒土壤中灌水，并在土壤表面覆盖透明塑料薄膜，封闭温室15～20 d，通过温室效应吸收太阳辐射热。在气温35℃以上时，被透明塑料薄膜覆盖的土壤温度升至50～60℃，可杀死土壤中的各种病菌。此法安全环保、操作简单。但消毒不均匀，耗时长，受天气制约。作物育苗基质周转频繁，一般在冬春季节使用，该法不适于育苗基质的消毒。另外，20 cm深度以上土层的温度达到50℃时，可消灭大部分病虫害，但20 cm深度以下土层很难超过45℃，所以，太阳能加热消毒法对下层土壤的消毒不彻底。

2. 蒸汽消毒法

土壤蒸汽消毒是将高温蒸汽通过导管通入到覆盖有保温膜的土壤中，使土壤温度升高，达到灭除土壤病虫害的目的。一般包括蒸汽发生装置、换热装置和水质软化装置，可实现蒸汽温度120～200℃的连续可调，使基质或土壤温度达到80℃以上。同时，蒸汽消毒有利于改善土壤团粒结构和恢复团粒活性，提高土壤排水性和通透性，具有高效清洁、无毒、无残留等优点，处理后短期内即可播种。

图9-28是一种基质土壤蒸汽消毒设备，其基本工作过程是：先将待消毒栽培基质土投入基质消毒槽中，基质消毒槽底部开有均匀分布的通气孔，与下面的蒸汽分配室相通。当蒸汽锅炉产生蒸汽后，通过送汽管将产生的高温蒸汽通入蒸汽分配室，然后经通气孔对栽培基质土进行加热消毒。

图9-28 基质蒸汽消毒设备

（王双喜，2010）

3. 土壤热水消毒法

利用普通常压热水锅炉产生80～95℃的热水，将热水经开孔洒水管道灌注到土壤中，在土壤表面铺盖保温覆盖膜，可提高深处土壤的温度，从而消灭病虫害。与前两种方法相比，该法优点是：30 cm深处土壤温度可达50℃以上；水热容量大于蒸汽，可使土壤较长时间保持高温，土壤消毒效果好。但对于育苗基质消毒，此法存在营养流失、需要排水设施等问题；另外，该法耗水量大，1 m^2需注水100～200 L，在水资源不足地区使用受限。

4. 火焰消毒法

土壤火焰消毒是利用火焰高温使生物体内蛋白质发生不可逆变性，从而杀死细胞和机体。工作时，将土壤搅翻并破碎成小颗粒，用燃气燃烧器向旋翻的土壤表面喷射高温火焰，消除土壤中的病菌及虫害。与土壤蒸汽消毒机相比，操作简单，成本较低。

第六节 保温被（帘）卷放机构

通过在棚面上覆盖草帘、保温被、卷帘等保温材料，可有效地减少日光温室的热量散失，将温室内部温度维持在作物生长发育所需的适宜范围内，满足作物生长和发育所需，且卷帘可在白天太阳光照过强时，用以遮阳或是在雨雪天气为作物提供必要的保护。但是由于棚面面积较大，人力卷帘收放作业工作量大、劳动强度高，不适宜大规模作业生产。随着设施农业的发展，各种机械化保温被卷放机构在设施保温系统中的应用越来越广泛，已成为设施农业的重要装备之一。

一、卷帘机构的种类

目前市场上卷帘机种类繁多、形式多样。按照卷帘机构的工作方式可分为固定式和随动式两种；按动力传动形式可分为双蜗轮蜗杆式、单蜗轮蜗杆与直齿轮传动式、链传动与直齿轮式 3 种；按卷铺方式分类最为常用，主要有后置卷绳上拉式、前置卷轴上推式、侧置卷轴上推式和导轨式。

二、后置卷绳上拉式卷帘机

后置卷绳上拉式卷帘机也叫后卷轴式、后拉式、顶拉式、固定式、牵引式卷帘机，各地叫法不一。如图 9-29 所示，该卷帘机将主要工作部件电机、变速箱、卷放轴等固定在日光温室或大棚的脊顶处。一般脊部每隔 3 m 设一个轴支座支撑卷绳轴。由多条卷放绳联结保温被与卷绳轴，将一定距离间隔的绳子，一端拴系在屋脊处，沿着温室屋面布置在帘或保温被的下面，另一端绕过帘或保温被底面，延伸并固定到位于温室后屋面的卷帘机卷轴上。工作时电动机经减速后带动卷放轴转动，缠绕在卷放轴上的多条卷绳同时模仿人工卷帘形式、卷动保温被，形成整体卷动实施卷帘。铺放时，电机反转，卷放绳放松，在保温被的自重作用下，滚动下放，实施铺放。

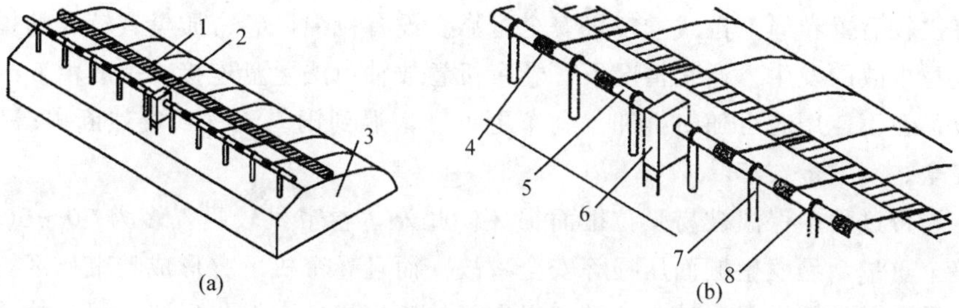

图 9-29　后置卷绳上拉式卷帘机（丁小明，2011）

（a）整体示意图　　（b）局部放大示意图

1. 保温被（草苫子）　2. 卷帘机　3. 日光温室　4. 拉绳　5. 卷绳轴　6. 主机　7. 支架　8. 轴套

该卷帘机主体结构简单、安装简便、造价低，卷相同重量的保温被（帘）需要的扭矩小，可卷 100 m 以上，适用于不同长度的日光温室，卷帘机通用性好，但对保温被的重量要求高，温室屋脊面应有一定的坡度。

缺点：该卷帘机所需卷放绳较多，且均在草苫或保温被之上。由于每条绳子受力不均，使用一段时间后，各卷放绳长短不一，使得各部分卷放速度不一致，不能实现全体保温被同步，卷铺不齐，需要农户经常调整，一旦卷入操作人员的衣服或手指，会造成人身事故，安全隐患较大。同时，保温被卷放的不同步会使卷放轴变形，增大了操作阻力，也影响棚膜和保温被的寿命。

三、前置卷轴上推式卷帘机

前置卷轴上推式卷帘机也叫前屈伸臂式、悬臂式、螳螂式卷帘机。如图 9-30 所示，这种卷帘机由主机、支撑杆、卷轴三部分组成。支撑杆分为上撑杆和下撑杆两部分，上撑杆的另一端固结动力装置。该卷帘机是将动力输出轴固定在卷轴上，卷轴由两个等长的钢管连接件构成，要求减速机为双轴输出，一般采用法兰盘与卷轴固结。卷轴固定在保温被（帘）位于前屋面的端部，卷轴将保温被（帘）从低端卷起，同时卷轴随着保温被（帘）一同转动，爬升到屋顶，将保温被卷起。电机反向旋转，将保温被铺盖在温室表面。

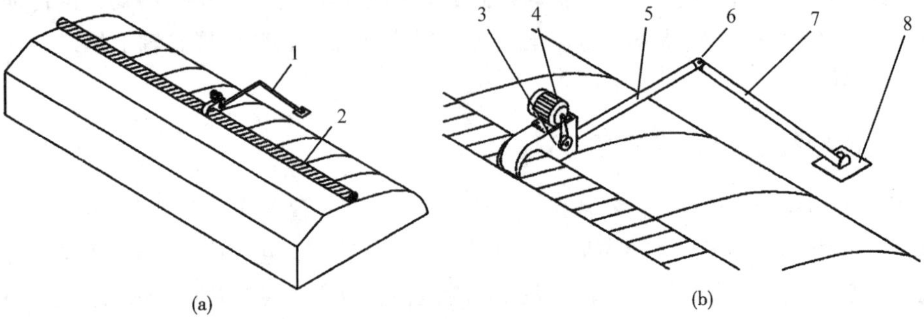

图 9-30 前置卷轴上推式卷帘机（丁小明，2011）

（a）整体示意图 （b）局部放大示意图

1. 卷帘机支撑杆 2. 保温被（草苫子） 3. 减速机 4. 电机 5. 上撑杆 6. 连接件 7. 下撑杆 8. 地面固定件

该卷帘机较后置卷绳上拉式卷帘机安全可靠。没有拉绳，卷帘质量有较大的提高，避免了大多数人身事故的发生。通常情况下，卷帘机卷放轴由法兰盘连接，一般由 6 m 一根的钢管连接而成，在不使用时可随时拆卸。刹车更可靠，遇到雨雪天气或突然断电等特殊情况，也能保证安全。

缺点：卷帘过程中保温被易受拉扯而损坏。此外，卷帘机较重，多为 50～90 kg，棚架需要承受整个重量，易发生棚面压损等安全事故。而且卷帘机下方形成卷帘死区，不能实现自动卷帘，需要另外铺设保温被。该卷帘机需要的输出扭矩大，与后置卷绳上拉式卷帘机相比，整个卷帘过程对温室有较大的压力，且对于 100 m 以上的温室卷放效果差。

四、侧置卷轴上推式卷帘机

该卷帘机与前置卷轴上推式卷帘机相同，是将主机的动力输出轴固定在卷轴上，不同之处是该卷帘机的动力输出轴固定在卷轴的侧端，而前置卷轴上推式卷帘机固定在卷轴的中间。

如图 9-31 所示，该卷帘机有主机、伸缩套管、卷放轴三大部分。伸缩套管由上、下套管组成。保温被的下端用塑料卡箍（或其他方法）和卷放轴连成一体，使保温被能绕卷放轴转动，裹卷成圆筒状。电机、减速器、自锁装置及相应控制装置整体与卷放轴固定联结，实现同步运动。该机驱动扭矩大，质量小，可正、反转，并能随时实现运动自锁。伸缩套管上部与减速电机座固联，下部与卷放铰支点铰接，在山墙端部平行平面内来回摆动同时沿轴向自由伸缩，其作用是防止在卷放被（帘）过程中电机座的自转。电机带动卷放轴沿温室拱面滚动，实现卷放。另配有加强卷放带或卷放套筒，用以改善由于机构自重造成的卷放不直或对保温被的严重拉伸破坏等情形。

该类型卷帘机结构简单、安装容易、造价较低，是较为经济的卷帘机机型。

缺点：由于卷帘驱动装置位于卷放轴的一端，动力输出效果不均，远离动力放置的一侧往往出现卷帘不到位、卷帘不齐等现象，卷帘效果较差，并且随着棚面跨度增大，卷帘机负荷较大，

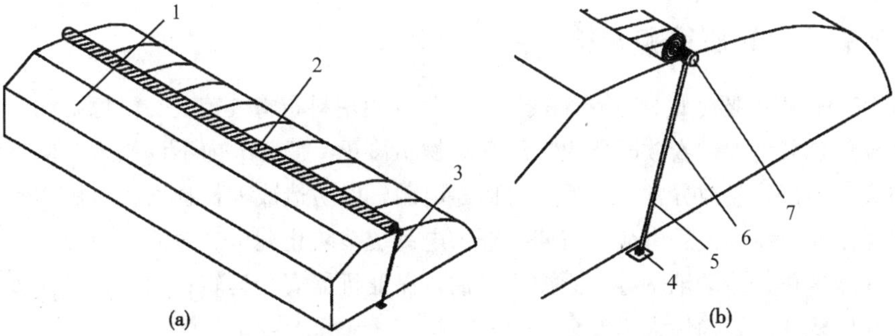

图 9-31 侧置卷轴上推式卷帘机（丁小明，2011）

（a）整体示意图 （b）局部放大示意图

1. 日光温室 2. 保温被（草苫子） 3. 卷帘机 4. 地面固定件
5. 下伸缩管 6. 上伸缩管 7. 电机和减速器

卷放轴容易折损，具有较大的安全隐患。因此，侧置卷轴上推式卷帘机往往仅适用于棚长较小的日光温室卷帘作业，目前主要用于卷铺覆盖物为保温被的温室，温室长度要求一般不大于 80 m。

五、导轨式卷帘机

导轨式卷帘机也叫桥梁式卷帘机、索道式卷帘机，是近几年研发出来的新机型。

如图 9-32 所示，由主机、导轨、卷放轴、滚轮等组成。导轨横跨温室，一端固定在温室前的地面上，另一端固定在温室的后屋面上，组成导轨。主机输出轴与前置卷放轴上推式卷帘机采用相同的方式与卷放轴相连，主机通过滚轮悬挂在导轨上。卷轴随保温被（帘）一同转动，实现卷放。

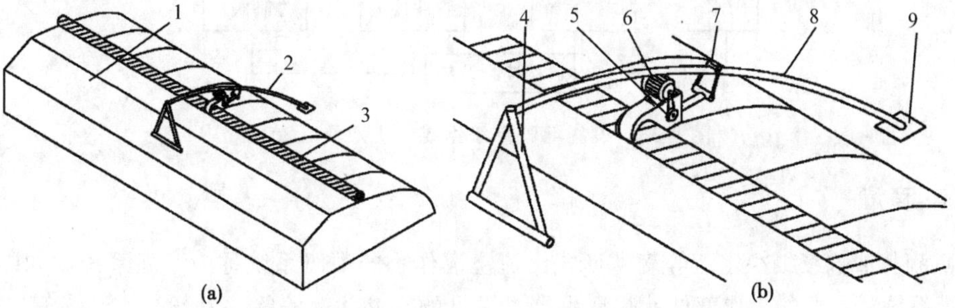

图 9-32 导轨式卷帘机（丁小明，2011）

（a）整体示意图 （b）局部放大示意图

1. 日光温室 2. 卷帘机 3. 保温被 4. 后屋面支架 5. 减速机 6. 电机
7. 滚轮 8. 导轨 9. 地面固定件

相对于通过架设辅助支架的“无轨”棚面自走式卷帘机，导轨式卷帘机卷帘装置的主体质量由所架设的吊轨承担，可减轻棚室骨架荷载，减小棚面被压损的危险，安全性有了很大的提高。且由于轨道的引导，卷帘机的卷帘动作准确性更高，卷帘效果也更好，该类型卷帘机具有较好的发展应用前景。

数字资源 9-5 卷帘机

缺点：由于需要架设大型吊轨，该卷帘机造价高，卷帘机下方的区域仍然是“死区”，需要人工卷放。

六、卷帘机构的使用和维护

卷帘机使用过程中要尽量保证保温被干燥，最好用塑料布将其盖上，以免雨雪淋湿导致卷放负载增大；卷放时要先将压管等物品移开，且 2 m 内不许站人，以免误伤；卷放过程中切忌离人，以防卷放异常；用后及时切断电源，以防造成人机损伤；对机构各部件应定期维护，以确保工作可靠和使用寿命；定期检查供电系统，防止漏电、短路或断路；定期给主机的传动部分（如减速机、传动轴承等）添加润滑油，保证机器安全运转；在维护、检查与调整系统时，一定要在停机状态，确保人机安全。

第七节　节水灌溉设备

常用的设施灌溉方式有滴灌、微喷灌、渗灌、潮汐灌、水培灌等多种形式。

一、设施灌溉系统的组成

如图 9-33 所示，一套完整的温室灌溉系统，通常包括水源、首部枢纽、供水管网、田间灌溉设备、自动控制设备等五部分。有些灌溉系统还包括施肥设备、过滤设备、控制和安全设备等。田间灌溉设备是灌溉系统的主要组成部分，是决定整套设施灌溉系统的性能和价格的关键，也是区分不同温室灌溉系统的依据，有灌水管、滴头、微喷头等几种。

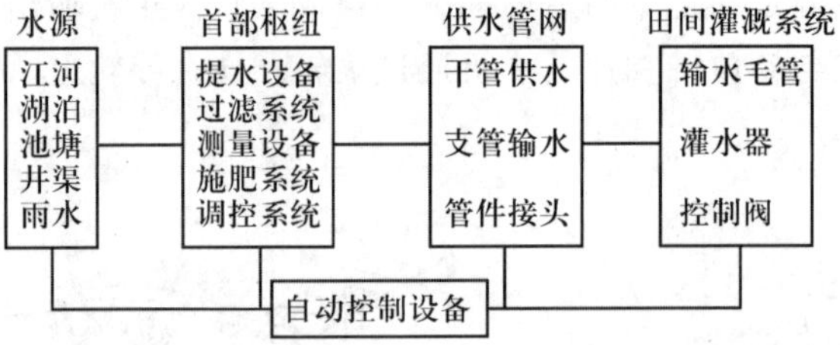

图 9-33　设施灌溉系统组成（王双喜，2010）

二、滴灌

以点滴状或连续细小水流等滴灌形式出流浇灌作物的灌溉系统称为滴灌系统，如图 9-34 所示。滴灌系统最主要的工作部件就是灌水器，常见的有滴头、滴箭、发丝管、滴灌管、滴灌带、多孔管等。

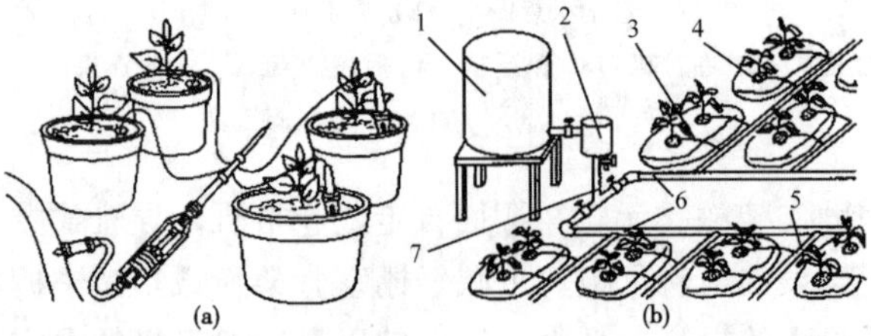

图 9-34　温室滴灌系统（王双喜，2010）

（a）采用滴箭的盆栽花卉　（b）采用滴灌的袋培果菜生产

1. 营养液　2. 过滤器　3. 水阻管　4. 滴头　5. 毛管　6. 支管　7. 主管

根据输配水管网布置分类，可分为固定式、半固定式、移动式三类滴灌系统。固定式滴灌系统各个组成部分在整个灌溉期固定不动，输配水的干、支管埋入地下，毛管有的埋在地下，有的放在地表或悬挂在离地面所需高度的支架上。半固定式滴灌系统输配水的干、支管在灌溉季节固定不动，毛管连同其上的灌水器可按设计要求移动，一条毛管可在多个位置工作。移动式滴灌系统的各个组成部分在灌水季节都可按要求进行移动，安装在灌区内不同位置进行灌溉。

低温季节在设施中采用滴灌，能够避免其他灌溉方法灌水后室内湿度过大而造成作物染病的弊端，因此滴灌可以说是绝大多数生产性设施中灌溉系统的最佳选择，也是最先进的设施节水灌溉方式之一。滴灌的缺点在于设备投资较高、系统的抗堵塞性能差，因此滴灌对水质要求较高。选用滴灌系统应根据水质情况配置完善的水源净化过滤设备，并在使用中注意采取必要的维修保养措施，谨防系统堵塞。

三、微喷灌

微喷灌是通过低压管道系统，以小的流量将水喷洒到土壤表面进行灌溉的一种灌水方法。它是在喷灌和滴灌技术基础上逐步形成的一种新型先进灌水技术，微喷头种类繁多，常见的有射流旋转式、折射式、离心式和缝隙式等。

旋转式微喷头如图 9-35 所示，一般由旋转折射臂、支架、喷嘴构成。喷头结构中带有可旋转的分流器，从喷嘴中喷出的水流通过曲线形的分流器后以一定的仰角向外喷出，在空气阻力、水的表面张力作用下逐渐破裂成线状并形成细小水滴，水滴在自身重力和惯性力作用下喷洒在地面。同时在水流的反作用下，分流器快速旋转，使其喷射出的水滴能够均匀洒在地面上。该喷头射程远、水滴较大、雾化度低、喷灌强度低、喷洒均匀度较高，这种喷头只能进行全圆喷洒。

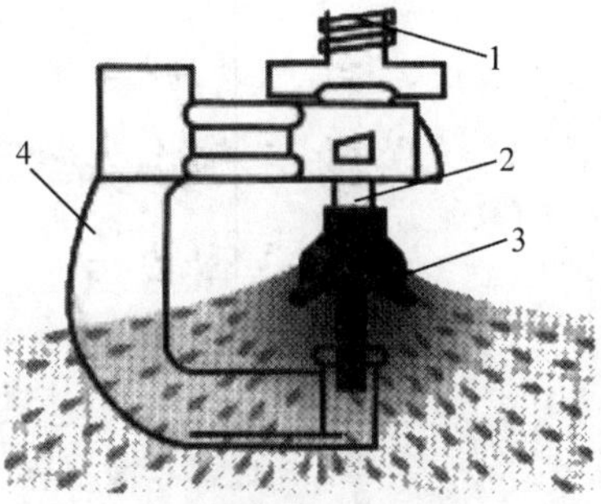

图 9-35　射流旋转式微喷头喷洒示意图

（王双喜，2010）

1. 进水口　2. 喷嘴　3. 分流器　4. 支架

折射式微喷头主要部件有喷嘴、折射锥和支架，如图 9-36 所示。水流由喷嘴垂直向上喷出，遇到折射锥即被击散成薄水膜沿四周射出，在空气阻力作用下形成细微水滴散落在四周地面上。折射式微喷头又称为雾化微喷头。折射式微喷头的优点是结构简单、没有运动部件、喷洒时射程较小、雾化性能好、工作可靠、价格便宜。缺点是水滴大小差别较大、喷灌强度大、喷洒均匀度较低、射程近，且由于水流太微细，在空气干燥、温度高、风力大的地区，蒸发漂移损失大。

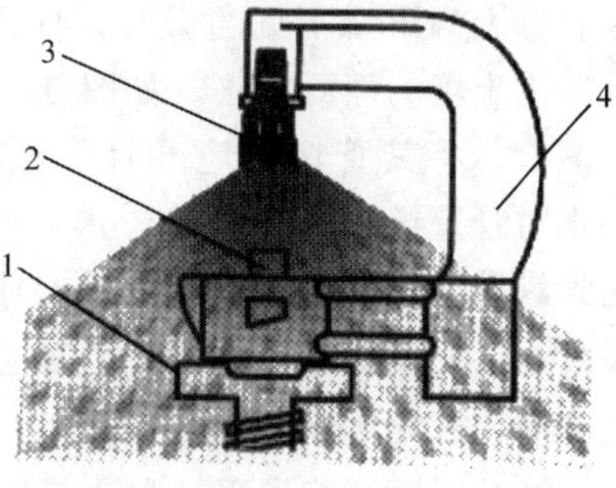

图 9-36　折射式微喷头喷雾示意图

（王双喜，2010）

1. 进水口　2. 喷嘴　3. 折射锥　4. 支架

固定式微喷灌系统的喷洒水滴落在地表面时分布不均匀，还需要通过滴落水在土壤中的进一步扩散，才能达到均匀分布灌溉各处作物的效果。但在盆栽、袋栽作物与穴盘育苗等设施生产中，由于盆、袋、穴盘等栽培容器的限制，固定式微喷灌系统中滴落在地面的喷洒水无法进一步扩散而使灌溉水均匀分布，因此在采用容器栽培的设施生产中，无法依靠普通的固定式微喷灌系统获得理想的灌溉效果。

数字资源 9-6
微喷灌

如图 9-37 所示，为一种移动式喷灌机，实质上也是一种微喷灌系统。工作时，移动式喷灌机沿悬挂在设施骨架上的行走轨道移动，通过安装在喷灌机两侧喷灌管上的多个微喷头，在喷灌机的行走机构带动下前后移动实施灌溉作业，其喷洒均匀系数可达 90%以上。利用移动式喷灌机喷洒均匀度高的优势，对设施作物进行均匀的施肥或喷药作业，不仅可以大大降低劳动强度，还可以提高肥、药的利用率，减轻设施的环境污染。同时采用可更换喷嘴的微喷头，可根据作物或喷洒目的不同选择合适的喷嘴进行喷洒作业。

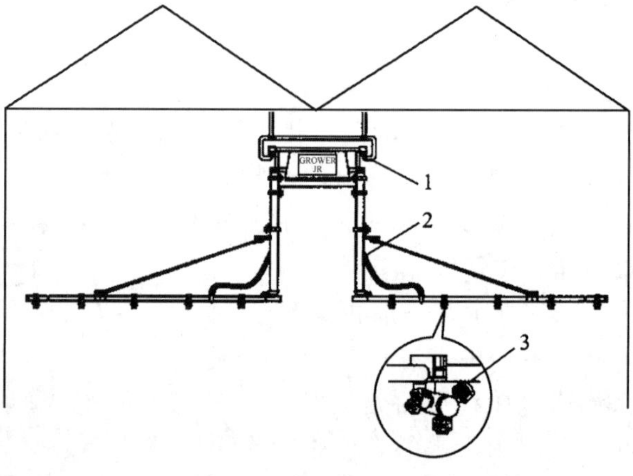

图 9-37 温室移动式喷灌机（王双喜，2010）

1. 喷灌机行走轨道 2. 喷灌机主机 3. 三喷嘴微喷头

四、渗灌

渗灌是利用埋在地下的渗水管，将压力水通过渗水管管壁上肉眼看不见的微孔，像出汗一样渗流出来湿润其周围土壤的灌溉方法。如图 9-38 所示，为一种纵缝式渗灌管，将其管埋入地下后，利用塑料管的弹性特点，供水时管壁纵缝张开向外渗水，停水时纵缝闭合的原理达到渗灌的目的。根据渗灌管渗水流道的结构不同，渗灌灌水器有纵缝式渗灌管、直通型渗灌管、非直通型微孔渗灌管、内镶滴头式渗灌管等。内镶滴头式渗灌管采用 PE 塑料管，其滴头为紊流流道消能，具有压力调节作用，在滴灌管制造过程中，将预先制造好的片式或管式迷宫流道滴头等距离内镶在渗灌毛管上，目前应用较多。

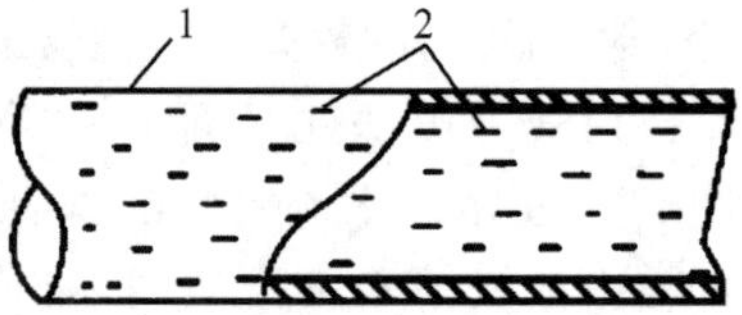

图 9-38 纵缝式渗灌管

（王双喜，2010）

1. 渗灌管 2. 纵缝

渗灌与温室滴灌系统的滴灌带灌溉相近，只是灌水器由滴灌带换成了渗灌管，由此在灌水器的布置上也发生了变化，滴灌带一般布置在地面，而渗灌管则是埋入地下。由于渗灌是将渗灌管埋入作物主要根系活动层内，管四周与土壤接触，微压水从管中渗出，即进入土壤孔隙中，形成对接而马上转变为土壤水，这样就消除了土壤的干、湿循环，降低了作物的水应力，而无须像其他灌溉技术那样，灌溉时水必须经过由地表向地表下的渗透，造成一段时间内土壤空气减少，使土壤短时闭塞、窒息，作物根区处于缺氧状态。渗灌能使土壤和作物经常处于不缺水也不缺氧的状态，由于不破坏土壤结构，保持了作物根系层内疏松通透的生长环境条件，且减少了地面蒸发损失，因而具有明显的节水增产效益和品质改善作用。此外，田间输水管道埋入地下后便于农田耕作和作物的栽培管理，同时，管材抗老化性也大大增强。

设施内采用渗灌系统具有省工、节水、易于实现自动控制、田间作业方便、设备使用年限长等优点，但因种植作物必须准确地与地下灌溉系统相对应，且灌溉均匀度低、系统抗堵塞能力差、检查和维护困难等原因，使其在设施灌溉领域内的应用受到了限制。

五、水肥一体化

水肥一体化又叫管道施肥，是一项借助节水灌溉系统将肥液均匀、准确地输送到作物根部，有效控制灌溉量和施肥量，提高水肥利用效率的现代技术。目前应用较多的施肥装备有压差式施肥罐、文丘里施肥器、注入式施肥设备、比例施肥泵、泵吸肥法等。

压差式施肥罐一般由混肥罐（施肥罐）、进水管、供肥液管、调压阀等组成，如图 9-39 所示。它是利用输水管上的两点形成的压力差，将肥料溶液注入系统。储液罐为承压容器，其压力与管道相同。压差式施肥罐既适用于设施农业，又适应于大田种植。其优点是加工制造简单，无须外加动力设备，投资成本低。缺点是溶液浓度变化大，肥液浓度随施肥时间逐渐减小，罐体容积有限，如施肥面积大，添加肥料次数较频繁，安装调压阀容易造成输水管道水头损失。

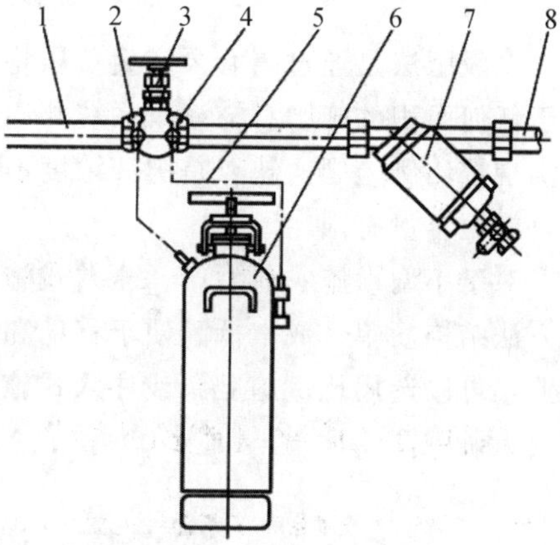

图 9-39 压差式施肥罐结构示意图

（王双喜，2010）

1. 输水干管 2. 施肥进水调节阀 3. 施肥阀 4. 施肥出水调节阀 5. 软管 6. 施肥罐 7. 过滤器 8. 肥水输出干管

文丘里施肥器主要利用水流通过由大渐小然后由小渐大的管道形成的压力差，将肥液从一个敞口肥料罐吸取上来。文丘里施肥器出流量小，主要适用于小面积种植，如设施大棚、小规模农田。其优点是构造简单，造价低廉，易于移动。缺点是应用时系统水头压力损失大，吸肥量易受压力影响，这个缺点可以通过将文丘里施肥器与管道并联安装来克服，如图 9-40 所示。

注入式施肥是利用注肥泵将肥料母液注入灌溉系统，注肥泵一般由电力驱动，如图 9-41 所示。注入口可设置在输水管道任何位置，注入肥液压力需大于管道内水流压力。其优点是注肥速度可调，适用于各种不同肥料配方，既可实现比例施肥又可定量施肥。缺点是运行需满足最小压力，需要正确设计和辅助配件，必须进行日常维护，前期投入成本高。

比例施肥泵是靠水压带动活塞运动将高浓度的溶液，按设定的比例吸入管道中的设备。其优点是不受系统压力和流量的影响，能够精确地控制施肥的浓度，比例施肥泵有多种规格可以选择，能够满足各种农业领域的要求，缺点是造价较高。

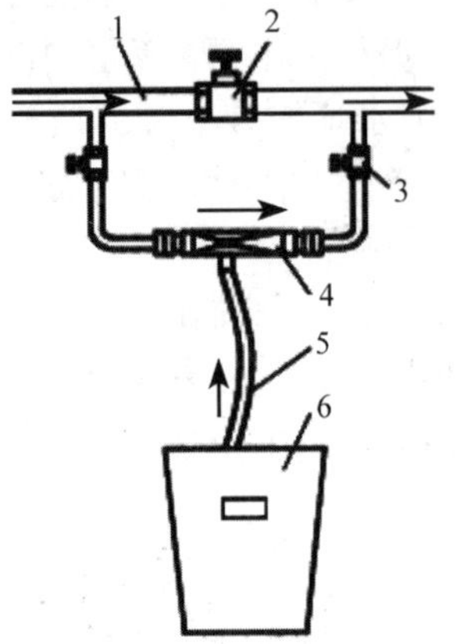

图 9-40 文丘里施肥装置（王双喜，2010）

1. 供水管 2. 控制阀 3. 施肥阀

4. 文丘里施肥器 5. 吸肥管 6. 肥液桶

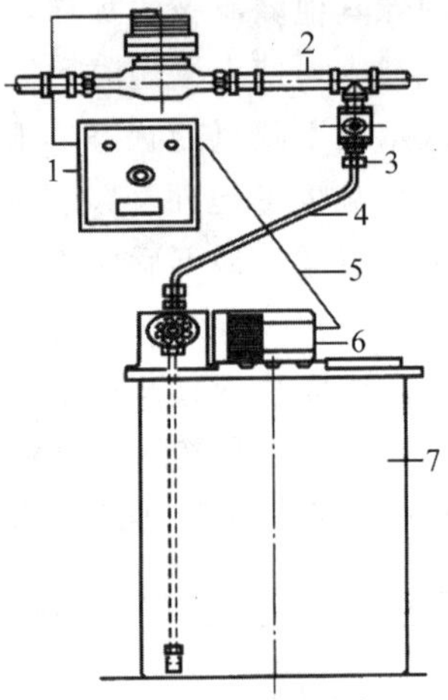

图 9-41 电动注入式施肥（王双喜，2010）

1. 控制板 2. 供水管 3. 逆止阀 4. 压力管

5. 电缆 6. 剂量罐 7. 储肥罐

泵吸肥法是通过离心泵产生负压将肥液吸入灌溉系统。其优点是操作简单，易于安装，适于任何面积的施肥；与灌溉系统共用离心泵，无须外加动力，适宜定量施肥；水压恒定时可实现按比例施肥。缺点是肥液浓度不稳，难以进行配方施肥和自动化控制，部件连接要求高，施肥容量有限。

对于小型设施农业生产，压差式施肥罐、文丘里吸肥器、泵吸肥法比较常用，这 3 种施肥方法结构简单、成本低、便于移动和操作维护。对于经济价值高或要求精确控制水肥的种植业，可以选用比例施肥泵或注入式施肥方式，结合环境监测与 EC/pH 监测，实现精确施肥决策调控。

第八节 设施种植作物收获机械

水果和蔬菜可食用部分有根、茎、叶、果、花及种子等，生长部位分散、鲜嫩多汁且极易损伤腐烂。根据收获果蔬部位的不同，可以分为根菜类收获机、果菜类收获机和叶菜类收获机等。总体来讲，根菜类收获机械化程度较高，而果菜类和叶菜类收获机械化程度较低；同时，设施内蔬菜机械化收获又落后于大田。

一、根菜类收获机械

根菜类收获机械主要有萝卜、马铃薯、洋葱收获机械等。根菜类收获一般采取挖掘法和拔取法。挖掘式收获机械的作业工序通常是先切除地面的茎叶，然后把土中的食用根、茎挖出，再分离土块和杂草等，其工作部件包括茎叶切割器、挖掘铲和输送分离器。拔取式收获机械是先夹住茎叶，把根、茎自土壤中拔出，再分离非食用的茎叶和土块，工作部件有扶茎器、拔取器、茎叶齐平器和茎叶收集机构。

图 9-42 是一种胡萝卜收获机的结构示意图。作业时，挖掘铲挖掘一行块根，扶茎器从地上把茎叶扶起，并把它引向夹持拔取皮带。皮带夹着茎叶，并将块根从挖掘铲疏松了的土

壤中拔出，然后送往茎叶切除装置。切下的茎叶被送到侧边槽内，并抛到已收获过的地里，而块根则落到纵向输送器上，再由横向输送器将块根装入收集箱。

(a)

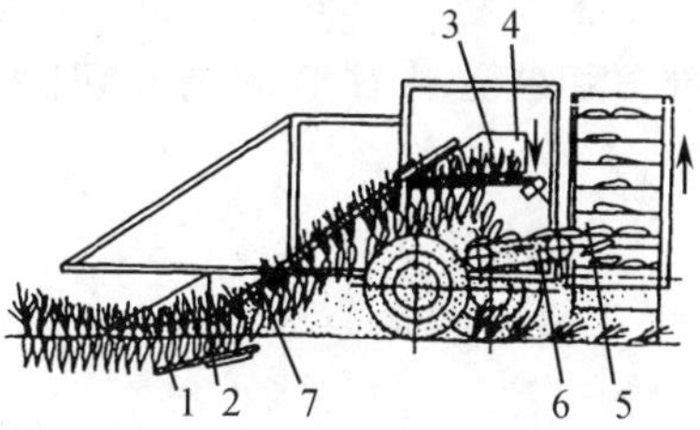

(b)

图 9-42　胡萝卜收获机结构示意图（李宝筏，2017）

(a) 胡萝卜收获机　(b) 结构示意图

1. 挖掘铲　2. 扶茎器　3. 茎叶切除装置　4. 侧边槽　5. 横向输送器　6. 纵向分离输送器　7. 夹持拔取皮带

图 9-43 是一种洋葱收获机的结构示意图。该机是一台挖掘切顶式收获机，它可完成挖掘和切顶两道工序，由挖掘铲、升运器和切顶器等主要部件组成。工作时，洋葱由挖掘铲挖起，在喂入滚筒的帮助下，进入升运器，由升运器送入切顶器。切掉茎叶的洋葱，经导槽铺在地上晾晒，晒干后再由捡拾收获机捡拾装车，也可不经晾晒直接装车。切顶器的功用是向后输送洋葱并切除茎叶。切顶器由许多组辊轴组成，辊轴的轴线方向与机器前进方向一致，洋葱被送到其工作面上。每组辊轴有三个辊，即光面辊轴、带塑料螺旋纹的喂入辊轴和螺旋辊轴。喂入辊轴使洋葱茎叶喂入切顶器，并使之沿辊轴的轴线方向向后移动，然后由光面辊和下面的螺旋辊配合将茎叶切除。

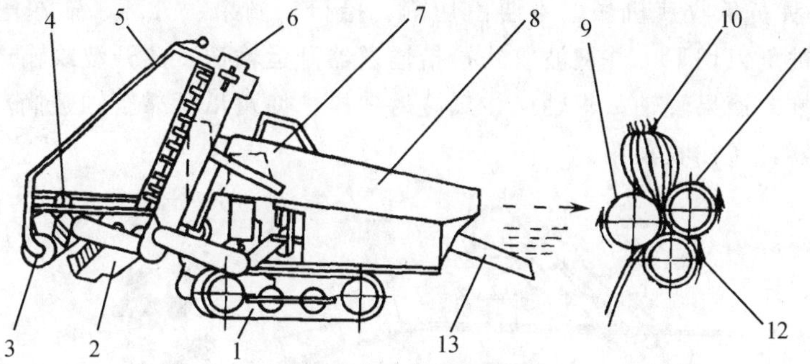

图 9-43　洋葱收获机结构示意图（丁为民，2011）

1. 橡胶履带　2. 挖掘铲　3. 限深轮　4. 滚筒　5. 调节杆　6. 升运器　7. 驾驶座　8. 切顶器　9. 导槽　10. 洋葱　11. 平滑辊轴　12. 喂入辊轴　13. 螺旋辊轴

二、叶菜类收获机械

叶菜类主要有甘蓝、菠菜、芹菜、大白菜等。叶菜类蔬菜有结球和不结球两种，其收获机械也有切割式和拔取式两种。切割式收获机械可用于结球和不结球蔬菜，它是将蔬菜的茎、叶切割下来并输送至菜箱，根部留在土壤中。工艺过程包括扶茎或导向、切割、修整和装运。拔取式收获机械用于结球蔬菜，它是将结球蔬菜拔出后再切根和分离零散菜叶。

图 9-44 是一种甘蓝联合收获机的结构示意图，该机主要由回转式拔取装置、输送装

置、顶部压紧装置、切根装置、夹持链等组成。工作时，拔取装置进入甘蓝叶的下面把甘蓝从土中拔起，被拔起的甘蓝在输送装置的作用下向机组斜后方运动，在顶部压紧装置的扶持下，切根器将根部切断。此后，输送装置继续将甘蓝向上输送，在压顶装置的配合下，根部复切装置将甘蓝的老叶切除，然后甘蓝从夹持链顶部落入斜板，最后落入甘蓝收集箱中。

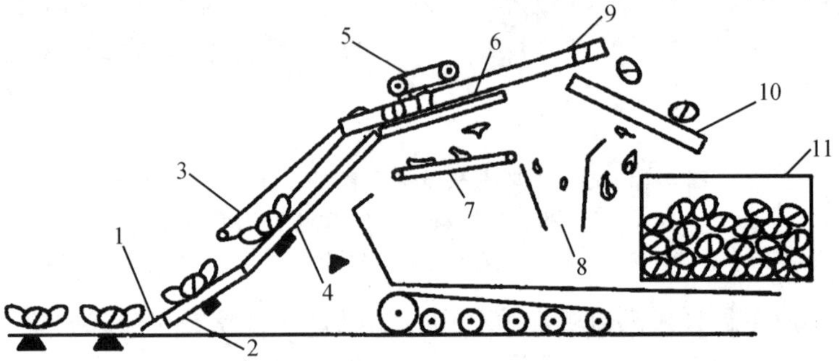

图 9-44 甘蓝联合收获机（李宝筏，2017）

1. 拔取装置 2. 输送装置 3. 顶部压紧装置 4. 切根器 5. 压顶器 6. 根部复切器 7. 杂质输送带 8. 杂质出口 9. 夹持链 10. 斜板 11. 甘蓝箱

三、果菜类收获机械

果菜类收获机械的作业工序有两种：一种是不切割植株，收获机械进入蔬菜行间摘果；另一种是先切割植株，送入机器内再摘果并分离茎叶。

图 9-45 是一种黄瓜收获机械，主要由切割、捡拾、摘果、分离、输送等装置组成。工作时，黄瓜植株被割刀切下，并被波纹式捡拾输送器升运输送。离开波纹输送器时，风扇吹出的气流将瓜蔓推向摘果辊轴，辊轴夹住瓜蔓后拽拉，使黄瓜紧靠辊轴被摘落。摘落后的黄瓜落至果实输送器，送往收集箱。

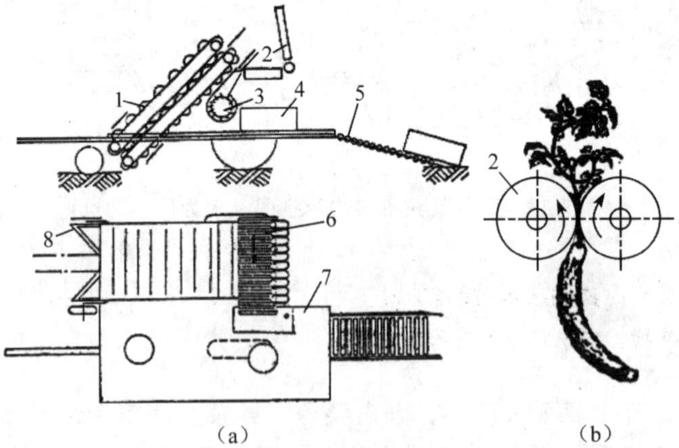

图 9-45 黄瓜收获机械（王双喜，2010）

(a) 工作示意图 (b) 摘果辊轴

1. 波纹式捡拾输送器 2. 摘果辊轴 3. 风扇 4. 收集箱 5. 滚道 6. 果实输送器 7. 装箱台 8. 割刀

收获是设施农业生产中最复杂、难度最大的一项作业。水果和蔬菜的种类繁多，形态特征差异很大。针对某个品种研制的收获机械，往往不能适用于其他品种的收获。设施农业的发展对收获机械化技术与装备提出了更高的要求，据统计，收获作业平均占整个生产作业量的40%以上。随着现代化科技的进步，特别是光电控制技术、计算机图像处理与识别技术、机器人技术的发展，选择性收获机械将越来越成熟，并用于生产，促进设施生产机械化进程。

数字资源 9-7
收获机械

复习思考题

1. 简述旋耕机的构造特点、工作过程、性能特点及在工作中的技术调整。
2. 旋耕机有哪几种类型的刀片？各有什么特点？有哪几种安装方式？
3. 设施内常用的播种方法有哪些？对设施内播种机械有哪些农业技术要求？
4. 简述排种器的类型、结构及其工作过程。
5. 简述各类蔬菜移栽机的结构特点和工作原理。
6. 简述化学药剂的喷施机械及各自的特点。
7. 简述手动喷雾机、机动喷雾机的构造及工作原理。
8. 简述静电喷雾的概念及特点。
9. 常见土壤消毒方法及原理，简述动力土壤消毒机的结构及工作原理。
10. 简述保温被（帘）卷放机构的类别、结构及其性能。
11. 简述设施灌溉系统的基本组成，列举滴灌灌水器的类型。
12. 试述微喷灌系统的组成及其特点。
13. 简述渗灌系统的类型及工作原理。
14. 简述常见水肥一体化系统的类型与工作原理。
15. 简述各类蔬菜收获机械的结构及工作原理。

参考文献

［1］李宝筏．农业机械学．北京：中国农业出版社，2017.
［2］丁为民．园艺机械化．北京：中国农业出版社，2011.
［3］耿端阳，张道林，王相友，等．新编农业机械学．北京：国防工业出版社，2011.
［4］高连兴，郑德聪，刘俊峰．农业机械概论：北方本．北京：中国农业出版社，2015.
［5］蒋恩臣．农业生产机械化：北方本．北京：中国农业出版社，2016.
［6］沈瀚，秦贵．设施农业机械．北京：中国大地出版社，2009.
［7］陈永生．蔬菜生产机械化技术与模式．镇江：江苏大学出版社，2017.
［8］丁小明．安全使用日光温室卷帘机．北京：中国农业出版社，2011.
［9］王双喜．设施农业装备．北京：中国农业大学出版社，2010.
［10］冯磊，梁学强，郭玉林，等．天津市设施农业及机械装备发展特点．农业工程，2019，9（9）：6-12.

第十章

设施养殖中的机械化装备

学习目标

- 理解设施养殖机械化装备的基本类型和功能
- 熟悉各类设施养殖机械化装备的构造及工作原理
- 掌握各类设施养殖机械化装备的特性及其功能
- 熟练各类设施养殖机械化装备的使用与维护方法

随着设施养殖规模的不断壮大，为了大幅度地减轻劳动强度、改善动物养殖环境条件和提高生产效益，我国的设施养殖机械化也得到了快速的发展。目前，设施养殖机械化主要体现在机械化供水、饲料喂饲、粪便收集与处理、环境调控和废弃物的资源化利用等。

第一节　设施养殖饮水设备

数字资源 10-1
设施养猪养牛

水是生命之源，如同设施栽培一样，设施养殖也需要完善的供水系统。除水源、供水管网及其相应调控设备外，设施养殖供水系统主要是畜禽饮水设备，包括自动饮水器及其附属设备。在机械化畜禽养殖设施中，对畜禽饮水设备的技术要求是：能根据畜禽需要自动供水；保证水不被污染；密封性好、不漏水，以免影响清粪等环节；工作可靠，使用寿命长。自动饮水器按结构及原理可分为水槽式、真空式、吊塔式、杯式、乳头式、鸭嘴式等，按用途又可分为鸡用、猪用和牛用等。

一、水槽式饮水器

水槽式饮水器对于各种畜禽都是最早应用的一种饮水器，但在机械化饲养中主要用于养鸡。水槽式饮水器必须保持一定的水面，按保持水面的方法可分为常流水式和浮子式两种。

(一) 常流水式水槽饮水器

此饮水器由镀锌铁皮制成，在我国的笼养和平养鸡舍中均有应用，其优点是结构简单、工作可靠，缺点是安装要求高、易传染疾病、耗水量大。水槽断面为U形或V形，宽45～65 mm、深40～48 mm，水槽始端有一个常开的水龙头、末端有一出水管和溢流水塞，清洗时将溢流水塞取出即可放水。当供水量超过用水量而使水面超过溢流水塞的上平面时，水即从其内孔流出，使水槽始终保持一定水面。

(二) 浮子式水槽饮水器

此饮水器如图10-1所示，常用于平养鸡舍。为了不妨碍鸡的活动，其长度较短，常为2 m。水槽常由搪瓷铁或不锈钢制成，槽宽60～70 mm、槽深40～45 mm，常装在鸡舍中央横向排列并由支柱支持或悬吊于一定高度(可在50～400 mm调节)。水槽在多点由绳索吊起，可用绞盘调整高度，并可用张紧器和吊环调整槽的水平。在鸡舍高处安有主水管，由软管接入水槽一端的接头，接头与水槽之间设有浮子装置以控制水面离槽底高度保持在25～30 mm。为保持水槽内的清洁，水槽上方设有防栖轮，防栖轮的轴可插在支板上的不同孔内回转以适应鸡不同阶段的使用。

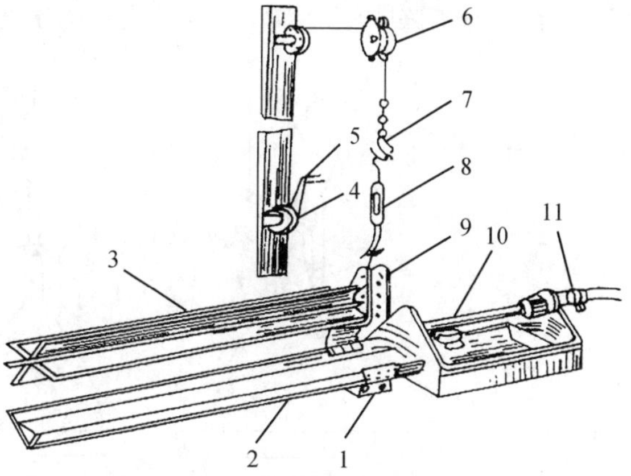

图10-1　浮子式水槽饮水器

1. 托架　2. 水槽　3. 防栖轮　4. 绞盘　5. 手柄　6. 滑轮　7. 吊环　8. 张紧器　9. 支板　10. 浮子室　11. 软管连接卡

二、真空式自动饮水器

真空式自动饮水器常由聚氯乙烯塑料制成，主要用于平养雏鸡，其优点是结构简单、故障少、不妨碍鸡的活动，缺点是需人工定期加水、劳动消耗较大，其结构如图10-2所示。

它由筒和盘组成，筒倒装在盘中部，筒下部的壁上有若干小孔，和盘中部内槽壁上的孔相对。在两者配合之前先在筒内灌水，将盘扣在筒上并由销子定好位，再翻过来放置，此时水通过孔流入盘的环形槽内，当水面将孔盖住时空气不能进入筒内，由于筒内的上部形成一定程度的真空使水停止流出，盘内水面保持不变。当鸡饮水后，环形槽内水面降低，使孔露出水面，由孔进入一定量的空气，使水又能流入环形槽，直至水面又将孔盖住。真空式饮水器筒容量为1～3 L，盘直径160～230 mm，槽深25～30 mm，每个饮水器供50～70只雏鸡饮水。

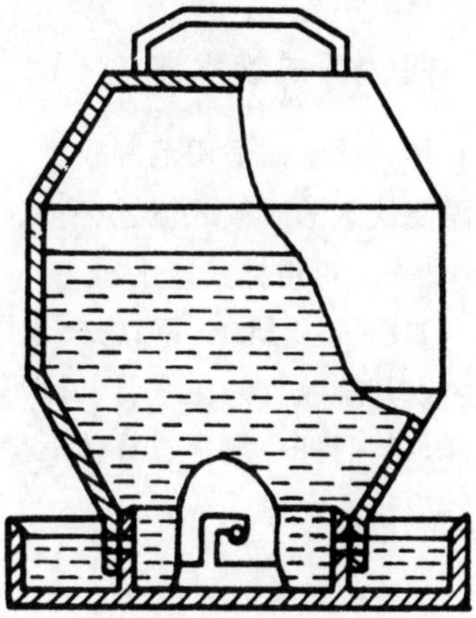

图10-2　真空式自动饮水器

三、吊塔式饮水器

吊塔式饮水器又称自流式饮水器，主要用于平养鸡舍，其优点是不妨碍鸡的活动、工作可靠、不需人工加水。图 10-3（a）、图 10-3（b）为吊塔式饮水器的外形图，图 10-3（c）为图 10-3（b）的阀门机构示意图。水从软管进入，通过滤网进入阀门体。当饮水盘水不足时，大弹簧通过螺纹套将饮水盘体上抬，将阀门杆顶开，水从阀门体流出，并通过四周的出水孔流入饮水盘的环状槽内。当水达到一定水面时，其重量使饮水盘通过螺纹套将大弹簧压缩，使饮水盘下降，阀门杆在小弹簧的压力下关闭，水停止流出。

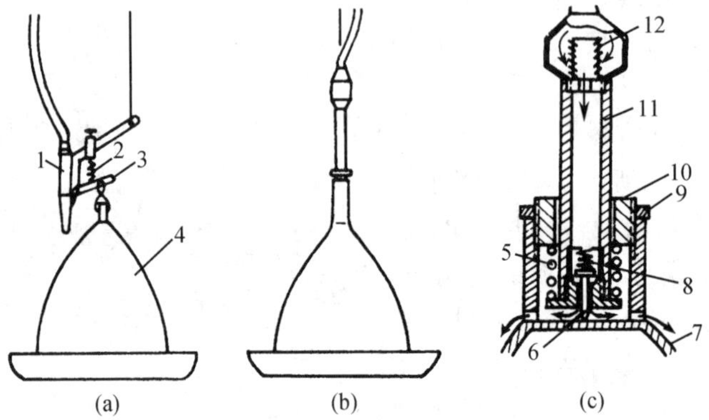

图 10-3　吊塔式饮水器

（a）杠杆启闭式　（b）螺纹套阀门启闭式　（c）螺纹套式阀门机构

1. 阀门体　2. 弹簧　3. 阀门杠杆　4. 饮水盘体　5. 大弹簧　6. 阀门杆　7. 饮水盘体　8. 小弹簧　9. 锁紧螺帽　10. 螺纹套　11. 阀门体　12. 滤网

吊塔式饮水器的水压有低压、高压两种，低压饮水器（最大压力为 69 kPa）常需设一个安置高度为 2.4～3.6 m 的水箱，高压饮水器（最大压力为 343 kPa）可直连自来水管。

四、杯式饮水器

杯式饮水器适用范围较广，不同的杯式饮水器可用于鸡舍、猪舍和牛舍，其优点是在畜禽需要饮水的时候才流入杯内、耗水少，缺点是阀门不严密、容易溢水。

（一）鸡用杯式饮水器

如图 10-4 所示，鸡用杯式饮水器杯体由塑料制成，杯体上用小轴销连触发浮板，整个杯体以其螺纹拧入主水管的鞍形接头上。杯体的后部有一带螺纹的空心阀座，阀座内装有阀门杆，阀门杆一端穿过杯体后壁与触发浮板相靠，另一端伸出阀座外且头部套有用来封闭阀座的橡胶塞。

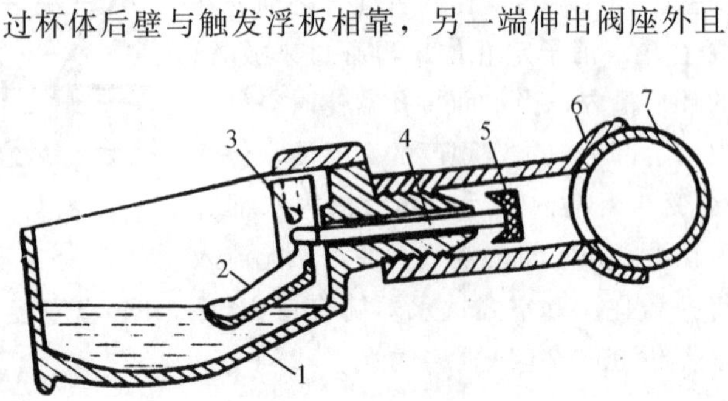

图 10-4　鸡用杯式饮水器

1. 杯体　2. 触发浮板　3. 小轴　4. 阀门杆　5. 橡胶塞　6. 鞍形接头　7. 主水管

由于杯底有剩水，鸡啄向杯底饮水，触动触发浮板并使其绕小轴向后偏转，推动阀门杆并使橡胶塞打开，水即流入杯体内，此时因触发浮板是由密度小于水的塑料板制成而浮起，水压重新使橡胶塞压向阀座而将通路封闭。

（二）牛用杯式饮水器

杯式饮水器是牛用饮水器中应用最广的一种，其中无弹簧阀门式牛用杯式饮水器应用较多，它由饮水器杯体、小轴、阀门机构壳体、橡胶阻尼器、阀座、塞子、阀门和压板等组成，其饮水器杯体的容量为 2 L、杯体离地高度为 0.5～0.6 m。

（三）猪用杯式饮水器

猪用杯式饮水器结构原理与牛用杯式饮水器类似，只是尺寸较小，其杯体容量一般为 0.3 L 左右。猪用杯式饮水器常见的有浮子式、弹簧阀门式和水压阀杆式等类型，其中弹簧阀门式应用较多，它由饮水器杯体、活门、胶阀、垫圈、栅盖、饮水器芯、支架、阀杆、弹簧、饮水器管体等结构组成。

五、乳头式饮水器

乳头式饮水器主要用于鸡和仔猪的饮水，其优点是有利于防疫、并可免除清理工作，缺点是在鸡和猪饮水时容易漏水。乳头式饮水器利用毛细管原理，使阀杆底部经常保持挂有一滴水。当畜禽啄水滴时便触动阀杆顶开阀门，水便自动流出，平时依靠供水系统对阀体顶部的压力，使阀体紧压在阀座上，实现密闭，防止漏水。乳头式饮水器的安装要规范、合理，保证水管平直，确保水管各段供水量均匀。使用乳头饮水器对水质要求比较高，在水源起始部应安装水质过滤器，避免泥沙等异物阻塞饮水乳头。

鸡用乳头式饮水器按型式可分为锥面密封型、平面密封型和球面密封型，如图 10-5 所示。猪用和鸡用乳头式饮水器结构原理类似，只是在尺寸和出水流量等方面有区别。乳头式饮水器的主要性能指标为密封性、开阀力和流量。鸡用乳头式饮水器流量 0.1～0.16 L/min、开阀力 0.07～0.185 N，在适用水压 2～6 kPa 下，每渗漏一滴水的时间大于 10 min。

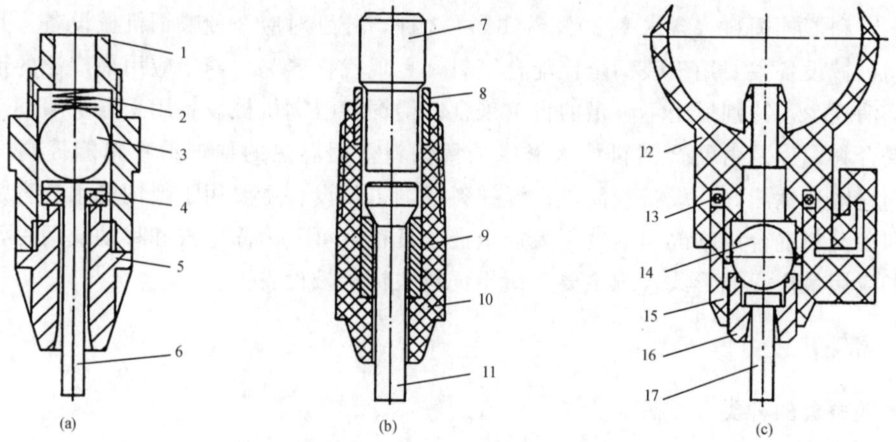

图 10-5　鸡用乳头式饮水器

（a）平面密封型　（b）锥面密封型　（c）球面密封型

1. 上套　2. 压簧　3. 压球　4. 密封圈　5. 下套　6. 阀杆　7. 上阀杆　8. 上套　9. 下套　10. 座体　11. 下阀杆　12. 连接座　13. O 形圈　14. 钢球　15. 阀座　16. 阀套　17. 顶杆

六、鸭嘴式饮水器

鸭嘴式饮水器主要用于养猪，如图10-6所示，其特点与乳头式饮水器相同。它由饮水器体、阀杆、弹簧、橡胶密封垫等组成，平时阀杆在弹簧作用下紧压密封垫，封闭出水孔口，猪饮水时咬压阀杆，阀杆偏斜使水通过密封垫的缝隙沿鸭嘴的尖端流入猪的口腔。当猪嘴松开阀杆后，弹簧张力使阀杆复位，密封垫又重新封闭出水口。

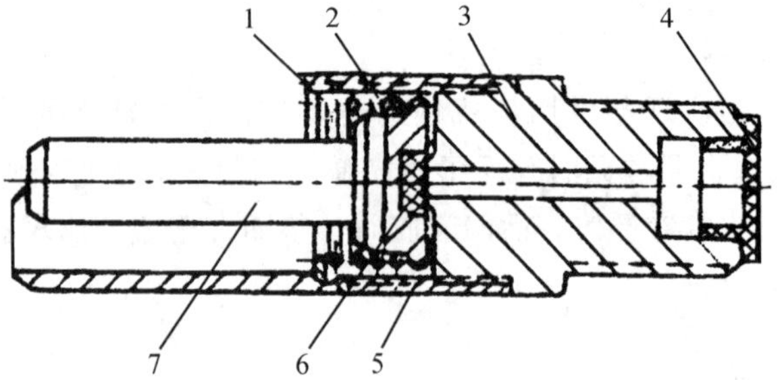

图10-6 猪用鸭嘴式饮水器

1. 卡簧 2. 弹簧 3. 饮水器体 4. 滤网 5. 鸭嘴 6. 橡胶密封垫 7. 阀杆

第二节 设施养殖喂饲系统

一、技术要求和类型

喂饲作业是畜禽养殖场的一项繁重作业，一般占总饲养工作量的30%～40%。对喂饲机械设备的要求是：①工作可靠，操作方便；②能对所有畜禽提供相同的喂饲条件；③饲料损失少；④能防止饲料污染变质。

喂饲畜禽的配合饲料或混合饲料可分为干饲料（含水率20%以下）、稀饲料（含水率70%以上）和湿拌饲料（含水率30%～60%）3种，分别对应3种喂饲机械设备。其中，干饲料喂饲机械设备主要用于喂饲全价配合饲料，是现代化养鸡、养猪应用最广泛的形式，设备简单、消耗少，特别适于不限量的自由采食；稀饲料喂饲机械设备用于限量喂饲采用青饲料的稀混合料，以及由配合饲料加水形成的稀饲料，用温热的稀饲料喂猪能提高饲料转化率，稀饲料输送性能好，设备较简单；湿拌料喂饲机械设备主要用于喂饲低水分青贮料、粉状精料和预混料混合成细碎而湿度不大的全混合日粮，可分为固定式和移动式两种，是现代化养牛场应用最广泛的形式。现主要介绍干饲料喂饲机械设备。

二、饲槽

饲槽随畜禽的种类和日龄而异。

（一）鸡用干饲料饲槽

鸡用干饲料饲槽可分为鸡用长饲槽和鸡用盘筒式饲槽两种。

1. 鸡用长饲槽

一般由镀锌薄钢板制成。由于干饲料喂饲机的输料部件在饲槽内输料，所以饲槽形状尺寸除要考虑鸡的饲养要求外，还应考虑输料部件的形状和尺寸。图 10-7（a）～（c）为用于链板式干饲料喂饲机的鸡用长饲槽，图 10-7（d）为用于索盘式干饲料喂饲机的鸡用长饲槽。

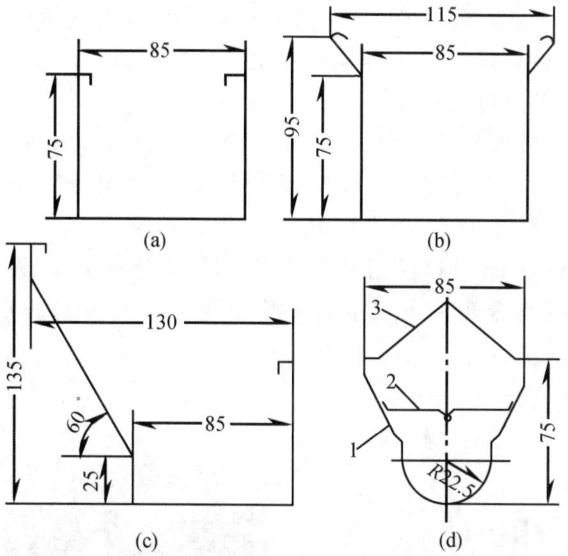

图 10-7　鸡用长饲槽（单位：mm）

（a）、（b）、（c）用于链板式干饲料喂饲机　（d）用于索盘式干饲料喂饲机

1. 饲槽　2. 限位钢丝　3. 防栖架

2. 鸡用盘筒式饲槽

这种饲槽主要由料筒、栅架、外圈、盘体以及与配料管连接的上盖等组成，它实际上是一个鸡用的自动饲槽，常直接或通过落料管与喂饲机的配料管相连。图 10-8 为用于弹簧螺旋式干饲料喂饲机的盘筒式饲槽，如果用于索盘式干饲料喂饲机时，配料管常设在高处，配料管与盘筒式饲槽之间有落料管，所以上盖的结构有所区别。饲料通过配料管道的开口流向料筒锥形部分与盘体尖锥体之间的空间，并由此进入盘体，用手转动外圈可改变料筒相对于尖锥体的位置，从而调整了流入料盘内的饲料量以适应不同日龄鸡群的要求。料盘的栅架将料盘分隔成若干采食位置。料盘直径为 350～420 mm，深度可调，使盘内料厚不超过盘深的 3/4，以免饲料外溅。盘筒式饲槽悬吊且离地高度可以调节，以适应鸡的日龄增长。饲槽直径为 380 mm 时，每一盘筒式饲槽可供 25～35 只蛋鸡或 50～70 只肉鸡自由采食。

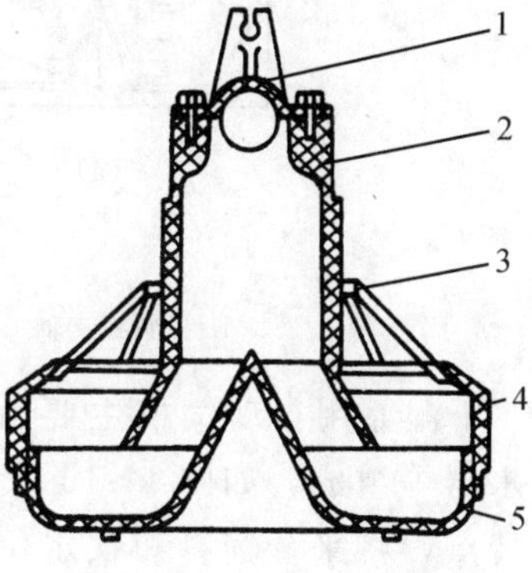

图 10-8　鸡用盘筒式饲槽

1. 上盖　2. 料筒　3. 栅架
4. 外圈　5. 盘体

（二）猪用饲槽

猪用饲槽分为普通饲槽和自动饲槽两种。在干饲料喂饲系统中，猪用普通饲槽和喂饲机配料管之间常设有计量箱，而自动饲槽则常通过落料管直接和喂饲机配料管相连。

1. 猪用普通饲槽

用于限量喂饲，常和计量箱配合使用，要求形状与结构合理以便于猪的采食和防止饲料损失。猪用普通饲槽主要有铸铁、不锈钢、水泥饲槽。

2. 猪用自动饲槽

工厂化养猪场为了提高日增重、缩短饲养周期，从仔猪哺乳期（补料）直至断奶后的保育、生长、育成期都采用全天自由采食喂养方法，因此在分娩仔猪栏、保育栏、生长栏和育成栏都设置自动饲槽。自动饲槽便于和输料管道、分配器连接，实现自动送料，节省劳动力，降低生产成本。现仅介绍几种常用的猪用自动饲槽。

长方形自动饲槽可根据猪只大小做成几种规格，还可以做成双面兼用，如图10-9所示。在两栏中间放一个双面饲槽，节约投资和占地面积，管理也较方便。自动饲槽内的拨料板，除拨动饲料下落外，还有破拱作用，这对气候湿热的地方是很必要的。调节板要调整适当，以保证饲料流落适量，不容易被猪扒出，避免造成浪费。长方形自动饲槽常用镀锌钢板或冷轧钢板成型表面喷塑制造，也可将底槽和侧板用钢筋水泥、其他调节活动件用金属结构。

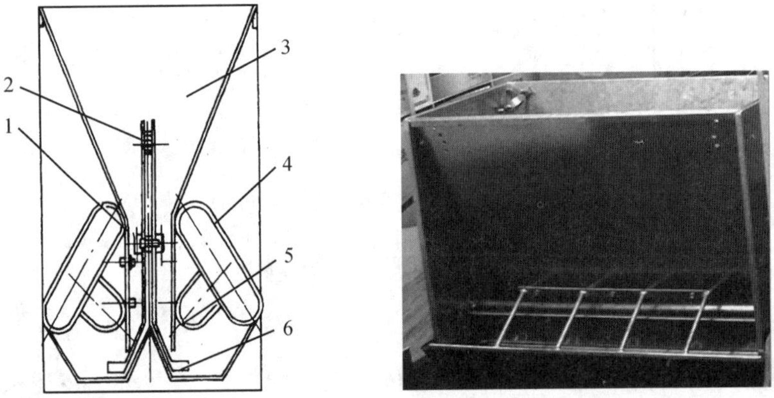

(a) (b)

图10-9 长方形双面自动饲槽

(a) 结构示意图 (b) 外观图片

1. 拨料板支轴 2. 限位轴 3. 料斗 4. 间隔环 5. 调节板 6. 拨料板

干湿兼用自动饲槽主要由料斗、下料机构、料盘、饮水器等组成，如图10-10所示。它是根据生猪采食行为特点，将采食饲料和饮水位点设计在一个饲喂器上，猪在采食同时可以饮水，使料盘里的饲料总是处于潮湿状态，生猪采食饲料时拱动下料机构，饲料从料斗排放到料盘中，可实现采食和饮水在同区域进行。

图10-10 干湿兼用自动饲槽

(三) 牛用饲槽

在拴养牛舍内安置的干饲料喂饲系统，其饲槽设在牛床前并属于牛舍建筑的一部分，在饲槽与上方的计量箱之间常设落料管。

在挤奶间内安置的干饲料喂饲系统，其饲槽离挤奶台面约700 mm，饲槽内壁形状与图10-11所示的饲槽内壁类似，饲槽深220 mm左右。对于拴养牛舍内的饲槽，每头奶牛所占饲槽长度与牛体宽度（1 200～1 400 mm）相等。在其他场合下，每头奶牛所占饲槽长度为 650～750 mm。从 3 月龄到 2 岁的育成牛所占饲槽长度为 300～650 mm。

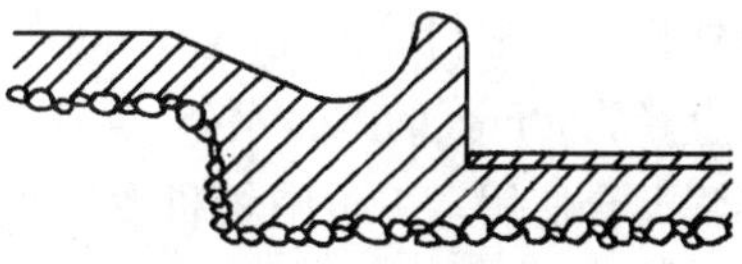

图 10-11　牛用饲槽内壁形状

三、干饲料喂饲机械设备

干饲料喂饲机械设备主要包括贮料塔、输料机、喂饲机。

（一）贮料塔

贮料塔用来接收、贮存由散装饲料车运来的饲料，其塔身多采用镀锌钢板制成且断面呈圆形或方形，常设置在畜禽舍外的侧端部。图 10-12 为贮料塔及其配套设备。贮料塔圆柱形塔身分为三节，由 1.5 mm 厚镀锌钢板冲压组合而成。塔身上部的塔盖由拉手开闭，下部设有内装破拱装置的小料斗，输料机尾部装在小料斗内。破拱装置由电动机和齿轮箱驱动的、与塔底锥面平行的拨杆组成，拨杆除自身转动外，还沿锥壁公转，可有效消除结拱。

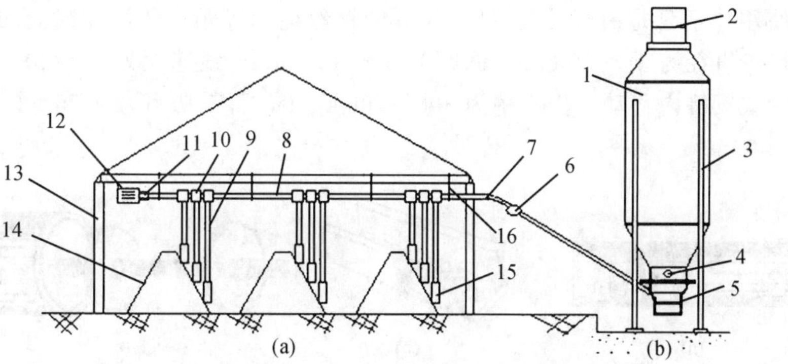

图 10-12　贮料塔及其与输料机、鸡舍、笼架配合关系图

（a）鸡舍、鸡笼及输料机　（b）贮料塔

1. 塔身　2. 梯子　3. 塔架　4. 破拱装置　5. 机尾　6. 接头　7. 弯头　8. 送料管　9. 下料管　10. 下料管接头　11. 机头　12. 电动机　13. 鸡舍　14. 鸡笼　15. 料箱　16. 钢丝绳

（二）输料机

输料机用来将饲料从贮料塔中输入畜禽舍，可分为弹簧螺旋式和索盘式两种，其工作部件、工作原理和相应的喂饲机类似。

（三）喂饲机

干饲料喂饲机用来将饲料送入畜禽饲槽，可分为固定式和移动式两种。

1. 固定式干饲料喂饲机

固定式干饲料喂饲机通常由输料部件、驱动装置、料箱和转角轮等组成，按照图 10-13 所示的输料部件型式可分为弹簧螺旋式、链板式和索盘式 3 种，按照输送饲料的方式又可分为在配料管内输送饲料和直接在饲槽内输送饲料两种。在配料管内输送饲料的弹簧螺旋式、链板式和索盘式喂饲机可用于猪、鸡、牛等畜禽的喂饲，而在饲槽内输送饲料的喂饲机一般只有链板式和索盘式两种，且仅用于喂饲蛋用鸡和肉用鸡。

（1）弹簧螺旋　该输料部件型式如图 10-13（a）所示，弹簧螺旋由含锰弹簧钢条卷成，螺旋外径约比配料管内径小 12 mm 左右，钢条断面可为矩形（尺寸为 8 mm×3 mm）和圆形（采用直径为 8 mm 的弹簧钢条）。弹簧螺旋可用于喂饲机和输料机，通常与内径为 55～90 mm的配料管配合使用，一般喂饲机取较小内径的配料管。配料管由 1.5 mm 厚的薄钢板卷成，配料管上有相隔一定间距的开口，当螺旋转动时，将饲料向前推送，通过配料管上开口经落料管或直接落入饲槽，当饲槽装满后饲料被继续往前推送装入第二个开口和饲槽，直至装满所有饲槽为止。

（2）链板　该输料部件型式如图 10-13（b）所示，常用于喂饲平养鸡和笼养鸡，与饲槽配合使用。链板通过料箱并在饲槽底上移动，将料箱内的饲料向前输送，链板做环状运动 1 周后又回入料箱。在链板移动或停止时，鸡可以啄食在链板上方的饲料。

链板由高强度钢板冲压而成，各链板互相钩连，线速度为 3.6～12 m/min，链板节距有 42 mm 和 50 mm 两种，一台喂饲机可装 1～3 条环形链，每链输料量为 120～480 kg/h，所需功率为 0.4～0.75 kW，每条喂饲线的最大工作长度达 300 m。

（3）索盘　该输料部件型式如图 10-13（c）所示，可用于喂饲各种畜禽。索盘常和配料管配合使用，并经常是用同一组设备同时完成输料和喂料的工作。当用于喂鸡时，索盘也可和饲槽配合使用。索盘是由直径为 5～7 mm 的钢丝绳和等距离压注在绳上的圆形塑料盘组成。圆形塑料盘直径为 35～50 mm，间距为 50～100 mm，线速度为 12～30 m/min。工作时索盘在配料管或饲槽内移动，生产率为 300～700 kg/h，所需功率为 0.75～1.8 kW，最大输送距离可达 500 m。

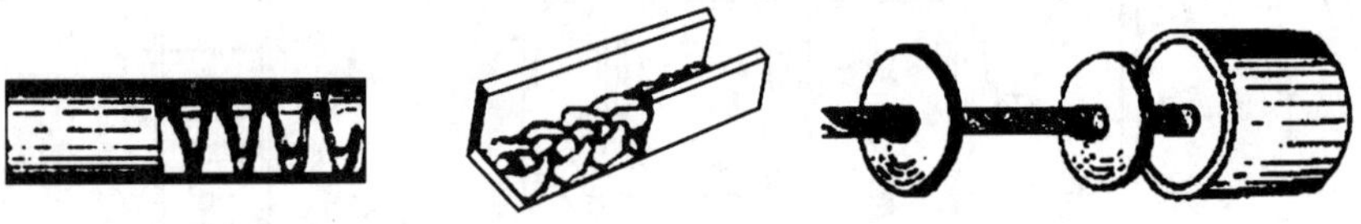

(a)　(b)　(c)

图 10-13　固定式干饲料喂饲机的输料部件

（a）弹簧螺旋　（b）链板　（c）索盘

2. 移动式干饲料喂饲机

移动式干饲料喂饲机是一个钢索牵引的小车，常用于鸡舍和猪舍，工作时喂饲机移到输料机的出料口下方，由输料机将饲料从贮料塔送入小车的料箱，当小车定期沿鸡笼或猪栏前移动时将饲料分配入饲槽进行喂饲。该喂饲机的优点是结构简单，不需转动部件或只需简单地转动部件；缺点是要求饲槽和笼顶轨道保证水平，安装要求高，对饲料流动性要求较高。

图 10-14 为多料箱移动式干饲料喂饲机。鸡笼顶部装有型钢制的轨道，其上有四轮小车，小车车架两边装有与鸡笼层数相同的料箱，跨在笼组的两侧，各料箱上下相通。鸡舍外贮料塔内的饲料由输料机输入鸡舍一端高处，经落料管落入各列鸡笼组上的喂饲机料箱。喂饲时，钢索牵引小车沿笼组以 8～10 m/min 的速度移动，饲料通过料箱出料口流入饲槽。料箱出料口上套有喂料调节器，它能上下移动，改变出料口底距饲槽底的间隙，以调节配料量。饲槽由镀锌铁皮制成，有时在饲槽底部加一条弹簧圈，以防鸡采食时挑食或将饲料扒出。

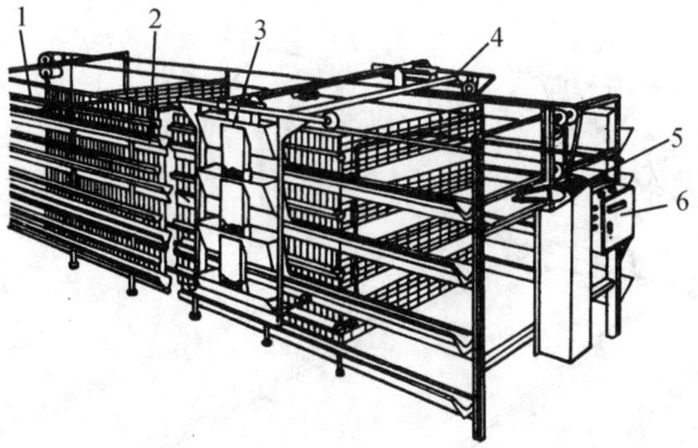

图 10-14　多料箱移动式干饲料喂饲机

1. 饮水槽　2. 饲槽　3. 料箱　4. 牵引架　5. 驱动装置　6. 控制箱

由以上阐述的干饲料喂饲设备中的各个组成部分可知，对于不同畜禽，除了饲槽有较大区别外，其他部分大都有一定的通用性。对于各类畜禽，应综合考虑具体条件，合理选择各项设备，以形成一个合适的干饲料喂饲系统。现主要介绍几种常见的干饲料喂饲系统。

图 10-15 为采用弹簧螺旋式输料喂饲机的平养鸡舍干饲料喂饲系统。饲料由舍外的贮料塔被弹簧螺旋式输料机送入舍内的各个弹簧螺旋式喂饲机的料箱内，后被喂饲机的工作部件弹簧螺旋沿配料管输送，并依次向套接在配料管出料口下方的盘筒式饲槽装料，在最后一个带料位器的盘筒式饲槽装满时，料位开关应饲料压力而被断开，使喂饲机停止工作。当饲槽中的饲料被鸡群采食后，料位降低，装在最后一个盘筒式饲槽内的料位开关接通，喂饲机再次向各饲槽充填饲料。

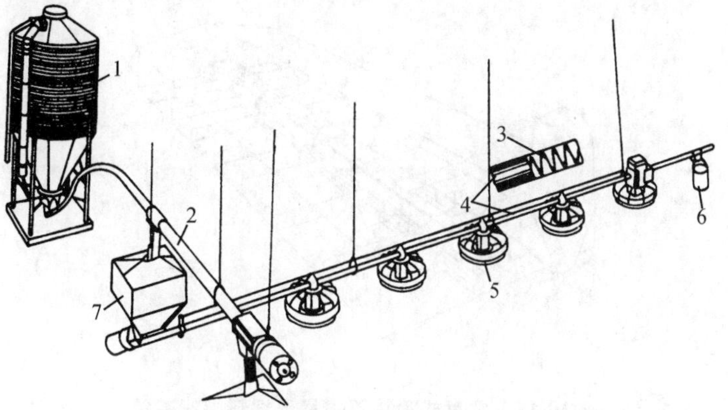

图 10-15　弹簧螺旋式干饲料喂饲系统

1. 贮料塔　2. 输料机　3. 输料管　4. 弹簧螺旋　5. 控制安全开关的接料筒
6. 盘筒式饲槽　7. 料箱

图 10-16 为采用链板式输料喂饲机的干饲料喂饲系统，适于喂饲平养鸡和笼养鸡，其特点是输料机构的运动部件在饲槽内通过。链板通过料箱并由驱动装置驱动，以其表面托着饲料沿饲槽平面做环形运动，使饲料均匀分配在饲槽的全长度上，遇到转弯处由转角轮改变其运动方向。链板的工作和停歇时间由定时器控制，其运动线速度为 3.6～12 m/min，一台喂饲机可装 1～3 条环形链，每条喂饲线的最大工作长度可达 300 m。

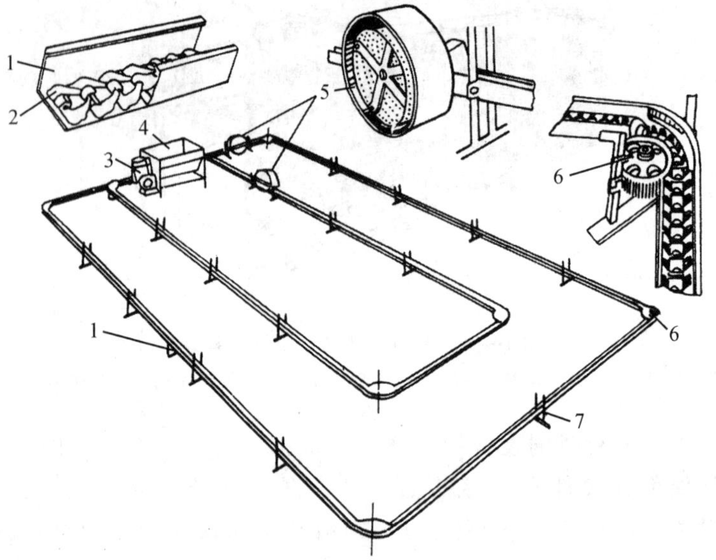

图 10-16 链板式干饲料喂饲系统

1. 饲槽 2. 链板 3. 驱动装置 4. 料箱 5. 清洁筛 6. 转角轮 7. 饲槽支架

图 10-17 为采用索盘式输料喂饲机的猪用不限量干饲料喂饲系统，其工作部件索盘将贮料塔下部料箱内的饲料沿管输出，进入位于猪舍上方的环状配料管，通过落料管依次落入各自动饲槽，至最后一个饲槽装满后由料位开关控制而停止工作。

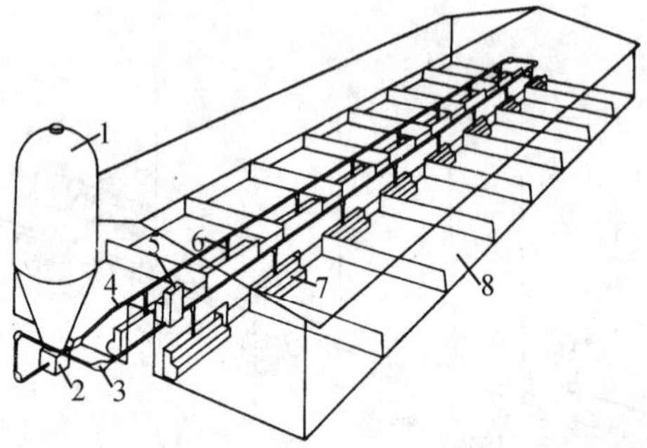

图 10-17 索盘式猪用不限量干饲料喂饲系统

1. 贮料塔 2. 料箱 3. 转角轮 4. 管路 5. 驱动装置 6. 落料管 7. 自动饲槽 8. 群饲猪栏

第三节 设施养殖粪便管理设备

许多工业企业都存在废水、废物处理问题，作为设施农业企业的畜禽养殖场，也有类似问题，即需要清除和处理大量的畜禽粪便。

一、畜禽粪便清除和收集设备

畜禽粪便清除是将畜禽粪便从排粪处移向收集点的过程。对畜禽粪便清除方法和设备的要求为：①劳动消耗少；②投资和运行费用少；③尽量减少粪便受畜禽践踏和接触的机会，以减少水汽和臭气的散发；④尽量保持畜禽体的清洁；⑤能使后续的粪便处理工作简化。现介绍几种畜禽粪便清除和收集设备。

（一）地板

畜禽舍的地板和清粪有密切的关系，地板有普通地板和缝隙地板两种。其中，普通地板常由混凝土砌成，一般厚 10 cm，地面应向沟或向缝隙地板有 4%～8%的坡度，以便于清理。缝隙地板是 20 世纪 60 年代兴起的一种畜禽舍地板，目前已广泛用于机械化畜禽场。常见的缝隙地板材料有混凝土、钢和塑料等。混凝土缝隙地板如图 10-18（a）所示，常用于成年的猪和牛，一般由若干栅条组成整体，每根栅条为倒置的梯形断面，内部的上下各有加强钢筋，栅条尺寸为顶宽 100～125 mm，高 100～150 mm，底宽比顶宽小 25 mm。钢制缝隙地板有 3 种，如图 10-18（b）～（d）所示，主要用于小家畜（猪、犊牛和羊）及家禽。图 10-18（b）为带孔型材，图 10-18（c）为特制网状钢板，皆用于小家畜；图 10-18（d）为镀锌钢丝的编织网，用于仔猪和家禽，钢制缝隙地板寿命比较短，涂上环氧树脂可延长其寿命。塑料缝隙地板常制成如图 10-18（b）的形状，常用于分娩母猪舍和仔猪舍，它体轻价廉，但易引起牲畜的滑跌。

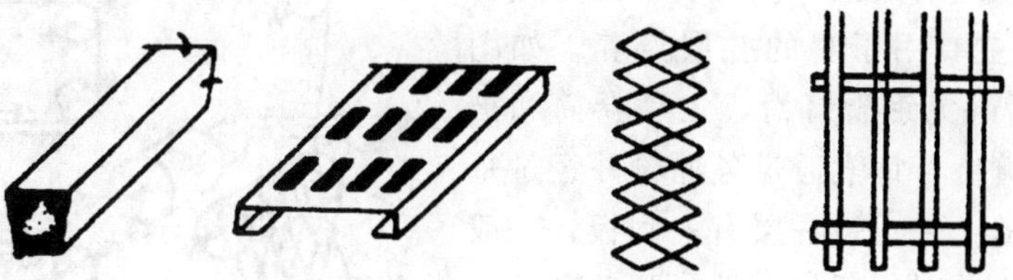

图 10-18　缝隙地板

（a）混凝土制　（b）、（c）、（d）钢制

（二）输送器式清粪设备

常见的输送器式清粪设备有刮板式、输送带式和螺旋式 3 种。其中，刮板式清粪设备是最早出现的一种，且类型也最多。螺旋式清粪机主要用于鸡舍的横向清粪，为防止粘粪和堵塞，常由扁钢卷成无心轴环带式螺旋并在混凝土槽内回转、无中间支承。

1. 刮板式清粪机

（1）拖拉机悬挂式刮板清粪机　该机属于移动式刮板清粪机，一般用于明沟内清粪，如为暗沟，则缝隙地板或笼架必须制成悬臂式。这种类型的清粪机优点是结构简单，机动灵活，可用于室内、室外清粪，故障少，易形成固态粪有利于进一步处理；缺点是不易自动化，舍内易受发动机排气的污染，所以它一般用于敞开式猪舍和大门经常打开的隔栏散养奶牛舍。

（2）双翼刮板式清粪机　该机属于固定式往复刮板清粪机，主要用于隔栏散养牛舍的通道（浅宽粪沟）清粪。如图 10-19 所示，它是一个用钢索牵引的形成双翼的刮板，每一个翼板的一端销连在座上，驱动装置通过钢索将刮板在通道内做往复牵引，两翼板能绕销连轴转动。在推粪行程中，两翼张开，直至其边缘碰及通道的边界台阶。粪便被刮粪板向前推进到横向粪沟，这时接触返回开关，驱动装置的电动机反转，刮粪板返回，两翼板收拢，不进行刮粪，而此时另一纵向通道中的刮粪板为刮粪行程。刮粪板高 200 mm，移动速度 0.04 m/s。

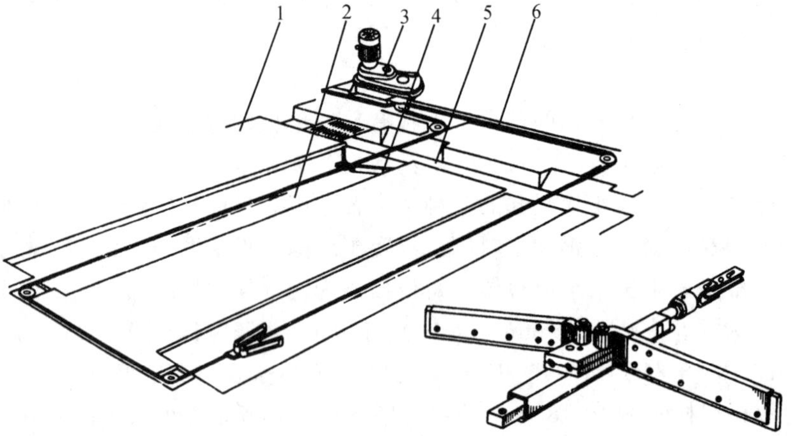

图 10-19　双翼刮板式清粪机

1. 隔栏牛床　2. 通道（浅宽粪沟）　3. 驱动装置　4. 双翼刮粪板　5. 横向粪便沟　6. 钢索

（3）多层刮板式清粪机　该机属于固定式往复刮板清粪机，主要用于鸡的叠层笼养，如图 10-20 所示。为了避免钢索打滑，主动卷筒和被动卷筒采用交叉缠绕，钢索通过各绳轮并经过每一层鸡笼承粪板的上方。每一层有一刮板，一般排粪设在装有动力装置相反的一端。开动电动机时，有两层刮板为工作行程，另两层空行，到端头时电动机反转，刮板反向移动，此时另两层刮板为工作行程，到端头时电动机停止。刮板的工作原理与导架式类似，只是结构更简单，刮板高度和宽度也较小。各层鸡笼下的承粪板可采用镀锌钢板、水泥板、电木板等。

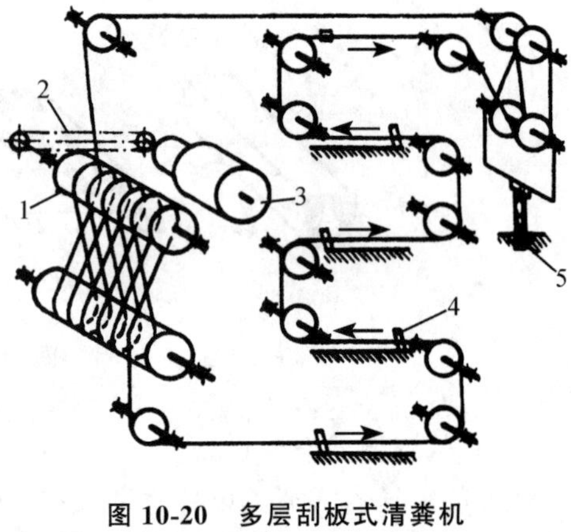

图 10-20　多层刮板式清粪机

1. 卷筒　2. 链传动装置　3. 减速电动机　4. 刮板　5. 张紧装置

（4）环行链板式清粪机　该机用于双列牛床的拴养牛舍，如图 10-21 所示。两列牛床的粪沟连成环形。沟宽约 320 mm，环行链板在环形沟内以 0.17～0.22 m/s 的速度移动而输送粪便。各刮板固定在链节上，刮板数多，间距小。环行链板式清粪机的后半部形成倾斜，可将粪便送出装入车内。这种类型的清粪机只适于干物质含量较多的粪便。

2. 输送带式清粪机

该机主要用于叠层式笼养鸡舍，输送带就安装

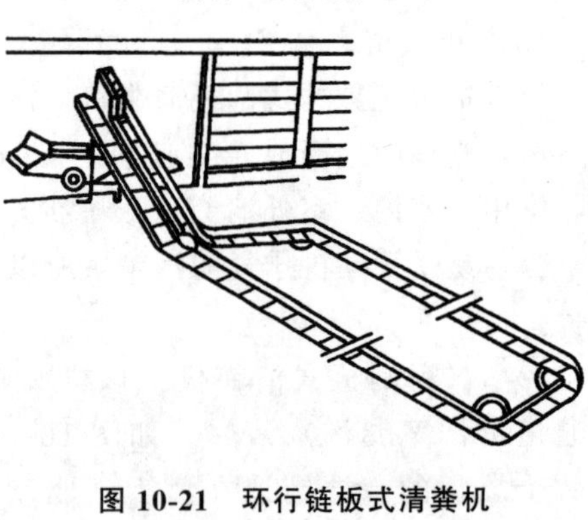

图 10-21　环行链板式清粪机

在叠层式笼架的每层鸡笼下面，同时完成承粪和清粪工作。图 10-22 为三层叠层式蛋鸡笼架所采用的输送带式清粪机，它由减速电动机、链传动装置、主被动辊、输送带、刮粪板、张紧轮、调节丝杆等组成。其中，输送带由低压聚乙烯塑料制成，延伸率小，表面光滑，且容易在带的连接处粘接。三层输送带都由同一减速电动机通过链条传动，可定期开动电动机。输送带沿笼组长度方向移动并将所承鸡粪输送到一端，被端部设置的刮粪板刮落。

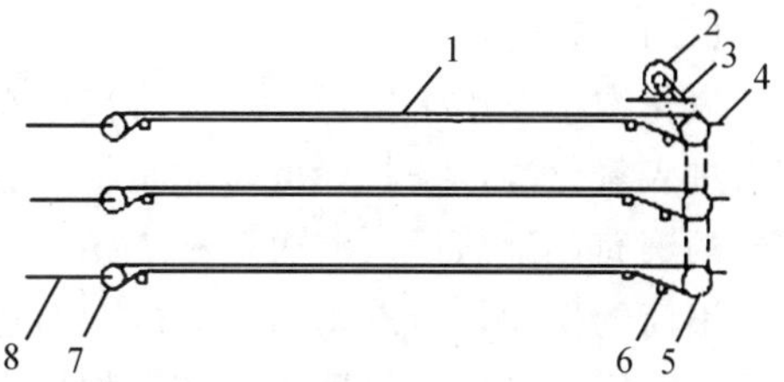

图 10-22　输送带式清粪机示意图

1. 输送带　2. 减速电动机　3. 链传动装置　4. 刮粪板　5. 主动辊　6. 张紧轮　7. 被动辊　8. 调节丝杆

二、畜禽粪便处理设备

为更有效地利用畜禽粪便并避免其对环境的污染，需要对畜禽粪便进行处理。按照被处理的畜禽粪便的形态可分为液态处理、固态处理和混合处理。液态处理的优点是劳动消耗少，有些设施如厌氧生物处理塘等耗能也少，缺点是耗水量大、占地面积大、液粪容量大输送困难。固态处理的优点是节约水、工艺流程短、设施紧凑、占地面积小，缺点是劳动消耗量相对较大。现仅介绍畜禽粪便的液态处理。

现代化畜禽养殖场中，一般每天都会形成大量的液态粪，常用的处理设备有固液分离设备、生物处理塘和氧化沟等。

(一) 固液分离设备

固液分离利用有两种原理：①利用比重不同进行分离，如沉淀和离心分离；②利用颗粒尺寸进行分离，如各种筛式分离设备。

图 10-23 为离心式固液分离机的示意图。在外罩内设外转筒和内转筒。内转筒上有孔，转筒内设喂入管，被分离的液粪可从喂入管喂入并通过内转筒的孔进入外转筒。内转筒外有螺旋叶片和外转筒内壁相配合。内转筒和外转筒沿同一方向转动，但内转筒转速比外转筒转速低 1.5%～2%。液粪进入外转筒后，在离心力作用下被甩向外转筒内壁。固体颗粒密度较大而沉积在外转筒内壁，并被螺旋推向图中右端的锥形端排出，而液体部分则被进入的液粪挤向图中的左端排出。液粪的通过量越小，固态部分的含水率也越小，即脱水效果越好。离心分离机的离心加速度 $\omega^2 r$ 和重力加速度 g 之比称为分离因数，一般分离因数为 3 000～4 000。

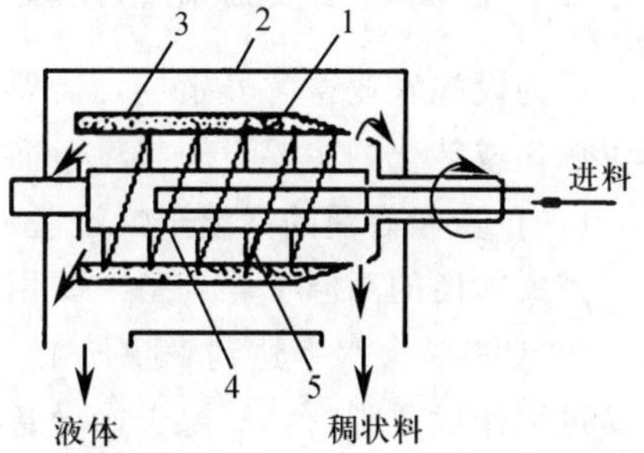

图 10-23　离心式固液分离机

1. 外转筒　2. 外罩　3. 液面　4. 内转筒　5. 螺旋叶片

(二) 生物处理塘

生物处理塘又称生物塘，是一种利用天然或人工整修的池塘进行液态粪生物处理的构筑物。在塘中，液态粪的有机污染物质通过较长时间的逗留，被塘内生长的微生物氧化分解和稳定化，故生物塘又称氧化塘或稳定塘。

(三) 氧化沟

氧化沟主要用于猪舍，往往直接设在猪舍地面的下方。如图 10-24 所示，液粪通过条状筛后进入氧化沟，条状筛可防大杂物的进入。氧化沟是一个长的环形沟，沟内装有绕水平轴旋转的滚筒，滚筒浸入液面 7～10 cm，滚筒旋转时叶板不断打击液面，使空气充入粪液内。由于滚筒的拨动，液态粪以 0.3 m/s 的速度沿环形沟流动，使固体悬浮，加速了好氧型细菌的分解作用。氧化沟处理后的液态物排入沉淀池，沉淀池的上层清液可排出，或在必要时经氯化消毒后排出。沉淀的污泥由泵打入干燥场，或部分泵回氧化沟，有助于氧化沟内有机物的分解。一般情况下，氧化沟内的污泥每年清除 2～4 次。氧化沟处理后的混合液体也可放入贮粪池，以便在适合的时间洒入农田。

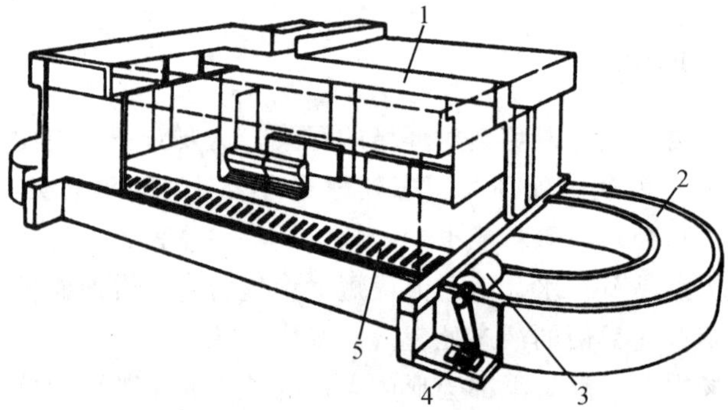

图 10-24　建在畜舍内的氧化沟

1. 猪舍　2. 氧化沟　3. 滚筒　4. 电动机　5. 缝隙地板

三、畜禽粪便资源化利用设备

作为设施农业畜禽养殖场，需要清除和处理的大量畜禽粪便，是可进行资源化利用的。其资源化或转化的主要设施与设备简介如下。

(一) 畜禽粪便的高温干燥设备

畜禽粪便的高温干燥设备主要用来干燥鸡粪。高温干燥属于快速干燥，整个干燥时间约 1 h，可使鸡粪含水率达到 10%～14%。鸡粪快速干燥能保持大部分蛋白质和其他营养物质，产品可用作优质肥料。高温干燥设备大多采用滚筒式，当所用燃料燃烧后产生的热烟气温度为 700～800℃，使热烟气进入滚筒和喂入滚筒内的湿鸡粪接触，形成干燥的第一阶段，温度为 500～600℃，使鸡粪表面水分迅速蒸发；由于设置成一定倾斜度滚筒的低速旋转，使滚筒内鸡粪被不断翻动和向前移动，形成第二阶段和第三阶段的干燥，其温度分别为 250～300℃和 150～200℃；最后出口端的温度为 80～90℃。从滚筒排出的鸡粪由气流输送收集后装袋，此时温度已冷却到 20～24℃，由此形成优质干鸡粪。

(二) 颗粒肥生产设备

现代化畜禽养殖场畜禽舍清粪后形成的粪便经过晾晒、翻晒形成干粪后，经过粉碎、混合、制粒加工而制成颗粒肥。其一般加工工艺为：太阳能发酵车间内槽式发酵（发酵槽→翻堆机翻堆→打碎并推送）→粉碎→搅拌→造粒→打包。

发酵槽的规格长度一般为 80～100 m，宽度 5 m，高度 0.7～0.8 m。发酵槽两边用砖砌成，水泥抹面，其上安装钢轨，翻堆机在钢轨上行走。翻堆机上装有带翻铲的旋转滚筒，翻堆机前进时，翻铲旋转将机器行走时前面的肥料不断地翻到后面，以达到翻拌打碎目的。翻堆机每一工作行程将粪便向出口端推送 0.3～0.4 m，每天多次往复。从出口送出的干粪，经粉碎后通过混合机与其他添加物料搅拌混合，然后送入制粒机进行造粒，最后进行打包。

（三）沼气发生设备

利用粪便产生沼气是采用受控的厌氧细菌分解，将有机物（碳水化合物、蛋白质和脂肪）转化为简单有机酸和酒精，然后再将简单有机酸转化为沼气和 CO_2 的技术。

图 10-25 表示了生产沼气的设备组合。发酵罐是一个密闭的容器，为砖或钢筋混凝土结构。有粪液输入和输出管道，罐外设有热交换器对粪液进行加热以提高发酵效率。罐中有搅拌器进行搅拌以使粪液温度均匀，有利于有机物的分解。产生的沼气引入贮气罐。贮气罐有上下浮动的顶盖，以保持沼气有一定压力。经过发酵处理后的粪便引出后可作为优质肥料。

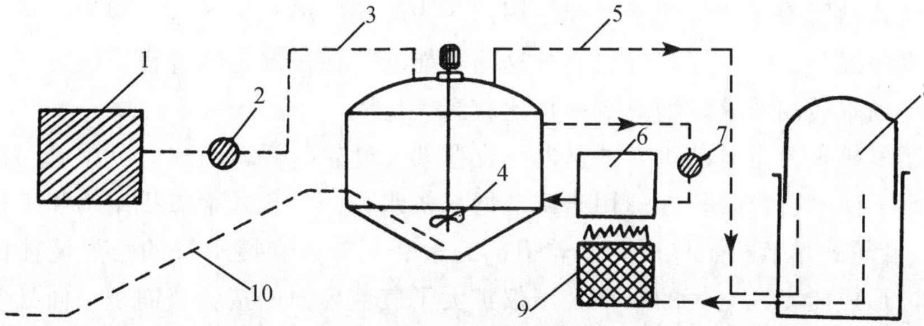

图 10-25　沼气发生设备

1. 贮粪池　2. 粪泵　3. 粪便输入管　4. 搅拌器　5. 沼气导出管　6. 热交换器　7. 外加热粪泵　8. 贮气罐　9. 加热器　10. 腐熟粪便排出管

影响沼气发生的因素有温度、pH、碳氮比、粪液固体含量、加载率和停留时间等。

（1）温度　温度是影响有机废物发酵的重要因素。温度越高则发酵时间越短。

（2）pH　沼气发生时合适的 pH 为 6.6～7.6，否则产生沼气的细菌将受到抑制。

（3）碳氮比　根据国内外研究资料，沼气发酵要求的碳氮比并不严格，一般（15～30）∶1 即可正常发酵。鲜猪粪和鲜牛粪的碳氮比分别为 13∶1 和 29∶1。

（4）粪液固体含量　即粪液的干物质浓度。研究表明，随着浓度的增加，总产气量也显著增加，浓度再增加，总产气量增加不显著，甚至减少。

（5）搅拌　在发酵过程中进行搅拌能使细菌与发酵原料充分接触，提高产气量。

（6）加载率和停留时间　加载率是每立方米发酵罐每天加入的有机固体的重量。停留时间是粪液在发酵罐内的停留天数。

第四节　设施水产养殖设备

目前，水产养殖生产方式主要有池塘养殖和集约化的工业化养殖，但都离不开机械设备。其中后者是人工控制鱼类生活环境，使之能常年在适宜的水温、水质、光照、溶氧、饲料等条件下生长发育的先进方法。

纵观我国水产养殖机械的发展过程，大体可分为三个阶段。第一阶段（1965—1973年），主要侧重于排灌和挖塘机械；第二阶段（1974—1979年），主要侧重于增氧机械；第三阶段（1980年至今），是水产养殖机械的全面发展阶段。目前，我国的设施水产养殖已拥有排灌、增氧、饲料加工、投饲、清塘、水质净化、鱼苗孵化、捕捞、活鱼运输等多种机械设备，满足了我国水产养殖的需要。现仅对增氧、投饲等机械设备进行简单介绍。

一、增氧机械

氧是鱼类生存和生长发育的必备条件之一，鱼对水中氧的需求量与自然温度、单位面积饲养密度等因素有关。增氧方法主要有机械式、生物式和化学式，其中以机械式应用最多。机械式增氧机可分为表面增氧式和水下池底式两大类，表面增氧机包括叶轮式、水车式、喷淋式、水流式等，水下池底增氧机包括充气式、射流式等，其中应用较为广泛的是叶轮式、水车式、充气式和射流式。我国生产和使用的多为叶轮式增氧机，这是因为叶轮式增氧机具有搅水、增氧、混合、曝气等多种功能，这些功能均是在机器运转过程中同时完成的，更适合调控静水鱼塘水质的要求，增氧效率也比较高。

叶轮式增氧机主要由电动机、减速器、支撑架、叶轮、浮球组成，其中电动机需配套电机罩用于防水、防晒、密封，浮球用于调节增氧机水位。叶轮式增氧机结构和工作状态如图10-26所示。叶轮式增氧机工作时，叶轮下部的水受到叶片和搅水管的强烈搅拌作用，在水面激起浪花，形成能裹入空气的水幕，不仅扩大了气液界面的接触表面积，而且使气液间的水膜变薄，并不断更新，加快了空气中氧气溶入水中的溶解速度。同时，叶轮旋转使搅水管的后部形成负压，使空气能够通过搅水管吸入水中，而且立即被搅成微气泡进入叶轮压力区，也有利于提高增氧效率。

(a)

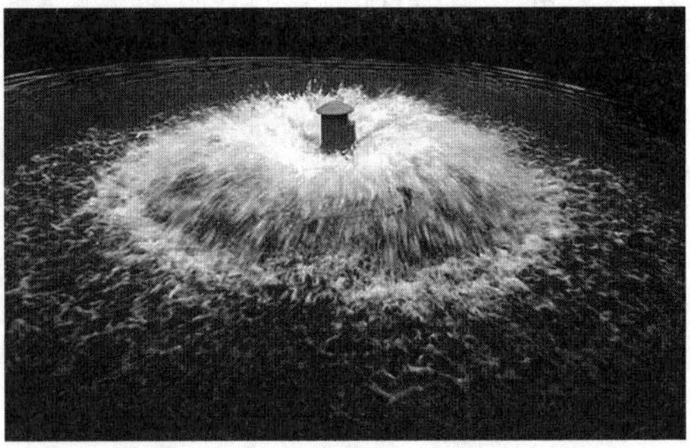

(b)

图 10-26　叶轮式增氧机

(a) 结构　(b) 工作状态

二、投饲机

投饲机具有投饲距离远、覆盖面大、抛撒较均匀等特点，对于水产养殖业的科学管理、减轻劳动强度、有效利用饲料、减轻水质污染等具有积极意义。渔业用投饲机根据应用范围可分为池塘养殖投饲机、网箱投饲机、工厂化养殖投饲机、大水面投饲机等。渔业生产中90%都是使用颗粒饲料，颗粒饲料自动投饲机一般由料箱、下料装置、抛撒装置和控制器等组成，其中下料装置可分为螺旋推进式、振动式、搅龙式、翻板式、电磁式等，抛撒装置可分为空气动力式、水输送式、离心抛撒式等。根据养殖方式等合理选择投饲机对饲料的利用率有着直接的影响。

我国研制的TS-75型投饲机如图10-27所示。该机主要由料箱、电磁振动给料器（分料器）、抛料圆盘和控制器等组成。工作时，电磁振动给料器将料箱中的颗粒饲料均匀地供给抛料圆盘（直径250～300 mm），由抛料圆盘将饲料抛出。

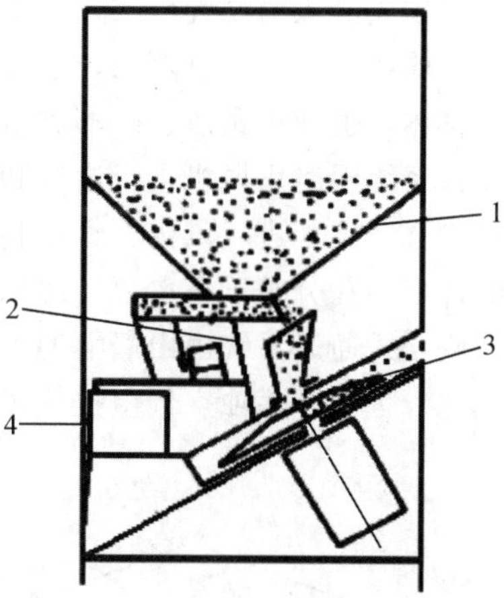

图10-27　TS-75型投饲机示意图

1. 控制器　2. 电磁振动给料器

3. 料箱　4. 抛料圆盘

第五节　养殖设施环境控制设备简介

和植物栽培相比，除畜禽舍环境控制系统的通风设备有其相应的特点外，其余如环境因子的检测设备、供热设备和降温设备等基本相仿，此处就不再赘述了。

通风是控制畜禽舍环境的主要手段，除了严寒和酷暑气候以外，利用室内外空气的交换就可保证一定的舍内温度和相对湿度，同时又能保证要求的空气质量。

一、通风系统的类型

畜禽舍的通风系统可分为自然通风和机械通风两类。其中，自然通风是指不需要机械设备，而借自然界的风压或热压，产生空气流动。由于自然通风受诸多因素影响，特别是气候与天气条件的制约，不可能保证封闭式畜禽舍经常、充分地换气，因此为了建立良好的畜禽舍环境，以保证家畜健康及生产力的充分发挥，在畜禽舍中应实行机械通风。机械通风系统常用于封闭式保温舍，主要有正压式、负压式、联合式和全气候式4种。

（一）正压式通风系统

风机将新鲜空气通过舍内上方管道上的两排均布孔送入畜禽舍，使舍内形成一定压力，舍内污浊空气在此压力下通过排气口排出。如有缝隙地板，此排气口一般都在地板以下的侧面。正压式通风系统的优点在于可对进入的空气进行加热、冷却及过滤等预处理，适用于严寒、炎热地区，但比较复杂、造价高、管理费用大。

（二）负压式通风系统

排气风机将空气抽出舍外，舍内形成负压，舍外空气常由屋檐下长条形缝隙式进气口进入舍内。负压式通风系统设备简单可靠、投资少、进气分布良好，因此应用较广。

（三）联合式通风系统

该系统同时采用机械送风和机械排风的方式。大型封闭舍，尤其是无窗畜禽舍仅靠机械排风或机械送风往往达不到应有的通风换气效果，必须采用联合式通风系统。该系统按送风风机和排风风机的设置形式，基本上有低进风口、高排风口，高进风口、低排风口两种通风方式，前者有助于通风降温，适用于温暖和较热地区；后者既可避免在寒冷季节冷空气直接吹向畜体，也便于预热、冷却和过滤空气，对寒冷或炎热地区都适用。

该系统同时用风机进行进气和排气。如图 10-28（a）所示，管道进气的联合通风系统包括进气百叶窗、进气风机、管道和排气风机等，空气由进气风机通过管道进入室内，由管道上的许多小孔分布于畜禽舍，污浊空气由排气风机排出。如图 10-28（b）所示，天花板进气的联合式通风系统由山墙上的进气风机将空气压入天棚上方，然后由均布于天花板上的进气孔进入舍内，污浊空气由排气风机抽走，进气可以进行预先加热或降温。

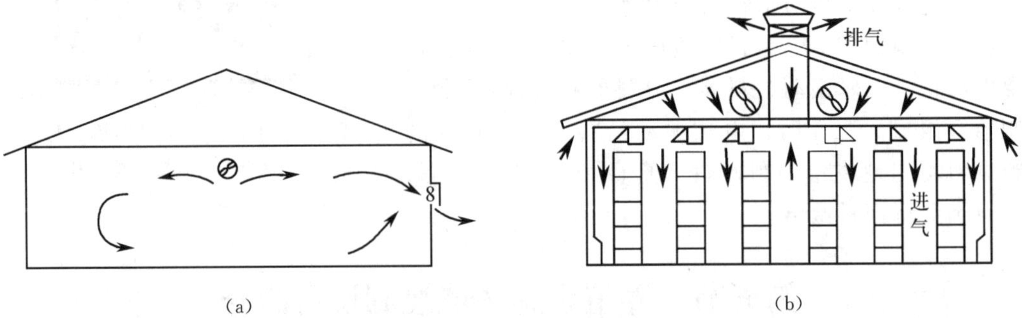

图 10-28 联合式通风系统

（a）管道进气 （b）天花板进气

（四）全气候式通风系统

如图 10-29 所示，该系统是由联合式系统和负压式系统组合而成，通过有机的结合，能适合不同季节的需要。它由百叶窗式进气口、管道风机、管道、排气风机等组成，并和供热降温设备相配合将整个系统调节至某一设定温度。

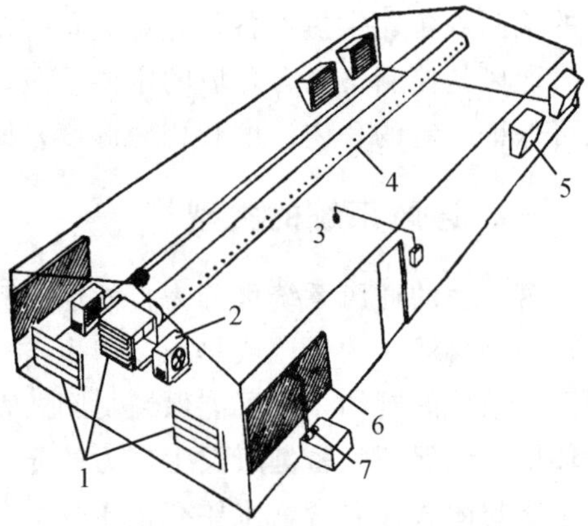

图 10-29 全气候式通风系统

1. 百叶窗 2. 加热器 3. 温度传感器 4. 管道 5. 排风机 6. 蒸发垫 7. 水泵

二、机械通风系统的设备

机械通风设备主要包括进气管和通风机。

（一）进气管

进气管用于正压式或联合式通风系统。它沿畜舍长度方向悬挂，管上有沿长度方向分布的圆孔，管末端封闭，新鲜空气由通风机压入管内，再由圆孔均匀地分配到整个畜舍。

（二）通风机

通风机是机械通风系统中的主要设备。畜禽舍通风主要用轴流式风机。

1. 轴流式风机

这种风机所吸入的空气和送出的空气流向和风机叶片轴的方向平行。它主要由外壳及叶片组成，如图 10-30 所示，叶片直接装在电动机的转动轴上。

轴流式风机的特点是叶片旋转方向可以逆转，旋转方向改变，气流方向随之改变，而通风量不变；通风时所形成的压力，一般比离心式风机低，但输送的空气量却比离心式风机

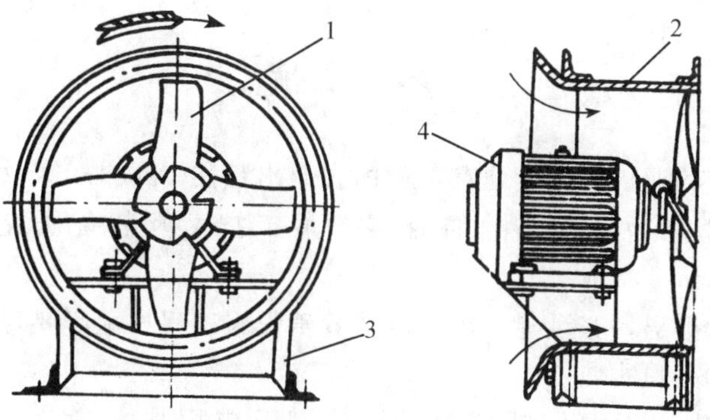

图 10-30 轴流式风机

1. 叶片 2. 外壳 3. 机座 4. 电动机

大。故既可用于送风，也可用于排气。由于轴流式风机压力小，噪音较低，除可获得较大的流量、节能显著外，全部风机之间进气气流分布也较均匀，与风机配套的百叶窗可以进行机械传动开闭。

2. 离心式风机

离心式风机主要由蜗牛型外壳、工作轮和带有传动轮的机座组成，如图 10-31 所示。空气从进气口进入风机，由旋转的带叶片的工作轮所形成的离心力作用，流经工作轮而被送入外壳，然后再沿着外壳经送风口送入通风管中。离心式风机不具逆转性、压力较强，在畜禽舍通风换气系统中，主要在集中输送热风和冷风时使用。

这种风机运转时，气流靠叶片的工作轮运转时所形成的离心力驱动，故空气进入风机时和叶片轴平行，离开风机时变成垂直方向。这个特点使其自然地可适应管道 90°的转弯。

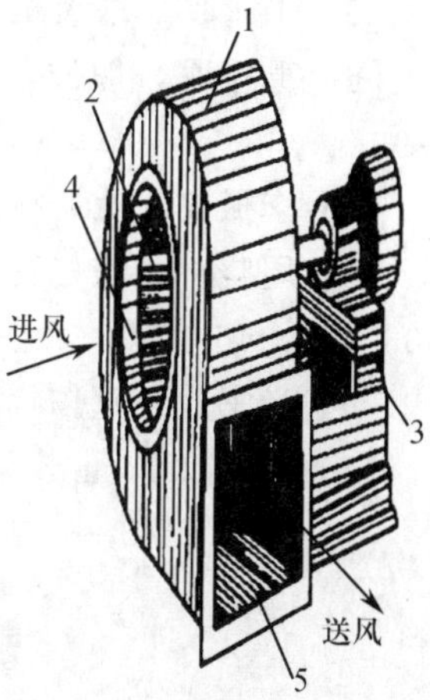

图 10-31 离心式风机

1. 蜗牛型外壳 2. 工作轮
3. 机座 4. 进风口
5. 送风口

复习思考题

1. 简述设施养殖机械化装备的基本类型。
2. 简述不同类型自动饮水器的特点。
3. 列举鸡用饲槽和猪用饲槽的不同分类。
4. 简述干饲料喂饲机械设备的分类及用途。
5. 简述对畜禽粪便清除方法和设备的要求。
6. 简述固液分离设备的工作原理及分类。
7. 畜禽粪便资源化利用设备主要有哪几类？各自的功能是什么？
8. 简述叶轮式增氧机的主要组成部分和功能。
9. 简述设施养殖中通风系统的分类及用途。

参考文献

[1] 蒋恩臣．畜牧业机械化．北京：中国农业出版社，2011.

[2] 王德福，李利桥．全混合日粮混合加工技术及装备研究．北京：科学出版社，2019.

[3] 王德福，黄会男，张洪建，等．生猪养殖设施工程技术研究现状与发展分析．农业机械学报，2018，49（11）：1-14.

[4] 陈安国．猪用干湿饲喂器的设计原理及应用技术参数研究．杭州：浙江大学，2005.

[5] 丁永良．增氧机的研究．农业机械学报，1986，17（4）：54-59.

[6] 禹振军，熊波，刘旺，等．增氧机的种类及适应性分析．农业机械，2019（2）：97-99.

[7] 李振安．池塘投饲机的设计方案．农业机械学报，1996，27（4）：75-78.

[8] 周晓林，焦仁育，朱文锦．渔业自动投饲机类型、结构原理与应用．渔业现代化，2003（6）：46-47.

[9] 尚书旗，董佑福，史岩．设施养殖工程技术．北京：中国农业出版社，2001.

[10] 岳文斌．畜牧学．北京：中国农业大学出版社，2002.

第十一章

植物工厂

学习目标

- 理解植物工厂的性质和特点
- 熟悉植物工厂的基本结构和功能
- 掌握植物工厂的生产技术体系和装备性能
- 熟悉植物工厂环境调控装备的使用和维护保养

第一节　植物工厂的概念和特点

随着科学技术的进步，农业生产方式在不断发展，从露地栽培到设施栽培和植物工厂。植物工厂类似于工业化机件生产过程，集约化程度高，是目前世界上最高水平的植物生产模式。植物工厂化生产体系把当前高速发展的设施农业向前推进了一大步，使农业摆脱自然环境的束缚，提高了生产力，代表着未来农业的发展方向。

数字资源 11-1
智能植物工厂

一、植物工厂的定义和分类

植物工厂（Plant Factory）是指利用环境控制和高新技术进行植物全年生产的体系。在这个体系中利用环境自动控制系统、电子技术、生物技术和信息技术等进行植物周年连续生产，也就是利用计算机对植物生育的温度、湿度、光照、CO_2浓度等环境条件和营养液进行自动控制，使设施内植物生长不受自然气候制约。

植物工厂在广义上涵盖了高精度环境控制的太阳光利用型系统（精密温室），还包括芽苗菜、食用菌生产设施，以及种苗繁殖和人工种子生产系统等；而狭义上则专指完全依靠人工光源的植物生产系统。根据其研究对象层次的不同，植物工厂可分为：以研究植物体为主的植物工厂，以研究植物组织为主的组织培养系统，以研究植物细胞为主的细胞培养系统。

根据利用光源的不同，植物工厂又可分为人工光源完全控制型、太阳光利用型以及太阳光和人工光源兼用型3种。有时将后两种统一称作太阳光利用型。植物工厂生产的对象主要是蔬菜、花卉、药用植物、芳香植物和食用菌等。

植物工厂的前期形式主要是太阳光利用型。太阳光利用型植物工厂的温室结构为半封闭式，以玻璃或塑料薄膜为覆盖材料，以太阳光作为植物生长的光源，其主要栽培方式为水培或基质培等无土栽培形式，这种植物工厂虽可部分实现对栽培环境的自动控制，但由于太阳光照一直处于变动之中，会引起设施内光照、温度和湿度的变化，特别是温度的剧烈波动，在波动的环境条件下，难以做到准确预测和控制。为了达到周年生产的目标，避免环境条件的剧烈变动，在利用太阳光的基础上，出现了太阳光和人工光并用的植物工厂，其覆盖材料和栽培方式与太阳光利用型相似。但其光源除了白天利用太阳光外，夜晚或白天连续阴雨寡照时，可采用人工补光，使作物生产环境比较稳定。

植物工厂的最高形式是环境完全控制型。环境完全控制型的植物工厂不仅完全使用人工光源，而且对影响植物生长的温度、湿度、CO_2浓度、营养液等主要因子，都可以实现完全自动控制。在全封闭系统内，采用工业化的设施设备，通过模式化栽培和流程化作业，使从播种到采收的全过程连续进行并高度自动化，从而实现周年计划生产，因此是最理想的生产方式。但是，其能源消耗较大，成本较高，对技术的要求及工业控制的方案也更严密。

二、植物工厂发展的历史与现状

1957年，世界上第一家植物工厂诞生在丹麦的格里斯坦生农场，在那里实现了独行菜的连续自动化生产，按生育阶段进行程序化管理和控制。1971年，丹麦建成了绿叶菜工厂，用于生产独行菜、鸭儿芹、莴苣等。美国自20世纪60年代开始进行完全控制型植物工厂的研究和开发。英国达雷卡德设施农业工程公司发明了一种工厂化栽培果树的方法，用苹果枝、梨枝、桃枝试验均获得成功。20世纪80年代初期，日本先后建成了以生产为目的的太阳光利用型和完全控制型植物工厂。到2018年底，日本已经建成的植物工厂在300座以上。此外，在美、英、荷兰等国家，工厂化生产蘑菇取得较大进展。

国内植物工厂的研究起步较晚，但发展迅速，取得了阶段性的成果，目前已经成为世界上规模最大的植物工厂生产国之一。中国台湾20世纪80年代建立了设施与功能齐全的芽菜植物工厂，播种、培育、收获、包装全部实现自动化和机械化，结合微机与自走式的环境控制管理，使芽菜的栽培层次达到十层以上，空间利用率和集约化程度大大提高。2006年，我国建成了国内最早的植物工厂试验系统。近年来，植物工厂在中国呈现快速发展的势头，截至2018年底，中国实际运行且有一定规模的人工光植物工厂有200余座，其中栽培面积超过$2\times10^4\ m^2$的植物工厂有2座。众多企业纷纷加入植物工厂行列，有力地推动了中国植物工厂产业的发展。

三、植物工厂的意义和特点

植物工厂是现代农业发展的高级阶段，以人工可控的环境设施和工厂化作业为主要特征。它的出现是人类农业发展的里程碑，具有十分重要的意义。

(1) 植物工厂使栽培过程程序化、标准化和定量化，生产者利用先进的计算机控制技术，可在宏观政策的指导调控下，按照市场需求实现周年计划稳定生产，有效地避免了市场风险。

(2) 植物工厂内的环境条件适宜，作物生长速度快，以叶等营养器官为产品的蔬菜可缩短生长周期，以花和果实等生殖器官为产品的蔬菜可提早始收期，延长收获过程。如莴苣秧苗移栽后2周即可收获，一年能收获20茬以上，年总产量是露地的数十倍。

(3) 植物工厂作业环境和劳动条件大为改善，借助机械化和自动化操作，节省时间和劳动力，提高作业效率。荷兰泰勒尼加公司采用试管育苗、快繁等新技术，借助机械化和自动化操作，年产非洲菊 9.0×10^7 株、鲜切花 5.0×10^6 枝，其中70%出口。

(4) 多层立体栽培可大大提高土地和设施的利用率，还可节省用于环境调控所消耗的能源。中国台湾日升公司通过立体化栽培蝴蝶兰小苗的植物工厂，生产性能可达到1 900株/m^2，是一般温室的17倍以上。

(5) 植物工厂受地理、气候等自然条件的影响小，使在寒冷、酷热等气候条件恶劣地区，贫瘠、沙漠等不毛之地，甚至极地、海底和太空等场所进行植物生产成为可能。

(6) 植物工厂与外界环境隔离，细菌和虫害能够得到有效控制，污染少，可以实现无农药栽培，保证产品优质无污染。与太阳光相比，在利用LED补光的植物工厂内种植的蔬菜可大幅度提高维生素C含量，莴苣的维生素C含量提高4倍以上。

(7) 植物工厂是现代高新技术的集合体，是工业反哺农业的集中体现。高效的植物工厂往往是材料科学、信息技术和生物技术的有机结合，是现代高新技术的综合应用。

植物工厂进行的是高投入高产出的生产活动，投资成本高与能源负荷大是目前发展植物工厂的两大瓶颈。初期建设成本较高，需要构建外围护结构、空调系统、人工光源、多层立体栽培系统和配套工程与装备，光源与空调能耗大，电力消耗多。目前，国内现有的占地面积在1 000 m^2以上的人工光型植物工厂都是亏损的，故开发性能好且廉价的硬件设施设备、减少种植过程中的能耗是未来植物工厂发展的重要方向。

第二节 植物工厂的基本结构和功能

植物工厂是一个综合的工程系统，其基本结构包括播种育苗室、栽培室、包装室、冷冻贮藏室等部分。

一、播种育苗室

播种育苗室是进行播种和幼苗管理的主要场所，通常也是成品种苗包装、运输的场所。主要包括播种车间、催芽室和控制室。

(1) 播种车间　播种车间内的主要设备是播种生产线以及各种与播种相关的机械。在设计播种车间时，要根据植物工厂的规模所需要的播种流水线尺寸来确定播种车间的空间，而且要注意分区，使基质搅拌混合、播种、催芽、包装、搬运等操作互不影响，有足够空间进行操作。播种车间也可以与包装车间连为一体，便于种苗的搬运，提高播种车间的空间利用率。为了操作方便，播种车间一般与育苗温室相连，但要以不影响温室的采光为前提，播种车间多以轻型结构钢和彩色轻质钢板建造，可以实现大跨度结构，提高空间利用率。此外，播种车间应安装给排水设施设备，大门的高度设计应以便于运输车辆进出为标准。

(2) 催芽室　是种子播种后至发芽出苗的场所，其实际上是一个可密封、绝缘保温性能良好的空间，可分为固定与移动式两种。如图 11-1 所示，里面安置多层育苗盘架，以便放置育苗盘，充分利用空间。

催芽室在设计时需要考虑以下指标要求：温度和相对湿度可调节控制，相对湿度以 75%～90%为宜；温度 20～35℃；气流均匀度 95%以上。主要配备有加温系统、加湿系统、风机、新风回风系统、补光系统以及微电脑自动控制器等；由散流器、调节阀、送风管、加湿段、加热段、风机段、混合段、回风口、控制箱等组成。

图 11-1 催芽室内部结构
（青县鑫农蔬菜种苗育种中心，2008）

催芽室的控制应达到以下要求：当温度位于设定范围内时，加温系统自动停止工作，风机延迟自动停止；温、湿度偏离设定范围时，加温系统自动开启并工作。湿度进入设定范围时，加湿系统自动停止工作，加热器继续工作，风机继续工作。如果风机、加湿器、加热器、新风回风混合器等任何部件发生故障，报警提示，系统自动关闭。

（3）控制室　种子出芽后要播种到穴盘等器具中，此时对其生长环境的温度、光照、空气湿度、水分、营养等实行综合的监控和调节，才能保证幼苗质量。育苗温室的环境控制由传感器、计算机、电源、配电柜和监测控制软件等组成，对加温、保温、降温排湿、补光和微灌系统实施准确而有效的控制。控制室一般具有育苗环境控制和决策、数据采集处理、图像分析与处理等功能。

二、栽培室

栽培室是植物工厂最为重要的组成部分，作物在其中完成生长周期大部分时间，并形成产品器官。因此，栽培室的环境条件对植物工厂生产的成败起非常关键的作用。根据对光照利用方式的不同，植物工厂所用的栽培温室主要有以下 3 种。

（1）人工光利用型　如图 11-2 所示，这类栽培温室的建筑结构为全封闭式，密闭性好，屋顶和墙壁材料（硬质聚氨酯板、聚苯乙烯板等）不透光，隔热性较好；光照只来自人工光源，如高压卤素灯、高压钠灯、高频荧光灯（HF）以及发光二极管（LED）等；对植物采用在线检测和网络技术，对植物生长过程记忆性连续检测和信息处理；栽培方式采用营养液培养；可以有效地抑制害虫和病原微生物的侵入，在不使用农药的前提下实现了无污染生产；对设施内光、水分、空气和营养液温度、CO_2、EC、pH 和溶解氧均可进行精密控制，根据植物生长习性可对昼夜进行任意调节，植物生长较稳定，可实现周年均衡生产；但其技术装备和设施建设的费用高，能源消耗大，运行成本高。

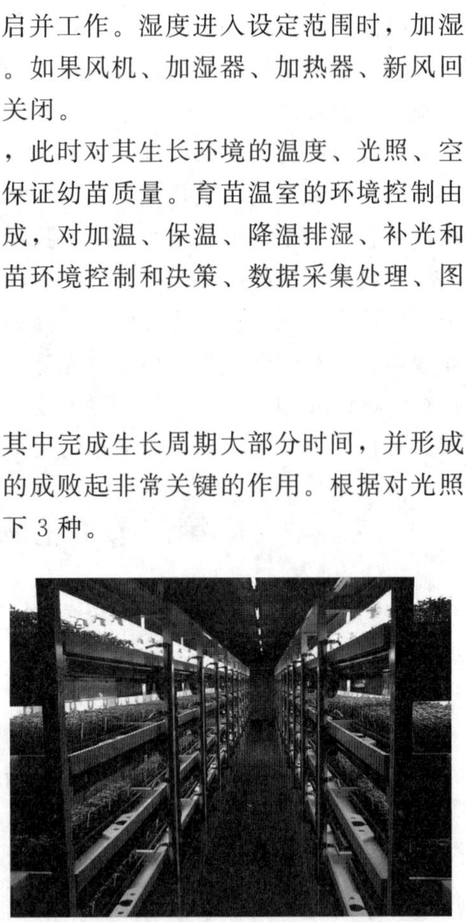

图 11-2 人工光利用型植物工厂内景（杨其长，2005）

（2）太阳光利用型　如图 11-3 所示，这类栽培温室的建筑材料多为玻璃或塑料（氟素树脂、塑料薄膜、PC 板等）；光源为自然光；室内备有多种环境因子的监测和调控设备，包括光、温、水分、CO_2浓度等环境因子的数据采集以及顶开窗、侧开窗、通风降温、喷雾、遮阳、保温、防虫等环境调控系统。栽培方式以营养液栽培和基质栽培为主；生产环境易受季节和气候变化的影响，生产品种有局限性，主要生产叶菜和茄果类蔬菜，生产不太稳定。

图 11-3　太阳光利用型植物工厂外观
（杨其长等，2005）

（3）太阳光和人工光并用型　这类温室的结构、覆盖材料和栽培方式与太阳光利用型相似；其光源以太阳光为主，夜晚或白天连续阴雨寡照时，采用人工光源补充，作物生产比较稳定；与人工光利用型相比，用电较少；与太阳光利用型相比，受气候影响较小，兼顾了前两种方式的优点，实用性强，有利于推广。

三、包装室

随着植物工厂规模的不断扩大、产品数量的增加以及人们对产品卫生条件要求的日益提高，采后包装已成为植物工厂生产的重要组成部分。包装室又分为内包装室和外包装室。内包装室是指进行与产品内容物直接接触的内包装作业场所，内包装室要求较高的卫生条件，保证产品不发生二次污染。而外包装室是指进行不与产品内容物直接接触的外包装作业场所，如打包运输等，对卫生条件要求相对较低。

四、贮藏室

由于新鲜的植物产品采收后仍进行呼吸和蒸发，分解和消耗自身的营养成分释放出呼吸热，致使摘收后果菜周围的环境温度迅速升高，成熟衰老加快，其外观色泽、品质等也随之下降。通过温度、气体等环境因子调节和控制作物采收后的生命活动，可以达到降低损耗、延长保藏期、保持品质的目的。因此，贮藏室也成为植物工厂的重要组成部分。贮藏的方式很多，其中机械贮藏和气调贮藏是常用的两种方式。

（1）机械冷藏室　机械冷藏指的是利用制冷剂的相变特性，通过制冷机械循环运动的作用产生冷量并将其导入有良好隔热效能的库房中，机械冷藏要求有坚固耐用的贮藏库，且库房设置有隔热层和防潮层以满足人工控制温度和湿度贮藏条件的要求，适用产品对象和使用地域扩大，库房可以周年使用，贮藏效果好。机械冷藏的贮藏库和制冷机械设备需要较多的资金投入，运行成本较高，且贮藏库房运行要求有良好的管理技术。

机械冷藏库根据制冷要求不同分为高温库（0℃左右）和低温库（<−18℃）两类，用于贮藏新鲜产品的冷藏库为前者。冷藏库根据贮藏容量大小大致可分为四类：大型10 000 t以上，大中型 5 000～10 000 t，中小型 1 000～5 000 t，小型 1 000 t 以下。

常见的冷库都是由围护结构、制冷系统、控制系统和辅助性建筑四大部分组成。有些大型冷库还从控制系统中分出电源动力和仪表系统，这样就成了五大部分。有些冷库把制冷系统和控制系统合并，就成了三大部分。小型冷库和一些现代化的新型冷库（如挂机自动冷库）就无辅助性建筑，只包括围护结构、制冷系统和控制系统三大部分。

保鲜冷库的围护结构主要由墙体、屋盖和地坪、保温门等组成。围护结构是冷库的主体结构，作用是给园艺产品保鲜贮藏提供一个结构牢固、温度稳定的空间，其围护结构要求比普通住宅有更好的隔热保温性能，但不需要采光窗口。园艺产品的保鲜库也不需要防冻地坪。

目前，围护结构主要有 3 种基本形式，即土建式、装配式及土建装配复合式。土建式冷库的围护结构是夹层保温形式（早期的冷库多是这种形式）。装配式冷库的围护结构是由各种复合保温板现场装配而成，可拆卸后异地重装，又称活动式。土建装配复合式的冷库，承重和支撑结构是土建形式，保温结构是各种保温材料内装配形式，常用的保温材料是聚苯乙烯泡沫板多层复合贴敷或聚氨酯现场喷涂发泡。

制冷系统是保鲜冷库的心脏，该系统是实现人工制冷及按需要向冷间提供冷量的多种机械和电子设备的组合。主要有制冷压缩机、冷凝设备、冷分配设备、辅助性设备、冷却设备、动力和电子设备等。早期的制冷设备均体积庞大，并各自独立。现在一些大型冷库，如氨制冷冷库仍是这种形式。现代化冷库的制冷系统，将各种制冷设备进行了一定程度的精制和集合。挂机自动冷库所用的制冷系统，是把制冷压缩机、冷凝器和辅助性设备等集合在一个不大的机箱内，可方便地挂装在墙壁上，可谓是制冷设备各部分高度集合和浓缩的典型代表。

（2）气调贮藏室　气调贮藏是调节气体成分贮藏的简称，指的是改变新鲜植物产品贮藏环境中的气体成分（通常是指增加 CO_2浓度和降低 O_2浓度以及根据需求调节其气体成分浓度）来贮藏产品的一种方法。改变了气体浓度组成的环境中，新鲜产品的呼吸作用受到抑制，降低了呼吸强度，推迟了呼吸峰出现的时间，延缓了新陈代谢速度，推迟了成熟衰老，减少营养成分和其他物质的降低和消耗，从而有利于保持产品的新鲜和质量。同时，较低的 O_2浓度和较高的 CO_2浓度能抑制乙烯的生物合成、削弱乙烯生理作用的能力，有利于新鲜产品贮藏寿命的延长。适宜的低 O_2和高 CO_2浓度具有抑制某些生理性病害和病理性病害发生发展的作用，减少产品贮藏过程中的腐烂损失。以低 O_2和高 CO_2浓度的效果在低温下更显著，因此，气调贮藏应用于新鲜产品贮藏时通过延缓产品的成熟衰老、抑制乙烯生成和作用及防止病害的发生能更好地保持产品原有的色、香、味、质地特性和营养价值，有效地延长产品的贮藏和货架寿命。有报道指出，对气调反应良好的新鲜园艺产品，运用气调技术贮藏时其寿命可比机械冷藏增加 1 倍甚至更多。正因为如此，近年来气调贮藏发展迅速，贮藏规模不断增加。

气调储藏室内应装有冷却、加湿、通风、监测、压力平衡、各种管道等设施，同时还应有气密门、取样孔等，以利于人货的出入和观测。

第三节　植物工厂的生产技术体系

机械化和自动化是植物工厂的重要特征之一，因此离不开相应的各类机械设备和配套装置，如育苗设备、无土栽培系统、环境调控系统、计算机控制系统及其他相关配套设备。植物工厂设备与技术的关联性十分密切，尤其是环境调控技术与环境调控系统和计算机控制系统更是一个不可分割的整体，在植物工厂整个生产系统中占有非常重要的位置，这部分内容将在第四节详细介绍。育苗设备在第九章中已有详细介绍，本节重点介绍植物工厂中常用的无土栽培系统。

一、植物工厂常用的栽培模式

（一）水培

水培是指作物的根系直接生长在营养液中，这种营养液可以为作物提供水分、养分、氧气和温度，使作物能够正常生长的一种栽培方式。根据所用营养液深度的不同又可分为营养液膜技术（Nutrient film technique，NFT）、深液流水培技术（Deep flow technique，DFT）、浮板毛管水培技术（Floating capillary hydroponics，FCH）。

（1）NFT　如图 11-4 所示，NFT 是指营养液以浅层流动的形式在种植槽中从较高的一端流向较低的另一端的水培技术。因营养液层很浅，只有 0.5 cm 左右，故称为营养液膜技术。NFT 系统具有造价低廉、易于实现生产管理自动化等特点，目前已成为植物工厂领域重要的水培手段。

图 11-4　NFT 栽培系统
（Akira Nukaya，2008）

（2）DFT　如图 11-5 所示，在栽培槽内有 3～10 cm 的营养液流动，植物悬挂于营养液的水平面上，根茎离开水面，根系浸入营养液中的一种栽培方式。DFT 技术由于每棵植株占有较多的营养液，因此缓冲能力较强，受外界环境的影响较小；由于植株悬挂于定植板上，并且营养液是循环流动的，因此能够很好地解决根系的水气矛盾，消除根系表面有害物质的积累，消除根表与根外养分浓度的差异。

图 11-5　DFT 栽培系统
（Akira Nukaya，2008）

（3）FCH　用宽 35 cm，深 10 cm，长 150 cm 的泡沫板或其他轻质材料制成深水培栽培槽，槽内盛放较深的营养液，再在营养液的液面漂浮一块聚苯乙烯泡沫浮板，浮板上铺上无纺布，其两头垂入营养液中，通过分根法和毛管作用，使部分根系在浮板上呈湿润状态吸收氧气，另一部分根系深入深层营养液中吸收养分和水分。这种形式的栽培方法，协调了供液和供氧间的关系，液位稳定，受中途停电停水影响较小。

（二）固体基质栽培

固体基质栽培是指作物的根系生长在单一或复合基质中，通过基质固定作物根系，并向作物供给营养、水分和氧气的方法。固体基质可很好地协调根际环境的水气矛盾，且投资少，便于就地取材进行生产。

（三）喷雾栽培

图 11-6　喷雾栽培（刘世哲，2008）

喷雾栽培又称为雾培或气培，如图 11-6 所示，是指利用喷雾装置将营养液雾化为小雾滴状，直接喷射到植物根系以提供植物生长所需的水分和养分的一种栽培技术。这种栽培方式是所有无土栽培技术中解决根系水气矛盾最好的一种，同时它也有利于实现自动化和进行立体栽培，提高空间的利用率。但由于喷雾栽培设备投资大，管理不太方便，而且根系温度易受气温影响，变幅较大，对控制设备要求较高，生产上应用较少。

二、栽培系统

（一）种植槽

种植槽是植物工厂中栽培作物的主要部分，如图 11-7 所示，可以用硬质塑料板、木板、钢板、泡沫板、水泥砖或水泥预制件等做成。安装时在地面或做成的架子上水平地拼装起来，在里面铺上一层塑料薄膜，用于盛装基质或营养液。根据水培的形式不同，种植槽在规格上有较大的差异，尤其是在深度上，深液流栽培技术中的种植槽设置得较深，而营养液膜技术中所用的种植槽设置较浅，有些小型作物还可用水泥预制的或玻璃钢制成的波纹瓦来做种植槽。在营养液膜技术中，比较高大植物的根系往往比较发达，植株长大后期会在种植槽中形成一层厚厚的根垫，这不仅严重阻碍了营养液在种植槽中的流动，而且会造成在厚实的根垫内部营养液难以流入而使氧气和养分供应不足，常会引发烂根现象。为了改善根际的通气、水分和养分供应状况，可在槽底铺一层多孔吸水的无纺布，水可通过无纺布吸收后随毛细管扩散到与无纺布接触根系的各部位。

图 11-7 固体基质栽培槽（王双喜，2009）

（二）贮液池

贮液池可为作物的生长保证足够的营养液供给。贮液池一般设在地下较多，这样做一方面有利于营养液从种植槽流回到贮液池，另一方面有利于保持营养液温度，减少气温变化对液体温度的影响。贮液池的容积要以种植作物的种类和种植规模确定，要以确保作物生长的需要为前提。

（三）营养液循环流动系统

营养液循环流动系统主要由水泵、管道、流量阀门和供液定时器等组成。

（1）水泵　水泵的选择应遵循耐用和与营养液循环流量相匹配的原则。应选用耐酸碱、耐腐蚀的自吸泵或潜水泵。水泵的功率不能太小，否则流量不足，达不到供液要求；水泵的功率也不要太大，否则一方面造成能源和成本的浪费，另一方面可能会因为压力过大损坏管道。

（2）管道及流量阀门　管道分为供液管道和回流管道两种。为了防止腐蚀，营养液的供液和回流管道一般都由塑料材料做成，在安装时要严格密封，以防止营养液在接合部位渗漏。为了操作方便和减少日光照射而导致的老化，尽量将管道埋在地面以下。供液管道分为主管、支管和毛管。在安装供液管道时主管上要安装流量调节阀门，其他各支管也要安装阀门，以调节流量，使得各种植槽的流量尽可能均匀一致。回流管道的作用是保证营养液能够顺畅地流回贮液池，设在种植槽的最低一端，回流管的管径要足够大，以确保能够快速排到贮液池中，防止漫溢出来。

（3）供液定时器　在利用水培种植作物时，并不需要全天开启水泵进行连续供液，而是可以根据作物的生长情况进行间歇供液，从而节省能源和生产成本。安装供液定时器可准确控制水泵工作和间歇时间，省去人工控制的麻烦，使得生产更趋自动化。

三、营养液管理

营养液管理是植物工厂栽培技术管理的核心。作物的根系大部分生长在营养液中，并吸收其中的水分、养分和氧气，从而使浓度、成分、pH、溶解氧等都在不断变化。同时，长时间的循环利用营养液会滋生细菌、真菌、病毒及藻类，或者被根系分泌物、菌类排泄物、藻类代谢物等污染。此外，外界的温度也时刻影响着液温。因此，必须对上述诸因素的影响进行检测和调控，使其经常处于符合作物生长发育的需要状态。现着重从 pH、溶解氧、EC、液温、杀菌消毒等五个方面来论述营养液的管理。

（一）pH 管理

介质的酸碱性不仅影响着营养元素的有效性，而且对植物的生理代谢也有直接的影响，因此营养液的 pH 管理对于保证作物正常的生长十分重要。在无土栽培中，由于作物对水分和养分的不断吸收，营养液的 pH 就会发生变化，如果不及时调节就会造成根系发育不良甚至腐烂，植株长势弱化，出现某些元素缺乏症等生理障碍，进而导致产量和品质下降。营养液的 pH 变化与选用的营养液配方有密切关系。用 $Ca(NO_3)_2$、KNO_3 为氮钾源的多呈生理碱性，若用（NH_4）NO_3、$CO(NH_2)_2$、K_2SO_4 为氮钾源的多呈生理酸性。最好选用比较平衡的配方，使 pH 变化比较平衡，可以省去调整。

当 pH 上升时，可用稀硫酸（H_2SO_4）或稀硝酸（HNO_3）溶液来中和。用稀 HNO_3 中和时，HNO_3 中的 NO_3 会被植物吸收利用，但要注意：当中和营养液 pH 的 HNO_3 用量太多时则可能造成植物硝酸盐含量过多的现象；用 H_2SO_4 中和时，尽管 H_2SO_4 中 $SO_4{}^{2-}$ 也可作为植物的养分被吸收，但吸收量较少，如果中和营养液 pH 的 H_2SO_4 用量太大时可能会造成营养液中 SO_4^{2-} 的累积。应根据实际情况如作物的种类等来考虑用何种酸为好。中和的用酸量不能用 pH 作理论计算来确定。因营养液中高价弱酸与强碱形成的盐类存在，如 K_2HPO_4、$NH_4H_2PO_4$ 等，其离解是分步的，有缓冲作用。因此，必须用实际滴定的办法来确定用酸量。具体做法是：取出定量体积的营养液，用已知浓度的稀酸逐滴加入，达到要求值后计算出其用酸量，然后推算出整个栽培系统的总用酸量。应加入的酸要先用水稀释，以浓度为 12 mol/L 为宜，然后慢慢注入贮液池中，边注入边搅拌。注意不要造成局部过浓而产生 $CaSO_4$ 沉淀。

pH 下降时，用 NaOH 或 KOH 中和。Na^+ 不是营养成分，会造成总盐浓度的升高。K^+ 是营养成分，盐分累积程度较轻，但其价格较贵，且吸收过多会引起营养失调。应灵活选用这两种碱，具体进行可仿照以酸中和碱性的做法。这里要注意的是局部碱性过量会造成 $Mg(OH)_2$、$Ca(OH)_2$ 等沉淀，因此在加碱时防止过快、过浓。

（二）营养液溶存氧的管理

不同的作物种类对营养液的溶存氧浓度的要求不同，耐淹水或沼泽性的植物，对营养液中的溶存氧含量要求较低；而不耐淹水的旱地作物，对于营养液中的溶存氧含量的要求较高。而且同一植物的一天中，在白天和夜间对营养液的溶存氧的消耗量也不尽相同，晴天时，温度越高日照强度越大，植物对营养液中溶存氧的消耗越多；反之，在阴天、温度低或日照强度小时，植物对营养液中溶存氧的消耗就少。一般地，在营养液栽培中维持溶存氧的浓度为4～5 mg/g水平时，大多数的植物都能够正常生长。

当溶液中的溶存氧过低时，为了维持植物的正常生长，需要进行溶存氧的补充。营养液溶存氧补充的途径主要有空气向营养液的自然扩散和通过人工的方法增氧两种。通过自然扩散而进入营养液的溶存氧速度很低，数量极少。在20℃左右，液深5～15 cm，靠自然扩散每小时进入营养液中的氧只相当于饱和溶存氧含量的2%左右。因此人工增氧来补充作物根系对氧的消耗，是水培技术种植成功与否的一个重要环节。人工增氧的方法主要有以下几种。

(1) 搅拌　通过机械的方法来搅动营养液而打破营养液的气-液界面，让空气溶解于营养液之中，效果较好，但很难具体实施，因为种植了植物的营养液中有大量的根系存在，操作困难，搅拌容易伤根，对植物正常的生长产生不良影响。

(2) 通气　用压缩空气泵通过气泡器将空气直接以微气泡的形式在营养液中扩散以提高营养液溶存氧的含量，这种增氧方法效果很好，但大规模使用成本较高，主要用在科学研究的小规模水培试验上。

(3) 循环流动　通过水泵将贮液池中的营养液抽到种植槽中，然后让其在种植槽内流动，最后流回贮液池中形成不断的循环。在营养液循环流动过程中通过增加水和空气的接触面等来提高溶存氧的含量。这种方法效果很好，在生产中被普遍采用，但不同的无土栽培设施的设计略有不同，因此，营养液循环的增氧效果也不同。

(4) 落差　营养液循环流动进入贮液池，人为造成一定的落差，使溅泼面分散，效果较好，被普遍采用。

(5) 喷射（雾）　适当增加压力使营养液喷出时尽可能地分散形成射流或雾化，效果较好，经常被采用。

(6) 增氧器　在进水口安装增氧器或空气混入器，提高营养液中溶存氧，已在较先进的水培设施中普遍采用。

(7) 间歇供液　利用停液时，营养液从种植槽流回贮液池，根系裸露于空气中吸收氧气，效果较好。

(8) 灌根法　基质栽培时，通过控制滴灌流量及时间，也可保证根系得到充足的氧气。

(三) 电导率 (EC) 管理

通常配制营养液的水溶性无机盐是强电解质，其水溶液具有很强的导电性。电导率表示溶液导电能力的强弱，在一定范围内，溶液的含盐量与电导率呈正相关，含盐量越高，电导率越大，渗透压也越大。EC的常用单位为mS/cm。

EC与营养液成分浓度之间几乎呈直线关系，即营养液浓度越高，EC也随之越高。因此，用测定营养液的EC来表示其总盐分浓度的高低是可靠的。营养液浓度一般是以日本园式配方的均衡营养或山崎配方为基础。但由于作物种类和种植方式的不同，作物吸收特性也不完全一样。因此，其浓度也应随之调整。一般来讲，作物生长初期对浓度的要求较低，随着作物的不断发育对浓度的要求也逐渐提高。同时，气温对浓度的影响也较大，在高温干燥时要进行低浓度控制，而在低温高湿时期浓度应控制略高些。此外，溶液供给速度缓慢时，在固体基质栽培条件下，要实行较高浓度控制。

EC只反映总盐分的浓度而并不能反映混合盐分中各种盐类的单独浓度，但这已经满足营养液栽培中控制营养液的需要了。不过，实际运用中，还是要充分考虑到当作物生长时间或营养液使用时间较长时，用于根系分泌物，溶液中分解物以及硬水条件下钙、镁、硫等元素的累积，也可以提高营养液的电导率。此时的EC已不能准确反映营养液中的有效盐分含量。实际工作中，为了解决这个问题，高精度控制时通常在每隔1个月或15 d对营养液测定1次，主要测定大量元素的含量。根据测定结果决定是否调整营养液成分直至全部更换。

一般来讲，营养液浓度变低的时候溶解氧就增多，有利于植物根系发育和水分吸收，而浓度变高的时候，溶解氧就减少，根的发育就受到限制，水分吸收状况也不好。EC范围可为营养液的调节提供一定的依据：①EC为1.0～1.5 mS/cm时，根系的发育和水分吸收状况良好，但容易导致pH上升，这时要注意营养液成分的平衡；②EC为1.5～2.5 mS/cm时，这是最普遍的浓度，适合于大多数作物栽培。要注意营养液配方的选择以及pH、液温、供液量等根圈环境的变化；③EC为2.5～4.5 mS/cm时，这是为了提高品质而抑制水分吸收时采用的范围，特别是为了加重叶菜类作物的叶色、提高耐贮性、增加果实糖度时，采用这一范围是有效的。但是，要注意这个时候根系的发育不佳，容易发生根腐病，因此，一定要慎重选择。

（四）液温的管理

营养液的液温直接影响到植物根系的养分吸收、呼吸和微生物活动情况，从而影响到发育、产量和品质。因此，稳定而合理的液温对于无土栽培而言是非常重要的。一般来说，夏季液温宜保持在28℃以下，冬季不低于15℃。但在具体调控过程中，必须根据季节和营养液深度的不同采取不同的方法。NFT设施的材料保温性较差，种植槽中的营养液总量较少，营养液浓度及温度的稳定性差，变化较快。尤其是在冬季种植槽的入口处与出口处液体温度易出现较为明显的差异。在一个标准长度的栽培床内的液温差有时高达4～5℃，这样即使在入口处经过加温后，营养液温度达到了适宜作物生长的要求。但是，当营养液流到种植槽的出口处时，液温也会有所降低，而且液温的降低与供液量呈负相关关系，即供液量小的液温降低幅度较大。相比之下，DFT方式在这方面的反应则不那么明显。设施对液体温度的影响非常明显，不同的设施条件下对液体温度控制的程度差异很大。人工光利用型植物工厂是在全天候温室内进行的，液温控制效果好，而太阳光利用型植物工厂的设施以及其他普通型温室就必须因地制宜地采取相应措施。

液温的调控技术主要有加温和降温两个方面，加温技术手段主要有：

（1）管道加温　采用热水锅炉，将热水通过贮液池中的不锈钢螺纹管加温，也可以用电热管加温。前者适用于大规模生产，后者适用于生产试验等，有条件的还可以利用地热资源。

（2）稳定液温　包括适当增加供液量，采用保温性能好的材料做种植槽，将贮液罐（池）建在温室内等。

（3）铺电热线　主要是在冬季持续低温时，将电热线铺于塑料薄膜之下来提高液温，或将电热线缠绕在一个木质或塑料框架上，放到营养液池中加温并用控温仪控制。

降温技术手段主要有：

（1）降低室温　通过排风、遮阳网以及开窗等方式，降低室温。

（2）地下贮液池　有条件的地方多是将贮液池（罐）建于地下，以减少地上部分空气高温的影响。

（3）冷水降温　方法很多，可以利用深井水或冷泉水，通过埋于种植槽中的螺纹管进行循环降温。也可以利用制冷机组产生的冷气强制降温。有条件的可以采取日本神内公司“季节蓄冰制冷系统”，更经济、环保和有效。

作物对养分和水分的吸收，受营养液温度的影响很大。通常情况下，适温为18～22℃。如果高温超过30℃或温度在13℃以下时，作物对养分和水分的吸收就会偏离正常值而发生很大变化，进而对作物的生长、产量、品质都会造成严重影响。因此，要综合考虑作物的种类、栽培时期、室内温度和日照量等因素来确定和调整适宜的营养液温度。

(五) 营养液灭菌

在营养液栽培中，病原菌浸染到营养液时会给作物带来巨大的危害，这也是影响稳定生产和阻碍扩大生产规模的主要原因之一。目前，对病原菌的防治方法主要有两种，一是化学方法，如采用药物方法消除。二是物理方法，如采用紫外线、臭氧消毒等方法。但是，随着对食品安全与健康的要求越来越高，药物消毒已经受到越来越严格的限制，因此人们更倾向于在搞好设施内外环境卫生的同时，采用物理方法来灭菌。

物理灭菌技术主要包括：紫外线照射，紫外线加臭氧，声波和热灭菌等。

(1) 紫外线照射法　众所周知，当紫外线波长为254～280 nm对微生物的杀菌力很强。目前，使用的紫外线杀菌灯，其波长为253.7 nm，这一指标接近生物核酸吸收高峰260 nm，灭菌效果明显。同一波长的紫外线其灭菌效果与灭菌灯的照射能量呈比例增大，杀灭不同种类微生物所需要的灭菌灯的照射能量也不同。一般来讲，杀灭细菌需要的能量低，而杀灭线状菌需要的能量高。同样的细菌，要杀灭形成芽孢的细菌就需要高强度的照射能量。

为了灭杀营养液中的微生物，就要照射具有一定波长的紫外线，但是紫外线在水中穿透率比在空气中要弱。特别是营养液中盐分的浓度越高，液体越浑浊，穿透率就越低。所以，距离杀菌灯管壁越远，杀菌效果就越差。

紫外线照射法有3种形式，一是把灯安装在流动的营养液上部；二是在营养液中装有灯的防水设备。第一种方法是通过水面反射来杀菌，效果不明显，尤其是在营养液面较深的情况下效果较差。第二种方法是为了避免水面反射的杀菌效果差而采用石英管来保护灯不进水，这样做虽然可以达到目的，但是成本太高。还有一种方法是采用“流水灭菌灯”，这种灯安置在石英管保护下，它可以直接浸泡在营养液中，灯的功率有13 W和6 W两种，紫外线的功率有0.7 W和1.7 W两种。

上述方法对灭杀番茄的青枯病菌、黄瓜的蔓割病菌效果很好，不仅可以降低营养液中病原菌的密度，而且可以使营养液中的微生物总数明显减少。当然，为了维持菌的低浓度状态，就必须连续或间歇性照射，这样一来，成本也会相应地增加。

对于营养液用量少的NFT栽培，采用在营养液循环中照射的方法比较容易，紫外灯的杀菌效果更好。

(2) 紫外线加臭氧消毒法　采用波长200 nm以下的紫外线照射，可以把氧变成臭氧。臭氧可以增强氧化力，融入营养液中就会收到良好的杀菌效果。

紫外线加臭氧杀菌装置用波长为184.9 nm线照射，把氧变成臭氧，再溶入营养液中。营养液的处理量为0.8～1.6 m^3/h，臭氧含量为0.03～0.3 mg/L，在液温为30℃的条件下，通过对黄瓜病菌的杀菌试验来看，灭菌效果明显。微生物总数降低到1%以下，黄瓜疫霉菌的分生孢子、游动孢子几乎被杀灭干净。

(3) 超声波杀菌法　超声波是一种振动频率高于声波的机械波，波频为16 kHz以上。

利用这个声波可以杀死营养液中的微生物。下面是一个杀菌处理的试验，使用的仪器是索尼B-12型，电压100 V，电流3.3 A，振动频率20 kHz，功率150 W。把病菌的培养菌片放进水中，让超声波发生作用，超声波功率为60 W，处理时间为0.5～5 min，可看到大部分被分散、少部分残留。10～15 min后，菌丝的细胞膜被破坏，菌丝就被完全粉碎变为浑浊状态。由此可见，灭菌效果与处理时间以及被杀灭的菌种之间存在着十分密切的关系。

（4）热处理杀菌法　将营养液加热到一定的高温（超过病原微生物的致死温度），并滞留一段时间就可以将病原微生物杀死。通过对营养液加热灭菌，使这些营养液可循环使用，不仅可以节省成本，而且能够保护环境。Runia（1998）设计了一套营养液的热处理灭菌系统。该系统将营养液加热到高于90℃，并滞留大约10 s，完全控制了烟草花叶病毒的繁殖，系统中利用热交换器进行回收灭菌后营养液的余热，节省了能耗。利用该系统彻底消灭镰刀菌真菌则需要更长的滞留时间。Runia（2001）还将原来的设备进行了改进，利用加热炉将营养液加热到85℃，滞留时间3 min，就能完全消除营养液内的镰刀菌属真菌和烟草花叶病毒。在热处理试验研究中，Runia通过改变加热温度和滞留时间达到消除病原菌的目的，找出最低的加热温度和最短的滞留时间达到节约能源的目的，其加热温度为60℃，滞留时间为2 min。热处理灭菌法能控制腐霉属、疫霉属等真菌性病原菌。日本曾做过一个试验，就是用加热杀菌的方法来处理排出的营养液，主要是通过这个试验检查加热之后番茄的青枯病菌、根腐病菌的杀菌效果。结果表明，加热处理对营养液养分组成的影响很小，但由于青枯病菌不耐热，加温到50℃时就可杀菌，在60℃状态下经过10 min处理就可以完全灭菌。虽然丝状菌、根腐枯萎病比较耐高温，可是在70℃状态下经过10 min处理后也看不到这些病菌了。由此可见，80～95℃的高温下，经过10 min的处理，可以杀死营养液中的病菌并能够对处理后的营养液再利用。可见，热处理灭菌法是有效的，但是不同的病原菌致死温度不同，因此，为了节省能耗费用，致死温度和致死时间对不同病原菌的最佳结合点需要做广泛的研究。

（5）接种拮抗菌　加热、臭氧和紫外线消毒等方法是目前世界各国常用的营养液消毒的方法。然而，由于营养液栽培中需要进行消毒处理的营养液量较大，加之系统运转费用太高，这就促使人们进一步探求其他有效的灭菌方法。20世纪90年代以来，有人在接种拮抗菌控制土传病害上取得成功。受此启发，人们尝试在循环式水培系统营养液中接入拮抗菌预防根系病害。李国景等（2001）通过试验证明接种拮抗菌Trichoderma WP＋8656能减轻病原菌对植株的感染，促进植物生长。并且营养液池接种效果好于育苗泥炭接种。应用拮抗菌有望成为营养液管理的重要方法之一。与其他方法相比，该方法具有投资少、方法简单、成本低、效果好等特点，应用前景良好。

第四节　植物工厂的环境调控装备简介

植物工厂是在高精度环境控制的封闭或半封闭空间内进行植物周年生产的系统，生产者可以对环境进行干预、控制和调节，从而为植物提供适宜光照、温度、湿度、CO_2浓度等环境条件。对植物工厂进行环境优化控制，需要明确植物生理过程与环境因子的关系，综合考虑各种环境因子的复合作用效果，从而确定低耗、高效的调控手段和装备。因相关内容已在前面有关章节中进行了叙述，此处仅针对植物工厂情况作补充性简介。

一、光环境调控技术与装备

光是作物进行生命活动的能量来源，又是生命周期中发育阶段的重要调控因子。在生产中，无论是弱光、强光、短光照和长光照都可能成为某些作物生长、发育的限制因子。因此，对植物工厂内的光照环境进行调控是十分必要的。

光环境的调控，主要是根据作物的种类及生育阶段，通过一定的措施，调节光照条件，创造良好的光照环境，以提高作物的光合效率。

(1) 人工光源　传统光源主要有高压钠灯、金属卤化物灯和荧光灯等，光谱能量分布固定，可控性差，光合有效辐射比例小，无效热能耗散多，造成植物工厂能耗高。发光二极管(light-emitting diode，LED) 作为新一代半导体固态电光源，是植物工厂应用的优选光源，可提供植物生理有效辐射范围内所有波长的光质，丰富了光生物学内涵，LED光源研发与应用催生了光生物学的分支即光质生物学学科。LED植物工厂是植物光质生物学研究与应用的理想场所和设施类型，对提高作物产量与品质具有重大应用价值。

(2) 光环境调控　植物工厂光环境调控包括光强、光质、光周期等的综合控制，可以通过由光源、传感器、计算机组成的控制系统实现自动调节。植物光质生物学极大地丰富了植物光生物学的内涵，拓展了光环境调控的模式和作用途径，可利用不同波长的生理有效辐射调控植物光合作用和光形态建成，改变代谢过程和强度，降低植物工厂能耗。21世纪，LED光质生物学研究进入了一个新的阶段，LED光质对园艺植物生长发育、产量品质形成影响的内在机制已经纳入了当今LED光质生物学的研究范畴。通过系统深入研究，为植物工厂灯具设计和光环境精准调控提供依据，建立植物工厂生产的植物精细调控方法，不仅涉及光质、光强、光周期，也涉及昼夜节律、连续光照、脉冲光、间歇光照、交替光照等多种LED光照下特有的调控途径。

二、温度调控技术与装备

温度是植物工厂栽培作物的首要环境条件，因为任何作物生长发育和维持生命活动都要求一定的温度范围，即所谓最适、最高、最低界限的“温度三基点”。当温度超过生长发育的最高、最低界限，则生育停止，如超过维持生命的最高最低界限，就会死亡。与其他环境因子比较，温度是植物工厂中相对容易调节控制的环境因素。

植物工厂内温度的控制是通过温度传感器及自动控制装置来实现的，加温或制冷的执行部分主要包括空调机、热风炉、暖气片、地热管道、制冷器等。目前在植物工厂内，运用较多、较先进的方法是利用半导体加温或制冷，具有运行成本低、安装使用方便等优点，可以因地制宜。加温或制冷是植物工厂中运行成本较高的一部分，在自然风能与太阳能丰富的地区，可以用来进行节能化的加温与制冷，如太阳能空调、太阳能加温与发电、风能发电等。

(1) 加温　冬季随着外界气温的下降，温室内的温度往往低于作物正常生长所需的温度，这时用人工加温的方法补充设施内的热量，使其维持一定的温度是保证植物工厂正常生产的重要措施。在能够保证植物正常生长的温度条件下，还要考虑节省能源、降低成本、提高经济效益，因此在设计加温系统时要考虑：①加温设备的容量，应能经常保持室内的设定温度（地温、气温）；②设备和加温费要尽量少，植物工厂所用的现代化温室的加温费可占生产运行费的50%～60%，相当可观，必须尽量节省加温费，否则难以保证经济效益；

③温室内温度空间分布均匀，时间变化平稳，因此要求加热设备配置合理，调节能力强；④遮阳少，占地少，便于栽培作业。

从设备费用看，热风加温是最低的。按设备折旧计算的每年费用，大约只有水暖配管采暖费用的1/5，对于小型温室，其差额就更大，如果把热风炉设置在设施内，直接吹出热风，这种系统的热利用率一般可达70%～80%，国际上先进的燃油热风机，有的可达90%。暖风炉设置在温室内时，要注意室内新鲜空气的补充，要确保供给热风炉燃烧用的空气量。对于需要较高采暖温度的作物，用热风加热时产量和品质不如热水采暖好。

根基部加热是对营养液或基质进行加热，目的是使作物根部保持正常生长温度。主要方法有：①水耕栽培时对营养液加温，即采用热水管道加温；②基质栽培时采用热水管道或电热线加温方式。热水加温是将热水管埋在栽培床或基质里，利用热水散热加热营养液。管内水温不宜超过60℃。为保证在基质中加热的稳定性及温度分布的均匀性，在热水管下铺一层隔热材料。电加热是利用电热线产生的热量加热基质。电热线的长度根据加热面积大小、电热线规格及电源等确定。其优点是设备简单，投资少，使用灵活方便。缺点是耗电多，运行费用高。

（2）降温　温室内最简单的降温途径是通风换气，但在温度过高，依靠自然通风不能满足作物生育要求时，必须进行人工降温。根据温室的热收支，降温措施可从以下3方面考虑：①减少进入温室中的太阳辐射能；②增大温室的潜热消耗；③增大温室的通风换气量。

最常见、经济的降温方式为遮阳降温。遮阳降温分外遮阳和内遮阳，前者在离温室屋脊40 cm高处挂透气性黑色或银灰色遮阳网，通过钢缆驱动系统，齿条副传动开启和闭合，遮光60%左右时，室温可降低4～6℃，降温效果显著。后者是在室内顶部通风条件下张挂保温兼遮阳的通气性XLS遮阳保温幕，这是由高反射性铝箔和透光型的聚酯薄膜各4 mm宽的条带状通过聚酯纤维线以一定方式编织成，铝箔能反射90%以上太阳辐射，夏季内遮阳降温，冬季则有保温之效。此外，还有屋顶涂白遮光降温等。

另外，常见的降温方式还有湿帘-风机降温系统、喷雾降温系统和屋面流水降温系统。

三、湿度环境调控技术与装备

1）除湿与降湿调节　在温室内空气湿度过高时进行除湿，主要是为了防止作物沾湿和降低空气湿度，达到抑制病害发生和调整植株生理状态的目的。

（1）通风换气除湿　温室内造成高湿的原因主要是由密闭所致。为了防止室温过高或湿度过大，在不加温的温室里进行通风，其降湿效果显著。为了节省能源，一般采用自然通风，从调节风口大小、时间和位置，达到降低室内湿度的目的，但通风量不易掌握，而且室内除湿不均匀。有条件时，可采用强制通风，由风机功率和通风时间计算通风量，而且便于控制。

（2）加温除湿　加温除湿是有效的措施之一。在一定的室外气象条件与室内蒸腾蒸发及换气率条件下，室内相对湿度与室内温度呈负相关。因此，冬季温室内适当加温既可以起到提高温室空气温度的作用，又可以降低湿度。

除了这两种常用的方法外，还可用除湿机除湿、热泵除湿等。

2）加湿　植物工厂在高温季节进行生产时，还会遇到干燥、空气湿度不够的问题，适当增加空气的湿度可以增大气孔开度，提高作物的光合速率，同时起到降低温度的效果。常用的加湿方式主要有喷雾加湿、湿帘加湿和温室内顶部安装喷雾系统等措施。

第五节 植物工厂环境综合管理

在实际生产中，植物工厂内众多的环境因子之间是相互作用、相互协调的，形成了综合的动态环境，对作物的生长发育产生影响。为了给作物生长发育创造一个最佳的生态环境，不能只考虑单一因子，而应该考虑多种环境因子的综合影响，因此就要进行环境综合管理。环境控制方法经历了单因子控制、综合环境控制、基于模型的决策控制、经济最优控制和作物信息反馈的优化控制等阶段。计算机信息技术的出现和普及使得综合环境的科学调控成为可能。设定值等传统控制方法对能耗、经济价值等生产性指标问题未作考虑。与现代智能算法相结合，充分考虑多因子环境、多性能指标，是温室和植物工厂环境综合控制的思路。

一、多目标优化的综合环境控制方法

现代智能化温室和植物工厂的目标需求不断延伸，环境控制已成为一个多目标优化控制问题，按照最优目标的不同，分为以下几方面：①经济效益最优为目标的控制方法；②节约能耗为优化目标的控制方法。随着温室和植物工厂能耗越来越受到重视，完全不计成本的方法已不符合当前社会发展趋势。与专家系统结合，兼顾作物产量和能耗需求，是综合环境控制的趋势；③多目标优化控制方法。温室环境控制的目标不仅考虑作物产量收益和水肥及燃料能耗等成本，还可将劳动力成本、投资成本等市场要素纳入优化目标中。

二、多因子耦合的综合环境控制方法

植物工厂控制对象包括环境变量、营养液变量和作物参数。由于植物工厂是一个相对封闭的结构，温度、光照、湿度、CO_2浓度、营养液等变量之间存在着显著的耦合和约束关系。众多因子之间的强耦合使得作物和环境的建模、多因子协调控制变得非常复杂，影响系统的稳定性、鲁棒性，传统控制方法往往采取回避策略，导致调控结果无法达到理想设定值。精确调控时应考虑如何解除环境变量之间的耦合关系，并充分考虑约束作用。

引入解耦方法，对多因子变量进行解耦，形成单变量控制，是一种常用的方法。前馈控制、模糊控制、神经网络是解耦控制常用方法，控制结果的精度逐步提高。但是增加变量因子，对其数学模型与解耦方法要求较高，控制难度大大增加。因此，目前主要关注于温湿度的解耦控制，且计算也较复杂，对其他复杂环境很少涉及。

三、基于作物信息的环境控制方法

基于作物信息的长势动态预测模型，以实时获取的作物生长信息作为反馈控制量，开发出能够根据植物生长信息进行环境因子精确控制的智能装备，可以实现机器与植物对话、按照作物生长真实需要进行反馈控制。作物生长发育是个长期过程，可以从生育期、上市期、天等不同生产管理时间尺度上进行控制决策，以满足作物不同生长阶段的目标需求。构建包括作物氮素、水分，以及冠层面积、特定叶长、茎粗、植株和果实生长速率等生长信息的低成本检测系统，并按照光照、温度、湿度、CO_2浓度等因子状态变量和水肥、环境目标值，进行动态反馈来控制光、温、湿、肥、气执行机构（图11-8）。

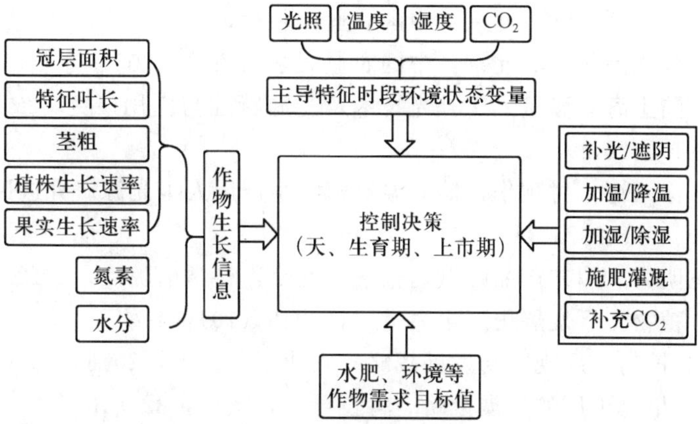

图 11-8　基于作物生长信息的环境控制框图（毛罕平，2018）

作物生长信息包括形态信息，如株高、茎粗、果实直径、冠幅投影面积等；生理信息，如光合速率、蒸腾速率、叶温、营养水平等；电特性信息，如阻抗、电容、电位等。作物信息获取手段丰富，但适用于植物工厂控制的信息采集方法应是无损的、实时的。形态特征采集技术一般采用非接触式实时在线测量，图像处理、机器视觉、激光与视觉结合等技术是常用的方法。

复习思考题

1. 简述植物工厂的分类及意义。
2. 植物工厂的基本组成包括哪几部分？
3. 植物工厂常用的栽培模式有哪几种？
4. 简述植物工厂栽培系统的组成。
5. 植物工厂栽培技术管理的核心是什么？
6. 简述营养液人工增氧的主要方法及意义。
7. 营养液液温的调控技术主要有哪两个方面？各方面采取的手段有哪些？
8. 营养液物理灭菌技术主要包括哪几个方面？
9. 简述人工补光和遮光的目的。
10. 简述人工光源布置时应考虑的因素。
11. 简述加温设计时需满足的要求。
12. 简述降温措施中需考虑的问题。
13. 简述植物工厂进行综合环境管理的方法。

参考文献

[1] 杨其长，张成波．植物工厂概论．北京：中国农业科学技术出版社，2005.
[2] 别之龙，黄丹枫．工厂化育苗原理与技术．北京：中国农业出版社，2008.
[3] 郭世荣．无土栽培学．北京：中国农业出版社，2003.

[4] 李式军．设施园艺学．北京：中国农业出版社，2002.

[5] 张福墁．设施园艺学．北京：中国农业大学出版社，2001.

[6] 宋亚英，陆生海．温室人工补光技术及光源特性与应用研究．农村实用工程技术：温室园艺，2005 (1)：28-29.

[7] 周国泉，徐一清，付顺华，等．温室植物生产用人工光源研究进展．浙江林学院学报，2000，25 (6)：798-802.

[8] 秦文，王明力．园艺产品贮藏运销学．北京：科学出版社，2012.

[9] 杨其长．植物工厂发展史．生命世界，2019 (10)：4-7.

[10] 杨其长．植物工厂现状与发展战略．农业工程技术，2016，36 (10)：9-12.

[11] 杨其长．植物工厂的发展策略．科技导报，2014，32 (10)：20-24.

[12] 刘文科．LED植物工厂光质生物学研究与应用现状．中国农业科技导报，2018，20 (10)：9-14.

[13] 毛罕平，晋春，陈勇．温室环境控制方法研究进展分析与展望．农业机械学报，2018，49 (2)：1-13.

第十二章

智慧农业及其装备

学习目标

- 理解智慧农业的内涵、特征与整体架构
- 掌握农业大数据的概念、特征与应用模式
- 理解云计算、区块链的基本架构与关键技术
- 掌握农业物联网的内涵、特征与系统的组成
- 理解农业机器人的定义、特征、分类与关键技术

第一节　智慧农业概述

我国农业在经历了以人力、畜力为主的传统农业后，随着农业机械化和信息化的快速发展，正大步迈入智慧农业时代，如图 12-1 所示。智慧农业可大幅度提高农业劳动生产率、资源利用率和土地产出率，成为现代农业发展的重要方向。

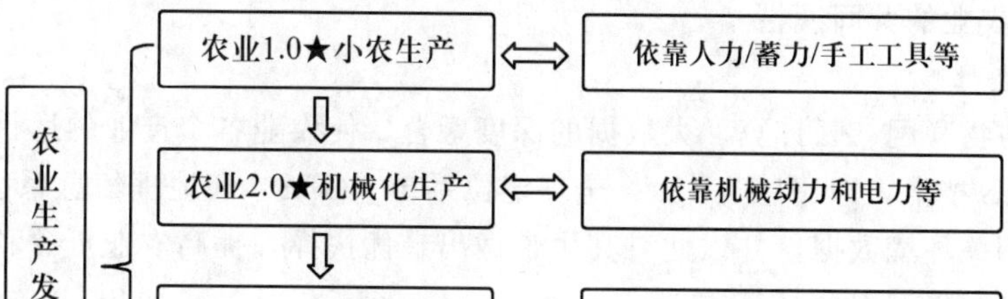

图 12-1　农业生产的发展趋势

一、智慧农业的概念与内涵

（一）智慧农业的概念

数字资源 12-1
智慧农业

智慧农业是以信息和知识为核心要素，通过将大数据、云计算、物联网、区块链、人工智能等信息技术与农业深度融合，在农业的生产、加工、经营、管理和服务等环节实现信息感知、高效决策、智能控制、精准投入、可视化管理和个性化服务。实际上，智慧农业就是智能化的农业解决方案，是农业信息化发展从数字化到网络化再到智能化的高级阶段。

（二）智慧农业的内涵

智慧农业是应用现代信息技术，与农业生产、经营、管理和服务全产业链的“生态融合”和“基因重组”，以智慧生产为核心，为农业发展植入“智慧芯片”，如图 12-2 所示。其内涵体现在五个方面，即以物联网技术的应用为重点，推进农业生产智能化；以农业电子商务发展为抓手，推进农业经营网络化；以大数据开发和应用为核心，推进农业管理智慧化；以新型信息服务体系建设为保障，推进为农服务信息化；以绿色履历全程可追溯平台构建为支撑，推进产品质量电子化。

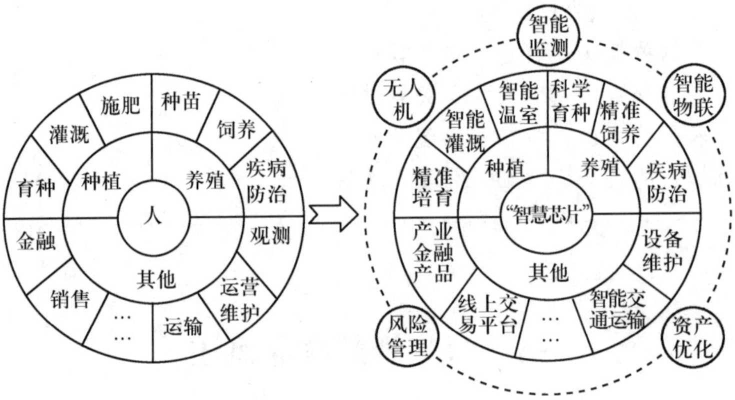

图 12-2　传统农业向智慧农业的转变（刘雨轩等，2019）

二、智慧农业的共同属性与技术特征

（一）智慧农业的共同属性

1. 生产生态性

农业生产与物联网、云计算、大数据的深度融合，使农业各个产业的运行更高效。农业生产者可通过 3S 技术，即遥感（RS）、全球定位系统（GPS）和地理信息系统（GIS）获得动植物生长的相关环境数据，并以此对其生长做出最优抉择，提高农业资源利用率，保证农业生产的生态性，提升农产品品质。

2. 管理效益性

基于农业环境监测平台，对动植物生长情况有效预警，对水、肥、药供应等进行精细管理；基于互联网技术推动农产品电子商务应用，实行精准营销，提升营销的效率性、准确性，增加农民收入。

3. 信息服务共享性

基于互联网、云计算、大数据分析等，可实现农业生产信息的实时采集、高效储存与传送；农民可随时与在线专家联系，及时解决问题；对农产品涉及的市场信息、供给信息等了如指掌，降低农业信息获取和发布的不对称性，提高资源配置效率。

（二）智慧农业的技术特征

1. 高精确性

可以通过对土壤、空气等参数的实时监测分析，科学制订生产管理计划，合理分配农业资源，并达到精细化生产，实现农产品供给与需求的有效对接。

2. 高效率性

通过集成一整套智能设施设备、现代化农事管理技术和远程控制技术，可以合理安排用工用时用地，提高劳动生产率和土地产出率，更有效地控制生产成本；同时，也有利于实现对闲置资源的充分利用，从而获得更高的农业和农产品生产价值。

3. 可追溯性

利用信息化技术和区块链技术，可以实现农产品生产、管理、加工、仓储、物流等整个过程的透明化，实现田间到餐桌的全程溯源，将生产的关键环节完全呈现给消费者，促进农业规范化和标准化生产，保证农产品质量安全。

4. 可复制性

使用标准化方案生产，人人都是专家，能大幅度提高农产品产量、品质、产值，提升农业效益及竞争力，增强抵御自然灾害与市场风险的能力，保障农产品有效供给。

三、智慧农业系统的总体架构与运行模式

智慧农业系统的总体架构可分为数据采集与控制、数据传输、系统后台和终端交互四部分，如图 12-3 所示。数据采集与控制包括传感器的数据采集和相应控制器的运作。其中，数据采集系统主要负责动植物生长情况和生产环境等信息的采集，其他需要采集的信息还包括视频监控、红外感应器的数据等；控制系统主要负责各种控制器的运作，配合数据采集系统来实现智能化控制设备的运行。数据传输主要包括近程和远程通信，按传输类型又可分为有线通信和无线通信。当现场环境复杂，众多传感器和控制器之间交错复杂不便布线时，可采用 WiFi、蓝牙、Zigbee 等近程无线通信技术。远程通信主要用于农业现场设备和系统后台服务器之间的信号传输，基于移动通信的远程无线通信将成为主流。系统后台主要负责所有前端产生数据的存储和处理，以及针对数据进行分析并做出相应的决策。终端交互主要指用户访问智慧农业系统的途径，可分为采用网页浏览器作为入口的基于电脑的模式和采用客户端作为入口的基于手机、平板电脑的模式。

智能化生产是智慧农业系统的核心与重点，以智慧农业生产管理系统为例，其运行模式如图 12-4 所示。基于物联网技术监测农产品生产环境和生长状况，利用智能生产控制设备实时管理农产品生产过程，实现水、肥、药、食自动投放管理，提高农产品产量和品质，降低生产成本。通过大数据分析、物流管理技术、农产品品质检测技术，根据农产品需求信息、物流信息及农产品生长信息，有针对性地定向确定农产品具体收获时间、收获数量、物流情况等，降低农产品损耗，保证农产品在消费时的鲜活度。基于该系统，实现农业精细化、高效化与绿色化生产，达到保障农产品质量安全、提升农业竞争力、促进农业可持续发展的目的。

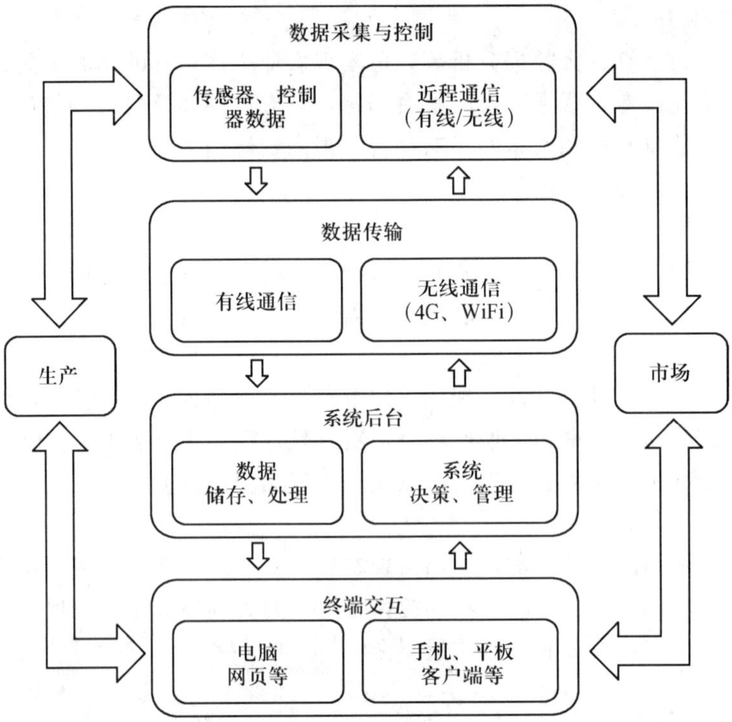

图 12-3 智慧农业系统的总体架构（戴珍薮，2018）

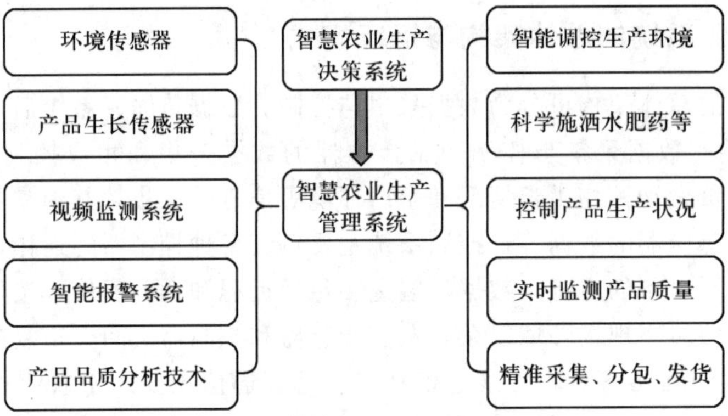

图 12-4 智慧农业生产管理系统的运行模式（周斌，2018）

第二节 农业大数据

一、大数据及其相关概念

（一）大数据的定义

随着信息技术的快速发展，“互联网＋”日益渗透到日常生活的各个领域，各类数据在以前所未有的速度呈爆炸式增长。大数据已成为信息时代的新“石油”，将给许多领域带来变革性的发展。目前，大数据的定义尚无统一的标准，其中 3 种定义较为重要。

（1）属性定义　国际数据中心将大数据定义为“大数据描述了一个技术和体系的新时代，被设计于从大规模、多样化的数据中通过高速捕获、发现和分析技术提取数据的价值”。

（2）比较定义　全球知名管理咨询公司麦肯锡公司将大数据定义为“大小超出了常规的数据库工具获取、存储、管理和分析数据能力的数据集”。

（3）体系定义　美国国家标准和技术研究院认为“大数据是指数据的容量、数据的获取速度或者数据的表示限制了使用传统关系方法对数据的分析处理能力，需要使用水平扩展的机制以提高处理效率”。

总的来说，大数据是指所涉及的数据规模巨大到无法通过人工或计算机在合理的时间内截取、管理、处理成为人们所能解读的形式的信息。

（二）大数据与“大规模数据”“海量数据”的区别

（1）从目标性来看，三者都具有数据容量大的特点。但大数据的目标是从大量数据中提取相关的价值信息，并非只是大量数据简单的、无意义的堆积，其数据之间有一定的直接或间接联系，即具有一定程度的结构性和关联性。

（2）从技术性来看，大数据能够快速、高效地对各类数据进行处理和整合，从而获得有价值的信息，这也是其不同于“海量数据”和“大规模数据”的根本特征。大数据处理技术运用了数据挖掘、分布式处理、聚类分析等多种方法，并对软、硬件提出了更高的要求。

（三）数据仓库与数据库的区别

数据仓库是一个面向主题组织的、高度集成的、相对稳定的、能够反映历史变化的数据集合，用于支持管理决策。数据仓库与传统数据库系统的主要区别如表 12-1 所示。

表 12-1　数据仓库与传统数据库的对比

对比内容	传统数据库	数据仓库
数据内容	当前值	历史的、存档的、归纳的、计算的数据
数据目标	面向业务操作程序、重复处理	面向主题域、管理决策分析应用
数据特性	动态变化、按字段更新	静态的、不能直接更新、只定时添加
数据结构	高度结构化、复杂、适合操作计算	简单、适合分析
使用频率	高	中到低
数据访问量	每个事务只访问少量记录	有的事务可能要访问大量记录
对响应时间的要求	以秒为单位计量	以秒、分钟，甚至小时为计量单位

二、大数据的特征与结构类型

（一）大数据的“5V”特征

大数据的“5V”特征指大量（Volume）、高速（Velocity）、多样性（Variety）、价值（Value）和真实（Veracity），如图 12-5 所示。

（1）大量　数据量巨大是大数据所具有的最显著特征之一，由传统太字节（TB）级的基于关系的数据库处理数据量跃升到拍字节（PB）级乃至皆字节（ZB）级的数据量。

（2）高速　包括大数据传输方式和处理方式，传输方式包括批处理传输、实时传输、近似实时传输和流传输等方式。数据处理方式包括数据处理时间和相应的时延，一般要在秒级时间范围内给出分析结果。

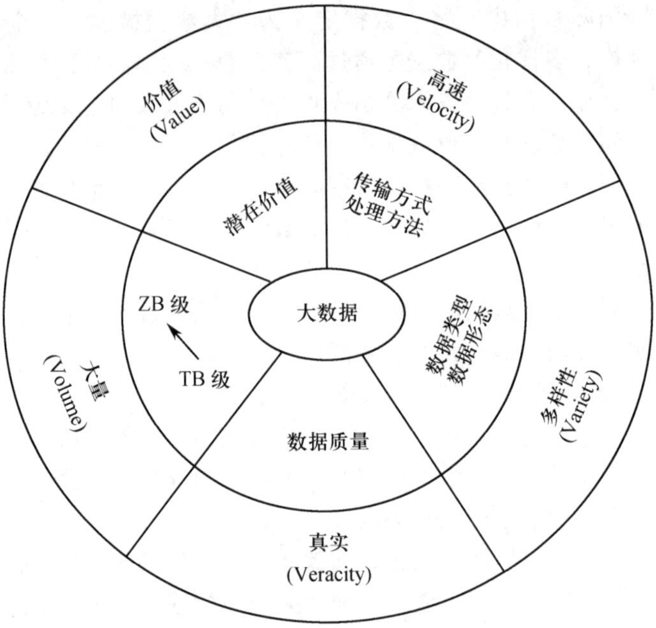

图 12-5 大数据的“5V”特征

(3) 多样性 主要表现在数据类型和形态上，既有传统的关系数据类型，也有以网页、Web 日志文件、博客、微博、音视频、图片等未加工的、半结构化的和非结构化的数据。

(4) 价值 用户可从数据中获得潜在价值，一般而言，数据规模越大，用户得到的信息量越大，数据能够发挥的潜在价值越高，但在实际情况中，大数据中数据的价值密度与数据总量成反比，具有价值密度低的特点。

(5) 真实 采集、储存到的数据，必须具有真实性，只有真实而准确的数据才能帮助人们做出正确的决策。

(二) 大数据的结构类型

大数据不仅体现在数据容量方面，还体现在数据结构方面。按照结构特点，可将大数据分为结构化、半结构化和非结构化数据，如图 12-6 所示。在现有大数据中，结构化数据仅

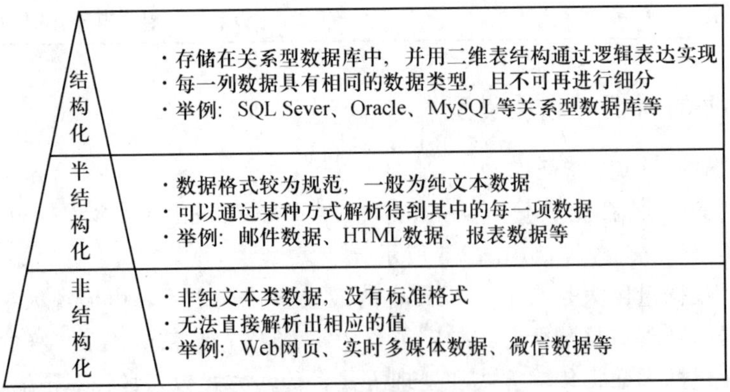

图 12-6 大数据按照结构特点分类图（周苏等，2016）

占20%，其余80%则是存在于物联网、电子商务、社交网络等领域的半结构化和非结构化数据。据统计，全球结构化数据增速约为32%，半结构化和非结构化数据的增速高达63%。随着网络技术的不断发展，非结构化数据的数据量将日趋增大。

（1）结构化数据　此类数据一般存储在关系型数据库中，并用二维表结构通过逻辑表达实现，其特点是每一列数据具有相同的数据类型且不可再进行细分。

（2）半结构化数据　一般为纯文本数据，可通过某种方式解析得到其中的每一项数据，介于完全结构化和完全无结构化数据之间。

（3）非结构化数据　指非纯文本类数据，没有标准格式，无法直接解析出相应的值。此类数据不易收集和管理，且难以直接进行查询和分析。

三、农业大数据的专属特征

农业大数据除了具备一般大数据的“5V”特征之外，还具有泛在性、周期性、地域性、社会性、交叉性、多变性、综合性和分散性等农业领域专属的8个特征。

（1）泛在性　农业与人类社会相伴发展，畜禽产品、五谷杂粮、水果蔬菜、田间生产、精深加工、市场销售等，到处都有农业元素的体现，任何地方都是农业大数据的源头之一，农业大数据无处不在。

（2）周期性　农业大数据将随动植物生产周期的变化而呈现出一定的周期规律性。

（3）地域性　不同地域的地形地貌、水分、热量、土质等自然条件、生态环境、社会经济、技术条件和商贸环境等各不相同。

（4）社会性　农业大数据是农业生产、农民生活、农村生态的集中体现，其变化就是整个社会状态变化的反光镜。

（5）交叉性　农业大数据包含了品种选育、管理措施等动植物生产的全过程，受到气象、资源、环境、市场、运输、安全等的综合影响，呈现出跨行跨业、交叉影响的特征。

（6）多变性　农业产业链的每个环节都受众多复杂因素的影响，使得农业大数据时时刻刻都可能发生变化。

（7）综合性　农业大数据的相互关联性特征非常显著，一个数据往往直接或间接地与多个数据相关和相互作用。

（8）分散性　农业大数据在数据采集和组织方面一般是分散的，同一类型的农业数据可能分布在不同的单位，也可能分散在科研、生产、流通、加工、储藏和消费等各个环节。

四、大数据技术及其在农业领域的应用

（一）大数据处理的关键技术

大数据时代，“数据丰富、信息匮乏”的现象越来越突显，人们对数据处理技术的需求越来越强烈。大数据处理的关键技术主要包括：数据采集和预处理、数据存储、基础架构、数据分析和挖掘以及大数据应用。

（1）数据采集　通过射频识别技术、传感器、交互型社交网络、移动互联网等获得多类型海量数据，一般分为大数据智能感知层和基础支撑层，智能感知层可实现对海量数据的智能化识别、定位、跟踪、介入、传输、信号转换、监控、处理和管理等，基础支撑层主要提供大数据服务平台所需的虚拟服务器、数据库、物联网资源等基础支撑环境。

（2）数据预处理　将数据进行抽取、清洗、集成、转换、归纳等。其中，数据清洗过程主要包括数据的默认值处理、噪声数据处理、数据不一致处理；数据集成过程是将多个数据源中的数据合并，同时存放到数据存储中；数据转换指将原始数据转化为适合于数据挖掘的数据形式；数据归纳指在尽可能保持数据原貌的前提下最大限度地精简数据量。

（3）数据存储　指将采集到的数据进行存储管理，建立相应的数据库，为了保证数据的安全，数据存储也需考虑相应的安全技术，即分布式访问控制、数据审计、透明加解密等技术。

（4）数据分析和挖掘　数据分析指利用相关数学模型与机器学习算法对数据进行统计、预测和文本分析，可分为预测性分析、关联分析和可视化分析；数据挖掘是利用人工智能、机器学习、统计学等多学科方法从大量的、不完全的、有噪声的、模糊的、随机的实际应用数据集中提取隐含在其中的有价值信息或模式的计算过程。

（5）大数据应用　从农业、医疗、金融等各个领域的海量数据中提取有价值的信息进行相关预测和选择决策。

（二）大数据在农业领域的应用

（1）构建农业产业信息地图　将多个来源、多种属性的数据进行统一分析管理，实现农业信息的交互；对各区域农业产业信息、产品目录、服务体系等进行综合分析和有规律的建设，实现农业资源体系化管理。

（2）农业智能化高效生产　应用农业大数据为动植物生产提供科学支持，随时根据环境因素等分析出最佳方案。

（3）农业数据预警　利用农业大数据中获取的信息，对农业生产、市场变化和人们的消费需求进行综合分析，预测可能出现的突发情况，提前进行合理调控；通过大数据可对历年的气候走势进行分析，预测当年可能出现的异常天气，有效帮助农民对抗农业灾害。

（4）对农业市场需求和变化准确掌握　利用农业大数据，借助各类平台可对农产品的市场供需关系进行精准评估，及时了解消费者的喜好、消费动机及其对农产品的评价等，及时有效地进行农业生产配置，使农户与市场的对接更加顺畅；帮助农民根据市场动向科学生产，提前做好产品的销售规划。

（5）对农产品进行跟踪服务，提高产品安全性　利用农业大数据，从农产品生产、加工、销售到食用的各个环节实现精准追踪，有效监控农产品生产经营全过程，提高农产品质量和使用安全性。

第三节　云计算与区块链

一、云计算、区块链的概念与内涵

（一）云计算及其环境构成

“云”常被用来表示互联网。云计算指利用虚拟化技术，将各种硬件资源虚拟化，以按需使用、按使用量付费的方式向用户提供基础设施、平台、软件等高度可扩展的弹性计算服务。云计算包括云端和客户端两部分。云端是各种硬件、软件、计算、存储、服务、网络等软硬件构成的资源池，通过互联网对外提供服务。客户端通过网络访问云的各种资源，用户只需拥有可上网的终端设备，就能享受到想要的各种服务。

典型的云计算环境包括云和用户两大主体。用户所需的应用程序不需运行在本地计算机、手机等终端设备上，而是运行在云数据中心；用户所处理的数据也无须存储在本地，而是保存在云数据中心；云服务提供商负责这些数据中心和服务器的管理维护，并保证为用户提供足够强大的计算能力和存储空间。云具有动态性，云服务提供商可根据业务需求向云中动态地添加新的资源，删除旧的或失效的资源。用户使用终端设备通过网络访问云，且该过程也是动态变化的，即每个时刻使用云的用户不尽相同。

（二）云平台及其总体架构

云平台即云计算平台，是以虚拟化技术为基础，以网络为载体，以提供基础架构、平台、软件等服务为形式，整合大规模可扩展的计算、存储、数据、应用等分布式计算资源进行协同工作的超级计算模式。以农业水利数据云平台为例，其总体架构包括采集层、基础

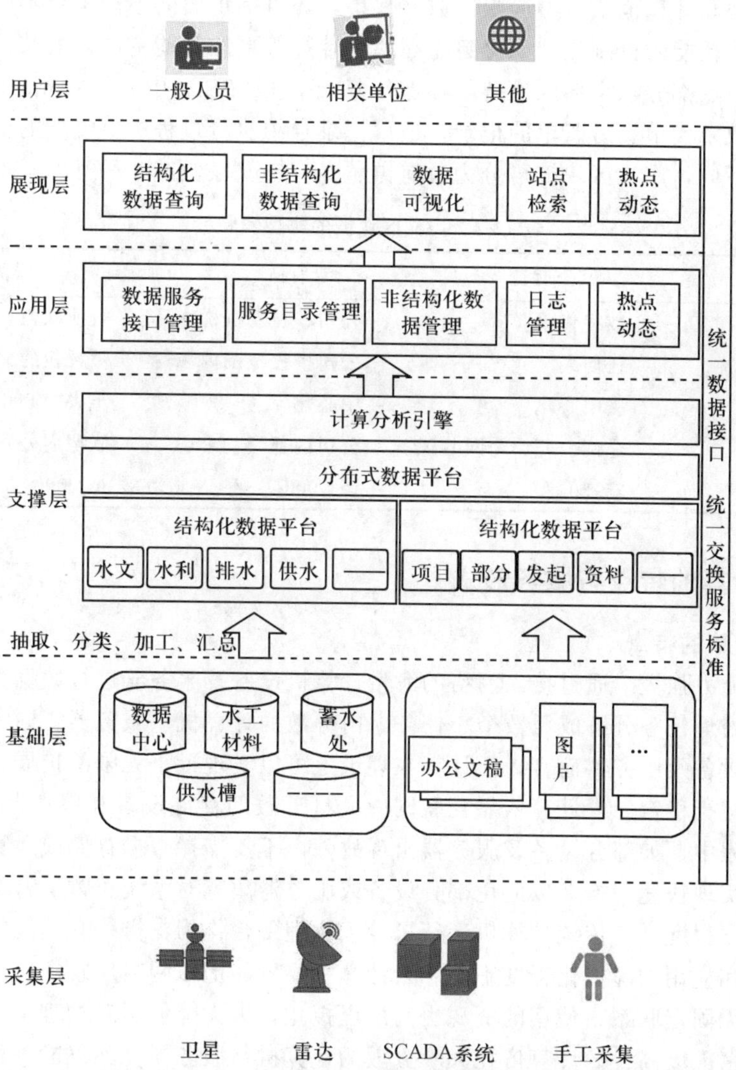

图 12-7　农业水利数据云平台总体架构

层、支撑层、应用层、展现层与用户层，如图12-7所示。采集层指所有数据的采集方，包括卫星、雷达、数据采集与监视控制（SCADA）系统等；基础层由关系型数据库资源与非结构化数据资源组成；支撑层由分布式数据平台及计算分析引擎组成，为后续应用提供数据支撑；应用层指对平台的数据服务与权限等各方面进行管理，同时为数据展现提供支撑服务；展现层直接为用户提供WEB服务，方便用户查询与分析。

（三）区块链及其分类

区块链是一种按照时间顺序将数据区块以链表的方式组合成特定数据结构，并以密码学方式保证的不可篡改、不可伪造、可验证、可追溯的去中心化共享总账，能够安全存储简单的、有先后关系的、能在系统内验证的数据。根据应用领域不同，可分为狭义区块链和广义区块链。狭义区块链主要应用于电子代币的交易和记账，全部信息被分布式存储在网络中的每个节点上，每次交易由全网节点参与确认，由此形成全网共识。广义区块链是一种全新的分布式基础架构和计算范式，不局限于数字代币，还可提供面向不同平台不同行业的应用接口；摒弃了单纯耗能的机制，共识可建立在科学计算等更加智能、高效的共识机制之上；不再需要所有的节点都分担全部区块链的存储任务，采用P2P和中心拓扑相结合的网络架构；不再局限于对数字代币交易账单的记录，还可记录合约执行过程中更复杂的信息。按照应用领域与需求的不同，广义区块链可分为公有链、专有链、联盟链3种类型，如表12-2所示。

表12-2　广义区块链的类型和特性

项　目	公有链	专有链	联盟链
行业领域	数字代币	公司、独立机构	行业联盟、社区
准入门槛	任何人	公司授权范围内	被授权的公司和组织
是否去中心化	去中心化	中心化	半去中心化
数据公开	全网公开、全网共识	公司内部	联盟内公开、联盟共识
操作速度（TPS）	3～20	>1 000	>1 000

二、云计算的特点与服务形式

（一）云计算的特点

（1）运算能力强大　通过接入网络的海量计算机设备及服务器进行数据分布式计算，可将庞大的数据处理任务分解成无数个小任务，由分散的计算机、服务器协同完成。相较于传统单一计算机设备及服务器而言，云计算在理论上可以实现近乎无限的扩展。

（2）系统运行稳定　云计算依靠互联网中大量分散的存储设备和服务器实现数据存储。在系统运行过程中，如部分设备及服务器出现故障，不能支持数据存储或运算，可通过系统的检测和调度实现快速切换，以避免部分设备或服务器故障对系统正常运行的影响。

（3）虚拟化程度高　传统计算机运行需专门物理平台作为支撑，其功能的发挥与物理平台关联，资源和应用的虚拟化程度不高。云计算主要依靠虚拟网络层发挥应用功能，应用与物理平台之间无固定联系，使用的资源也高度虚拟化，大大降低了对物理平台的依赖。

（4）服务精准度高　云计算依托大量分散的计算机与服务器，不仅能够保证其运算能力和运行效率，还可以根据用户的实际需求，从整个云环境中调取服务资源，为客户定制个性化的服务方案，并高效地落实服务流程，保证服务与用户需求的精准匹配。

(5) 综合成本低　云计算对计算机及网络基础硬件的依赖度不高，还能充分利用网络环境中的闲置资源，大大降低了成本。云计算具备自动化、智能化、集约化管理的功能，在系统运行过程中，可根据需要进行各项应用及关联程序的调用，减少不必要的能源消耗。

(二) 云计算的服务形式

云计算是一种面向服务的架构，客户端可随时随地通过网络访问云计算系统提供的各种服务，如基础设施即服务（IaaS）、平台即服务（PaaS）和软件即服务（SaaS）。

(1) IaaS 模式　基础设施由底层硬件或虚拟机组成，根据用户需要提供虚拟硬件配置；“云端”资源的来源包括集群服务器以及存储资源等硬件设备，可直接对内存、I/U 设备、计算能力等资源进行虚拟化，给用户提供相应服务。

(2) PaaS 模式　服务平台构架在云基础设施上，是一种中间平台，用户可直接在该平台上定制或开发应用程序，无须购买硬件和软件，并且能够分享给其他用户；平台还能够提供建立数据库、托管以及应用等服务。

(3) SaaS 模式　服务提供商把传统的部署在多个地方的系统合为一个大系统，使系统运行在云端；用户使用软件无须在自己的机房部署环境和应用，只需访问服务提供商提供的云端应用入口，直接向云端申请所需软件服务，然后通过 web 浏览方式获得应用功能。

三、区块链即服务的系统特性

区块链即服务，指区块链完全由大众自己运营，所有个体节点的连接都能提供云计算所需的巨大算力，且网络中不存在中心节点控制的云服务模式。其优势在于，任何记录在区块链上的数据对所有运营节点都可验证，且所有记录的可见性保证了可对历史数据进行追溯，从而保证该网络上所有交易的安全性。此外，区块链即服务变革的是云服务的基础架构，允许大众运营自己的云服务设施，并能提供去中心化分布式系统的安全性、可靠性、透明性。

区块链即服务系统具有以下特性。

(1) 去中心化　区块链即服务系统依靠网络上多个参与者的公平约束，没有中心决策者，任意几个节点的权利和义务都是均等的，且每个节点都会储存系统上所有数据，即使单个节点被损坏或遭受攻击，系统服务依旧能够稳定运行。

(2) 高可用性　区块链即服务的底层共识算法支持节点动态加入和退出，实现系统的高可用性，保证业务不间断运行。

(3) 扩展性　区块链即服务系统支持大规模场景下部署和管理的能力，数据和服务可快速扩展。

(4) 透明性　区块链上所有记录均是可追溯的、全历史的、防篡改的，并且每个节点都会储存系统上的全量数据，保证了系统整体的透明性。

四、云计算、区块链关键技术及其在农业上的应用前景

(一) 云计算关键技术

1. 虚拟化技术

指计算元件在虚拟的基础上运行，它可以扩大硬件的容量，简化软件的配置过程，减少软件虚拟机相关开销和支持更广泛的操作系统。虚拟化技术根据对象可分成存储虚拟化、计算虚拟化、网络虚拟化等。其中，计算虚拟化是一切建立在“云”上服务与应用的基础，又

分为系统级、应用级和桌面虚拟化等。

2. 数据储存技术

云计算采用分布式海量数据储存的方式，依靠分散的大量廉价的设备共同进行数据存储，将同一份数据储存多个副本，具有灵活、安全、可靠的特点。另外，它将计算任务分布在多个模块，分别计算处理后再整合，能够满足人们对数据储存的需要。

3. 数据管理技术

目前的数据管理技术以Google的BT和Hadoop的HBase为主，但由于开发理念不同，两种技术的数据管理形式也不相同，导致传统的数据库接口在移植方面存在困难，无法与云管理系统顺利对接，进而会影响用户的使用体验。

4. 分布式并行编程技术

云计算中的编程模型不需太复杂，否则不利于后台任务的并行执行。简单、易操作、分布式是云计算编程技术的主要特点，可保证复杂的计算任务能够高效完成，给用户带来良好的使用体验。目前，Google开发的Map-Reduce是云计算中主要应用的编程工具，能够很好地进行数据集的并行处理以及复杂并行任务的调度处理。

5. 云安全技术

漏洞、病毒、信息泄露等互联网安全问题也是云计算中不可避免的问题。目前，云安全已经发展到了第三代，进入了可信云阶段，能够自动在网络使用过程中进行安全检测，做到提前防御，降低风险，提高云计算的安全性和高效性。

(二) 区块链关键技术

1. 分布式存储技术

区块链账本采用的是分布式存储记账方式，是一种从分布在不同物理地址或不同组织内的多个节点构成的网络中进行数据分享与同步的数据存储技术。不同于传统的分布式存储，区块链网络中各参与节点拥有完整的数据存储，且各节点是独立、对等的，它依靠共识机制保证存储的一致性，也通过这些方式来保证分布式存储数据的可信度与安全性，即只有能够影响分布式网络中大多数节点时才能实现对已有数据的篡改。

2. 密码学

密码学是区块链的基石，主要研究信息保密、信息完整性验证、分布式计算中的信息安全问题等。区块链采用哈希算法和非对称加密技术来保证账本的完整性和网络传输安全。随着区块链技术的进步和应用的日益广泛，无须泄露数据本身即可证明某些数据真实的零知识证明技术将在新兴的区块链项目中扮演着日益重要的角色。

3. 共识机制

共识机制用于解决分布式系统的一致性问题，其核心为在某个共识算法的保障下，在有限的时间里，使得指定操作在分布式网络中是一致的、被承认的、不可篡改的。在区块链中，特定的共识算法用于解决去中心化多方互信的问题。

4. 智能合约

智能合约是一种旨在以信息化方式传播、验证或执行合同的谈判或履行的计算机协议，允许在不依赖第三方的情况下进行可信、可追踪且不可逆的合约交易。区块链智能合约是一段写在区块链上的代码，一旦某个事件触发合约中的条款，代码即自动执行，如差价合约，极大地减少了人工参与，具备很高的效率和准确性。

（三）云计算和区块链在农业上的应用前景

云计算采取的与时俱进的科学技术手段在农业信息服务中体现了前所未有的独特性、灵活性和新颖性，这一优势对整个农业产业链的影响都将是巨大的。在服务目标上，云计算会提供更多的目标和内容，解决问题更具有针对性；在服务对象上，网络覆盖的范围进一步扩大，信息受体进一步增多；在服务内容上，应用手段更加多元化，形式和目的更加多样；在服务方式上，更具有个性化、人性化，可以租借服务平台、软件、设备，进行信息存储、产品销售、决策分析、信息检索、综合服务以及智能控制等；在服务手段上，途径明显增多，4G、5G手机和无线网络的普及使得用户能享受到更多的咨询服务。

目前，区块链在农业上的应用还处于初级阶段，真正全面应用区块链技术、规模化应用的成功案例并不多见。区块链数据所具有的不可篡改与交易可追溯等特性，可以更好满足消费者的知情权，选择自己信任的农产品；同时，帮助农业企业和经销商，通过对农业生产过程进行大数据分析，锁定值得信任的农户。基于区块链技术的应用，打造绿色农产品供应链，优化供应链条，贯通供应和消费安全渠道，建立从田间生产到家庭餐桌的溯源监控体系，让农产品更健康、更安全，将有力地助推现代农业的高质量发展。

第四节　农业物联网

一、物联网的概念与内涵

（一）物联网的概念

物联网是指通过使用射频识别技术、红外感应器、全球定位系统、激光扫描器等信息传感设备，按约定的协议，把任何物品与互联网连接起来进行信息交换和通信，以实现智能化识别、定位、跟踪、监控和管理的一种网络。

（二）物联网与互联网的关系

1. 互联网是物联网的基础

物联网并不是全新的通信技术或信息通信网络，它只是互联网发展的自然延伸和扩张，与互联网密不可分。互联网是可包容一切公网通信的网络，未来将会有更多的“物”加入这张巨网中来，也即物联网包含于互联网之内。

2. 物联网是互联网的延伸

互联网服务于人与人之间的信息交换，而物联网的主体则是各种各样的物体，通过物体之间传递信息，实现物与物的实时交互，最终达到服务于人的目的。两张网的主体对象有所不同，物联网充分扩展和补充了互联网的信息交互对象。

3. 物联网是未来的互联网

在物联网中，任何人和物之间都可在任何时间、任何地点实现与任何公网的无缝融合，形成了人与物、人与人、物与物无所不在的信息交互。物联网与互联网有着相互依存的紧密关系，在数据传输上存在一定的共性技术。另外，物联网的信息汇聚产生大数据，对其深度挖掘可使信息产生更多价值，以获得更好的互联网服务。

（三）物联网与云计算的关系

云计算相当于人的大脑，属于认知系统；而物联网相当于人的眼睛、鼻子、耳朵和四肢，属于感知系统；感知系统要通过认知系统认识世界，进而发挥其作用。物联网的形成和发展会产生分布在各处的大量数据需要协调处理，云计算对于物联网数据处理起着重要的支撑作用。没有云计算，物联网就会成为一个个信息孤岛，从而变成“物离网”，无法发挥其价值。因此，云计算是物联网的重要基石。

（四）物联网的特征

1. 全面感知

物联网由具有全面感知能力的物和人组成。为使物品具有感知能力，需在其上安装不同类型的识别装置，如电子标签、条形码等，并通过传感器等感知其物理属性和个性化特征。利用这些装置或设备，可随时随地获取物品信息，实现全面感知。

2. 可靠传递

数据传递的稳定性和可靠性是保证物与物相连的关键。为实现物与物之间的信息交互，就必须约定统一的通信协议。由于物联网是一个异构网络，不同实体间的协议可能存在差异，需通过相应的软硬件进行转换，保证物品之间信息的实时、准确传递。

3. 智能处理

物联网的目的是实现对各种物品（包括人）进行智能化识别、定位、跟踪、监控和管理等，这需要智能信息处理平台的支撑，通过云计算、人工智能等技术，对海量数据进行存储、分析和处理，针对不同的应用需求，对物品实施智能化的控制。

（五）物联网中的农业信息

农业物联网指将物联网技术贯穿农业产前、产中、产后各个环节。农业生产各环节采集的信息总和即其全部农业信息，主要包括农田环境信息、农田土壤信息、作物长势信息、水产畜禽养殖信息等农产品生产信息以及农产品流通信息。由于农业活动种类各异，农业物联网在其中所呈现的农业信息类型也千差万别。例如，农作物生长阶段需获取环境中的温湿度信息、土壤的水分养分状况等，同时又需获取表征作物长势的叶面积指数等生长信息。农业生产活动是一个动态的过程，农业信息的动态变化使获取的农业信息数据量非常大，有些农业数据（如产量）需对整个生产过程的关键动态信息进行整合分析。农业物联网应用于农业生产过程，可以提高农产品的产量和品质；应用于农业流通领域，能够减少农产品的流通成本和损失；应用于农产品市场，有助于实时掌握农产品的市场信息，提高农民收入。

二、农业物联网的架构与特点

（一）农业物联网的架构

农业物联网的架构主要包括三个层次，即感知层、传输层和应用层。感知层包括射频识别条形码、传感器等设备在内的传感器节点，可实现信息实时感知、快速识别和动态采集。主要采集的内容包括农田环境信息、土壤信息、植物养分及生理信息等；传输层可实现远距离传输物联网采集的数据信息，在农业物联网中主要反映为大规模农田信息的采集与传输；应用层可通过数据处理及智能化管理控制来实现农业智能化生产，达到节省资源、提高农产品产量及品质的目的。这三个层次分别赋予了物联网能够全面感知信息、可靠传输数据、有效优化系统、智能处理信息等特征。以种植业为例，农业物联网系统的构成如图12-8所示。

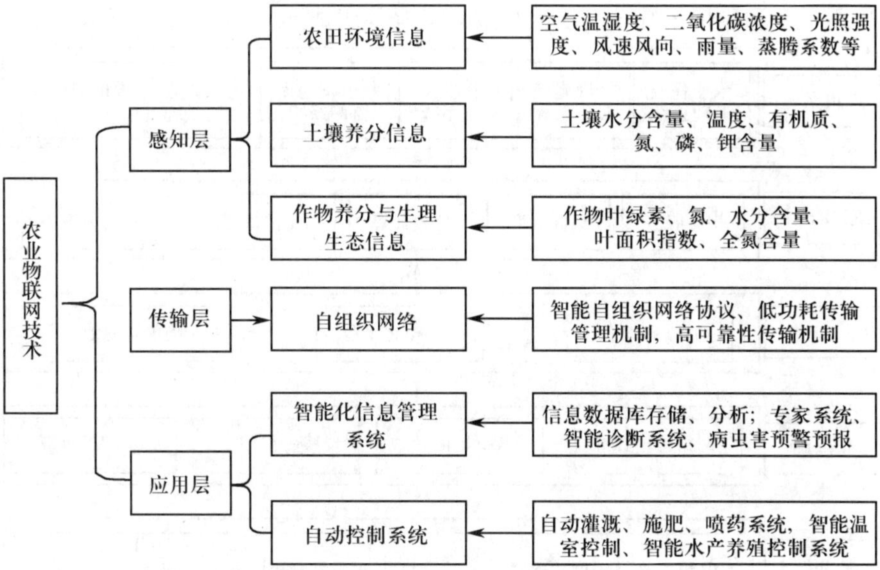

图 12-8　农业物联网种植智能化系统构成（何勇，2017）

（二）农业物联网的特点

1. 大规模农田物联网采集设备布置稀疏

目前，普通农作物收益并不高，农田面积大、投入成本有限，决定了其很难密集布置传感节点。另外，大面积铺设传感节点不仅给农业生产带来干扰，也会给节点的维护带来不便。在大规模农田里可根据实际情况划分成若干小区，每个小区可近似地认为环境基本相同，铺设一个传感器节点基本可满足实际需要。

2. 农业传感节点要求传输距离远、功耗小

由于布置在农田中，传感节点一般无人维护，也无市电供电，要求传感器功耗小，在低成本太阳能供电情况下也能长期不断电工作。

3. 农业物联网设备面临的环境恶劣

农业物联网设备基本布置在野外，经常在高温、高湿、低温等环境下连续不间断运行，并且作物的生长会影响信息传输，要求设备对环境的适应性较强。另外，农业从业人员文化素质不高，要求农业物联网设备必须稳定可靠，具有一定的自维护、自诊断的能力。

4. 农业物联网设备位置不会经常大范围变动

农业物联网信息采集设备一旦安装好后，不会经常大范围调整位置。特殊需要时也只需小范围调整某些节点，移动的节点结构在网络分布图内不会有太大的变化。

三、农业物联网的典型应用场景

（一）在种植业中的应用

根据种植场景不同，种植业物联网主要可分为大田种植业物联网和设施种植业物联网。大田种植业物联网是物联网技术在产前农田资源管理、产中农情监测和精细农业作业、产后农机指挥调度等方面的具体应用，通过采集实时信息，对农业生产过程进行及时的管控，建立优质、高产、高效的农业生产管理模式。大田种植业物联网体系结构由感知层、传输层、

基础层、应用平台和应用系统5个层次构成，其具体组成形式如图12-9所示。

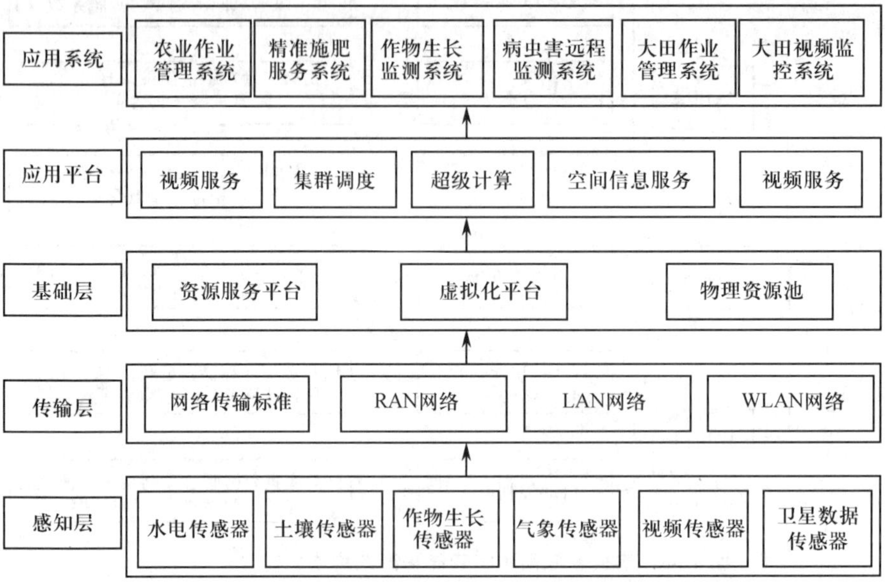

图12-9 大田种植业物联网体系结构（何勇等，2017）

设施种植业物联网以信息全面感知、可靠传输和智能处理等物联网技术为支撑，以轻简化作业、最优化控制和智能化管理为手段，旨在推动作物高效、低耗、优质、安全、可持续生产，促进种植业增产、增收。设施种植业物联网系统主要由设施环境和作物生长的信息感知、信息传输、信息处理三个环节构成，其组成结构如图12-10所示。

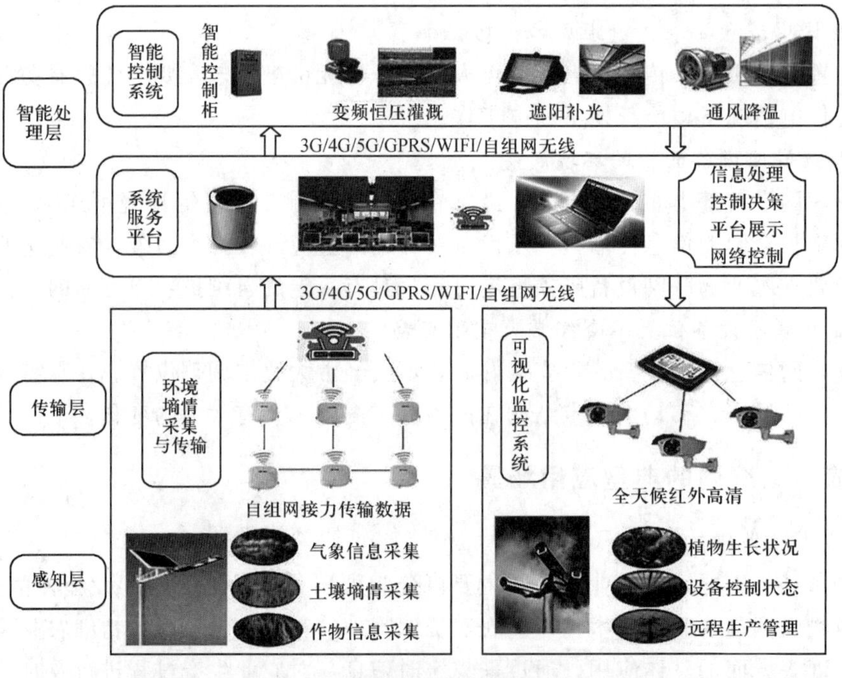

图12-10 设施种植业物联网体系结构（何勇等，2017）

（二）在养殖业中的应用

现代畜禽和水产养殖是一种高投入、高产出、高效益的农业产业，但是这种高度集约化的产业往往要耗费大量人力和自然资源，并在某种程度上对环境造成了负面影响。通过使用物联网可以有效降低资源消耗，减少对环境的污染，建成优质、高效的养殖模式。养殖业物联网系统和种植业的物联网结构相似，由感知层、传输层和应用层组成，如图12-11所示。

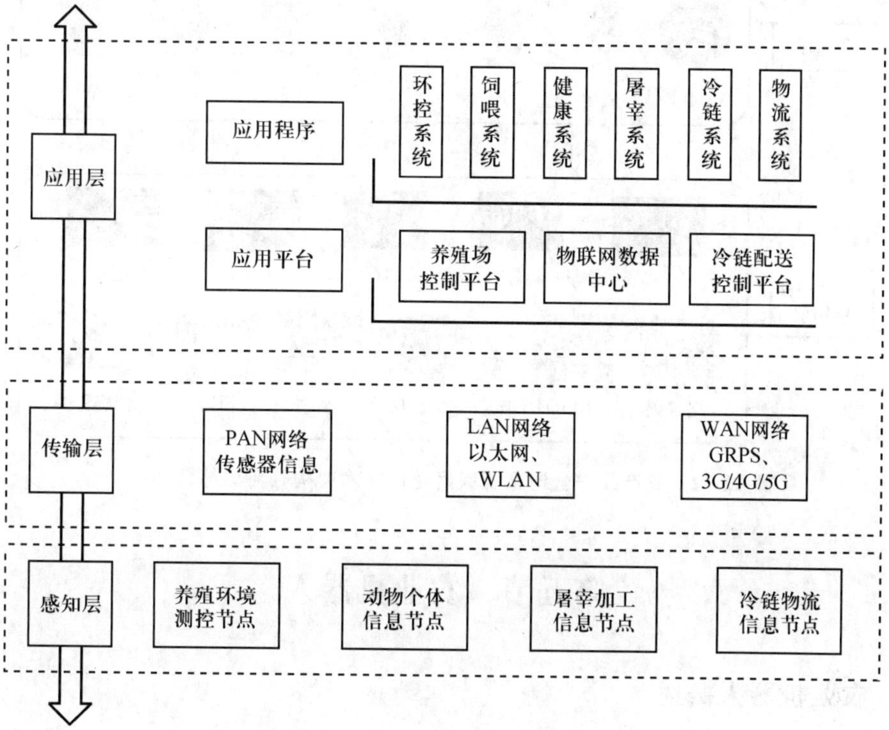

图12-11　现代养殖业物联网体系结构（何勇等，2017）

（三）在农产品安全溯源中的应用

农产品安全溯源物联网系统，通过综合运用信息网络、二维码识别等技术，对农产品的生产基地建设、生产投入品、作业环节、质量检测、加工包装、物流等信息进行“数字化”管理，为农产品建立一个从初级生产到精深加工再到精准销售各阶段的“身份档案”，实现“知根溯源”，满足消费者知情权，确保其放心采购和消费。该系统包括了感知层、传输层和应用层3个层次，其技术架构如图12-12所示。

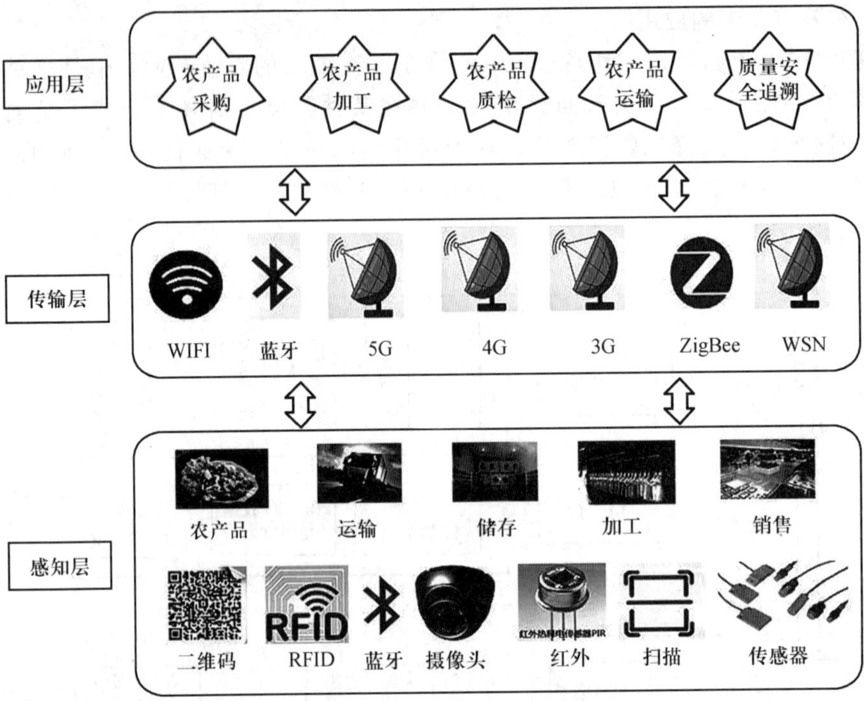

图 12-12 农产品安全溯源物联网整体技术架构（何勇等，2017）

第五节 农业机器人

一、农业机器人概述

（一）农业机器人的定义

农业机器人泛指用于农业生产的特种机器人，它是以农产品为主要操作对象、以完成农业生产任务为主要目的、兼有人类部分信息感知和肢体行动功能、可重复编程、能适应多种作业种类或环境变化的柔性自动化或半自动化设备，是综合了电子、机械、计算机、图像处理、传感技术、检测技术、控制技术、通信技术、人工智能技术、系统集成技术、农学和仿生学等多学科交叉的多功能智能农业机械。

（二）农业机器人的构成

农业机器人拥有出色的感知能力和决策能力，主要由机器视觉、末端执行器、驱动装置、移动装置等构成。一般而言，由于有车轮、履带、轨道等移动装置，使得农业机器人可以自由地进行生产作业；有时为了使作业对象可以被更有效地运送到机器人面前，也会构建带搬送装置的固定式机器人系统，如图 12-13 所示。

二、农业机器人的典型特征及分类

（一）农业机器人的典型特征

1. 作业对象的多样性

农业机器人的主要作业对象是有生命的生物体，与工业材料不同，生物具有种类繁多、

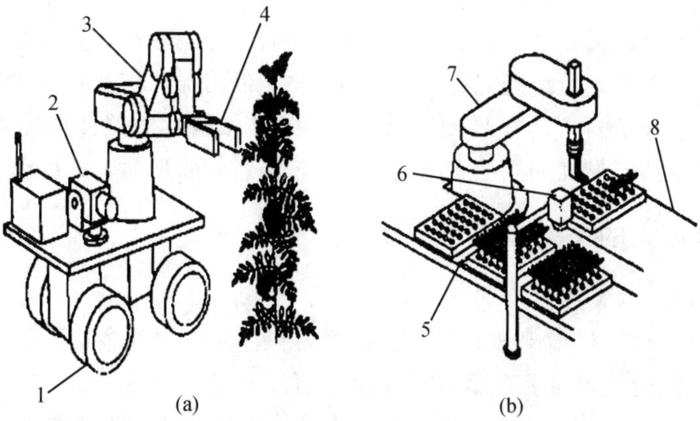

图 12-13　农业机器人示意图（［日］近藤直等，2009）

（a）移动式机器人　（b）固定式机器人

1. 移动装置　2，6. 机器视觉　3，7. 手臂（操作机）　4，8. 末端执行器　5. 运送装置

形状各异、易受损伤等特点。随着生物的生长，其空间形态也在发生变化，为保证完成作业任务，农业机器人需要具有适应不同空间形态的能力，在应用时需注意合理避障，使用合适的操作力度尽量减少对作业对象的伤害，避免影响其正常生长。

2. 作业过程的复杂性

农业生产是一个非常繁杂的过程，不同生产环节的作业任务差别较大，需要农业机器人针对特定环节完成相应功能。此外，农业机器人一般是作业与移动同时进行，其行走路线不是起点和终点间的最短距离，而是具有狭窄的范围、较长的距离以及覆盖整个作业区域等特点，这就要求农业机器人的作业动作必须能够随时做出相应调整。

3. 作业环境的多变性

作物的生长环境除受地形条件的约束外，还受季节、天气等复杂多变的自然条件的影响，这就要求农业机器人有较强的环境适应能力，具备智能化视觉判别和知识推理等功能，可根据不同的作业环境做出相应的调整以便于生产应用。

4. 操作主体的适用性

农业机器人的操作主体是农民，不是具有专业知识的工程师。随着人口老龄化进程的加快，从事农业生产的人口也将步入老龄化时代，而且大多数农民的文化水平较低，这就要求农业机器人必须具有较高的安全性、易操作性和易维护性。同时，由于农业的弱质性和农民的弱势性，要求农业机器人的性价比要高，通用性和适用性要强。

（二）农业机器人的分类

农业机器人的种类繁多，按不同的分类标准可以划分不同的类别，主要有以下 3 种分类方法。按应用领域不同，可分为种植业机器人、畜牧业机器人和林业机器人等；按使用功能不同，可分为采摘收获机器人、农耕播种机器人、信息采集机器人、灌溉施肥机器人、畜牧机器人、植保机器人等；按移动方式不同，可分为轨道式农业机器人、履带式农业机器人、轮式农业机器人、足式农业机器人等。其中，轨道式农业机器人在规定的路径下工作，稳定迅速，适于室内作业，缺点是路径单一、无法适应多变的环境；履带式农业机器人又称无限轨道式，负载能力强，越野机动性能好，可在恶劣的路况下行走，适用于松软或泥泞的田间作业，下陷度小、滚动阻力小、通过性能好，缺点是结构较复杂、缓震性能差、履带寿命短，且重量大导致其运动惯性较大、转向迟缓、动作效率略有不足；轮式农业机器人具有较高的运动速度与较好的方向控制性，负载能力良好，适用于平坦的路况环境，但轮式结构对松软地面的适应性较差；足式农业机器人的立足点呈离散状，对非结构化的路面环境具有良好的适应能力，可在恶劣环境下选择最优的立足支撑点，可轻松通过松软地面、跨越较大障碍。

三、农业机器人的关键技术及应用

(一) 农业机器人的关键技术

农业机器人是一种集环境感知、路径动态规划和行为控制等多功能于一体的精准高效的现代农业装备，其关键技术主要包括以下4个方面。

(1) 运动控制技术　该技术对于农业机器人在作业过程中精准平稳的运动起着至关重要的作用，近年来，模糊控制技术、全闭环交流伺服驱动技术、嵌入式运动控制系统技术、运动控制卡技术等新型控制技术成为农业机器人研究应用的热点和重点。

(2) 定位导航技术　指农业机器人按照预定路线行进的关键技术，是其进行路径规划、地头预判和地头转向等动作的基础，包括无线导航、惯性导航、GPS导航、激光导航、电磁导航、信标导航、超声波导航和计算机视觉导航等方式。

(3) 传感器技术　传感器处于外界环境与农业机器人的接口位置，机器人在实现导航、定位和路径规划等功能时都依赖于传感器，主要包括视觉传感器、触觉传感器、力觉传感器和避障传感器等。

(4) 智能学习技术　由于工作环境相对复杂，且进行数学建模较困难，农业机器人需要向智能化方向发展，其技术关键就是基于模糊控制和神经网络控制的自适应性和自学习能力，形成智能处理复杂情况的知识系统，例如，农业机器人可以基于蚁群算法、差异演化算法等避障算法学习，实现智能化环境感应和路径规划，提高其自主避障或寻径避障能力。

(二) 农业机器人的应用领域

1. 农业信息采集

目前，农业信息的采集方式主要有4种：①传统采样法，需人工采样并带回实验室分析，工作量大且测量成本较高；②固定采集器法，集成GPS和传感器技术，能实时采集带有空间位置属性的田间作物生长信息并做相应的计算处理，此法节省了人力，但采样点数量受传感器数量的限制，成本较高；③遥感信息采集法，利用遥感技术对作物生长期实施全面监测，根据光谱信息进行空间定性和定位分析，对于较大面积地块具有友好性，但对于小面积地块则显示出其精细度不足、更新不及时的缺点；④农田信息采集机器人，将采集农田信息所需的传感器安装在移动机器人上，机器人体型较小且较灵活，适宜于农田信息的自动采集。

2. 移栽、嫁接

利用移栽机器人的信息感知功能，可有效识别苗木质量，并做出移栽到指定位置的决策。例如，全自动番茄幼苗移栽机工作时，穴盘输送机构做输送动作的同时对穴盘位置进行校对，取苗机构在PLC系统控制下精准夹取钵苗，并精准地将其投放到开沟器内完成移栽作业。嫁接机器人集机械、自动控制、园艺等技术于一体，可实现在很短的时间内处理繁重的嫁接工作，大幅度提高嫁接速度和嫁接成活率，明显降低劳动强度。在我国，嫁接机器人主要用于瓜类蔬菜的自动嫁接，即利用传感技术和图像识别技术自动判定待嫁接作物茎苗的具体位置，锁定方向后再自动完成取苗、切苗、接合、固定、排苗等过程，实现智能化嫁接作业。

3. 采收、分选

农产品采收是生产链中最耗时耗力的环节之一，重复性高、采收期集中。采收机器人可基于其信息感知功能，智能、高效、精准地识别农产品的成熟程度；同时，可根据农产品的生物特性，设计机械手的自由度与抓取方式，提高采收效率并保障采收质量。采收环节结束后，机器人可基于传感器技术和智能识别技术对农产品进行分类和分级，区别出相同品种、相同规格、相同成熟度的农产品，进而有效控制分选成本，提高农产品的良品率。

4. 灌溉、施肥、植保

灌溉施肥机器人利用传感器分析不同作物根系深度的土壤水分和养分特性，结合互联网、集成电路和人工智能等技术，实现智能化高效灌水和精准施肥，提高水肥利用效率。喷药机器人由高精度喷药系统、传感器、控制系统、调节装置、信息采集装置、机电一体化模块等组成，可实现不同作物均匀施药，提高药盖率和利用率，同时减轻作业人员的劳动强度。除草机器人是集环境感知、路径规划、目标识别和动作控制于一体的植保机器人，其工作方式有 3 种，即基于机器视觉和精准目标定位的机械除草、除草剂喷洒除草和激光除草等。

总体而言，农业机器人的发展将呈现以下趋势：①具有开放式的结构、良好的扩展性、通用性和柔性作业能力，不断优化机器人的性能、降低生产成本，真正实现普及应用；②能够通过更换不同的机械模块和末端执行机构来适应不同类型的作物，实现一机多用，提高使用效率；③不断优化结构组成，向小型化、轻量化、高效化的方向发展；④对视觉传感器技术、图像采集和处理的算法等进行更深入的研究，提高智能识别和避障能力；⑤纳米材料、柔性材料等新材料将被广泛应用到农业机器人领域，促进农作物无损作业技术的快速发展。

复习思考题

1. 什么是智慧农业？
2. 简述智慧农业的共同属性与技术特征。
3. 智慧农业的总体架构包括哪些方面？
4. 简述大数据的概念及其与“大规模数据”“海量数据”的区别。
5. 简述大数据的“5V”特征以及农业大数据的专属特征。
6. 大数据结构类型包括哪些方面？
7. 大数据涉及的关键技术包括哪些方面？
8. 简述云计算及其环境构成。
9. 简述云平台的定义及其总体架构。
10. 什么是区块链？简述其类型和特征。
11. 简述云计算的特点及其关键技术。
12. 简述区块链即服务的系统特性。
13. 简述物联网的概念以及物联网与互联网的区别。
14. 简述物联网的特征及其与云计算的关系。
15. 简述农业物联网的架构。

16. 农业物联网的特点包括哪些方面？

17. 什么是农业机器人？简述其构成要素。

18. 农业机器人有哪些特征？其关键技术与应用领域有哪些？

参考文献

[1] 赵春江．智慧农业发展现状及战略目标研究．智慧农业，2019（1）：1-7.

[2] 王久波．智慧农业的技术特征与发展对策．农业科技与装备，2019（5）：84-85，87.

[3] 周斌．我国智慧农业的发展现状、问题及战略对策．农业经济，2018（1）：6-8.

[4] 高万林，张港红，张国锋，等．核心技术原始创新引领智慧农业健康发展．智慧农业，2019，1（1）：8-19.

[5] 李学龙，龚海刚．大数据系统综述．中国科学：信息科学，2015，45（1）：1-44.

[6] 周苏，王文．大数据导论．北京：清华大学出版社，2016.

[7] 宁兆龙，孔祥杰，杨卓，等．大数据导论．北京：科学出版社，2018.

[8] 杨一丰，蒋思凯，蒋雅茜，等．农业大数据的专属特征及应用现状探讨．南方农业，2019，13（22）：90-94，96.

[9] 杨开林．农业大数据在智慧农业中的应用探讨．计算机产品与流通，2019（10）：157.

[10] 王振，姬广永，耿桂娟．云计算在农业信息化中的应用及发展．农业工程，2018，8（2）：32-34.

[11] 段文雪，胡铭，周琼，等．云计算系统可靠性研究综述．计算机研究与发展，2020（1）：1-31.

[12] 朱昱锦，姚建国，管海兵．区块链即服务：下一个云服务前沿．软件学报，2020，31（1）：1-19.

[13] 梁昊，刘思辰，张一诺，等．农产品信息区块链技术架构设计及应用展望．智慧农业，2019，1（1）：67-75.

[14] 李燕，马海英，王占君．区块链关键技术的研究进展．计算机工程与应用，2019，55（2）：13-23，100.

[15] 孙忠富，李永利，郑飞翔，等．区块链在智慧农业中的应用展望．大数据，2019，5（2）：116-124.

[16] 何勇，聂鹏程，刘飞．农业物联网技术及其应用．北京：科学出版社，2017.

[17] 赵春江．农业智能系统．北京：科学出版社，2009.

[18] 李丹丹，史云，李会宾，等．农业机器人研究进展评述．中国农业信息，2018，30（6）：1-17.

[19] 闫全涛，李丽霞，邱权，等．小型移动式农业机器人研究现状及发展趋势．中国农机化学报，2019，40（5）：178-186.

[20] 袁建霞，张秋菊，胡小鹿，等．农业机器人国际竞争态势与研究前沿．农业工程，2019，9（9）：1-5.

[21] [日] 近藤直，门田充司，野口伸．农业机器人Ⅰ——基础与理论．乔军，陈兵旗，译．北京：中国农业大学出版社，2009.

[22] [日] 近藤直，门田充司，野口伸．农业机器人Ⅱ——机构与实例．孙明，李明赞，译．北京：中国农业大学出版社，2009.